国家社科基金
后期资助项目

心智对话身体：
具身认知的内感受研究转向

张 静 著

Dialogue between Mind and Body:
Towards an Interoceptive Embodied Cognition

上海社会科学院出版社
SHANGHAI ACADEMY OF SOCIAL SCIENCES PRESS

图书在版编目(CIP)数据

心智对话身体：具身认知的内感受研究转向 / 张静著 .—上海：上海社会科学院出版社，2023
ISBN 978-7-5520-4260-3

Ⅰ.①心… Ⅱ.①张… Ⅲ.①认知心理学—研究 Ⅳ.①B842.1

中国国家版本馆 CIP 数据核字(2023)第 210942 号

心智对话身体：具身认知的内感受研究转向

著　者：张　静
责任编辑：周　霈
封面设计：黄婧昉
出版发行：上海社会科学院出版社
　　　　　上海顺昌路 622 号　邮编 200025
　　　　　电话总机 021-63315947　销售热线 021-53063735
　　　　　http://www.sassp.cn　E-mail: sassp@sassp.cn
照　排：南京展望文化发展有限公司
印　刷：上海龙腾印务有限公司
开　本：710 毫米×1010 毫米　1/16
印　张：19.75
字　数：351 千
版　次：2023 年 11 月第 1 版　2023 年 11 月第 1 次印刷

ISBN 978-7-5520-4260-3/B·340　　　　定价：98.00 元

版权所有　翻印必究

国家社科基金后期资助项目
出版说明

后期资助项目是国家社科基金设立的一类重要项目,旨在鼓励广大社科研究者潜心治学,支持基础研究多出优秀成果。它是经过严格评审,从接近完成的科研成果中遴选立项的。为扩大后期资助项目的影响,更好地推动学术发展,促进成果转化,全国哲学社会科学工作办公室按照"统一设计、统一标识、统一版式、形成系列"的总体要求,组织出版国家社科基金后期资助项目成果。

全国哲学社会科学工作办公室

序 一

具身认知研究的兴起对传统认知科学提出了挑战,但这个学说本身需要发展。《心智对话身体:具身认知的内感受研究转向》一书指出,内感受作为个体对自己身体状态的感知,在身体信号与主观感受的转换中起着重要的作用。作者在梳理已有研究的同时,结合自身的实验探索,分析具身认知的内感受研究转向,从身体表征、情绪加工、认知加工、社会认知以及具身自我等方面对具身认知的内感受研究进行介绍、阐发和评价。本书既推进了具身认知的探索,又提出了富有创新性的见解。

通过本书的阅读,读者将深入了解具身认知领域的最新研究动态,体验到在心智与身体交汇处的思想碰撞。希望本书能成为读者探讨具身认知与内感受之奥秘的有用的参考资料。期待更多年轻学者关注身心问题的研究,投身哲学、心理学和认知科学的跨学科研究中,为发展认知科学而共同努力。

唐孝威[①]

2023 年 10 月 18 日

[①] 中国科学院院士,浙江大学物理学院教授。

序　二
情感之因-心智之根-自我之镜-成长之阶

　　始于20世纪90年代的具身认知运动是当代认知科学研究中的一种新的研究进路。具身认知理论在哲学、心理学以及认知科学领域都产生了深刻的影响，作为一种立场和研究纲领指导着身心关系问题的理论探讨、实验设计、结果解释以及实践应用。我们的心智、理性能力等都是具身的，这一观点日益深入人心。同时，如火如荼的具身认知研究仍存在着一些有待深入探究的问题。要深入理解心智与身体之间的联系，仅简单地指出二者之间的紧密关联还远远不够。

　　《心智对话身体：具身认知的内感受研究转向》（以下简称《心智对话身体》）一书的作者张静博士在具身认知研究领域进行过长期、深入的探索，她自硕士研究生阶段开始就密切关注具身认知的相关研究，属于国内较早关注并介绍具身认知理论研究，设计并开展具身认知实证研究的学者之一。张静博士拥有计算机科学与技术的学士学位、心理学的硕士学位和哲学的博士学位，这些学习经历使得她既有哲学思辨的理论高度，又掌握实证研究的范式，还具备开展实验的能力，能够将哲学问题通过认知科学的方式付诸具体实验中进行检验。这样的经历同样使得她的著作能够借助大量实验心理学和认知科学的前沿成果，结合其本人及团队在具身认知、多感官整合方面的实验研究成果，全面地梳理具身认知的相关研究。

　　在对具身认知问题持续关注和研究的过程中，张静博士敏锐地捕捉到了近年来学界对内感受问题的关注。有别于传统外感受研究对外部刺激作用于感官所产生影响的重视，内感受将关注点转向了源自身体内部的信号。近年来的研究显示，身体信号并非直接与认知系统相联系，而是先转化为体验，然后再进入认知系统。这也意味着具身效应的产生并非简单地模拟和复现身体部分的功能，内感受作为个体对自身身体状态感知的一种重要能力，在身体信号与主观感受的转化中扮演着关键的角色。并且，对内感受的重视与詹姆斯（W. James）在《心理学原理》中对内脏感受重要性的强调是一脉相承的。

  《心智对话身体》以独特的视角，深入剖析了具身认知加工在心智与身体交织互动中的精妙细节，为学界提供了一份前瞻性的参考资料。有别于传统研究对外感受的关注，作者的关注点转向了源自身体内部如心跳、呼吸、内脏反应及内稳态等生理信号层面，从而深入揭示了具身认知触发的自下而上价值递归-自上而下价值迭代等回环往复式的复杂心脑机制，为人们展示了具身认知所表征的情感之因、心智之根和成长之阶等本体性效用。本书对具身认知的内感受研究将有助于我们进一步回答心智与身体之间的联系是如何形成的，生理反应与情绪反应和认知反应是如何以及在何种情形下发生相互作用的。

  本书有助于读者了解具身认知领域最新的前沿交叉性研究趋势，感受心智与身体相互交织的深微细节，领略生理与情绪、情绪与认知、认知与意识、认知重评与心境重塑对情绪与身体的多阶迭代性重构机制，进而基于现象学、认知科学、神经科学和心智哲学的立体交汇来深刻把握心身对话、心脑互动和脑体互补之三位一体协同活动的本质特征与精神效应——自我的多层级生成、格式塔涌现、自我对话、自我重塑、自我实现及多元自我意象的自然性转化与身体性外化之道。

丁峻[1]

2023 年 10 月 7 日

---

[1] 心理学二级教授，长江学者评委，国家"百千万人才工程"入选者，享受国务院政府特殊津贴专家，国家社科重大项目"神经美学与自我认知神经科学"首席专家。

前　　言

近 30 年来具身认知研究(embodied cognition)已然在哲学、心理学乃至整个认知科学领域掀起了一股沸腾的热潮[1]。它横跨了一系列广泛的主题,从婴儿到老年人、从正常认知到病理认知、从情绪到语言、从教育到文化,可以说,该运动的张力正在为哲学、心理学等学科描绘出一幅巨大的蓝图。与具身认知相关或由此衍生而来的理论与观点,包括生成认知(enactive cognition)、嵌入认知(embedded cognition)、接地认知(grounded cognition)与延展认知(extended cognition)等[2]。更为重要的是这一系列的理论议题已经成为哲学家和心理学家偏爱的课题,并作为一种立场和研究纲领指导着理论探讨、实践应用以及实验设计和结果解释[3]。可以说,具身认知正在撼动经典认知科学的基石。在当前认知科学的几乎所有领域,如哲学[4]、心理学[5]、语言学[6]、神经科学[7]、人工智能[8]以及教育学[9]

---

[1] Vallet, G. T., Brunel, L., Riou, B., & Vermeulen, N. (2016). Dynamics of sensorimotor interactions in embodied cognition. *Frontiers in Psychology*, 6, 1929.

[2] Shapiro, L. (2014). *The Routledge Handbook of Embodied Cognition*. New York: Routledge.

[3] Gallagher, S. (2009). Philosophical antecedents to situated cognition. In P. Robbins & M. Aydede (Eds.), *Cambridge Handbook of Situated Cognition*. Cambridge: Cambridge University Press.

[4] Varela, F. J., Thompson, E., & Rosch, E. (2016). *The Embodied Mind: Cognitive Science and Human Experience*. Cambridge, MA: MIT Press.

[5] Niedenthal, P. M., Winkielman, P., Mondillon, L., & Vermeulen, N. (2009). Embodiment of emotion concepts. *Journal of Personality and Social Psychology*, 96(6), 1120.

[6] Lakoff, G. (2012). Explaining embodied cognition results. *Topics in Cognitive Science*, 4(4), 773–785.

[7] Damasio, A. R. (1994). *Descartes' Error: Emotion, rationality and the Human Brain*. G. P. Putnam's Son.

[8] Thelen, E., & Smith, L. B. (1996). *A Dynamic Systems Approach to the Development of Cognition and Action*. Cambridge, MA: MIT Press.

[9] Glenberg, A. M. (2008). Embodiment for education. In P. Calvo & A. Gomila (Eds.), *Handbook of Cognitive Science*. Amsterdam: Elsevier, pp. 355–372.

等,都可以找到具身认知拥护者的身影。笔者在 Web of Science 中以"embodied cognition"为主题词对自 2012 年开始至今发表的文章进行检索,利用数据可视化软件 CiteSpace 进行关键词共现分析,所得结果如图 0-1 所示:

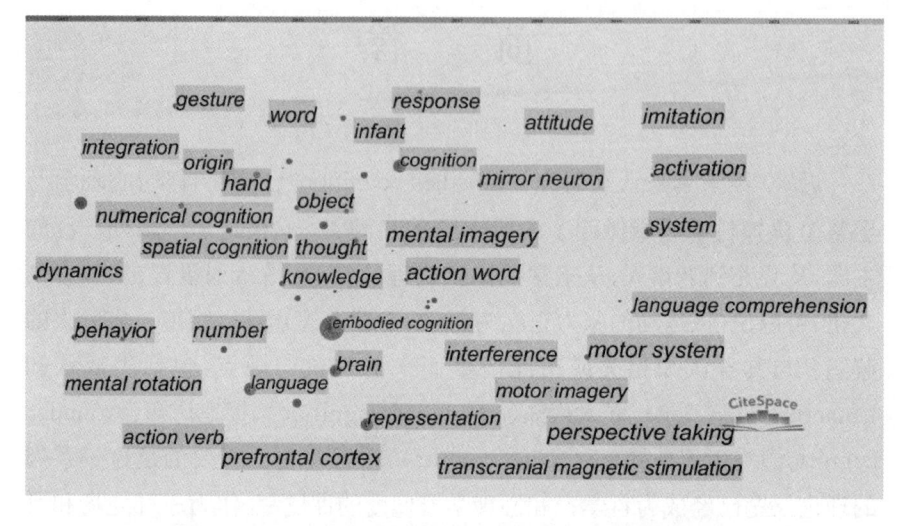

图 0-1 近 10 年"具身认知"相关英文文献的关键词共现

从图 0-1 能较为明显地看出具身认知在不同领域及研究主题上引起的广泛关注。进一步的关键词聚类分析(如图 0-2 所示)能够直观看出具身认知研究的主要分类情况。

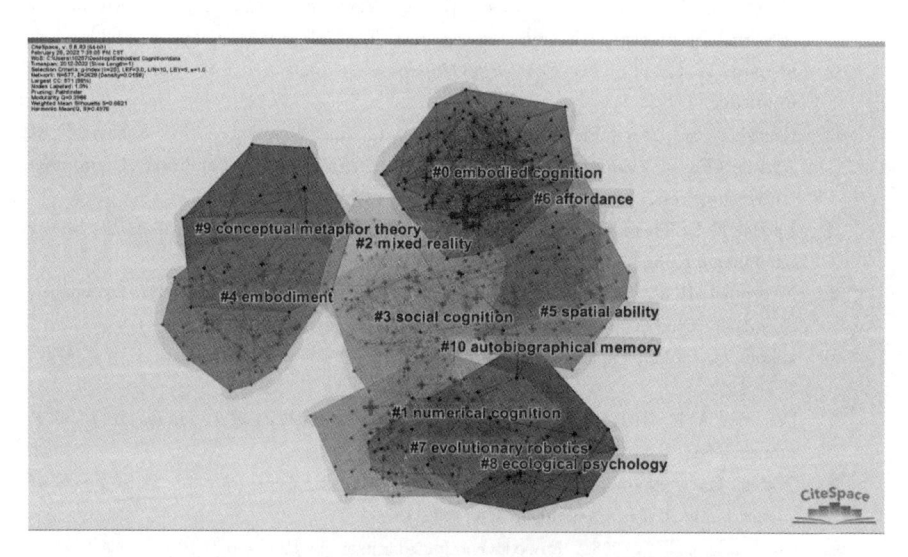

图 0-2 近 10 年"具身认知"相关英文文献的关键词聚类

在 Web of Science 中以"embodied cognition"为主题词对自 2000—2021 年发表的文章进行检索,发文数量和被引次数上呈现如下的趋势(如图 0-3):

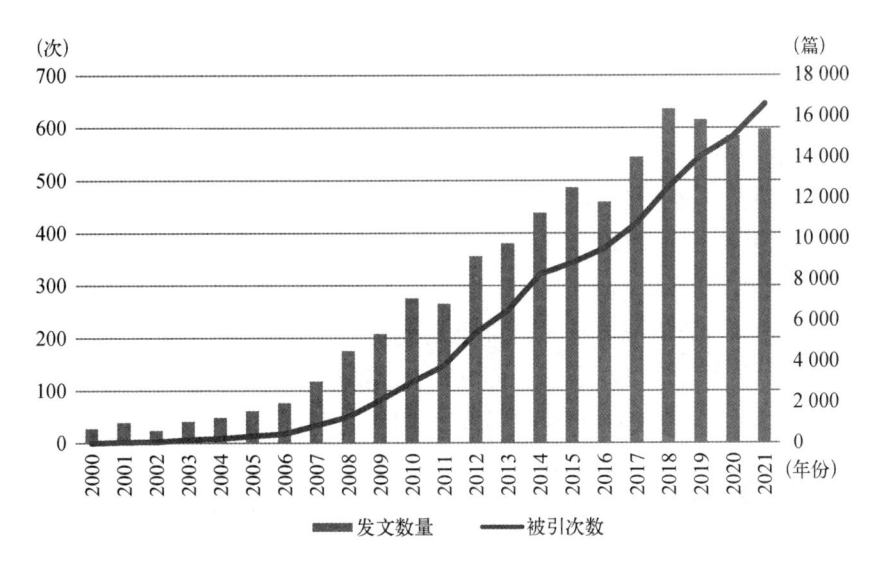

图 0-3 2000—2021 年主题词为"具身认知"的相关研究论文发表及引用概况

与上述来自 Web of Science 的英文文献相比,在国内学术界,与之呈现相应发展趋势的是与具身认知有关的研究已经从"新学"一跃而成为名副其实的"显学",并呈现出令人吃惊的跨学科张力。中国知网学术趋势检索的结果显示,"具身认知"的学术关注度正在逐年迅速递增(如图 0-4 所示)。

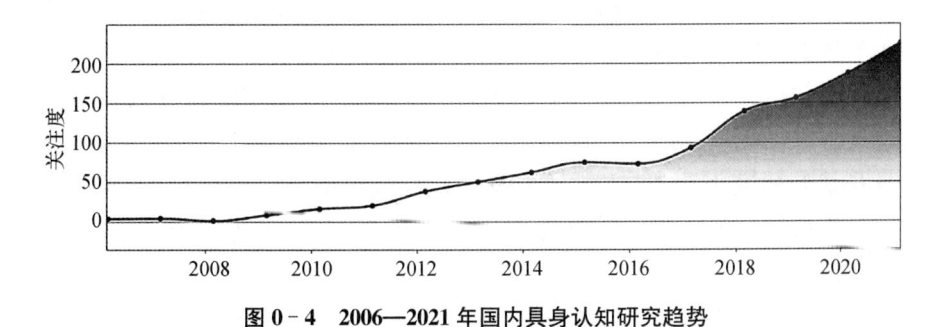

图 0-4 2006—2021 年国内具身认知研究趋势

具身认知的基本见解是:我们的心智、理性能力都是具身的,即它们有赖于我们身体具体的生理神经结构和活动图式(schema);认知过程、认知发展和高水平的认知深深地根植于人的身体结构以及最初的身体和世界的相互作用中①。在具身认知的视角下,心智不再被视为只是基于符号或逻辑的

---

① 李恒威、肖家燕:《认知的具身观》,《自然辩证法通讯》2006 年第 1 期。

抽象表征，而是根植于身体和具体经验的。心理学的实践也表明，具身认知的基本主张在过去的20多年间不断得到实证研究的支持。尽管这些研究在方法、对象、内容不尽相同，但都试图证明抽象概念的加工过程会不可避免地涉及身体的参与，这种具身模拟（embodied simulation）会影响我们对相关的抽象概念的理解。

尽管说具身认知已成为当下各学科研究的新宠并不为过，但它依旧如"一个萦绕在认知科学实验室上空的幽灵"[1]，大多数学者对具身认知运动的由来知之甚少。与此同时，伴随着不同理论诉求与知识背景的学者加入这个阵营，种种迹象表明具身认知研究似乎陷入了"战国时代"，具身认知的支持者在何为"具身性"（embodiment）等核心问题上缺乏统一的意见[2]，而且这种"令人沮丧的分化"（dispiriting balkanization）正在阻碍其理论效力[3]。与此同时发生的是国际学术界对具身认知的质疑与批判也在不断升级。从认识论上看，具身认知理论所衍生出的基本原则要么是模糊的，要么并未能提供新的内容。从实验科学的内部效度看，具身效应反映的或许只是基于身体线索的具体对抽象的启动效应，而并不是身体的模拟[4]。此类质疑的存在说明，指出心智和身体之间存在密切联系还远远不够，我们需要解答这种联系是如何发生的。身体在多大程度上涉入认知？身体通过何种渠道又如何影响认知？身体在认知的哪个阶段发挥作用？具身认知研究的发展需要研究者能更直接地对身体在认知中的作用进行说明。身体加工如何被转换为心理动作便是其中的重要问题之一。

综上所述，尽管具身认知在哲学、心理学以及认知科学等学科领域所产生的影响是有目共睹的，但发展至今一方面对于心智与身体的对话究竟是如何进行的等问题我们仍知之甚少；另一方面传统具身认知不断遭遇各种挑战但新的纲领性的研究框架却似乎仍不明晰。近年来，不少具身认知研究表明，身体信号本身并不与认知系统直接相联系，身体信号是先被转换为体验然后再进入认知系统的[5]。换言之，并不是脸部肌

---

[1] Goldman, A., & de Vignemont, F. (2009). Is social cognition embodied? *Trends in Cognitive Sciences*, 13(4), 154-159.

[2] Kiverstein, J. (2012). The meaning of embodiment. *Topics in Cognitive Science*, 4(4), 740-758.

[3] Goldman, A. I. (2013). *Joint Ventures: Mindreading, Mirroring, and Embodied Cognition*. Oxford: Oxford University Press.

[4] Goldinger, S. D., Papesh, M. H., Barnhart, A. S., Hansen, W. A., & Hout, M. C. (2016). The poverty of embodied cognition. *Psychonomic Bulletin & Review*, 23(4), 959-978.

[5] Ackerman, J. M., Nocera, C. C., & Bargh, J. A. (2010). Incidental haptic sensations influence social judgments and decisions. *Science*, 328(5986), 1712-1715.

肉的运动本身加快或减慢了被试对快乐或悲伤的理解,而是对脸部肌肉运动的本体感觉反馈导致了具身效应的出现。例如,研究者认为手持不同重量写字板的被试在估计外币汇率时会受到书写板轻重的影响是具身效应的一种体现,但一些实验的研究结果表明只有内感受(interoception)能力高的被试才会受到具身效应的影响[1]。就此而言,具身效应的产生并不是因为单纯的身体部分的模拟(simulation)与重演(reenactment),个体对自己身体状态的感知在身体信号与主观感受的转换中起着重要的作用[2]。换言之,具身性并不建基于身体加工而是接地于(ground in)对身体变化的体验中。因此,对内部身体变化的体验能力,即所谓的内感受就尤为重要了。

"内感受"是一个相对较新的概念,它与本体感觉(proprioception)以及外感受(exteroception)等概念一起产生于20世纪初期,最早在出版物中使用内感受概念的学者是谢林顿(C. Sherrington),他将身体内部的表面(internal surface)称为内感受的(interoceptive),而将身体外部的表面(external surface)定义为外感受的(exteroceptive)。谢林顿进一步指出,对于预先存在的外源性的(exogenous)刺激的知觉是属于外感受的,而内源性的(endogenous)感觉则要么是属于本体感觉的,要么是属于内感受的,两者之间的区分取决于感觉是出现在骨骼肌还是内脏。直至今日,学术研究中最广泛使用的内感受的概念依然建基于此:对源自身体内部器官的信号,如心跳、呼吸或饥饿等的加工和知觉[3]。由于可控性、安全性以及操作性等多方面的原因,当前科学研究中最常被用于衡量内感受能力的指标是心跳知觉能力的高低。

研究表明,在与具身认知有着密切联系的身体表征、情绪加工、认知加工、社会认知以及具身自我等多个方面,内感受都起着重要的调节作用:就身体表征而言,内感受能力的高低能够有效预测身体拥有感的稳定与否[4];就情绪加工而言,内感受性越高的个体情绪稳定性越好,并且在面对社会排

---

[1] Häfner, M. (2013). When body and mind are talking: Interoception moderates embodied cognition. *Experimental Psychology*, 60(4), 1−5.

[2] Connell, L., Lynott, D., & Banks, B. (2018). Interoception: The forgotten modality in perceptual grounding of abstract and concrete concepts. *Philosophical Transactions of the Royal Society B: Biological Sciences*, 373(1752), 20170143.

[3] Ceunen, E., Vlaeyen, J. W., & Van Diest, I. (2016). On the origin of interoception. *Frontiers in Psychology*, 7, 743.

[4] Tsakiris, M., Jiménez, A. T., & Costantini, M. (2011). Just a heartbeat away from one's body: Interoceptive sensitivity predicts malleability of body-representations. *Proceedings of the Royal Society B: Biological Sciences*, 278(1717), 2470−2476.

斥时情绪上所受到的负面影响也会更小[1]；就认知加工而言，内感受能力的高低与学习记忆表现和理性决策有着密切的联系；就社会认知而言，内感受对心理理论、共情等起着积极的作用[2]；就具身自我而言，内感受对于有机体以及身体自我在不断变化的环境中保持生理心理上的稳定性和统一性而言至关重要[3]。尽管相关的研究仍较为零碎，尚缺乏统一的框架，内感受本身的界定和测量也未能达成一致，但内感受已然成为重要的协变量而广泛出现在具身认知的研究和分析中。综观这些研究可以发现，近年来具身认知领域已悄然呈现出一种重视内感受作用的研究转向。

本书旨在以当前与具身认知相关的前沿研究为背景，依托大量实验心理学和认知科学研究的前沿成果，并辅以作者及其团队所开展的具身认知、多感官整合的实验研究结果，较为全面地梳理内感受与具身认知的相关研究，尝试对内感受之于具身认知的影响进行解读。一方面，在系统回顾具身认知的元理论与实体理论的基础上，指出具身认知研究突破当前困境的方向可能在于对内感受的研究。另一方面，基于大量认知科学实验研究的结果，提出具身认知的内感受研究转向应着眼于内感受与身体表征、内感受与情绪加工、内感受与认知加工、内感受与社会认知以及内感受与具身自我的研究。具身认知的内感受研究转向无论是对于自我问题的理论探讨还是对于自我障碍疾病的临床干预抑或是对于心理健康水平的提升都有着深远的影响。因此本书不仅是对具身认知经典研究的梳理和对最新研究的跟进，而且也能为后续相关领域的研究提供一些启发。全书整体思路与写作脉络如图0-5所示：

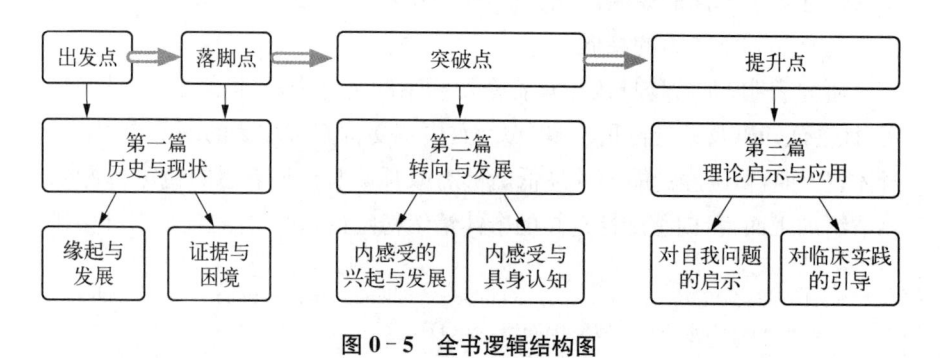

图0-5 全书逻辑结构图

[1] Pollatos, O., Matthias, E., & Keller, J. (2015). When interoception helps to overcome negative feelings caused by social exclusion. *Frontiers in Psychology*, 6, 786.
[2] Gao, Q., Ping, X., & Chen, W. (2019). Body influences on social cognition through interoception. *Frontiers in Psychology*, 10, 2066.
[3] Tsakiris, M. (2017). The multisensory basis of the self: From body to identity to others. *The Quarterly Journal of Experimental Psychology*, 70(4), 597–609.

除前言与结语外,全书主要内容包含三篇六章,各章节的论述思路遵循如下几个方面循序展开:

本书的第一篇具身认知的历史与现状,由第一、二两章构成,主要目的是回顾具身认知发展的来龙去脉及其代表性观点,详细介绍从生理学到心理学的交叉学科研究在具身认知发展过程中的作用及其所面临的困境。

第一章主要对具身认知的缘起与发展进行简单的梳理和回顾。具体涉及具身认知的现象学基础、具身认知的生理学基础以及具身认知的代表性立场。这些内容一方面能够以较简明扼要的方式为后续章节的展开奠定理论基础;另一方面也有助于对具身认知并不是太熟悉的读者快速地了解和知晓具身认知的发展脉络,并理解和把握具身认知的核心理念。

第二章主要是对具身认知的心理学证据及其所遭遇的质疑和所处的困境进行呈现。来自认知科学、心理学、社会学等学科的实验研究在推动具身认知的蓬勃发展过程中起着至关重要的作用,具身认知的支持者往往也立足这些研究结果向标准认知科学的解释力发起挑战。与此同时,具身认知研究遭遇的困境一定程度上也与这些实验证据有关,不少对具身认知解释力的质疑就是针对其实证研究的方法和结果而展开的。具身认知的困境一方面推动着新的解释框架的提出;另一方面也奠定了内感受研究转向的基础。

第二篇是具身认知研究的转向与发展,由第三、四两章构成,介绍内感受研究本身的发展及其对具身认知研究的影响与推动。

从第三章开始正式进入内感受直接相关内容的探讨。由于内感受研究出现、兴起及发展的历程并不长久,且目前为止对内感受操作性定义仍存有一定争议,因此本章首先从内感受的界定、测量、维度划分、神经解剖学基础等方面对内感受本身的相关研究进行了详细的介绍,继而在此基础上从最小自我的界定与意义、身体自我的外感受模型以及身体自我的内感受模型这三方面展开,对内感受如何能够成为身体自我的基础展开说明和分析。

第四章在第三章的基础上进一步呈现内感受与具身认知相关的研究。将内感受问题引入具身认知的研究目前以内脏感受(有些研究也包括本体感觉)为相对固定的研究主题。在方法论上,对内感受的测量方法与技术从主观报告法、问卷法、心电图记录等延伸到了虚拟现实演示、心率测试带、脉搏血氧仪或生理多导记录等,实现了第一人称方法和第三人称方法的整合,并发展完善了心跳知觉任务等比较成熟的研究范式来评估被试内感受的能力。这些主题与方法在身体表征、情绪加工、认知加工、社会认知、具身自我等研究领域上都与具身认知形成了紧密的关联,可以说正是这些分布在各个领域看似零星的研究构成了具身认识内感受研究转向的基础。

第三篇是具身认知内感受研究转向的理论启示与应用，由第五章和第六章构成，主要讨论其对自我问题的启示和在精神疾病溯源和干预中的应用。

第五章讨论具身认知及其内感受研究转向对自我问题的启示和推进。诸多围绕自我本质问题的探讨中，实体论和错觉论的观点一直针锋相对，但发展至今依然处于无法说服彼此的阶段。建构论同时否认两种极端观点，认为自我生成于一个"我正在持续进行"的过程，在这个过程中"我"和过程本身是等同的，自我是在过程中被建构起来的。这一主张的兴起与发展在一定程度上得益于具身认知思潮的兴起和发展，因此内感受研究在推动具身认知研究深入的同时也为我们思考和讨论自我问题提供了启示。本章在对实体论和错觉论之争与建构论的缘起和发展进行简单介绍后着重阐释了内感受与最小自我和叙事自我的联系，以期更为全面地展现内感受与自我问题的双向影响。

第六章对具身认知内感受研究转向对临床实践的启发与引导进行介绍和展开讨论。随着研究的日益深入，内感受与适应性行为、适应不良行为以及精神病理学之间的紧密联系也得到了越来越多的临床证据，内感受功能紊乱被认为可能是多种精神疾病的根源。基于橡胶手错觉范式的相关研究表明，内感受不仅能够影响身体表征的形成和保持，而且也会受到身体表征的反向作用，换言之内感受性也是可塑的。就此而言，内感受能力的训练和提升或许能够改善各种疾病的临床表现等假设的实现是可期待的。自闭症谱系障碍和进食障碍是两类常见的但是患病人数与影响群体正与日俱增的精神疾病，本章分别对这两类疾病中内感受的作用与影响研究进行介绍和分析，尝试为基于内感受的精神疾病的干预和治疗提供新的视角。此外，本章还对内感受的干预与提升进行了探讨，这一部分内容意味着，我们对内感受和各类认知现象以及内感受缺陷与各类精神疾病的关系探究能够超越对现象本身的描述，从而能够从被动的认识转向主动的干预。

最后，结语部分是在总结全书的基础上对具身认知研究未来发展的展望。具身认知的内感受研究转向不仅为具身认知的支持者在为具身认知进行辩护的过程中提供了一个新的方向，而且也为包括自我觉知、自我表征等在内的自我问题的探讨需要重视第一人称和第三人称的结合，提供了更直接和充分的理由。概言之，内感受作为人类具身性的基础，为我们提供了一个有着操作性定义和实际研究取向的理论框架，但对身心关系更深入细致的探究，需要从内感受的研究方法、研究对象以及研究内容等多方面加以推进。

目录

序一 / 1
序二 / 1
前言 / 1

第一篇 历史与现状

第一章 具身认知的缘起与发展 / 3
 一、具身认知的现象学基础 / 3
 二、具身认知的生理学基础 / 22
 三、具身认知的代表性立场 / 29

第二章 具身认知的证据与困境 / 39
 一、具身认知的实验证据 / 40
 二、具身认知的困境与出路 / 65

第二篇 转向与发展

第三章 内感受研究的兴起与发展 / 85
 一、内感受的界定、测量与维度 / 85
 二、内感受的神经解剖学基础 / 95
 三、作为身体自我基础的内感受 / 101

第四章 内感受与具身认知 / 131
 一、内感受与身体表征 / 131
 二、内感受与情绪加工 / 140

三、内感受与认知加工 / 146
四、内感受与社会认知 / 151
五、内感受与具身自我 / 156

第三篇 启示与应用

第五章 对自我问题的启示与推进 / 165
一、实体论与错觉论之争 / 165
二、建构论的缘起与发展 / 171
三、最小自我与自我的建构 / 179
四、内感受与最小自我 / 188
五、内感受与叙事自我 / 194

第六章 对临床实践的启发与引导 / 202
一、内感受与自闭症谱系障碍 / 202
二、内感受与进食障碍 / 223
三、内感受的干预与提升 / 243

结语：具身认知的未来 / 251

参考文献 / 257
索引 / 295

第一篇

历史与現狀

第一章 具身认知的缘起与发展

一、具身认知的现象学基础

笛卡尔(R. Descartes)在《第一哲学沉思集》中明确指出精神和肉体是有很大差别的:

> 这个差别在于,就其性质来说,肉体永远是可分的,而精神完全是不可分的。因为事实上,当我考虑我的精神,也就是说,作为仅仅是一个在思维的东西的我自己的时候,我的精神力分不出什么部分来,我把我自己领会为一个单一、完整的东西,而且尽管整个精神似乎和整个肉体结合在一起,可是当一只脚或者一只胳膊或别的什么东西从我的肉体截去的时候,肯定从我的精神上并没有截去什么东西。[1]

笛卡尔的身心二元论加速了经验主义(empiricism)与理性主义(rationalism)在认识论上的对立。经验主义认为感性经验是知识的唯一来源,一切知识都是通过经验而获得并最终需要在经验中得以检验,即经验主义将认识活动视为对外在世界的恢复,心智是自然之镜(mirror of nature);而理性主义则强调理性推理高于感官感知,并且只有理性推理才能为人类提供最确切的知识体系,即理性主义将认识活动视为心智的投射,世界是心智之镜(mirror of mind)[2]。但是经验主义和理性主义之间的对立并不是既定的也不是现成的,而是一种属于人类有关心智与自然的历史观念,经验主义和理性主义具有一致的二元论背景。瓦雷拉(F. Varela)等深刻地指出,其根源在于所谓的"笛卡尔式焦虑"(the Cartesian anxiety),这种焦虑并非严格的心

---

[1] R. 笛卡尔:《第一哲学沉思集》,庞景仁译,商务印书馆 2014 年版,第 93—94 页。
[2] Varela, F. J., Thompson, E., & Rosch, E. (2016). *The Embodied Mind: Cognitive Science and Human Experience*. Cambridge, MA: MIT Press, pp. 141–143.

理学意义上的焦虑，而是一种进退两难的局面：

> 要么我们有一个有关知识的坚实稳定的基础，知识从这里开始、建立和休憩，要么我们无法摆脱某种黑暗、混乱和混淆。要么有一个绝对的根基或基础，要么一切分崩离析。①

这种对一个预先给定的、绝对的参照点的渴望，引发了经验主义希望在世界中寻找一个外在且"自在"（being in itself）的根基，而理性主义则期望在心智中寻找一个内在且"自为"（being for it self）的根基。于是，主体与客体、心智与世界由此演变成决然对立的两极，两者之间存在着不可逾越的"解释鸿沟"（explanatory gap）。落实到认识活动的实现途径上，经验主义认为认识主体是通过"联想"或"回忆的投射"的方式将外部的感觉材料综合而完成认识活动的，理性主义则认为这种认识活动是在主观意识的引导下，通过"注意""判断"等方式实现的②。

经典认知科学几乎毫无意外地继承了上述两大类认识论，同时也延续了两者共享的"笛卡尔式的焦虑"。经验主义与理性主义在认识舞台上长达几个世纪的对立与抗衡就好比两名手头各有一张某个嫌犯照片的侦探，其中一张是正面照，而另一张是背面照。为了论证哪张照片更为真实，两者分道扬镳成两个阵营：正面主义者与背面主义者。前者坚信只有从正面拍摄的照片才是真实的；后者则坚持认为从背面拍摄的照片才是真实的。然而出于谨慎的态度，两位侦探不得不发明出一种理论来解释另一方的存在，于是正面主义者在解释背面存在时遭遇到背面主义者解释正面存在时同样的窘境。为了避免矛盾发生，正面主义者一直尽可能避免接触照片的背面，而背面主义者也巧妙地演绎出回避照片正面的方法。然而正如正面与背面只不过是观察这个犯罪嫌疑人的角度不同而已，主观与客观、身体与心灵、认知主体与认知客体也只不过是解释同一现象的不同视角罢了③。对此现象学家、认知科学家卢茨（A. Lutz）指出：

> 在笛卡尔的概念框架下，心理的（mental）对应着物理的（physical），

---

① F. 瓦雷拉、E. 汤普森、E. 罗施：《具身心智：认知科学和人类经验》，李恒威、李恒熙、王球、于霞译，浙江大学出版社2010年版，第113页。
② 陈巍、郭本禹：《中道认识论：救治认知科学中的"笛卡尔式焦虑"》，《人文杂志》2013年第3期。
③ 陈巍、郭本禹：《超越经验主义与理智主义：从意向性到交互肉身性——现象学认识论的演变轨迹》，《自然辩证法研究》2013年第3期。

这样的对立本身就是问题的一部分,而不是解决方案的一部分。①

于是从胡塞尔(E. Husserl)的"意识意向性",到海德格尔(M. Heidegger)的"此在"与"共生世界",再到梅洛-庞蒂(M. Merleau-Ponty)的"交互肉身性",现象学的认识论演变轨迹旨在消解"笛卡尔式的焦虑",这为具身认知在认识论转向与范式确立上打下了扎实的基础。

(一) 历史渊源

1. 胡塞尔：超越经验主义与理性主义之争

在胡塞尔的早期作品中,便可以找到对知觉和认知的具身化方面的分析,找到现象学与具身认知观念相汇的起点。胡塞尔在《事物与空间》(Thing and Space)一书中就曾写到了动觉(kinesthesia),即运动感,在知觉中的作用。例如,由于眼外运动过程(extraocular motor processes)有助于控制我们看向何处,因此来自该运动过程的动觉反馈便与我们视野中的知觉相关。然而,眼外过程又是嵌入控制头部运动和一般身体姿势的运动系统中的,因此,更一般的运动感觉模式便在与视觉知觉相关的过程中被激活了。更重要的是,视觉对象是以这样一种方式激活运动感觉系统的,即物体的位置和形状与潜在的身体运动是"配置"(con-figured)在一起的。这种分析广泛地预示了当代神经科学的研究发现,当我们在可操纵的区域内感知物体时,在我们的运动系统中会发生实用的和情感的共振(pragmatic and affective resonance)②。

胡塞尔在他的几部著作中延续了这一分析,尤其是在《观念 II》(Ideas II)一书中,他发展了 körper 和 leib 之间重要的现象学区别。前者被翻译为客体的身体(objective body)或作为客体的身体(body-as-object),而后者被翻译为活生生的身体(lived body)或作为主体的身体(body-as-subject)③。"注意我们经验身体或身体的东西的方式是由什么态度所塑造的"是身体现象学的一个要点。在身体这个问题上,在朴素-独断主义态度中出现的是作为被建构者的身体,即作为客体的身体;而在现象学态度中出现的是作为建构者的身体,即作为主体的身体。胡塞尔侧重于调查两种态度之间的差异。他发

---

① Lutz, A. (2004). Introduction—the explanatory gap: to close or to bridge? *Phenomenology & the Cognitive Sciences*, 3(4), 325–330.
② Rizzolatti, G., Fadiga, L., Gallese, V., & Fogassi, L. (1996). Premotor cortex and the recognition of motor actions. *Cognitive Brain Research*, 3(2), 131–141.
③ Gallagher, S. (2014). Phenomenology and embodied cognition. In L. Shapiro (Eds.), *The Routledge Handbook of Embodied Cognition*. New York: Routledge, pp. 27–36.

现,在朴素-独断主义的态度中,人们会在细胞层次的生物过程的层面上来考察身体,而在现象学的态度中,人们是在与人类生活相关联的意义上来考察身体,尤其是考察身体体验中未被注意的,往往是想当然的结构特征[1]。

针对作为客体的身体,我们可以进一步进行区分,根据身体是如何被个体可能拥有的有关身体的不同种类的客观的或科学的知识所构思,或根据当我们反思性地专注于身体的某个部位时所具有的对于身体更为直接的体验。作为客体的身体的这些不同方面在某些理论中被包含于身体意象(body image)的概念之中[2]。身体意象可以被定义为一个人对自己身体的有意识的觉知,它是关于身体的一种精神建构、表征或一系列信念[3]。因此身体意象可进一步细分为知觉的(perceptual)、情感的(affective)以及概念的(conceptual)3个维度。而与之相对应的作为主体的身体指的是知觉的或体验的身体,也就是在行动中运动的有自主性的身体,其中大部分体验都是前反思的(pre-reflective)。就此而言,当我知觉自己周围的世界时,或者当我从事某项活动时,我对自己身体的体验和对环境中其他客体的体验显然不会完全相同。但与此同时,我也不是完全觉知不到自己的位置和运动。在这个对身体位置和运动的前反思的觉知的概念中,我们能够对吉布森(J. Gibson)的生态知觉(ecological perception)概念有一个预见性的认识。吉布森用他的研究表明:

> 有机体周围可利用的刺激具有结构,它既是同时的也是连续的,并且这一结构取决于外部环境中的来源……脑免除了通过任何过程构建这种信息的必要性……取而代之的假定是:脑构建了来自感觉神经输入的信息,我们可以假定包括脑在内的神经系统的中心与信息产生共鸣(resonate)。[4]

按照吉布森的观点,通常并不是信息主动走向我们,而是我们必须主动地去获取信息。知觉系统包括各种实现这一获取的感官和行动。即当我在

---

[1] 徐献军:《具身认知论——现象学在认知科学研究范式转型中的作用》,浙江大学出版社2009年版,第103页。
[2] O'Shaughnessy, B. (1995). Proprioception and the body image. In J. L. Bermúdez, A. J. Marcel & N. Ellan (Eds.), *The body and the Self*. Cambridge, MA: MIT Press, pp. 175–203.
[3] De Vignemont, F. (2010). Body schema and body image—pros and cons. *Neuropsychologia*, 48(3), 669–680.
[4] Gibson, J. J. (1966). *The Senses Considered as Perceptual Systems*. Prospect Heights: Waveland Press, pp. 267.

对世界进行知觉的时候,我对自己的位置、姿势和动作也有一种隐性的觉知。

同样,吉布森所提出的可供性(affordances)①的概念以及对知觉的生成进路在胡塞尔的"我能"(I can)的概念中我们也能发现一种预示性。胡塞尔认为,当我们知觉自己周围的客体时,我们是根据必须与它们互动的可能性来知觉它们的。例如当我们看到对象 X 的时候,我们并不是将其视为纯粹客观的或可识别的对象,相反,我们会将其视为某种我们可以抓住、吃掉、投掷或坐上去的东西。这些行动的可能性不是对知觉的认知性的补充,而是内隐于我们知觉客体的方式之中的,换言之,是内隐于知觉的意向性(intentionality)结构中的。

从上述分析中可以看出,对于胡塞尔来说,经验的具身方面是渗透在知觉之中的,我们所谈论的世界既是我们内在活动的表达,也是我们对外在世界的表达:

> ……如果认识论仍然想要研究意识与存在的关系问题,那么它就只能将存在看作是意识的相关项(correlatum),看作是合乎意识的"被意指之物",看作是被感知之物、被回忆之物、被期待之物、被图像表象之物、被想象之物、被认同之物、被区分之物、被相信之物,被猜测之物、被评价之物,以及如此等等……任何一类对象,如果它想成为一种理性话语的客体,想成为一种前科学认识、尔后是科学认识的客体,那么它就必须在认识中,也就是在意识中显现自身,并且根据所有认识的意义而成为被给予性……认识论的分析甚至将相关性的研究就视作自己的任务。据此,我们将所有那些即使是相对可分的研究都纳入现象学的标题下面。②

此外,胡塞尔对记忆和想象等认知行为的意向性的分析也表明了这些具身方面的相关性。胡塞尔对"意向性"概念的构想可以回溯到他的老师布伦塔诺(F. Brentano)那里。后者首先将"意向的""意向的内存在"这样一些概念引入近代心理学中。胡塞尔在与布伦塔诺学说的分歧中发展起他自己的意向性学说。隐含在胡塞尔"意向性"概念中的对意识的本质性基本规定是在现象学悬搁(epoch)的范围内形成的③。意向性一词不指别的,它仅仅是

---

① 吉布森的术语,它是指物体的某一属性,该属性会唤起引发特定种类行动的机会。例如,树枝供给鸟栖息地,而不是供给猪栖息地。
② E. 胡塞尔:《哲学作为严格的科学》,倪梁康译,商务印书馆 1999 年版,第 15—16 页。
③ 倪梁康:《胡塞尔现象学概念通释》(增补版),商务印书馆 2016 年版,第 268 页。

指意识的普遍根本的特性：意识是关于某物的意识。所以，我们完全可以将心理现象定义为有意向地包含一对象于其内的现象。对象的意向的内存性是心理现象普遍的、独具的特征，正是它把心理现象与物理现象严格地区分开来，即任何心理现象都要指向某一对象，心理现象不能单独存在，它总是由意识行为与意识对象两者同时构成。因此，意向性决定了意识经验是一种主动的、参与的、创造的和建构的过程，而不是简单构成的、惰性的、静止的或被动的内容，更无法被还原为纯粹客观的感觉材料①。

例如，在胡塞尔对记忆的分析中，他认为情景记忆（episodic memory）涉及对过去知觉的重演（re-enactment），这种重演包括知觉的原始意向性结构，以及隐含于该结构中的身体的各个方面。例如，记住我们过去的行为会涉及知觉体验的再次出现，尽管从感觉上而言是经过修改的，是有别于第一次的体验的（胡塞尔使用了 Vergegenwärtigung 一词）。同样的，有关记忆的当代科学研究也给出了与上述现象学描述相一致的研究结果，我们可以注意到这一现象学描述与当代记忆科学描述之间的一致性②。

长期以来，笛卡尔的实体二元论带给自然科学与哲学的并非只有本体论上的困境，还加速了认识论上经验主义与理性主义的进一步对立。经验主义认为一切知识都来自经验知识的普遍性必须奠基于经验之上，主要通过对经验的归纳而获取；理性主义则认为一切知识均来源于心灵中固有的天赋观念，它们具有自明性和无可置疑性，主要通过对这些观念的推理演绎而获取知识。胡塞尔敏锐地认识到："笛卡尔是理性主义与经验主义这两条发展路线的出发点。"③现象学在认识论上的任务是：同时悬搁经验主义眼中独立于意识活动的外在客观世界与理性主义眼中独立于外部世界的内在于意识活动的主观世界。

胡塞尔一生中都将身体问题当作是一个关键的问题来对待，其身体现象学思想也对后来不少身体现象学家产生了不小的影响。海德格尔"在世界之中存在"（being in the word）的思想便得益于胡塞尔对生活世界的强调④。如果说胡塞尔的现象学更像是"认识论的现象学"（epistemological phenomenology），

---

① 陈巍、郭本禹：《超越经验主义与理智主义：从意向性到交互肉身性——现象学认识论的演变轨迹》，《自然辩证法研究》2013 年第 3 期。
② Schacter, D. L., Reiman, E., Curran, T., Yun, L. S., Bandy, D., McDermott, K. B., & Iii, H. L. R. (1996). Neuroanatomical correlates of veridical and illusory recognition memory: evidence from positron emission tomography. Neuron, 17(2), 267-274.
③ E. 胡塞尔：《欧洲科学危机和超验现象学》，张庆熊译，上海译文出版社 2005 年版，第 113 页。
④ 徐献军：《具身认知论——现象学在认知科学研究范式转型中的作用》，浙江大学出版社 2009 年版，第 101 页。

那么海德格尔的工作便是推进了"现象学的本体论转向"(the ontological shift of phenomenology),海德格尔进一步对"主体"或"意识"的存在本身进行追问,并提出了"此在"(Dasein)的观点。

2. 海德格尔:现象学本体论转向

海德格尔的"此在"是指一种特殊的存在者,是生命意义上存在的存在者,有别于现成的存在者,它不仅具有其他存在者的存在方式,而且还具有思考、提问、领悟等存在方式。尽管对身体本身(body per se)海德格尔并没有提出太多特殊的值得特别说明的内容,但他确实提供了一种有影响力的对于"在世界之中存在"的特定方式的解释,其中内隐着具身的思想[1]。

海德格尔的发现在于他认为认知活动本身是一个生存活动,人不是一个"思维的事物"(thinking thing),而首先是一个在世存在的活动者[2]。这种在世之在是一种"有深意的状态"(bedeutsamkeit),一种混沌未开的主客杂糅。它具有"无区别"或"不计较"(indifferenz)的特征,主体与客体以一种动态的、原初的方式发生互动。我们正是通过此在与世界打交道或发生关系,而不是胡塞尔所谓的那些感觉、知觉方式[3]。

人与世界的关系问题一直是哲学家们所关注的焦点。笛卡尔在思维的构造中寻求人与世界的统一,但他在解决人的实际生存活动问题上是失败的;贝克莱(G. Berkeley)认为世界只能从"内心"寻找,但他获得"真实世界"的同时也抹杀了一个真正存在的世界;世界对康德(I. Kant)来说既不是思维的构造也不是观念之物,而是能够把思维的观念放置于其中的存在物,但他并未对如何"放置的"给出令人满意的解答……在海德格尔看来,世界"是从社会或文化的角度被构造起来的指引网络……这个指引网络必定总是被摆出来"。[4] 并且这个指引网络是被所有人通达的,因此人与世界的关系就不是内外两侧相对的圆环,而是无内外侧之分的单面的莫比乌斯环。这个单面就是此在的存在,简单地说,世界不是相对的,而是具身的[5]。海德格尔通过一个锤子的例子来说明"此在"的呈现方式:

> 这样的打交道,例如用锤子来锤,并不把这个存在者当成摆在那里

---

[1] Gallagher, S. (2014). Phenomenology and embodied cognition. In L. Shapiro (Eds.), *The Routledge Handbook of Embodied Cognition*. New York: Routledge, pp. 27−36.

[2] 李恒威、肖家燕:《认知的具身观》,《自然辩证法通讯》2006年第1期。

[3] 张祥龙:《现象学导论七讲:从原著阐发原意(修订新版)》,中国人民大学出版社2011年版。

[4] S. 马尔霍:《海德格尔与〈存在与时间〉》,亓校盛译,广西师范大学出版社2007年版,第58—59页。

[5] 燕燕:《梅洛-庞蒂具身性现象学研究》,社会科学文献出版社2016年版。

的物进行专题把握,这种使用也根本不晓得用具的结构本身。锤不仅有着对锤子的用具特性的知,而且它还以最恰当的方式占有着这一用具。在这种使用着打交道中,操劳使自己从属于那个对当下的用具起组建作用的"为了作"。对锤子这物越少瞠目凝视,用它用得越起劲,对它的关系也就变得越原始,它也就越发昭然若揭地作为它所是的东西来照面,作为用具来照面。锤本身揭示了锤子特有的"称手",我们称用具的这种存在方式为上手状态,用具以这种状态从它自身将自身公布出来。①

海德格尔的"称手"和"上手状态"具有两层重要的含义。一方面,锤子作为用具,它是为着称手和可用性而设计的,锤子是为了增强手的力量,锤子是出自身体或身体器官的功能结构而被制造的,从锤子这一用具中所揭示出的是用具的仿生性。另一方面,在捶打过程中,我们照看的是每一次捶打的效果而不是捶打动作本身,这就是锤子在使用者手上的功效性,即上手状态。锤子似乎成了我们的手,使用者像不需要照看自己的手便能自在地使用一样,不需要照看锤子就能够自如地挥动它。实际上,这已经暗示了此在是有手,即有肉身作为载体的。就此而言,在这个世界中的东西最初并非是作为简单地出现在"手边"的东西的物体给予的,而是作为可以在实际世界中使用的,因而是作为"上手的"用具给予的②。这是思维主体具身化(embodiment)的第一步。海德格尔在他著名的"在世界之中存在"的分析中表明,我们形成现实表征的首要条件是我们已经浑然地活动在世界中,处理着事物和把握着事物。也就是说我们无法独立于我们在世的活动来认识世界,因此我们认知结果的意义也不可能与我们的认知和理解活动无关③。

综上所述,他的"上手的"概念包含了我们对世界的普通立场的实用主义概念。与胡塞尔的"我能"概念或吉布森后来的"供给量"概念不同,海德格尔将我们的人类存在(此在)描绘为务实地参与到任务中,在这些任务中,工具被纳入我们的行动意向性——当我们参与世界时,我们的身体在经验上是透明的延伸。这一分析在德雷福斯(H. Dreyfus)关于具身应对和专业知识的著作中占有突出地位④。

因此,在具身认知思想的产生中,海德格尔是关键,因为海德格尔对胡塞

---

① M. 海德格尔:《存在与时间》,陈嘉映、王节庆译,熊伟、陈嘉映修订,生活·读书·新知三联书店 2010 年版,第 98—99 页。
② H. 施皮格伯格:《现象学运动》,王炳文、张金言译,商务印书馆 2011 年版。
③ Taylor, C. (1995). *Philosophical Arguments*, Harvard: Harvard University Press, p. 3.
④ Dreyfus, H. (1972). *What Computers Can't Do*. New York: Happer & Row.

尔以及整个哲学传统的批判,正是对无身认知思想的批判。首先,海德格尔所要清除的4个哲学假设,即明晰性、精神表征、理论整体论、超然和客观性假设,都是无身认知所包含的思想。其次,海德格尔对胡塞尔的意向性观点批判,就是对无身认知中表征主义的批判。再次,海德格尔在探讨"背景"时,实际上提出了一种反表征主义思想。最后,海德格尔很好地解释了为什么无身认知无法解决框架问题。因此,如果海德格尔是对的,那么无身认知就应该被具身认知所取代[①]。

海德格尔的思想也对梅洛-庞蒂的研究产生了深刻的影响。海德格尔在具身认知发展中之所以只是一个中介环节是因为他在阐述对表征的解构和我们与事物最基本的互动方式时并没有提及身体。

3. 梅洛-庞蒂:知觉现象学思想

一方面受到海德格尔思想及其自身对发展心理学、精神病学以及神经病学的解读的影响;另一方面,梅洛-庞蒂也是从胡塞尔停止的地方开始的。但是,在所有现象学家中,梅洛-庞蒂是最著名的具身派的哲学家。梅洛-庞蒂指出人类主体既不是无形质的纯思维形式的主体,也不是将行为还原到物理解释的躯体,而是身体-主体[②]。梅洛庞蒂的身体现象学思想直接推动了具身认知的发展。

在梅洛-庞蒂看来,身体是知觉者,知觉既涉及感官过程,也涉及运动过程。他通过对他所处时代的神经科学/神经学以及心理学研究的描绘和批判性的分析,为运动觉、幻肢(phantom limbs)以及其他的一些主题的研究提供了新的解读与分析[③]。在其《知觉现象学》(*Phenomenology of Perception*)的中心章节中,他介绍了身体图式(body schema)的概念。身体图式源于亨利·海德(Henry Head)的工作,海德在其著作《神经病学》中把身体通过姿势或运动的调节将世界中许多意义部分整合到自己的经验中的这种无意识的身体姿势模式称为"身体图式"。梅洛-庞蒂通过施耐德(Schneider)的病理案例重新对身体图式的概念进行了解释[④]。

施耐德是盖尔布(Gelb)和戈尔茨坦(Goldstein)的一名患者,他因战争中的创伤而遭受广泛性的脑损伤,无法按照特定的指令以某种方式移动。例

[①] 徐献军:《具身认知论——现象学在认知科学研究范式转型中的作用》,浙江大学出版社2009年版,第37页。
[②] 李恒威、黄华新:《"第二代认知科学"的认知观》,《哲学研究》2006年第6期。
[③] M. 梅洛-庞蒂:《知觉现象学》,姜志辉译,商务印书馆2012年版,第100—101页。
[④] Gallagher, S. (2014). Phenomenology and embodied cognition. In L. Shapiro (Eds.), *The Routledge Handbook of Embodied Cognition*. New York: Routledge, pp. 27–36.

如,他无法完成根据要求伸展手臂这样的简单动作。但是,他能够以自愿的(voluntary)方式行动起来,实现日常目标和工作行动。他在被戈尔茨坦称为"抽象的"运动方面是有问题的,但在"具体"的运动方面却似乎毫无障碍。当被置于上下文或背景中时,他在动作的身体图式控制方面是没有问题的,但当他试图按要求移动,需要他将身体作为一个对象来对待,并将其组织到一个定义在客观空间中的轴线和坐标中的位置时,他是无法完成任务的。梅洛-庞蒂对这一复杂案例的详细分析表明,施耐德只能应对由具体的环境所驱动或引发的行动,尽管这对我们的日常生活而言至关重要,但我们作为正常个体除此以外还能应对任何可能的行动,而这些行动对于施耐德而言似乎是极其困难的。

基于对施耐德病例的分析,梅洛-庞蒂在身体的空间性和身体所处环境的空间性之间进行了区分,并以一种本体感觉顺序的方式进行了重新组织:

> 对我来说,我的整个身体不是并列在空间中的器官的集合。我把我的身体当作不可分割的拥有,通过一种将他们都包裹起来的身体图式,我能知道我的每一条肢体的位置。①

比海德格尔更进一步,梅洛-庞蒂发现,此在的在世存在是身体-主体(body-subject)的在世存在,我们认知结果的意义不仅与我们和世界相互作用的认知活动有关,而且与我们实现认知活动的基本的身体图式、行为结构和生理神经结构有关:

> 我们重新学会了感知我们的身体,我们在客观的和与身体相去甚远的知识中重新发现了另一种我们关于身体的知识,因为身体始终和我们在一起,因为我们就是身体。应该以同样的方式唤起向我们呈现的世界的体验,因为我们通过我们的身体在世界上存在,因为我们用我们的身体感知世界。但是,当我们以这种方式重新与身体和世界建立联系时,我们将重新发现我们自己,因为如果我们用我们的身体感知,那么身体就是一个自然的我和知觉的主体。②

尽管如此,身体图式依然是暧昧的(ambiguous),因为一方面它会在我们进行意向性行动时被激活,但另一方面它似乎又是以一种不受我们明确控制

---

① M. 梅洛-庞蒂:《知觉现象学》,姜志辉译,商务印书馆2012年版,第100—101页。
② M. 梅洛-庞蒂:《知觉现象学》,姜志辉译,商务印书馆2012年版,第256页。

的方式自行运作的。身体图式不是由局部意象或感觉的联想产生的,而是一个支配各部分的整体,它是运动的规律或原理,而不是运动的直接产物。它根据个体实际的或可能的任务动态地组织身体运动。因此,身体的空间性不是尺子可以测量的客观空间性,而是一种"情境空间性",在其中身体和世界形成了一个统一的实践的整体系统①。

身体作为一个实践整体一方面表现在生命的适应活动和自主活动的表达方面,如上述施耐德的病例分析中所涉及的身体图式的灵活性和多样性体现的便是作为表达的身体。另一方面也表现在对刺激的反应方面,正如梅洛-庞蒂所指出的,机体的各种反应并不是某些基本运动的堆积,而是一些具有某种内在统一性的姿势。身体每个部分对刺激做出的反应不是作为一个单纯的物理部分所做的反应,每一局部效应都依赖于它在整体中实现的功能,依赖于它相对系统所趋向于实现的结构而言的价值和意义②。作用于身体的刺激不是以一个简单的线性方式映射出去的,刺激依赖于有机体的整体反应而获得意义,每个局部刺激都是经历了身体整体的整合和"解释"后作为行为反应而出现的。没有这个"解释",身体的响应性活动就没有"为我"的意义③。作为一个整体,它超越了任何身体/心灵、身体/世界、内在/外在、自在/自为、经验/先验等二元的概念,将其综合在一起,并通过行为(behavior)与知觉(perception)两种形式表现出来④。

梅洛-庞蒂将身体放置到现象学的高位,提出了"身体性"(corporeality, Leiblich)的概念。身体性是对胡塞尔身体概念的推进,它不单是支撑我们行动的可见与可触的躯体,也包含我们的意识和心灵,甚至包含我们的身体置身其上的环境。在梅洛-庞蒂看来,意识意向性(intentionality of consciousness)是由身体意向性(bodily intentionality)所奠基的。世界有一个"为我"的意义,同时我也有一个"为世界"的意义。生命的整个活动乃至意识生活都有赖于个体与世界的意向关联,正是在这个意向关联的过程中,世界才成为"为我的世界"(world-for-me)和现象的世界:

> 意识的生活——认知的生活、欲望的生活或知觉的生活——是由

---

① Gallagher, S. (2014). Phenomenology and embodied cognition. In L. Shapiro (Eds.), *The Routledge Handbook of Embodied Cognition*. New York: Routledge, pp. 27–36.
② M. 梅洛-庞蒂:《行为的结构》,杨大春、张尧均译,商务印书馆2005年版,第198—200页。
③ 李恒威、黄华新:《"第二代认知科学"的认知观》,《哲学研究》2006年第6期。
④ 张尧均:《哲学家与在世——梅洛-庞蒂对海德格尔的一个批判》,《同济大学学报》(社会科学版)2005年第3期。

"意向弧"支撑的,意向弧在我们的周围透射我们的过去、我们的将来、我们的人文环境、我们的物质环境、我们的意识形态情境、我们的精神情境,更确切地说,它使我们置身于所有这些关系中。①

在身体意向性的基础上进一步衍生出的肉身间性(intercorporeity)是交互主体性得以实现的前提。并且,肉身间性的概念对于我们理解人际互动中身体与心灵的关系同样具有不容忽视的重大意义。它帮助我们修复了一直以来被理性主义者的分析所扭曲的他人经验。例如,在对一种愤怒的姿势进行知觉时,我们所知觉到的是愤怒自身而不仅仅是毫无心理意义的外部行为,对愤怒姿势的知觉和我们对衣服颜色的知觉方式是不一样的。他人的姿势指向一个有意向的对象,并且我不是通过看他们背后,而是通过关于他们所凸显的世界的部分来理解这些姿势的意义的。为了理解表达性的行为,这些行为必须对于观察者来说也是可能的,正如梅洛-庞蒂所说:

> 动作的沟通或理解是通过我的意向和他人的动作、我的动作和在他人行为中显现的意向的相互关系实现的。所发生的一切像是他人的意向寓于在我的身体中,或我的意向寓于他人的身体中。②

由此,梅洛-庞蒂完成了从胡塞尔"意识现象学"到"身体现象学"——从"意识意向性"到"身体意向性"或"身体的在世之在"(being bodily in the world)③,再到"身体性的交互主体性"(bodily intersubjectivity)④——的转向,实现了现象学本体论的突围。这对于后续具身社会认知的研究产生了深远且持续的奠基性影响。现象学之于具身认知的意义以及为何需要借助现象学来理解具身认知的原因还可见于当代科学研究的语境中。

(二)科学语境中的现象学与具身认知

在科学语境中的现象学的概念通常并不是严格意义上或形式意义上的哲学现象学传统所界定的,但在不太正式的意义上,现象学仍然在具身认知和身体行为的研究中扮演着重要的角色。在这一语境中,人们可能会认为现

---

① M. 梅洛-庞蒂:《知觉现象学》,姜志辉译,商务印书馆 2001 年版,第 181 页。
② M. 梅洛-庞蒂:《知觉现象学》,姜志辉译,商务印书馆 2001 年版,第 241 页。
③ Legrand, D. (2007). Pre-reflective self-as-subject from experiential and empirical perspectives. *Consciousness and Cognition*, 16(3), 583-599.
④ 孟伟:《身体、情境与认知——涉身认知及其哲学探索》,中国社会科学出版社 2015 年版。

象学本身仅限于对身体意义的分析(我们觉知身体的方式),因为严格地说,现象学无法超越我们对于事情看起来是如何的、世界表现出是如何的,或是意识中的身体是如何的体验。虽然现象学只能提供此类分析,但是它却至少能在两个方面超越分析内容本身[1]。

首先,在对行为的现象学分析中,我们可以以一种消极的方式发现我们要么没有体验要么无法体验。例如,当我伸手去拿一个水杯的时候,我并没有觉知到我的手握杯子的精确形状,因为我手握杯子的形状会和很多因素有关,并且会根据杯子的大小、形状、位置等而发生变化,抓握的这种形状是以无意识的方式发生的。虽然我没有觉知到这种抓握的形状是如何产生的,并且通常我甚至不会觉知到我手指位置的精确细节,但是我可以在现象学的反思中发现这种觉知的缺失。也就是说,我能够发现我在此类动作的通常过程中是没有觉知到我抓握动作的形状的。更为一般地说,以这样一种消极的方式,我可以反思身体图式运动控制的要素和情感因素,尽管它们仍然是无意识的,但它们却同时调节着知觉、注意和行动。

有人可能会觉得行为研究已经足够让我们知晓上述这些方面了,但是从其重要性上而言,这种消极的现象学是任何此类行为研究的基础。例如,如果一位科学家第一次研究伸手去抓住某物的简单动作,那么了解自主体在这个动作执行过程中所能意识到的内容是非常重要的。自主体对于动作有关的任何内容都是完全无意识的吗?还是说自主体对于自己行动的所有方面都是完全能意识到的呢?当一个人报告他对于行动的某个特定方面有意识或者无意识时,他所给出的就是现象学的报告(经过一些特定的训练,被试也许能更好地描述他们意识到或没有意识到的内容)[2]。如果没有要求自主体提供这样的报告,那么行为科学家很可能就只能根据自己的经验,或根据之前关于这些事情是如何工作的经验知识,做出一些内隐的(implicit)或外显(explicit)的假设。即便是在后一种基于经验知识的情况下,仍然有一些现象学的事实,建立在以前工作的基础上,并融入科学研究的实验设计中。更为一般地说,在许多行为实验中,关于被试能意识到什么或不能意识到什么;关于实验他们知道什么或不知道什么;对于需要被专注的能容他们能集中注意或不能集中注意等问题都是非常重要的。

其次,尽管身体加工对认知的许多影响都发生在亚个人(subpersonal)或

---

[1] Gallagher, S. (2014). Phenomenology and embodied cognition. In L. Shapiro (Eds.), *The Routledge Handbook of Embodied Cognition*. New York: Routledge, pp. 27—36.
[2] 徐怡:《意识科学的第一人称方法论》,中国社会科学出版社2017年版,第19—24页。

神经元的水平上，现象学与给出因果解释仍有密切的联系。因为对亚个人加工的研究通常是为了解释同样具有个人层面维度的认知操作——假设记忆、想象、问题解决、做梦等在某些方面是一个人有意识经验的一部分——因此理解个人层面解释的本质，甚至知道需要寻找哪种类型的亚个人过程或者知晓这些过程是如何被解释的都很重要。事实上，如果没有现象学，神经科学可能将很难知道要寻找什么，就好比在黑暗中工作，缺乏明确的目标。以幻肢痛为例，无论神经科学家发现了何种与肢体现象有关的神经基质，或是揭示了何种能够解释幻觉疼痛产生原因的神经基础，如果完全不考虑患者个体层面鲜活的体验，上述解释都将是毫无意义的①。同样的道理也适用于如躯体妄想症（somatoparaphrenia）、异手症（alien hand syndrome）、控制幻觉（delusions of control）、橡胶手错觉（rubber hand illusion）、全身移位（whole-body displacement）以及匹诺曹效应（Pinocchio effect）等其他病理学案例或实验室诱发的现象。

需要澄清的是，现象学和特定的大脑过程之间并不一定存在意义对应的关系。但是认知研究者能够在个人现象水平上指出特定的激活脑区。更有力地说，这不仅是在现象学方式可通达的个人水平上发生了什么能够给我们更多关于亚个人水平上可能会发生什么的线索，并且还能作为对亚个人加工解释的一部分。这种解释至少应该分为两条进路：自下而上的（bottom-up）和自上而下的（top-down）。一位神经科学家如果解释说 F5 区②的神经元被激活，他就必须给出一些说明，与体验或行为的个人水平相关的这种激活意味着什么。在认知神经科学的方法论方面，如果被试不是处于特定的个人水平（例如，参与一个意图行为或观察他人参与一个意图行为），F5 区的特定神经元就不会被激活。因此，神经科学家在建立他们的实验时需要求助于个人层面的实践和现象学经验，在许多情况下，唯一定义解释性的方法就是现象学③。

关于具身认知，现象学能告诉我们的是什么呢？无数的现象学家都曾表明过类似的观点，即在每个人的体验中都存在着一种"属我性"的感觉（a sense of "mineness"）。这种感觉有时候被称为拥有感（sense of ownership）。

---

① 李恒威：《意识：形而上学、第一人称方法和当代理论》，浙江大学出版社 2019 年版，第 73—76 页。
② 猴脑的 F5 区位于其腹侧前运动皮层中，存在一些特殊的神经元，不仅会在恒河猴自己进行有目的的行为过程中放电，也会在它们观察其他个体做出相同或相似动作时产生同样的放电反应。
③ Gallagher, S. (2014). Phenomenology and embodied cognition. In L. Shapiro (Eds.), *The Routledge Handbook of Embodied Cognition*. New York: Routledge, pp. 27-36.

所谓拥有感,是指"我"是那个正在做出某个动作或者经历某种体验的人的感觉[1]。例如,我的身体正在移动的感觉,不管这一移动是否出于我本人的意愿。当我伸手去够一个水杯的时候,我对于伸出去的那只手是属于我身体的一部分的感觉或者我对于伸手的那个动作是属于我身体所发出动作的感觉便是拥有感[2]。这里的拥有感并不是指拥有某物(如财产的拥有权)的某种外部关系,而是指对体验的内在"拥有性"或"属我性",它是体验的一个方面,正是这一属性才使得体验在主观上成为我的体验。因此,就拥有感而言,它不仅适用于我的身体或身体部分的体验,例如当我伸手并抓住某物时,我所能感受到的伸过去的是我的手臂,抓住外物的是我的手。同时,它也适用于自我移动和运动的体验。拥有感直接地与前反思的自我觉知(pre-reflective self-awareness)的现象学概念相联系,例如,当我们有意识地思考、知觉、或行动时,我们在前反思层面上觉知到我们正在做着这件事情,并且,这种前反思的觉知是体验本身的一部分,是任何有意识的加工的并发结构的一部分。

然而,前反思的自我觉知还涉及一个与拥有感在概念上有区别的重要的成分,自主感(sense of agency)。自主感也是一种前反思的体验,但它所涉及的是"我是正在引起或产生一种运动或行为的那个人"的前反思体验[3]。拥有感和自主感在正常人的很多日常体验中都是紧密联系在一起的,如当我伸手去拿水杯时,我既有伸过去的手是属于我身体一部分的拥有感,也有伸手的这个动作是因为我而导致的自主感。但如果我们来思考一下非自愿运动的体验,拥有感和自主感之间的现象学区别就很容易理解了。假设有人从身后推了我们一下而导致我们的身体往前移动了一小段距离,此时我们会体验到身体的移动本身确实是发生在我们身上的事情,是我正在经历的体验,因此我们会对身体的移动具有拥有感。即我们不会说是别人的身体动了,因为对于移动这件事我们会拥有一种直接的感受。然而与此同时,我们会说对于自己身体的移动我们并没有自主感,因为是有人推了我们而并不是我们自己导致了身体的移动。因此,在非自愿运动以及本能反应运动中,拥有感和自主感是分离的。

神经心理学家发现拥有感和自主感的这种区别有助于澄清他们对自主性和知觉错觉的研究,最典型的就是橡胶手错觉——在特殊的实验条件下,

---

[1] Gallagher, S. (2000). Philosophical conceptions of the self: implications for cognitive science. *Trends in Cognitive Sciences*, 4(1), 14 - 21.
[2] 张静、李恒威:《自我表征的可塑性:基于橡胶手错觉的研究》,《心理科学》2016 年第 2 期。
[3] 张静、陈巍、李恒威:《我的身体是"我"的吗?——从橡胶手错觉看自主感和拥有感》,《自然辩证法通讯》2017 年第 2 期。

被试会错误地对不属于自己身体的一部分产生拥有感的体验。再次以非自愿运动为例,个体对身体的移动有拥有感但却没有自主感。神经科学研究表明,对自己非自愿运动的觉知是通过再输入(reafferent)的感官反馈而引起的,即视觉的和本体感觉以及运动觉的信息告诉我们自己在移动,因为在非自愿运动的例子中,主体的身体没有初始运动指令,即没有输出信号(efferent signals)。综上可知,有这样一种可能性:就拥有感而言,无论是在自愿运动还是非自愿运动中,它都存在,并且是由感官反馈产生的;而对于自主感而言,它只存在于自愿运动中,并且是由输出信号产生的[①②]。

从这一观点看来,自主感被认为是在运动所控制相关的脑过程中产生的。但这可能并不能解释自主感的所有方面。自主感除了涉及受控的具身运动感之外,还涉及控制外部世界中的事件的感觉。就此,自主感被进一步区分为运动控制过程中产生的自主性的体验和与对个体通过动作实际完成内容的知觉监控有关的自主感,前者为自主感的运动控制方面,具体而言是指我是正在引起或控制我身体移动的感觉,是和输出加工相联系的;后者则是自主感的意图方面,具体而言是指通过动作完成或未能完成的事情,是和知觉相联系的。综上可见,神经科学和现象学之间存在着一种确定的一致性[③]。也就是说,从现象学层面而言,我们可以对自主感进行同样的区分,即作为身体控制感的自主感,和作为我们在世界中对所完成事情进行控制的感觉的自主感[④]。

然而在某些实验研究中,上述自主感的区分有时候会被混淆。例如,在法雷尔(C. Farrer)和弗里斯(C. D. Frith)的一项功能性磁共振成像(functional magnetic resonance imaging, fMRI)的研究中,他们试图通过实证研究来找到自主感的神经相关物(neural correlates)。实验中被试需要通过操纵控制杆来实现将屏幕上的一个彩色的圆圈移动到指定位置。在一部分情境下,被试能够对圆圈的移动进行控制,而在另一部分情境下,圆圈的移动实际上是由实验者通过程序设定来控制的。被试需要对"自己主导"(当他们

---

① Tsakiris, M., & Haggard, P. (2005). The rubber hand illusion revisited: Visuotactile integration and self-attribution. *Journal of Experimental Psychology: Human Perception and Performance*, 31(1), 80-91.
② Tsakiris, M., Schütz-Bosbach, S., & Gallagher, S. (2007). On agency and body-ownership: phenomenological and neurocognitive reflections. *Consciousness and Cognition*, 16(3), 645-660.
③ Haggard, P. (2005). Conscious intention and motor cognition. *Trends in Cognitive Sciences*, 9(6), 290-295.
④ Gallagher, S. (2007). The natural philosophy of agency. *Philosophy Compass*, 2(2), 347-357.

感到自己在控制移动时)的情境和"他人主导"(当他们感到是另一个人在控制移动时)的情境进行区别。研究者将自主感与动作的意图方面相联系,如关注被试是否对目的或意图任务或屏幕上所发生的事情有某种影响,因此他们认为,实验中拥有感是"我的手正在移动控制杆"始终保持不变,但是自主感却是基于意图方面的不同而有所变化的。当被试感到他们无法控制屏幕上所发生事件的时候,他们的右下顶叶皮层(right inferior parietal cortex)有激活,此时他们在动作的意图方面没有自主感。而当被试对动作有自主感时,他们的两侧前脑岛(anterior insula)会被激活[1]。就此而言,法雷尔和弗里斯清楚地认识到自主感不仅与身体移动或运动控制有关,而且还与动作的意图方面有关。但当对为何前脑岛会涉及产生自主感时,他们却将解释完全建立在了运动控制的基础上。在实验方案和对实验结果的解释中,并没有涉及并且失去了对运动控制方面和意图方面的区分。在这种情况下,似乎就需要诉诸现象学的解释。从现象学层面对自主感进行解读有助于澄清自主感的意图方面和运动控制方面的差别,而这种差别在神经科学的解释中是很容易被混淆的。

对于拥有感和自主感的深思与斟酌是自我意识现象学分析的重要内容之一。具体而言,它是一种最小的(minimal)、前反思的(pre-reflective)、具身的(embodied)自我意识,较之自我意识的反思性、概念性方面更为基本。尽管如此,这种基本的自我觉知也是复杂的,因为它涉及自我和非我以及拥有感和自主感的区分;但它同时又是脆弱的,因为拥有感和自主感的很多方面在某些特定的病理学病例或实验情境下会被破坏甚至彻底消失[2]。

在病理学病例中,较为常见的是拥有感可能会在诸如躯体失认症(asomatognosia)或躯体妄想症等躯体障碍的疾病中被改变或消失[3]。所谓躯体失认症就是对一个人自己的四肢的失去或不知道(非归属)的感受和信念。右脑额顶叶(fronto-parietal)受损的病人往往会表现出此类现象,丧失对自己左侧身体的觉知。此外躯体妄想症属于典型的拥有感紊乱疾病,临床研究表明这类疾病往往是因为右侧脑顶叶皮层受到损伤,导致患者认为自己左侧的肢体(如胳膊)并不是他们自己的。通常与之相伴随的还有这些肢体运

---

[1] Farrer, C., & Frith, C. D. (2002). Experiencing oneself vs another person as being the cause of an action: the neural correlates of the experience of agency. *NeuroImage*, 15(3), 596–603.

[2] 张静、陈巍:《基于自我错觉的最小自我研究:具身建构论的立场》,《心理科学进展》2018年第7期。

[3] Ramachandran, V., Blakeslee, S., & Shah, N. (2013). *Phantoms in the Brain: Probing the Mysteries of the Human Mind*. Tantor Media: Incorporated, p. 86.

动能力的丧失,并且患者自己也会丧失对这些肢体的感受。对于他们受到影响的肢体,这些病人的说法很奇怪。例如一位胳膊麻痹的病人说他能够移动他的胳膊,当要求他指着自己的鼻子但他做不到的时候,他依然会坚持认为他实际上指过了自己的鼻子①。

同样,自主感也会在某些病理学疾病中被破坏。例如,复杂的前反思的自主感在异己手综合征(异手症)等自主控制障碍的病理条件下就会表现出受到破坏甚至消失的迹象。异己手综合征又被简称为异手症,通常被界定为一侧上肢无意愿的(unwilled)、不可控的(uncontrollable)但看似有目的的(purposeful)动作②。异手症包含上肢复杂的移动,尽管这些动作以一种目的指向的和有意为之的方式被执行,看似服务于某一目标的,但实际上这些移动往往不是主体自己所打算做的。异手症所涉及的临床表现有多种形式,概言之,患者的一只手(临床中通常所见的是左手)似乎会做出不受患者控制的有意行为,对这些行为患者会产生极端的陌生感③④。

导致拥有感和自主感发生改变或中断的实验中,橡胶手错觉范式在近二十年内得到了充分的发展与广泛的应用。在橡胶手错觉实验中,特定的视觉和触觉刺激能够让被试产生对橡胶手的拥有感,认为橡胶手是自己身体的一部分。较之只能针对少数病理学案例的患者的表现进行分析,实验研究的办法显然更为方便,并且基于其结果也更容易推论其他正常个体的表现。橡胶手错觉的研究不仅被广泛应用于对拥有感和自主感进行深入的研究,而且也被认为能够从现象学层面上对具身认知研究产生较大的推动作用。

正如萨特(Jean-Paul Sartre)所指出的,现象学不仅可以告诉我们有关一个人身体和自我意识的内容,而且还可以帮助我们更好地理解和解释具身的社会认知。用萨特的话说"身体不仅是为我的,也是为别人的"。基于胡塞尔和梅洛-庞蒂的分析,我们可以进一步发展"肉身间性"(intercorporeity)的概念,作为主体间交互作用的具身解释的基础,这与发展科学和社会神经科学的最新发现也是高度一致的。在这方面,我们可以指出另一个人的动作、姿势、面部表情、手势以及行动等的具身的和生成的知觉的各个方面,从而有助

---

① 张静:《自我和自我错觉:基于橡胶手和虚拟手错觉的研究》,中国社会科学出版社2017年版,第52—53页。
② 陈巍、张静、郭本禹:《揭秘"奇爱博士"的手——异己手综合征的现象学精神病理学解读》,《赣南师范大学学报》2017年第12期。
③ Hertza, J., Davis, A. S., Barisa, M., & Lemann, E. R. (2012). Atypical sensory alien hand syndrome: a case study. *Applied Neuropsychology: Adult*, 19(1), 71-77.
④ Schaefer, M., Heinze, H. J., & Galazky, I. (2010). Alien hand syndrome: neural correlates of movements without conscious will. *PLoS One*, 5(12), e15010.

于我们在复杂的日常生活的情境中对他人的深入理解。我们联合注意和联合行动的能力都属于在婴儿早期发展起来的身体能力。我们从互动和观察他人如何行动和反应的过程中学习以某种恰当的方式行动以适应其他的与之类似的事件。既不是大脑也不是心智,而是身体,出现在这些交互过程的两边①。在这些关系中,身体不是冷冰冰的具体化的事物,而是情感丰富的活生生的对象。没有身体,我们将很难解释爱、激情、欲望,以及各种推动我们靠近或远离彼此的内驱力。

更一般地说,现象学除了指出了知觉的生成解释所强调的各种感官运动的偶然性(contingencies),也表明了情感的重要性。任何对具身认知或生成认知的理论,如果只关注知觉或动作的感官运动成分而忽略了情感方面,都无法提供一个完整的解释,因为对一个人的全面理解除了其感官运动方面还需要包含动机、情感等因素②。身体的情感无论是在影响我们的注意态度,还是在界定我们的知觉兴趣或社会知觉等方面都能明显地或促进或限制我们与世界的互动。尽管情感肯定会对体验的感觉产生影响,但情感并不局限于现象意识领域。情感有可能超过有意识觉知的阈限而为我们所知晓,也有可能没有达到有意识觉知的阈限而处于我们的无意识之中。以厌倦(boredom)为例,厌倦不仅仅与行动有潜在的关系,我们可能会因为厌倦而采取一定的行动以克服厌倦;更重要的是,厌倦产生时就已经改变了一个人看和听的行为,它表现在一个人自己身体的表达方式上,或许是以一种厌倦的方式,或许是以一种烦躁不安的发泄愤怒的方式。这种身体表达是厌倦的情感现象的各种时刻的表现,其中的一部分是能够在身体行为中观察到的。在感到厌倦时,我们会发现自己的身体会处于与自己所处的情境或状态相对应的某种立场,一种可能会与任何进一步的行动方案产生共鸣或已经做好准备的拉力(pull)③。

情感的具身性还可见于很多其他的例子中。例如恐惧,作为一种情感现象,已经被证明是由循环功能(circulatory functioning)决定的:心跳影响如何以及是否处理诱发恐惧的刺激(研究中采用的是引起恐惧的图片)④。当心

---

① Gallagher, S. (2014). Phenomenology and embodied cognition. In L. Shapiro (Eds.), *The Routledge Handbook of Embodied Cognition*. New York: Routledge, pp. 27 - 36.
② Bower, M., & Gallagher, S. (2013). Bodily affects as prenoetic elements in enactive perception. *Phenomenology and Mind*, 4, 78 - 93.
③ Gallagher, S. (2014). Phenomenology and embodied cognition. In L. Shapiro (Eds.), *The Routledge Handbook of Embodied Cognition*. New York: Routledge, pp. 27 - 36.
④ Garfinkel, S. N., Barrett, A. B., Minati, L., Dolan, R. J., Seth, A. K., & Critchley, H. D. (2013). What the heart forgets: cardiac timing influences memory for words and is modulated by metacognition and interoceptive sensitivity. *Psychophysiology*, 50(6), 505 - 512.

脏在收缩期收缩时,恐惧刺激更容易被识别,并且被认为比在舒张期更可怕。也就是说,我们是有心脏有血有肉的生物,而不仅仅是"缸中之脑"(brains in vats)。这一事实在一定程度上解释了为什么我们拥有我们现有的各种体验。关于身体的情感状态是如何塑造和影响认知的例子还有很多,例如:我们根据我们是疲劳还是负重来知觉世界的特征[1];饥饿可以塑造甚至扭曲判断和理性决策,法官的饥饿或饱足状态可能会在他关于判决的决定中起重要的作用;[2]等等。更多的相关研究将在第二章第一部分"具身认知的实验证据"中详细呈现,并说明这些实证研究能够为现象学发现的前反思经验中隐含的影响提供哪些科学依据。

总之,现象学可以说明经验的很多方面,这些方面能够证明认知的具身属性。感官知觉、运动和动作、自我意识、主体间性以及情感的现象学分析仅仅是更为广泛的具身现象范围内的少数几个问题,这些问题为具身认知的基本立场提供了佐证,同时也需要在认知神经科学、实验心理学等实证科学的研究中得到进一步的检验。

二、具身认知的生理学基础

具身认知的许多理论模型都假定高级认知过程涉及感觉-运动状态的部分激活,而这些感觉运动状态是认知表征的基本成分[3]。认知表征就其形式来说并非抽象的符号,而是部分地保持原来的状态。具身认知的拥护者认为,在之后的认知活动中,保持在记忆中这些状态就进入认知加工过程,复现当时的刺激情境,模拟原有的动作特征[4]。模拟原则的这一观点并非来自哲学家的主观臆测,而是有着神经科学研究实践的支撑。镜像神经元(mirror neurons)的发现为具身的模拟提供了神经生物学的证据[5]。

(一)镜像神经元与镜像系统

镜像神经元是存在于灵长类动物和人类大脑中的一种特殊的神经元系统。无论是自己执行动作还是观察其他个体执行相同或者相似的动作,这类

---

[1] Proffitt, D. R., Stefanucci, J., Banton, T., & Epstein, W. (2003). The role of effort in perceiving distance. *Psychological Science*, 14(2), 106–112.

[2] Danziger, S., Levav, J., & Avnaim-Pesso, L. (2011). Extraneous factors in judicial decisions. *Proceedings of the National Academy of Sciences*, 108(17), 6889–6892.

[3] Fraley, R. C., & Marks, M. J. (2011). Pushing mom away: Embodied cognition and avoidant attachment. *Journal of Research in Personality*, 45(2), 243–246.

[4] Ignatow, G. (2007). Theories of embodied knowledge: New directions for cultural and cognitive sociology? *Journal for the Theory of Social Behaviour*, 37(2), 115–135.

[5] 叶浩生:《镜像神经元:认知具身性的神经生物学证据》,《心理学探新》2012年第1期。

神经元均会产生放电。

与许多重大的科学研究发现相似,最初发现镜像神经元也多少包含巧合的成分。意大利帕尔马大学里佐拉蒂(G. Rizzolatti)、加勒斯(V. Gallese)以及弗加西(L. Fogassi)等学者所组成的研究团队,当时研究的是猴脑的运动皮层(motor cortex),重点是其中的 F5 区,这一区域与手部和嘴部的运动有很大关系。他们对恒河猴大脑中单个神经元的激活进行记录,通过各种不同的刺激观察恒河猴执行不同动作时其脑中不同神经元的放电情况[1]。一次实验人员进入房间伸手捡起地上的一颗葡萄干时意外地发现猴脑神经细胞的监测数据也发生了变化,尽管猴子只是看到实验人员的动作而并没有直接参与活动,但其神经元细胞却表现得仿佛它们自己做出了动作。起初,研究人员猜想这种情况可能是由其他的一些因素造成的,但是随着研究的深入,排除了猴子在观察动作执行时自己做出的一些不易注意的动作或者猴子对食物的渴望等干扰因素之后,研究人员意识到:这种神经元的放电是大脑对于动作本身的真实表征,而无所谓动作具体是由谁执行的,它们在恒河猴自己执行动作和观察到其他个体执行相同动作时产生类似的放电模式。由于这类神经元能像镜子一样直接在大脑中重现被观察对象所执行的动作,因此这类神经元命名为镜像神经元[2]。

可以说,镜像神经元的发现给心智的具身特征提供了神经生物学的证据,镜像神经元的双重激活功能,即动作本身的脑激活和被动观察下的脑激活的重叠,启示我们认知涉及的可能是一系列身体动作的心理模拟过程[3]。随着猴脑中镜像神经元研究的深入,在逐步揭示镜像神经元神秘面纱的过程中,人们自然想知道的是,人脑中是否在存在类似的神经元?如果存在,那么人脑中的镜像神经元是否具有与猴脑中的相同或相似乃至更高级的功能?

事件相关电位(event-related potentials,ERP)、脑磁图(magnetoencephalogram,MEG)、正电子断层扫描技术(positron emission tomography,PET)以及功能性磁共振成像(functional magnetic resonance imaging,fMRI)、经颅磁刺激(transcranial magnetic stimulation,TMS)等脑成像技术的发展与应用,使得无损伤的研究人类在清醒状态下的思维活动和意识活动成为可

---

[1] Di Pellegrino, G., Fadiga, L., Fogassi, L., Gallese, V., & Rizzolatti, G. (1992). Understanding motor events: A neurophysiological study. *Experimental Brain Research*, 91(1), 176-180.

[2] Gallese, V., Fadiga, L., Fogassi, L., & Rizzolatti, G. (1996). Action recognition in the premotor cortex. *Brain*, 119(2), 593-609.

[3] 叶浩生:《具身认知的原理与应用》,商务印书馆 2017 年版,第 73 页。

能。由于猴脑和人脑中镜像神经元存在与否在研究方式上的差异,研究者更多地用镜像神经元系统(mirror neuron system)或镜像神经元区域(mirror neuron region)来描述人脑中的镜像神经元[1]。最早为人脑中镜像神经元系统存在提供证据的事来自 TMS 的研究。法迪加(L. Fadiga)等通过使用 TMS 记录手部肌肉动作电位的唤起(motor evoked potentials,MEPs)发现,与控制条件相比,观察他人抓握动作的执行导致了 MEPs 的明显增强,由此证实了人脑中确实存在观察/执行的匹配系统[2]。里佐拉蒂等通过 PET 技术应用于抓我动作的观察/执行研究范式,确定了人脑中镜像神经元分布的主要位置有:前运动皮层(premotor cortex)、颞上沟(superior temporal sulcus),顶下小叶(inferior parietal lobule)、额下回(inferior frontal gyrus)等区域,并且,后顶叶区、上颞叶沟和脑岛中叶等部位也存在着大量有镜像功能的神经元细胞[3][4]。随后,大量的研究显示,在观察他人动作执行的过程中人脑的活动是一个由枕叶、颞叶和顶叶视觉区等构成的复杂网络,所以这些区域也被认为应该属于人脑镜像神经元系统[5]。然而,随着研究的深入,由于越来越多的脑区呈现出了镜像属性,这反而使得研究者一度开始反思我们是否能够真正定位人脑镜像区域的问题。最终,由于穆卡姆(Mukamel)等利用单细胞记录法在癫痫患者的内侧前额叶皮层(medial frontal cortex)和内侧颞叶皮层(medial temporal cortex)中发现了具有"镜像活动"(mirror-like activity)属性的神经元,才算最终确认人脑内确实存在镜像神经元[6]。镜像神经元系统在人脑中的存在让人类对认知问题的研究进入柳暗花明又一村的阶段。人脑中这一神经机制的存在证实了人脑中更简单更直接的理解机制的存在,合理地解释了人类在看到某些简单行为时往往能马上做出正确判断的现象。具身认知的核心主张之一就是我们对他人心智的理解并不是基于

---

[1] Oztop, E., Kawato, M., & Arbib, M. (2006). Mirror neurons and imitation: A computationally guided review. *Neural Networks*, 19(3), 254–271.

[2] Fadiga, L., Fogassi, L., Pavesi, G., & Rizzolatti, G. (1995). Motor facilitation during action observation: a magnetic stimulation study. *Journal of Neurophysiology*, 73(6), 2608–2611.

[3] Grafton, S. T., Arbib, M. A., Fadiga, L., & Rizzolatti, G. (1996). Localization of grasp representations in humans by positron emission tomography. *Experimental Brain Research*, 112(1), 103–111.

[4] Rizzolatti, G., Fadiga, L., Matelli, M., Bettinardi, V., Paulesu, E., Perani, D., & Fazio, F. (1996). Localization of grasp representations in humans by PET: 1. Observation versus execution. *Experimental Brain Research*, 111(2), 246–252.

[5] Rizzolatti, G., & Craighero, L. (2004). The mirror-neuron system. *Annual Review of Neuroscience*, 27, 169–192.

[6] 陈巍:《神经现象学:整合脑与意识经验的认知科学哲学进路》,中国社会科学出版社 2016 年版,第 171 页。

理性的逻辑推理过程,而是基于身体的自动模拟过程。人脑中镜像神经元系统的存在为具身认知的模拟说奠定了直接的生理学基础。镜像神经元或镜像神经元系统与具身模拟之间的紧密联系也在人类身上得到了不少研究的证实。

(二)镜像神经元与具身模拟

为了验证镜像神经元的具体工作机制,研究者便针对恒河猴设计了一系列特殊的实验。在动作识别方面,为了确定镜像神经元仅仅是对动作的视觉特征进行加工,还是能理解动作的意义,科勒(E. Kohler)等设置了如下几种精妙的实验条件[①]:(1)呈现伴随可视动作的撕纸的声音;(2)呈现撕纸的声音,但是不让猴子看到动作。63%被记录的神经元在两种情况下均产生放电现象。如图1-1与图1-2所示[②],其中图1-1是同时呈现动作的视觉信息和听觉信息时所记录的镜像神经元的激活情况;图1-2是仅有听觉信息而没有视觉信息时镜像神经元的激活情况。视觉信息的呈现与否似乎对镜像神经元的放电并无太大的影响。

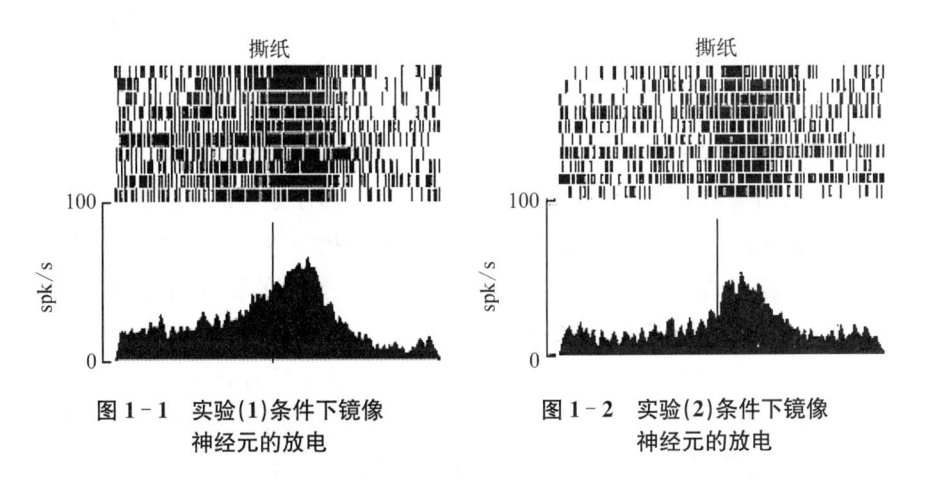

图1-1 实验(1)条件下镜像神经元的放电

图1-2 实验(2)条件下镜像神经元的放电

在证实了声音也能引起镜像神经元放电之后,为了进一步探究是声音本身引起镜像神经元的激活,还是声音所蕴含的意义引起镜像神经元的激活,科勒等还设置了另外两种情况:(3)呈现计算机模拟的白噪声;(4)呈现猴

[①] Kohler, E., Keysers, C., Umilta, M. A., Fogassi, L., Gallese, V., & Rizzolatti, G. (2002). Hearing sounds, understanding actions: Action representation in mirror neurons. *Science*, 297(5582), 846-848.

[②] 图片原刊于 Kohler, E., Keysers, C., Umilta, M. A., Fogassi, L., Gallese, V., & Rizzolatti, G. (2002). Hearing sounds, understanding actions: action representation in mirror neurons. *Science*, 297(5582), 846-848,转引自丁峻、张静、陈巍:《心理科学的"DNA":镜像神经元的发现及意义》,《自然杂志》2008年第4期。

子的叫声。在(3)(4)两种条件下,镜像神经元并不会产生放电反应,如图 1-3 与图 1-4 所示①。

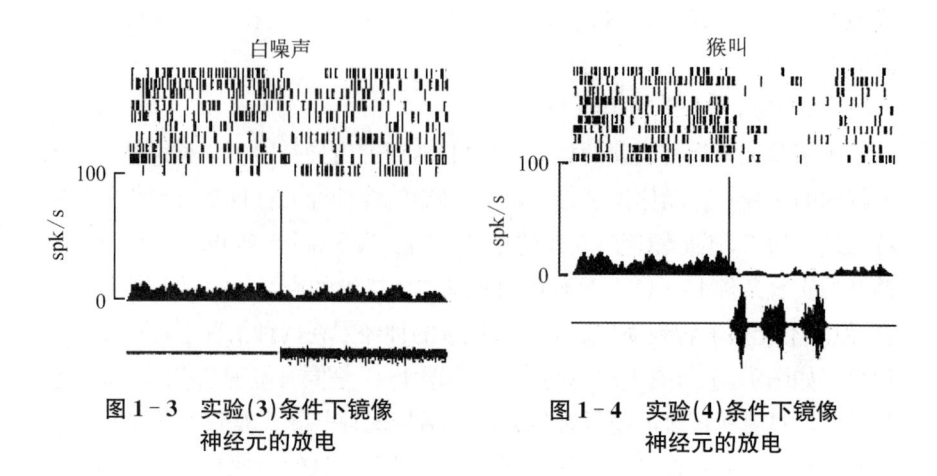

图 1-3 实验(3)条件下镜像神经元的放电

图 1-4 实验(4)条件下镜像神经元的放电

对比上述 4 张图片所记录的镜像神经元的激活程度,我们可以清楚地看到科学家们通过这一系列的实验所得到的结论:镜像神经元能够同时对动作和动作所伴随的声音做出反应,并且只能对动作相关的声音产生反应,而对无动作的声音不会产生任何反应。这一类能够对声音产生放电反应的神经元被命名为视听镜像神经元(audio-visual mirror neurons)。

并且为了进一步分析猴脑镜像神经元在不同任务中的激活情况,研究者对比并记录了恒河猴在诸如剥花生和抓取环状物两类不同动作的观察、执行等过程中的反应,结果表明镜像神经元不是简单的记录动作的视觉表征,而是能够对动作本身产生反应,从而证实了镜像神经元确实具有动作理解的功能。除了动作理解,镜像神经元还被证明具有意图共鸣的作用。通过分别设置如下 4 种条件:(1) 让猴子看到实验者伸手抓取物品的全过程;(2) 在物品前设置挡板,猴子只能看到手的动作而无法看到手和物品的直接接触;(3) 让猴子看到实验者伸手的全过程,但是最终并没有物品可以抓取;(4) 设置挡板,但挡板后面并没有放置任何可抓取的物品。研究者在四种情境下记录猴脑 F5 区镜像神经元的放电情况,结果显示:条件(2)中尽管猴子没能看到最后手和物品接触的瞬间,但其神经元的反应模式和条件(1)是类似的,而条件(2)和(4)中由于挡板的设置,最后无论是

---

① 图片原刊于 Kohler, E., Keysers, C., Umilta, M. A., Fogassi, L., Gallese, V., & Rizzolatti, G. (2002). Hearing sounds, understanding actions: action representation in mirror neurons. Science, 297(5582), 846-848, 转引自丁峻、张静、陈巍:《心理科学的"DNA":镜像神经元的发现及意义》,《自然杂志》2008 年第 4 期。

否有物品可供抓取是不可见的,但两种情境下神经元的反应模式却存在显著差异,反倒是(3)和(4)的反应模式是类似的,综上所述,说明"视线之外"并不意味着"意识之外"。由此可以推测,或许是由于恒河猴的个体经验以及环境所提供的信息,即便是在看似相同的情境下,镜像神经元仍能对实验者的操作意图产生共鸣[1]。

镜像神经元不仅在猴子自己执行动作时被激活,而且在它们观察到其他个体执行相似动作时被激活;镜像神经元不仅在猴子看到动作时被激活,而且在听到动作所伴随的声音时被激活;镜像神经元不仅在看到动作全过程的时候被激活,而且在动作的关键部分被遮光板挡住的情况下被激活。猴脑镜像神经元具有动作识别、意图理解等功能似乎是毋庸置疑的了。与猴脑中的镜像神经元的作用效果一致的是,人脑中的镜像神经元系统也被证实会在人类观察或执行动作模仿(action imitation)[2][3]与意图共鸣(intentional attunement)[4][5]的过程中被激活。例如,基尔纳(J. Kilner)等研究发现,当我们看到他人做出某个动作时我们脑中的运动区会变得兴奋,而且即使这种行动干扰了我们自身的行为,我们也会不自觉地去模仿他人的动作[6]。奥伯曼(L. Oberman)等通过 EEG 观察自闭症患者在社会性交流过程中的镜像神经元系统,发现其镜像系统存在明显的激活不足,为自闭症源于镜像系统功能障碍的假设提供了进一步的证据[7]。据此可见,镜像神经元系统在一定程度上构成了具身模拟(embodied simulation)

---

[1] 丁峻、张静、陈巍:《心理科学的"DNA":镜像神经元的发现及意义》,《自然杂志》2008年第4期。

[2] Buccino, G., Vogt, S., Ritzl, A., Fink, G. R., Zilles, K., Freund, H.-J., & Rizzolatti, G. (2004). Neural circuits underlying imitation learning of hand actions: An event-related fMRI study. *Neuron*, 42(2), 323–334.

[3] Iacoboni, M., Woods, R. P., Brass, M., Bekkering, H., Mazziotta, J. C., & Rizzolatti, G. (1999). Cortical mechanisms of human imitation. *Science*, 286(5449), 2526–2528.

[4] Gallese, V., Eagle, M. N., & Migone, P. (2007). Intentional attunement: Mirror neurons and the neural underpinnings of interpersonal relations. *Journal of the American Psychoanalytic Association*, 55(1), 131–175.

[5] Iacoboni, M., Molnar-Szakacs, I., Gallese, V., Buccino, G., Mazziotta, J. C., & Rizzolatti, G. (2005). Grasping the intentions of others with one's own mirror neuron system. *PLoS Biology*, 3(3), e79.

[6] Kilner, J. M., Paulignan, Y., & Blakemore, S.-J. (2003). An interference effect of observed biological movement on action. *Current Biology*, 13(6), 522–525.

[7] Oberman, L. M., & Ramachandran, V. S. (2007). The simulating social mind: The role of the mirror neuron system and simulation in the social and communicative deficits of autism spectrum disorders. *Psychological Bulletin*, 133(2), 310.

的生理基础,个体通过具身模拟的机制完成对他人动作的建模,这种具身模拟机制就是对动作状态的内部表征,从而能够提供"意图共鸣"作为一种体验他人经验的直接形式。

除此之外,人脑中的镜像神经元系统还与共情(empathy)、语言理解(language understanding)、心智阅读(mindreading)或心理理论(theory of mind)、社会认同(social identification)等方面有着直接的联系①。如关于恶心与疼痛,已经有科学家通过实验的方法证实,观看他人吸入恶心气味之后的面部表情和被试自己吸入恶心气味之后的表现,尽管两种体验的形式截然不同,但它们所激活的脑区却都是被试的前脑岛②。辛格(T. Singer)等人对于疼痛也做过类似的实验,结果表明,无论是自己受电击还是观看他人受电击后的表情,被试的前脑岛和前扣带回(anterior cingulate cortex)均被激活③。说明我们在理解他人的过程中会涉及身体的模拟。镜像神经元的研究表明,在观察一个动作或行为时观察者会自动无意识地模拟该动作,从而产生这个动作的内部运动表征(internal motor representation),然后通过运动表征再从自身的运动记忆库中抽提出与该运动相关的其他如情感、意图、信念等的表征④。

综上可见,镜像神经元在预示我们复杂的认知活动可能具有更直接简单的神经通路的同时,也触动了许多科学规则,为我们研究社会认知语言发展共情等问题提供了一种新的思路。对于具身认知的拥护者而言,镜像神经元的发现为传统的具身认知提供了大脑与神经科学研究方面的证据,有力地证实了许多具身认知的假设⑤。许多研究者转向寻求许多认知现象的镜像神经机制,从而验证了具身模拟(embodied simulation)⑥、具身情绪

---

① 陈巍:《神经现象学:整合脑与意识经验的认知科学哲学进路》,中国社会科学出版社2016年版,第171页。
② Wicker, B., Keysers, C., Plailly, J., Royet, J.-P., Gallese, V., & Rizzolatti, G. (2003). Both of us disgusted in My insula: The common neural basis of seeing and feeling disgust. *Neuron*, 40(3), 655–664.
③ Singer, T., Seymour, B., O'doherty, J., Kaube, H., Dolan, R. J., & Frith, C. D. (2004). Empathy for pain involves the affective but not sensory components of pain. *Science*, 303(5661), 1157–1162.
④ 张静、陈巍、丁峻:《社会认知的双重机制:来自神经科学的证据》,《中南大学学报》(社会科学版)2010年第1期。
⑤ Gallese, V. (2009). Motor abstraction: A neuroscientific account of how action goals and intentions are mapped and understood. *Psychological Research*, 73(4), 486–498.
⑥ Gallese, V. (2005). Embodied simulation: From neurons to phenomenal experience. *Phenomenology and the Cognitive Sciences*, 4(1), 23–48.

(embodied emotion)①、具身语义(embodied semantics)②等观点与理论的合理性。

具身认知的现象学基础在推动具身认知发展的同时也为具身认知的研究提供了方法论上的启示,镜像神经元系统的发现与探索则是为具身认知的观点和主张提供了生理学基础的证据。然而无论是现象学基础还是生物学基础,其为具身认知所能提供的辩护和佐证都是非充分的,当前学界对具身认知的认识也尚未形成统一的共识,以《斯坦福哲学百科全书》中关于"具身认知"词条的最新版解释为例,具身认知在认知科学上至少有6个来源。为了更好地厘清具身认知的核心观点,本章第三节将对具身认知的代表性立场进行简单梳理。

三、具身认知的代表性立场

(一)从离身认知到具身认知

试图对人类认知能力的全面、深入理解构成了我们揭示心智(mind)本性工作的重要组成部分。尽管我们有一个身体是一个不争的事实,但在西方哲学的传统中,这一点很少被认为会对知识和认知的理解产生很大的影响。笛卡尔的二元论认为心智是由与身体完全不同的质料所构成的,这一观点演变成了一种认识论传统,认知科学在此基础上演化出了各种不同的版本,计算主义(computationalism)是其中较有影响力的分支之一。以计算模型为核心的标准认知科学曾长时间独霸认知科学经验研究领域,它声称认知从本质上而言是通过形式规则操控抽象信息的③。就此而言,有机体的身体及其与心智之间的联系在理论上便是无关紧要的了,从而感官运动系统本身只有在提供感官输入并允许行为输出的情况下才会和我们理解认知有关。希拉里·普特南(Hilary Putnam)在其著作《理性、真理与历史》(*Reason, Truth, and History*)一书中所提出的思想实验"缸中之脑"所描绘的便是这一主张的理想情况,即便是没有身体的生物体,原则上也可以显示出非凡且复杂的认知技能。

---

① Niedenthal, P. M., Mermillod, M., Maringer, M., & Hess, U. (2010). The Simulation of Smiles (SIMS) model: Embodied simulation and the meaning of facial expression. *Behavioral and Brain Sciences*, 33(6), 417.

② Aziz-Zadeh, L., Wilson, S. M., Rizzolatti, G., & Iacoboni, M. (2006). Congruent embodied representations for visually presented actions and linguistic phrases describing actions. *Current Biology*, 16(18), 1818–1823.

③ Fodor, J. A. (2013). Imagistic representation. In *Readings in Philosophy of Psychology, Volume II* (pp. 135–149). Harvard University Press.

传统认知科学的基本主张主要可以从如下两方面得以阐释：一是苏珊·赫胥黎(Susan Hurley)的"三明治模型"(sandwich model)，该模型将知觉当作物理世界进入心智的输入，将动作当作心智通往物理世界的输出，认知作为负责思维的系统介于两者之间，是完全独立于负责感觉和行动的系统的。二是认知理解的孤立主义(isolationism)，即认为对认知加工的解释应该与对加工的身体实现的理解相分离。被描述为非具身的心智是由具有准语言的(quasi-linguistic)和组合的(combinatorial)属性的符号结构(表征)所构成的。这些符号被认为是非模态的(amodal)、抽象的(abstract)和任意的(arbitarary)：非模态的是因为它们是独立于大脑的知觉和行动系统的；抽象的是因为它们是将感官运动体验重新描述成一系列以命题方式表示的属性的结果；任意的是因为它们与其他对象的联系方式与该对象的物理的和功能的特征无关。概言之，传统认知观点致力于至少3个基本原则：(1)信息是通过没有模态特殊性特征的心理表征传递的。就此而言，表征是独立于感官运动系统及其操作细节的。(2)知识是命题方式表征的，意义是从构成的符号之间的关系中涌现出来的。(3)内部表征指导运动系统，运动系统本质上是独立于认知的，因此认知过程不会受到身体行动明显的限制、约束或塑造[1]。

标准认知科学在对认知过程进行合理解释中取得了不少瞩目的成就。然而随着心智的身体基础、身体的认知作用的具身观念的出现，标准认知科学的解释力也逐渐受到质疑[2]。上述基本原则也不断受到具身认知拥护者所发起的挑战。身体在认知中的中心地位的强调至少包含如下3方面的含义：(1)具身性上显著的差异通常会转化为认知加工中的差异。(2)构成认知的算法有时候反映的是肉体(physicalbody)的特殊性。(3)在对心智的描述中如果不包括身体信息可能会导致根本上误导或被误导的解释。具身认知的支持者强调感官运动系统在认知中的作用，通过将心智视为接地于(ground in)感官运动具身性的细节中，他们将认知技能建模为神经和非神经过程之间动态的相互作用的产物。因此从根本上说，精神活动的本质是由身体约束、调节和塑造的[3]。

---

[1] Foglia, L., & Wilson, R. A. (2013). Embodied cognition. *Wiley Interdisciplinary Reviews: Cognitive Science*, 4(3), 319–325.

[2] 张静：《认知科学革命中的针尖对麦芒：具身认知 vs 标准认知科学》，《科技导报》2015年第6期。

[3] Wilson, R. A., & Foglia, L. (2011). Embodied cognition. In E. N. Zalta (Eds), *The Stanford Encyclopedia of Philosophy* (fall 2011).

美国威斯康星州立大学的劳伦斯·夏皮罗（Lawrence Shapiro）教授将具身认知对标准认知科学所发起的挑战归纳为 3 个假设："概念化"（conceptualization）、"替代"（replacement）以及"构成"（constitution）。"概念化"是指一个有机体身体的属性限制或约束了一个有机体能够习得的概念，即一个有机体依之来理解它周围世界的概念，取决于它身体的种类，以至于如果有机体在身体方面有差别，它们在如何理解世界方面也将不同。"替代"是指一个与环境进行交互作用的有机体的身体取代了被认为是认知核心的表征过程，因此认知不依赖于针对符号表征的算法过程，它能在不包括表征状态的系统中发生，并且无须诉诸计算过程或表征状态就能被解释。"构成"是指在认知加工中，身体或世界扮演了一个构成的而非仅仅是因果作用的角色。瓦雷拉（F. Varela）、汤普森（E. Thompson）和罗施（E. Rosch）的工作被认为是"概念化"假设的研究范例；西伦（E. Thelen）等的研究被更广泛地视为支持"替代"假设；克拉克（A. Clark）有关具身认知的观点被认为是对"构成"假设的支持[1]。

1. 瓦雷拉、汤普森和罗施：具身心智

瓦雷拉、汤普森和罗施的《具身认知：认知科学和人类经验》（*Embodied Mind: Cognitive Science and Human Experience*）通常被视为具身认知研究中的一个原典，其中的许多主题被奉为圭臬。他们拒绝视认知为表征计算而将其设想为"具身行动"：

> 使用具身这个词，我们意在突出两点：第一，认知依赖于经验的种类，这些经验来自具有各种感知运动的身体；第二，这些个体的感知运动能力自身内含在（embedded）一个更广泛的生物、心理和文化的情境中。使用行动这个词，我们意在再度强调感知与运动（motor）过程、知觉与行动本质上在活生生的（lived）认知中是不可分离的。[2]

瓦雷拉等提出颜色视觉的例子为生命系统的具身性辩护：如果仅仅是考虑同一种颜色在不同语言中的名称，似乎可以认为颜色范畴是任意的，这一与标准认知科学核心主张相一致的观点在语言学和人类学中也曾一度占据支配地位。但布伦特·柏林（Brent Berlin）和保罗·凯（Paul Kay）一项对超过 90 种

---

[1] L. 夏皮罗：《具身认知》，李恒威、董达译，华夏出版社 2014 年版，第 4—5 页。
[2] F. 瓦雷拉、E. 汤普森、E. 罗施：《具身心智：认知科学和人类经验》，李恒威、李恒熙、王球、于霞译，浙江大学出版社 2010 年版，第 139 页。

语言进行考察的研究揭示,任何一种语言编码中最多只有11个基本的颜色范畴,并且这些基本的颜色范畴在全人类的知觉上是共通的[1]。研究者在一系列的实验中也发现,基本颜色范畴的中心成员在认知上更为凸显,不仅能更快地被习得,而且也更容易被记住。当教 Dani 人[2]基本颜色范畴时,如果他们以普遍方式构造学习是非常容易的,但以奇特方式构造学习则会极其困难[3]。这些结果似乎都说明,颜色范畴不是在独立于我们的知觉和认知能力的那个预先给予的世界中发现的。红色、绿色、黄色、蓝色、紫色和橙色,以及亮暖色、灰冷色等这些范畴,是经验的、一致约定的和具身的[4]。尽管较之其他具有煽动性的研究和激进的具身认知立场,瓦雷拉等关于具身认知的主张精确性明显不足,但他们的观点的重要性在于,揭示了具身性涉及知觉与行动之间的深刻联结。

2. 西伦：系统动力学

说认知是具身的,这意味着产生自身体与世界的交互作用。从这一观点出发,认知依赖于各种各样的体验,这些体验源于具有特定知觉和运动能力的身体,其中知觉和运动能力是不可分离的,并且它们一起形成了推理、记忆、情绪、语言以及心智生命所有其他方面被编织在其中的一个模型(matrix)。[5]

西伦等将他们的具身认知进路视为对传统认知主义进路的一个挑战,并基于上述他们所提出的基本主张对经典认知所研究的问题给出新的解释。其中一项较为著名的是有关婴儿固化行为(perseverative behavior)的研究。所谓固化行为是指尽管已经不再适宜但依然被个体保持的行为。研究表明婴儿的固化行为大约出现在其6或7个月大的时候,并一直持存至约12个月大的时候[6]。在这一问题的研究中,发展心理学家皮亚杰所描述过的一项

---

[1] Berlin, B., & Kay, P. (1991). *Basic Color Terms: Their Universality and Evolution*. California: University of California Press.

[2] 新几内亚说 Dani 语的人群,他们的语言缺乏所有颜色词汇。

[3] Heider, E., & Olivier, D. (1972). The structure of color space in naming and memory for two languages. *Cognitive Psychology*, 3(2), 337-354.

[4] F. 瓦雷拉、E. 汤普森、E. 罗施:《具身心智：认知科学和人类经验》,李恒威、李恒熙、王球、于霞译,浙江大学出版社2010年版,第138页。

[5] Thelen, E., Schöner, G., Scheier, C., & Smith, L. B. (2001). The dynamics of embodiment: A field theory of infant perseverative reaching. *Behavioral and Brain Sciences*, 24(1), 1-34.

[6] Clearfield, M. W., Diedrich, F. J., Smith, L. B., & Thelen, E. (2006). Young infants reach correctly in A-not-B tasks: On the development of stability and perseveration. *Infant Behavior and Development*, 29(3), 435-444.

名为 A 非 B 错误(A-not-B errors)成了焦点：婴儿坐在桌前父母腿上，在桌子上是两个相同的杯子 A 和 B。主试在吸引婴儿注意力之后将一个有吸引力的玩具当着婴儿的面藏到杯子 A 下面。当将杯子移动至婴儿所能够到的位置时，婴儿通常会朝 A 伸手并发现隐藏于其中的玩具。重复几次，每次婴儿都会发现 A 下面的玩具。在最后一次试验中，主试在吸引婴儿注意力之后当着婴儿的面将玩具放到杯子 B 的下面。但当婴儿伸手够玩具时，他们不是伸向被试藏玩具的 B 杯子，而依然是之前每次都能发现玩具的 A 杯子。

皮亚杰将婴儿的这种行为解释为其混淆客体概念的证据，婴儿把一客体设想为在某种程度上是由导致该客体被观察到的运动行为构成的，他的客体概念有点像"需要伸向位置 A 的东西"。但在西伦等人看来，并不存在客体概念，婴儿关于物品位置所知道的东西与他们把手伸向的东西之间并没有分离，不存在任何发展程序通过日益复杂的表征而表现出的像梯级一样的变化。因为西伦等发现当主试特别注意吸引婴儿对 B 位置的注意力，或者是在把客体藏起来的几秒时间内允许婴儿把手伸向 B，婴儿都不太会犯错误，因此他们认为，婴儿的"知道"或者"不知道"走向"正确"目标的行为涌现自整合在运动决定场中的注视、够取和记忆的复杂的和交互作用的过程[1]。

基于西伦等的主张，A 非 B 错误并不神秘，对其解释也不需要诉诸规则和表征，正如我们在折叠地图时更可能沿着旧痕迹折叠，翻开书本时更可能翻到经常阅读的那一页。就认知不是源自一个杂乱展开的认知程序而是源自身体、知觉和世界引导彼此脚步的动力学而言，认知是具身的[2]。

3. 克拉克：用身体思考

克拉克在对物理的身体、局部的环境、神经系统及其作用于其中的更广泛环境之间复杂的交互作用等问题进行分析的基础上认为具身认知研究至少可以区分为朴素的具身(simple embodiment)和激进的具身(radical embodiment)两种立场[3]。夏皮罗对克拉克视为具身认知特征的陈述进行了总结，指出具身认知的研究纲领中存在 6 个明确的属性，即非平凡因果传播(nontrivial causal spread)、生态装配原则(principle of ecological assessment)、开放通道知觉(open channel perception)、信息自我组织活动(information self-structuring)、作为感官运动体验的知觉(perception as sensorimotor experience)以及动力-计算互补原

---

[1] Smith, L. B., & Thelen, E. (2003). Development as a dynamic system. *Trends in Cognitive Sciences*, 7(8), 343-348.
[2] L. 夏皮罗：《具身认知》，李恒威、董达译，华夏出版社 2014 年版，第 65 页。
[3] Clark, A. (1999). An embodied cognitive science? *Trends in Cognitive Sciences*, 3(9), 345-351.

理(dynamical-computational complementarity)①。

克拉克以一个螺旋弹簧玩具下楼为例来说明非平凡因果传播的内涵。与传统的每个关节运动都受严格程序控制的机器人下楼相比,弹簧玩具下楼受重力、摩擦力以及它自身线圈张力的支配,主要依靠外在于它的作用力。具身认知的支持者所期望的是鉴于很多对象的多功能性,许多行为可能会诱使人们根据复杂的内部机制来寻求解释,而不是依靠精确的外部控制来进行解决。例如被动-动力学步行者在设计上也不同于传统的机器人,这些步行者并不是在任何时候都控制每个关节的角度和运动,它们能够或依靠代价昂贵的内部组织,或精明地利用外部因素和作用力来执行各种任务②。

所谓生态装配原则,是指有机体以依赖它们自身的内部资源的不同方式利用环境,即满足任务所必需的资源和策略会根据任务要求的改变而改变。例如,当要求我们根据样品使用给定材料进行复制工作时,是否能够随时自由地查看样品会对我们采用何种策略产生较大的影响。克拉克认为,具身认知的假设时,认知者往往会以任何一种混合的方式调用各种资源从而实现以最小的努力来解决问题的目的③。就此而言,问题解决便会成为一个生态事物,有机体会利用环境将抽象和困难的认知任务转换为涉及知觉和行为的简单的任务④。

开放知觉通道和信息自我组织活动均是基于吉布森的知觉理论。所谓开放知觉通道是指知觉依赖于知觉者与世界之间的恒定联系。具身认知的观点认为知觉过程是主动的而不是被动的,它会精准地调整以利用吉布森力图确认的种类不变量(invariant)⑤,因此具身认知会选择成本更低且效率更高的机制而放弃计算成本过高的备选项。信息自我组织活动被用于描述为简化认知任务的目的而组织它们环境的系统。正确的行动类型能从知觉中获得一些猜测,如果说知觉时产生有关周围环境内容假设的过程,那么信息的自我组织活动就是增强对此过程可能的证据,充实这个证据能够减轻知觉系统的负担。就此而言,不同种类的行为对于解释相同种类的信息而言或许

---

① L.夏皮罗:《具身认知》,李恒威、董达译,华夏出版社2014年版,第67—74页。
② Collins, S., Ruina, A., Tedrake, R., & Wisse, M. (2005). Efficient bipedal robots based on passive-dynamic walkers. *Science*, 307(5712), 1082–1085.
③ Clark, A. (2008). *Supersizing the Mind: Embodiment, Action, and Cognitive Extension*. Oxford: Oxford University Press, p. 13.
④ L.夏皮罗:《具身认知》,李恒威、董达译,华夏出版社2014年版,第69页。
⑤ 吉布森的术语,指光的其他特征发生改变时保持不变的特征,因此不变量携带关于世界的信息。

就是必要的。更为一般性的表述便是：具身性对认知至关重要[①]。

作为感官运动体验的知觉是哲学家阿尔瓦·诺埃（Alva Noë）和心理学家凯文·奥里根（Kevin O'Regan）所发展的一种知觉体验理论，人们获得感官运动偶发事件的知识很大程度上是默会的，当人们以不同方式参与感官运动事件时，这种知识会产生有关物体看起来如何的期望[②]。克拉克认为这一理论的意义在于它提出了知觉体验的地点不是通常大家所认为的大脑皮层中，而是贯穿在有机体和世界的交互作用中[③]。

动力计算互补原理被认为是克拉克所提供的一个调和信息。当看到没有必要从认知科学中驱逐诸如"计算""表征"等这些核心要素时，克拉克的立场似乎是认知科学应该保留这个框架，但要更多地理解身体和世界在认知构成的因素中所起作用的程度。夏皮罗认为克拉克的6个观点旨在表明，身体并不是脑的一个纯粹容器，也不仅仅是脑活动的一个贡献者，而应该被视为在产生认知时的脑的搭档[④]。

具身认知观提出了有关认知本质及其运作规律的基本主张，这些主张是有别于传统认知观中的标准认知科学以计算模型为核心的认知观的。尽管拥有不同学术信仰、持有不同学术观点的学者在具身认知科学的阵营中所持的学术立场存在一定差异，如瓦雷拉等认为，"具身"强调认知依赖于出自具有各种感官运动能力的身体的主体经验，同时个体的感官运动能力本身又根植于更广泛的生物、心理和文化的情境中[⑤]；西伦认为，认知源于身体和世界的相互作用之中，认知依赖于主体的各种经验，而这些经验则出自具有特殊知觉和运动能力的身体[⑥]；莱考夫（G. Lakoff）和约翰逊（M. Johnson）认为，理性并非如传统观念认为的那样是非具身的（disembodied），它源自我们的大脑、身体和身体经验的本性，即我们需要身体来进行推理[⑦]；威尔逊（M. Wilson）在上述这些工作的基础上进一步将具身认知的主张归纳为：认知是情境的、认知是具有时间压力的、认知工作在环境中进行、环境是认知系统的

[①] L. 夏皮罗：《具身认知》，李恒威、董达译，华夏出版社2014年版，第70—71页。
[②] Noë, A., & O'Regan, J. K. (2002). On the brain-basis of visual consciousness: a sensorimotor account. *Vision and Mind: Selected Readings in the Philosophy of Perception*, 567-598.
[③] L. 夏皮罗：《具身认知》，李恒威、董达译，华夏出版社2014年版，第72页。
[④] L. 夏皮罗：《具身认知》，李恒威、董达译，华夏出版社2014年版，第73页。
[⑤] Varela, F. J., Thompson, E., & Rosch, E. (2016). *The Embodied Mind: Cognitive Science and Human Experience*. Cambridge, MA: MIT Press, p. 218.
[⑥] Thelen, E., Schöner, G., Scheier, C., & Smith, L. B. (2001). The dynamics of embodiment: A field theory of infant perseverative reaching. *Behavioral and Brain Sciences*, 24(1), 1-34.
[⑦] Lakoff, G., & Johnson, M. (1980). *Metaphors We Live By*. Chicago, IL: University of Chicago.

一部分、认知是行动的以及离线的认知是基于身体的①。尽管上述观点理解的角度有所不同，但都无一例外地提到了身体的重要性。

（二）具身认知的身体观

在具身认知的基本主张中，身体起着重要的作用，根据具身认知的相关研究，笔者认为具身认知的身体观可以分别从身体对认知的约束方面和身体对认知的促进方面进行解读：

1. 身体对认知的约束

作为对认知的一种约束，身体会塑造认知活动和所加工的表征内容的性质。我们可以考虑颜色知觉、声音定位、分类以及空间隐喻等的体验与研究。例如，颜色概念和体验，它们所反映的是视网膜细胞的属性和视觉器官的特征；声音的检测归功于耳朵之间的距离；而空间隐喻的轨迹不是语言，而是我们概念化身体的方式……这些方面都在一定程度上体现了认知对身体体验的依赖性②。在《我们赖以生存的隐喻》（*Metaphors We Live By*）一书中，莱考夫和约翰逊指出像关注空间和时间等的加工过程一样很多主要的认知加工都是通过隐喻来表达和影响的，而很多隐喻反映的就是身体的特征。以他们讨论中一个较为著名的隐喻"把爱当作一种旅行"而言，旅行作为源头领域（source domain）是通过我们身体的肉体性而被感知的，而关于身体的信息塑造了爱被理解和概念化的方式③。因此，隐喻不仅对装饰（embellish）交流很有用，而且反映了我们作为以特定方式在世界上移动的生物所拥有的具身的体验。

此外，身体对认知的约束还可以通过其他的概念得以阐释。例如，在空间概念中，长而平的生物不会像我们一样能够用"正面""背面""向上"和"向下"来考虑（conceive）世界。这些概念的产生和表达都要归功于我们特定的身体和它在空间中活动的方式。虽然在上述例子中，身体的肉体性并不直接促进心理加工，但隐喻的构建表明：（1）抽象的领域植根于更具体的领域；（2）身体的接地方面（grounding aspect）充当了表达思想的脚手架，否则这些想法就很难交流；（3）关于身体的信息包含在构成认知的表征中④。

---

① Wilson, M. (2002). Six views of embodied cognition. *Psychonomic Bulletin & Review*, 9(4), 625–636.

② Foglia, L., & Wilson, R. A. (2013). Embodied cognition. *Wiley Interdisciplinary Reviews: Cognitive Science*, 4(3), 319–325.

③ Lakoff, G., & Johnson, M. (1980). *Metaphors We Live By*. Chicago, IL: University of Chicago.

④ Foglia, L., & Wilson, R. A. (2013). Embodied cognition. *Wiley Interdisciplinary Reviews: Cognitive Science*, 4(3), 319–325.

身体对认知的制约作用的进一步例子来自行为心理学的研究结果。我们对工具的可用性、楼梯的物理属性以及物体的可抓取性的判断确实包含了预期的具身的交互作用,并且受到我们和这些对象和工具打交道的身体特征和运动技能的影响(更多的具身认知的实验证据详见第二章第一节)。巴萨卢(L. W. Barsalou)的知觉符号理论(perceptual symbols theory)是其中比较有影响力的理论假设[1]。该理论假设人类认知不是由非模态的表征组成,能够承担世界上所有对象的任意关系,而是由其激活模式包含来自各种感觉模态的信息的表征组成的。例如,当我们在回想某个东西的时候,代表这一实际并不存在的物体的符号结构并不是抽象的,而是依赖于当该物体实际存在并被知觉或作用时所会使用到的神经系统。就此而言,在记忆活动中,不仅是认知活动会重新激活感官运动区域,而且记忆本身可能就是从感官运动模式中建立起来的,因此并不是纯粹符号的。基于这样一种观点,除了反映具身的交互作用的本质外,储存在记忆中的多模态表征还能协助、控制甚至促进知觉加工、推理和情境行动。

身体对认知的制约作用在与语言有关的研究中也得到了充分的证实。句子的理解和意义的构建是通过具身的反应实现的,需要知道物体提供的供应量以及它们是否与我们的感官运动能力相匹配,例如当文本意义与身体的生物力学特征契合的时候,我们理解句子的速度会更快,而且精确率也会更高[2]。

综上所述,我们能够得到的一个合理预测是,即便是面对相同的情境,不同的具身自主体在概念化这一相同情境时是会有所不同的,并且如果智能系统在物理上是不同的那么他们对相同情况的理解也将会是有差异的。就此而言,对于不同的认知加工而言,不同类型的身体可能会产生不同方向的促进作用。

2. 身体对认知的促进

作为能够对认知产生促进作用的身体,在神经结构和非神经结构之间传播认知任务,并起着心理现象的认识者的作用。能够对这一观点予以作证的研究首先是来自手势和其他动作是如何促进语言产生、皮层的可塑性以及手部技能的获得等。手势能够对说话者的交流产生促进作用是显而易见的,但研究表明手臂和手的动作在词汇增长和语言发展中也起着认知作用[3]。并且,运

---

[1] Barsalou, L. W. (1999). Perceptual symbol systems. *Behavioral and Brain Sciences*, 22(4), 577–660.

[2] Glenberg, A. M., & Robertson, D. A. (2000). Symbol grounding and meaning: A comparison of high-dimensional and embodied theories of meaning. *Journal of Memory and Language*, 43 (3), 379–401.

[3] Rowe, M. L., & Goldin-Meadow, S. (2009). Differences in early gesture explain SES disparities in child vocabulary size at school entry. *Science*, 323(5916), 951–953.

动学习中的变化还能引起皮层表征的变化。被试在3周的时间内或练习如挤压海绵等粗大动作(gross motor activity),或练习如中间3根手指的有序运动等精细动作(fine motor activity),结果发现不仅与手和手腕性能无关的测试成绩得到了提升,更重要的是,被试的初级运动和感官运动皮层显著增大。在获得行为能力的同时,皮层的运动表征的体积的增加表明,皮层组织是由我们的具身经验来建模的,身体诱导的变化调节着大脑的增强、信息处理和认知发展[1]。

我们还可以通过其他的一些研究来理解身体对认知的促进作用,如有些研究表明运动活动为个体所提供的知识随后能被用于空间知觉中,此外还有研究证实视觉系统的主要功能并不是对外部世界形成精确的三维表征,而是实现对行动的引导或被行动所引导[2]。我们所知觉到的内容是由我们为了知觉做了什么而决定的,而不仅仅是由大脑中发生了什么而决定的,我们通过将自己的运动纳入考虑来构建世界的表征说明,尽管大脑仍是视觉信息加工系统中的中心部分,但单独的神经活动并不足以解释知觉是如何实现的。如果我们是另一种完全不同方式的具身,那么我们会根据新的身体特征的方式知觉世界,那将可能是完全有别于现在的。仅将知觉处理定位在大脑中并单独将神经系统视为精神活动的开始和结束的观点,显然没有充分表现身体活动在认知加工中的重要性。

更为具体的研究有,身体状态也会影响个体态度的形成和社会信息的处理。在收听某一个主题的语音信息时,持续做出点头运动的个体会比持续摇头的人更有可能对信息做出正面评价[3];对照片中显示的面部表情进行分类的准确性取决于判断者是否可以自由模仿照片的程度[4]等。将身体视为认知加工的促进者意味着身体不仅仅是起着将知觉输入转化为认知的作用,更重要的是身体同时还参与对认知的控制。这一观点一方面在众多具身认知的实证研究中得到了较为充分的数据支撑,但另一方面也受到了具身认知反对者的质疑。

---

[1] Hluštik, P., Solodkin, A., Noll, D. C., & Small, S. L. (2004). Cortical plasticity during three-week motor skill learning. *Journal of Clinical Neurophysiology*, 21(3), 180–191.

[2] Merriam, E. P., & Colby, C. L. (2005). Active vision in parietal and extrastriate cortex. *The Neuroscientist*, 11(5), 484–493.

[3] Wells, G. L., & Petty, R. E. (1980). The effects of over head movements on persuasion: Compatibility and incompatibility of responses. *Basic and Applied Social Psychology*, 1(3), 219–230.

[4] Wallbott, H. G. (1991). Recognition of emotion from facial expression via imitation? Some indirect evidence for an old theory. *British Journal of Social Psychology*, 30(3), 207–219.

第二章 具身认知的证据与困境

心智和身体是紧密联系的这一观点已广为接受,并且在我们的日常生活中也随处可见能够体现这一观点的实例。当看着一个潜在的本垒打危险地接近犯规区域时,观众们可能会齐刷刷地侧身,通过姿势表达他们不希望球进入犯规区域。在日常生活中,我们会通过头部和眼睛的不断运动来探索环境,从触摸中搜集信息,并流利地使用工具作为肢体的延伸以帮助我们完成某些特定的目标任务。思考情绪性的话题会提高心率和体温。用更为认知的属于描述上述现象就是:身体需求(如饥饿)会让人不由自主地将注意力集中到环境中的相关对象(如食物)上。想象一个动作会激活大脑的前运动皮层和运动皮层,从而影响想象中的运动所会涉及部分的肌肉的张力。当把手放在看得见的物体附近时,个体对这些物体的注意力会系统性地发生变化[1]。身体状态和认知相互影响的例子几乎可以说是不胜枚举,因此,大家对具身认知的兴趣与日俱增也就无可厚非了。

每年都有大量的和具身认知有关的书籍和期刊文章问世。在谷歌学术(Google Scholar)上使用"具身认知"作为关键词进行搜索,结果显示自 2000 年以来有超过 2.5 万多条的记录。在本书前言部分,笔者以多种形式呈现过具身认知在国内外学术界所引发的研究热潮。但是即便是有着如此多的人对具身认知感兴趣并且也产生了如此多的成果,具身认知的定义至今为止依然是模糊的,仍有很多学者尝试澄清该领域的实质内容[2][3]。这种模糊可以说是比较令人惊讶的,尤其是不少具身认知研究的文章甚至已经开始讨论要取代标准认知理论[4]或是要统一所有的心理

---

[1] Abrams, R. A., Davoli, C. C., Du, F., Knapp III, W. H., & Paull, D. (2008). Altered vision near the hands. *Cognition*, 107(3), 1035 - 1047.

[2] Barsalou, L. W. (2008). Grounded cognition. *Annual Review of Psychology*, 59, 617 - 645.

[3] Wilson, M. (2002). Six views of embodied cognition. *Psychonomic Bulletin & Review*, 9 (4), 625 - 636.

[4] Wilson, A. D., & Golonka, S. (2013). Embodied cognition is not what you think it is. *Frontiers in Psychology*, 4, 58.

学分支①。不少支持者将具身认知视为认知科学范式转变过程中的里程碑,但是也有不少研究者认为,这一主张还需要仔细的科学思考。对具身认知持保守态度的学者则认为,在对具身认知全盘接受之前,我们还需要尝试通过不同的方法和视角,对其进行一些批判性的分析。例如,具身认知的支持者进行的一项研究发现对与动作相关的词语(例如踢)的知觉会激活和腿部相关的运动皮层②。根据这一实验结果,具身认知支持者所给出的解释是:运动皮层中特殊的效应器(effector-specific)区域实际上能够调解或调节词汇知觉(word perception)本身。但是,这一具身性的解释并不能令非具身立场的研究者满意,从不少质疑的回应中我们可以发现有一个共同规律就是,具身认知的这些实验证据是否经得起仔细的推敲与深入的质疑③。在对大量具身语言加工相关的研究进行分析之后,我们是否能发现足够多令人信服的证据支持具身认知的说法?

本章将主要对具身认知心理学证据进行回顾和梳理,同时对具身认知的困境和当前尝试突破的进路进行介绍。

一、具身认知的实验证据

具身认知的范式在认知科学领域中与日俱增地得到来自传统行为实验与神经科学论据的证实。思维不再被认为是一系列逻辑抽象的功能,而是根植于具体经验、与具体动作有内在联系的、与他人进行交互的生物系统④。在诸多从各个角度切入试图为具身认知"正名"的相关研究中,情绪感受的具身性、语言理解的具身性以及社会认知的具身性是备受关注和热议的主题。本节将分别就这三方面的研究进行综述,尝试为具身认知的实证研究及其对具身认知发展的推动作用勾勒大致的轮廓。

(一)情绪感受的具身性

认知科学中信息加工的经典符号模型认为情绪是以单模态的形式被表征的,并不需要感官和运动基础。在这些单模态解释的影响下,最初被

---

① Schubert, T. W., & Semin, G. R. (2009). Embodiment as a unifying perspective for psychology. *European Journal of Social Psychology*, 39(7), 1135–1141.
② Hauk, O., Johnsrude, I., & Pulvermüller, F. (2004). Somatotopic representation of action words in human motor and premotor cortex. *Neuron*, 41(2), 301–307.
③ Mahon, B. Z., & Caramazza, A. (2008). A critical look at the embodied cognition hypothesis and a new proposal for grounding conceptual content. *Journal of Physiology-Paris*, 102(1–3), 59–70.
④ Garbarini, F., & Adenzato, M. (2004). At the root of embodied cognition: Cognitive science meets neurophysiology. *Brain and Cognition*, 56(1), 100–106.

编码于不同的感觉模态（视觉、嗅觉和听觉等）之中的情绪信息是在概念系统中被表征和存储的，并且在功能上与其感官来源是相分离的。由此产生的符号与经验事件没有可类比的关系，并且进入思维、语言等高级的认知加工过程的也正是这些符号。从功能上而言，对于信息加工过程的此类单模态的解释认为个体对情绪的了解和他们对绝大多数其他东西的了解是相似的。例如，对于汽车，我们知道它的构成部件有发动机、轮胎、排气管等；而对于愤怒，我们知道它涉及对受挫折目标的体验、想要发泄的欲望以及握紧拳头和血压上升等特征表现。

伴随着具身认知研究的兴起，学者们对情绪的研究和理解也发生了较大的变化。与情感概念的单模态解释不同，具身的理论或模拟的概念认为知觉和行动是紧密联系在一起的[1][2][3]。根据这些描述，当个体体验一个特殊对象的时候，表征知觉、行动和内省的模态性的特定状态随后也会被用于表征离线的对象。因此情绪的概念便是指处于因果情境中的身体状态[4]。例如，情绪的具身性理论认为情绪词汇的意义是接地于（grounded in）诸如面部表情和手势等的个体的相关行为[5]。因为情绪体验涉及自主神经系统、行为、面部表情、认知以及大脑边缘系统之间复杂的交互作用，情绪本身的具身表征分布在大脑的特定模态区域内。概言之，具身认知的理论为我们解释情绪信息的加工提供了新的视角。

根据具身认知的主张，情境、身体在情绪理解过程中均有着重要的作用，自然情绪理解就不再是简单的逻辑推理过程所能完全解释的。例如酒吧里有人讲了个笑话，两位听众一位原本就在笑，而另一位则愁眉苦脸，请问谁更能领会笑话的精髓？根据常识我们也能判断，前者会更喜欢这个笑话。上述看似平常而又简单的例子却在一定程度上体现了情绪的具身性

---

[1] Gallese, V. (2003). The manifold nature of interpersonal relations: The quest for a common mechanism. *Philosophical Transactions of the Royal Society of London. Series B: Biological Sciences*, 358(1431), 517-528.

[2] Niedenthal, P. M., Barsalou, L. W., Winkielman, P., Krauth-Gruber, S., & Ric, F. (2005). Embodiment in attitudes, social perception, and emotion. *Personality and Social Psychology Review*, 9(3), 184-211.

[3] Smith, E. R., & Semin, G. R. (2007). Situated social cognition. *Current Directions in Psychological Science*, 16(3), 132-135.

[4] Barrett, L. F. (2006). Are emotions natural kinds? *Perspectives on Psychological Science*, 1(1), 28-58.

[5] Hietanen, J. K., & Leppänen, J. M. (2008). Judgment of other people's facial expressions of emotions is influenced by their concurrent affective hand movements. *Scandinavian Journal of Psychology*, 49(3), 221-230.

所想要表达的意思，即身体所处的状态不同，可能就会影响个体对情绪的加工和理解。根据具身认知的模拟（simulation）假设，之所以存在这种差异可能就是因为不同的初始状态使得我们的身体更易于或难于对他人的情绪状态进行模拟，从而影响到对他们的共鸣程度。除了情境和身体状态外，具身情绪更关注神经系统在情绪体验中的重要作用。例如，遇到一只狗熊会导致视觉、听觉等感官运动以及情感状态被触发，这些信息会被捕捉并存储于特定的关联区域中；随后，通过诸如想象一只狗熊等方式在意识中再次获得这种体验时，尽管并未身临其境，遇到一只狗熊时出现过的感官运动和情感状态的原始模式会重新被激活。因为对于情绪刺激（一只怒吼的狗熊）的知觉引起了视觉、听觉以及情感意识等方面的反应，这些体验共同构成了"恐惧"这一特殊的体验。这些特定的情绪状态为大脑所提取，随后想起狗熊的时候，表征视觉印象的神经系统得以激活并引起了相关神经系统如听觉和情感意识系统的激活，从而导致再度知觉"恐惧"情绪[1]。

　　情绪的具身性假设得到了很多来自行为实验和神经成像研究结果的支持。来自行为实验的研究发现，对各类不同任务中的情绪的理解伴随着感官运动和内省的模拟[2]。例如，涉及生理测量的行为研究表明，与情感状态的观察或共情的体验相伴随的是身体内部状态的变化。研究首先通过一个包含一系列有关个人兴趣相关问题的"了解你"（getting-to-know-you）的练习对被试与实验助理进行配对，部分研究者与实验助理属于社交联系型（socially connected）的组合，而另一些与实验助理则属于非社交联系型的组合。在正式实验中，当实验助理处于准备完成压力诱发任务的条件下时，社交联系型的被试会体验到较之控制组被试更大的压力感受，而当实验助理处于原地奔跑的情况下时，社交联系型的被试也会出现较之控制组更大幅度的心率和血压上升的情况[3]。再如，对他人情绪表达的知觉会引发观察者脸部肌肉自发性活动的出现[4]。研究通过请被试对不同的短视频中主人公所表达的愤怒、悲伤、厌恶以及快乐这四种不同的情绪根据情绪表达的程度进行等级评定，

---

[1] Niedenthal, P. M. (2007). Embodying emotion. *Science*, 316(5827), 1002–1005.

[2] Winkielman, P., Niedenthal, P. M., & Oberman, L. (2008). The embodied emotional mind. In G. R. Semin & E. R. Smith (Eds.), *Embodied Grounding: Social, Cognitive, Affective, and Neuroscientific Approaches*. New York: Cambridge University Press, pp. 263–288.

[3] Cwir, D., Carr, P. B., Walton, G. M., & Spencer, S. J. (2011). Your heart makes my heart move: Cues of social connectedness cause shared emotions and physiological states among strangers. *Journal of Experimental Social Psychology*, 47(3), 661–664.

[4] Hess, U., & Blairy, S. (2001). Facial mimicry and emotional contagion to dynamic emotional facial expressions and their influence on decoding accuracy. *International Journal of Psychophysiology*, 40(2), 129–141.

发现所有情绪类型的评定过程都会有表情模仿的现象出现。并且,快乐和悲伤情绪还存在明显的感染性。

具身效应不仅出现在直接的观察过程中,而且也表现出存在于非直接的如情绪语言的理解过程中[1]。例如研究表明生气或者伤心时的皱眉会导致皱眉肌的运动,开心时的笑会导致颧肌的运动,而开心时的斜视则会导致轮匝肌的运动。通过语言刺激启动情绪,采用肌电图(electromyogram,EMG)记录面部肌肉的活动情况,结果表明面部肌肉活动情况与语言刺激内容的高度一致性。此外,更为抽象的概念性任务的相关研究也表明,情绪处理伴随着身体的自发变化,包括但不仅限于交感神经系统的变化、面部肌肉的变化以及身体姿势的变化[2]等。

神经成像研究进一步支持了情绪理解中的具身性思想。不少神经成像研究证实,当人们自己体验厌恶感受、想象自己体验厌恶感受以及观察他人体验厌恶感受时所激活的神经回路存在高度的重叠性[3],这表明至少对厌恶而言,直接体验和对其进行社会知觉或心理想象共享相同的神经基础。

综上所述,我们可以将具身情绪的核心理念概括为:情绪的表达、感知、加工、理解等过程与身体有着密切的联系,体验情绪或者感知情绪刺激或者重新提取情绪记忆,都会唤醒高度重合的心理加工过程[4];而对面部表情或肢体动作等与情绪表达密切相关的身体部位的行为控制也会影响个体对情绪的感知、理解和加工。正是因为身体对于情绪状态的再体验才使得我们的理解成为可能。情绪信息接收者身体表达如果与情绪发出者所传递的情绪信息相一致则能够促进及优化交流过程中的理解,而不一致的情况则会对情绪理解产生消极影响。将具身认知的理论与情绪研究相联系能够更好地理解一些情绪现象和情绪的加工过程。情绪的具身性研究可进一步细分为脸部肌肉活动、身体姿势变化等相关的内容。

1. 面部活动与具身情绪

具身认知理论认为,身体的外围(特别是面部)以及大脑的情感和运动区

---

[1] Havas, D. A., Glenberg, A. M., & Rinck, M. (2007). Emotion simulation during language comprehension. *Psychonomic Bulletin & Review*, 14(3), 436–441.

[2] Niedenthal, P. M., Winkielman, P., Mondillon, L., & Vermeulen, N. (2009). Embodiment of emotion concepts. *Journal of Personality and Social Psychology*, 96(6), 1120.

[3] Jabbi, M., Bastiaansen, J., & Keysers, C. (2008). A common anterior insula representation of disgust observation, experience and imagination shows divergent functional connectivity pathways. *PLoS One*, 3(8), e2939.

[4] 丁峻、张静、陈巍:《情绪的具身观:基于第二代认知科学的视角》,《山东师范大学学报》(人文社会科学版)2009年第3期。

域,在识别和辨认面部情绪表达的任务中起着重要的作用[1][2]。在波纳林(M. Ponari)等的一项研究中发现,如果阻断感知者的下半部脸的模仿会影响他们对快乐和厌恶表情的识别,而阻断其上半部脸的模仿则会影响他们对愤怒表情的识别。并且无论是脸的哪一部分的模仿被阻断都能降低了对恐惧的识别能力,但是惊讶和悲伤的识别不会受脸部模仿阻断的影响[3]。这些发现为情绪的理解有赖于身体及运动系统的参与和模拟的具身认知假设提供了具体的佐证,至少说明情绪理解并不像单模态理论所主张的面部肌肉运动和面部表情理解之间是毫无关系的。

早在30多年前,斯特拉克(F. Strack)就设计过精巧的实验来探究表情控制对于情绪感受和理解的影响。通过分别让被试用牙齿叼笔和用嘴唇叼笔的行为控制方法使被试分别处于笑的表情和无法笑的表情两种状态下。实验任务是要求被试对所看到的动画是否搞笑进行评定。结果表明,用牙齿叼笔的情况下,被试对动画搞笑程度的评分显著高于用嘴唇叼笔情况[4]。在一项关于不同类型微笑的加工和理解的研究中也发现有类似效应的存在。实验中要求被试观看动态变化的"真"或"假"的微笑,其中一半的被试能够自由地模仿,另一半被试需要用嘴巴叼住铅笔从而自由模仿会受到阻断。被试在实验中的任务就是对每次出现的微笑的真诚程度进行评分。实验结果显示,被允许自由模仿的被试能够轻松地对"真"的微笑和"假"的微笑进行区分,将前者评定为更加真诚。但在模仿受阻的条件下,被试对真诚度的判定并不随微笑类型本身的变化而变化;相反,所有类型微笑的真诚性都被评定为属于同一程度[5]。这一结果同具身认知理论所衍生出来的假设——模仿微笑的能力对于区分其细微差别而言是必需的——也是一致的。

不少采用经颅磁刺激(transcranial magnetic stimulation, TMS)方法的研

---

[1] Niedenthal, P. M., Mermillod, M., Maringer, M., & Hess, U. (2010). The Simulation of Smiles (SIMS) model: Embodied simulation and the meaning of facial expression. *Behavioral and Brain Sciences*, 33(6), 417.

[2] Pitcher, D., Garrido, L., Walsh, V., & Duchaine, B. C. (2008). Transcranial magnetic stimulation disrupts the perception and embodiment of facial expressions. *Journal of Neuroscience*, 28(36), 8929-8933.

[3] Ponari, M., Conson, M., D'Amico, N. P., Grossi, D., & Trojano, L. (2012). Mapping correspondence between facial mimicry and emotion recognition in healthy subjects. *Emotion*, 12(6), 1398.

[4] Strack, F., Martin, L. L., & Stepper, S. (1988). Inhibiting and facilitating conditions of the human smile: a nonobtrusive test of the facial feedback hypothesis. *Journal of Personality and Social Psychology*, 54(5), 768.

[5] Maringer, M., Krumhuber, E. G., Fischer, A. H., & Niedenthal, P. M. (2011). Beyond smile dynamics: mimicry and beliefs in judgments of smiles. *Emotion*, 11(1), 181.

究所得到的结果也支持情绪感受的具身性解释。使用 TMS 可用于暂时抑制靶向脑区的使用,以确定其在心理过程中的作用。当 TMS 直接作用于某一特定区域时,通过观察某一加工的受影响程度就可以推断该区域所对应的或支持的是哪一加工过程。几项研究的结果表明,躯体感官皮层在准确识别面部表情方面具有重要作用。由于躯体感官系统中包含包括来自面部的本体感觉等在内的感觉模态的接收和加工中心,因此上述发现说明除了视觉输入,身体知觉体验也有助于促进对来自面部的情绪的加工[1][2]。

2. 身体变化与具身情绪

身体对于情绪的影响,最早的理论当属威廉·詹姆斯(William James)和卡尔·兰格(Carl Lange)的情绪外周理论。詹姆斯认为情绪是对身体变化的知觉,当外界刺激引起身体上的变化时,我们对这些变化的知觉就是情绪。而兰格则强调血液系统的变化与情绪发生的关系。有充分的证据表明身体感觉在情绪理解中起着重要的作用[3],因此任何完整的情绪加工理论都不应该忽视身体的作用。

研究表明,身体会影响个体对模棱两可的面孔和声音的情绪的知觉[4]。研究者首先让被试在两张蕴含情绪的身体姿势的图片(如图片 A 蕴含的是悲伤情绪,图片 B 蕴含的是愤怒情绪)中选择一张与其所看到的身体姿势图片所表达的情绪相同的图片,如果目标图片所表达的情绪是愤怒,则被试的正确答案应为 A。通过正确率和反应时对被试的表现进行评估,结果表明,实验中所包含的 4 种类型的情绪(愤怒、恐惧、开心以及悲伤)都能得到较好的识别,尽管恐惧相比其他 3 种是最难被识别的。可见,即便是在没有表情的情况下,身体也能很好地传递与情绪相关的信息。当将面部表情与身体姿势进行组合之后,如果面部表情和身体姿势所表达的是相同的情绪时(如开心的表情与表达开心的身体姿势相结合),较之面部表情和身体姿势所表达的是不同的情绪时的情况,前者开心的情绪更容易被识别。研究者对面部表情进行了特别的处理,呈现给被试的部分表情是模棱两可的,此时被试的判

---

[1] Pitcher, D., Garrido, L., Walsh, V., & Duchaine, B. C. (2008). Transcranial magnetic stimulation disrupts the perception and embodiment of facial expressions. *Journal of Neuroscience*, 28(36), 8929-8933.

[2] Pourtois, G., Grandjean, D., Sander, D., & Vuilleumier, P. (2004). Electrophysiological correlates of rapid spatial orienting towards fearful faces. *Cerebral Cortex*, 14(6), 619-633.

[3] Kreibig, S. D. (2010). Autonomic nervous system activity in emotion: A review. *Biological Psychology*, 84(3), 394-421.

[4] Van den Stock, J., Righart, R., & De Gelder, B. (2007). Body expressions influence recognition of emotions in the face and voice. *Emotion*, 7(3), 487.

断会受到身体姿势的显著影响。此类效应也出现在对蕴含情绪的声音信息的识别和加工中。此外,通过给出具体的指示而不说出特定情绪的方式来控制被试的面部和身体的情绪表达(如要求被试将嘴角两侧向上和向后推),在每次执行具体操作之后被试需要完成心境测量。结果表明,面部和身体反馈都会影响被试的心境,并且当面部和身体所表达的情绪一致时,情绪感受的评分也最高[1]。

身体表达有时不仅仅是补充面部提供的信息[2],一些表情,如愤怒和快乐,当其达到"峰值强度"(peak intensities)时会变得难以区分,因为它们都像是张大嘴巴的尖叫,此时就需要身体提供非常重要的补充信息,从而让知觉者获得更多有关被观察者情绪的信息。人们可以从他人步态的模式[3]、对话中的动作[4]、动态和静态的姿势[5]以及伴着音乐的动作[6]等方面可靠地做出对其情绪的推断。或许身体能够提供情感信息也并不奇怪,但是观察者是如何接收并处理这些信息的呢?

对上述问题的进一步洞察得益于猴脑镜像神经元和人脑镜像神经元系统的发现和研究(有关镜像神经元的相关介绍详见第一章第二节"具身认知的生理学基础")。如果我们的大脑能够"模拟"其他人的身体动作,那么一个合理的假设是它也能"模拟"情绪性的身体动作,从而实现个体对他人的理解。一项 fMRI 的研究表明,较之中性的身体动作,当被试看到的是包含恐惧情绪的身体动作时,其与动作表征有关的区域被激活的程度更高。这种差异可能是由于对于个体适应而言,能够对他人恐惧的表现做出快速反应非常

---

[1] Flack Jr, W. F., Laird, J. D., & Cavallaro, L. A. (1999). Separate and combined effects of facial expressions and bodily postures on emotional feelings. *European Journal of Social Psychology*, 29(2-3), 203-217.

[2] Aviezer, H., Trope, Y., & Todorov, A. (2012a). Body cues, not facial expressions, discriminate between intense positive and negative emotions. *Science*, 338(6111), 1225-1229.

[3] Karg, M., Kuhnlenz, K., & Buss, M. (2010). Recognition of affect based on gait patterns. *IEEE Transactions on Systems, Man, and Cybernetics, Part B (Cybernetics)*, 40(4), 1050-1061.

[4] Clarke, T. J., Bradshaw, M. F., Field, D. T., Hampson, S. E., & Rose, D. (2005). The perception of emotion from body movement in point-light displays of interpersonal dialogue. *Perception*, 34(10), 1171-1180.

[5] Atkinson, A. P., Dittrich, W. H., Gemmell, A. J., & Young, A. W. (2004). Emotion perception from dynamic and static body expressions in point-light and full-light displays. *Perception*, 33(6), 717-746.

[6] Burger, B., Saarikallio, S., Luck, G., Thompson, M. R., & Toiviainen, P. (2012). Relationships between perceived emotions in music and music-induced movement. *Music Perception: An Interdisciplinary Journal*, 30(5), 517-533.

重要,因此较之中性的行为,大脑会更多地模拟这种情绪行为①。这一结果也间接地证实了对情绪的理解过程涉及对身体的表征。

此外,研究者还发现,身体姿势能够直接影响情绪感受。实验邀请男性被试参与一项成就测试,在他们完成任务的过程中让被试分别处于背部挺立的常规的工作姿势(conventional working posture)和耷拉肩膀的人类环境改造学姿势(ergonomic postures)。在这两种不同的姿势下,实验者告知被试在刚刚进行的那项任务中他们"远远高出平均水平,出色地完成了任务",并要求被试报告听到好消息之后的自豪程度。结果表明,常规工作姿势的被试能够较之后者体会更多的自豪感②。

所有这些支持情绪具身性的实验均表明了个体的感觉系统、神经系统在认知加工过程、在情绪体验过程中的重要作用。这使得我们更易于理解为何从中性的情绪状态转变为开心的情绪状态要比从悲伤的情绪状态转入开心的情绪状态相对容易。我们的身体在日常生活中扮演着重要的作用,它使得我们对于他人的理解能够更为直接和便捷。对此,我们正逐步了解其工作机理。

情绪具身观的提出使得我们开始重视身体在情绪体验过程中的重要性,并为情绪的具身观奠定了理论基础:模仿他人的情绪表达是对他人状态体验的一种身体上的再现。情绪的具身性研究不仅是对原有情绪认知加工的理论突破,同时也具有重要的现实意义。如果情绪确实是具身的,那么对于他人情绪甚至只是表情的模仿应该就能够促进共情,这对于人际交往、社会互动,乃至更美满的婚姻都能产生促进作用。另外,情绪具身性的研究也为观察学习提供了更坚实的理论基础。在观察学习的过程中,给定行为结果的积极或消极被他人通过观察另一个人的行为结果而习得。fMRI 研究表明,被试在自身手受到疼痛刺激和观察爱人手受到疼痛刺激时,会有相同的大脑区域被激活③。这就为观察学习提供了生物保障,即我们的身体能够对所观察的事物以一种非外显的方式进行重演。相同的原理也能用于解释传授教学。儿童在成人言语的指导下体验手放到电极上是痛苦的,从而习得不能把手放到电极上的行为准则。已有的对于情境的、观察的,以及言语指导的恐

---

① Grèzes, J., Pichon, S., & De Gelder, B. (2007). Perceiving fear in dynamic body expressions. *NeuroImage*, 35(2), 959-967.
② Stepper, S., & Strack, F. (1993). Proprioceptive determinants of emotional and nonemotional feelings. *Journal of Personality and Social Psychology*, 64(2), 211.
③ McIntosh, D. N., Reichmann-Decker, A., Winkielman, P., & Wilbarger, J. L. (2006). When the social mirror breaks: Deficits in automatic, but not voluntary, mimicry of emotional facial expressions in autism. *Developmental Science*, 9(3), 295-302.

惧学习中杏仁核激活模式的比较与这种观点一致[1]。当然,尽管具身情绪已引起国外较多学者的关注,但情绪具身化研究仍存在着较多的困难。首先情绪是内隐的体验,不像行为那么容易控制,如何精确地诱发情绪是情绪具身化研究中的关键问题。当前比较多的是采用语言刺激来启动情绪,当然也可以采用图片、视频之类的材料进行,但这种间接的启动方式是否成功地启动了情绪? 最终测得的具身是否就直接源自不同的情绪体验? 这些问题仍需要继续探索。

(二) 语言理解的具身性

语言理解的具身进路(embodied approach to language comprehension)这一说法通常被认为是指语言的意义源于对语言中所描述的动作、事件以及状态等的感官运动模拟(sensorimotor simulation)。因此,理解像"给"(give)或是"踢"(kick)这样的动词涉及运动系统的参与来模拟给或踢的动作[2],理解描述视觉运动的词或短语时涉及视觉系统的参与来模拟移动的对象[3],而理解关于情绪的语言涉及情绪状态的内部模拟[4]。这种具身的进路得到了越来越多证据的支持,在呈现相关的语言理解具身性的实验研究之前,有必要先介绍一个重要的背景理论:符号接地问题(symbol grounding problem),语言理解的具身性研究很大程度上正是得益于研究者尝试对符号接地问题的解决。

关心符号接地问题的研究者通常诉诸一个名为"中文屋"(Chinese Room)的经典思想实验[5]。这一思想实验由美国哲学家约翰·塞尔(John Searle)最早提出:假设有一个只会说英语而完全不懂中文的人(JS)被关在一个房间里,房间的墙上有一个狭槽和外面的世界相通。写有中文的字条可以通过墙上的狭槽传进来。最早通过狭槽送到 JS 手上的第一批中文被称为脚本(script),这对他而言是毫无意义的,他甚至可能都无法确定这是否是中文,因为对于母语为英文的人而言,中文和日文看上去也很相似。随后第二

---

[1] Phelps, E. A., O'Connor, K. J., Gatenby, J. C., Gore, J. C., Grillon, C., & Davis, M. (2001). Activation of the left amygdala to a cognitive representation of fear. *Nature Neuroscience*, 4(4), 437–441.

[2] Glenberg, A. M., & Kaschak, M. P. (2002). Grounding language in action. *Psychonomic Bulletin & Review*, 9(3), 558–565.

[3] Meteyard, L., Bahrami, B., & Vigliocco, G. (2007). Motion detection and motion verbs: Language affects low-level visual perception. *Psychological Science*, 18(11), 1007–1013.

[4] Havas, D. A., Glenberg, A. M., & Rinck, M. (2007). Emotion simulation during language comprehension. *Psychonomic Bulletin & Review*, 14(3), 436–441.

[5] Searle, J. R. (1980). Minds, brains, and programs. *Behavioral and Brain Sciences*, 3(3), 417–424.

批中文字条送到他的手上,与之一起的还有将第二批被称为故事(story)的中文以及与第一批中文联系起来的英文的规则说明。JS能够看到规则说明,通过这个说明他能够将第一批中文符号和第二批中文符号联系起来。再接着送到JS手上的是第三批被称为问题(question)的中文以及更多的英文规则说明,通过这些JS能够将第三批的中文和第一批、第二批的中文进行联系。这些说明使得JS最终能够针对第三批的问题给出特定的中文符号作为回答。尽管对外面的人来说,JS收到的是中文的问题,给出的是中文的回答,他看似好像是"懂"中文的。但实际上,JS最终还是不懂中文,也无法理解收到的问题和给出的答案分别代表什么。这一思想实验表明:仅仅通过与其他符号的相关关系,符号是不可能习得意义的。

诸如此类的研究还有"中文机场"(Chinese Airport)思想实验[1]。假设一个不懂汉语的人乘坐一架飞机在中国降落,机场内所有的指示牌上都只有中文而没有其他语言,这个人手头只有一本汉语词典。为了找到行李领取处,他不得不抬头看天花板上挂着的指示牌上用中文写着的内容。根据他所看到的内容,他打开字典按照中文字形查找相对应的意思,但他所查到的内容也是用中文书写的。很明显,无论这个人花多少时间在这些符号和字典上,他永远都无法明白符号的意义是什么。符号接地问题的本质就是:抽象的、任意的符号无法仅仅通过它们与其他抽象的、任意的符号之间的联系而得以理解。只有通过被转换为其他自身能够被理解的表征形式,符号才能够被理解。例如在"中文机场"中,如果中文"行李处"的旁边有一张手提箱的图片和一个指向走廊的箭头,尽管不懂中文的人依然不懂中文的意义,但他可以通过理解这些图片来理解边上所写中文的汉语。对语言理解而言,具身的进路主张语言抽象的、任意的符号通过落地于关于我们的身体和身体如何与世界互动的知识中而变得有意义。

符号接地问题为语言理解的具身进路的发展提供了重要的推动力。具身进路通过提出"如词汇、短语、抽象语法模版是通过落地于我们身体的知觉和行动计划系统而得以理解"的主张来应对符号接地问题的困境[2]。例如对于"小提琴"这个单词,具身进路认为这个单词的意义是根植于对小提琴的感官运动体验中的——小提琴看起来怎么样,它们发出的声音是这么样的,拿着小提琴在琴弦上画一个蝴蝶结的感觉是怎么样的,看别人演

---

[1] Harnad, S. (1990). The symbol grounding problem. *Physica D: Nonlinear Phenomena*, 42(1-3), 335-346.

[2] Glenberg, A. M. (1997). What memory is for. *Behavioral and Brain Sciences*, 20(1), 1-19.

奏小提琴的样子是怎么样的等一系列的知觉和运动的记录。加工"小提琴"这个单词,涉及上述知觉记录的参与,来从内部模拟小提琴看起来、被演奏起来、所发出的声音等各方面是怎么样的。这些模拟是语言意义的基础。这种模拟以和一个人对世界中真实的对象、动作和事件进行理解相同的方式被理解[1]。

具身进路能够解决符号接地问题的一个前提是,我们对于自己的身体以及它们如何在外部环境中活动和如何与外部环境交互作用有一个基本的了解。这一主张与关于认知进化的思考也能产生很好的共鸣。研究者发现,神经系统的进化是根植于有机体移动的需求[2]。用进化的术语来讲,身体形态、神经系统特征和认知能力之间有着密切的联系。例如,身体对称性几乎是所有动物身上都有的一个特征,它可以提高向前运动的能力,也预示着感觉器官在生物体前端的聚集,从而促进大脑的发育[3]。感觉器官和神经系统的进化受到生物体的性质以及生物体如何与环境相互作用的强烈影响[4]。有研究者指出,知觉源自远端环境信息的能力使得我们发展出了诸如计划等更为复杂的认知形式,但是这些更为复杂的认知形式是根植于现有的使得我们能够对环境采取行动的系统中的。因此,我们的认知能力,包括语言的使用,都是与神经系统密不可分的,而神经系统的进化就是为了能够在环境中采取成功行动为最终目标的[5]。

对语言理解而言需要一种具身的进路来解释语言的意义,对符号接地问题的思考为上述问题提供充分的理由,也为具体的实证研究奠定了坚实的理论基础。

1. 语言理解中的运动模拟

语言理解的具身性研究中所涉及的第一个重要的研究方向是运动模拟在单词和句子理解中所起的作用。例如格伦伯格(A. Glenberg)和卡斯查克

---

[1] Barsalou, L. W. (1999). Perceptual symbol systems. *Behavioral and Brain Sciences*, 22(4), 577–660.

[2] Wolpert, D. M., Ghahramani, Z., & Flanagan, J. R. (2001). Perspectives and problems in motor learning. *Trends in Cognitive Sciences*, 5(11), 487–494.

[3] Paulin, M. G. (2005). Evolutionary origins and principles of distributed neural computation for state estimation and movement control in vertebrates. *Complexity*, 10(3), 56–65.

[4] Egelhaaf, M., Kern, R., Krapp, H. G., Kretzberg, J., Kurtz, R., & Warzecha, A.-K. (2002). Neural encoding of behaviourally relevant visual-motion information in the fly. *Trends in Neurosciences*, 25(2), 96–102.

[5] MacIver, M. A. (2009). Neuroethology: from morphological computation to planning. In P. Robbins & M. Aydede (Eds.), *The Cambridge handbook of situated cognition*. Cambridge: Cambridge University Press, pp. 480–504.

(M. Kaschak)开展的这项研究：他们请被试阅读并对句子的合理性进行判断(sensibility judgment)。被试所阅读到的句子有"梅根给了你一支笔"(Meghan gave you a pen)或"你给了梅根一支笔"(You gave Meghan a pen)。前一个句子所描述的动作是朝向被试身体的，因为被试是接到笔的人，而后一个句子所描述的动作是远离被试身体的，因为被试是递出笔的人。合理性判断需要被试按键进行反应，由于按钮所处位置的不同，被试或是需要做出一个朝向自己身体的动作，或是需要做出一个远离自己身体的动作。当句子所描述的动作与被试按键反应所需执行的动作朝向相同方向的时候，如当句子为"梅根给了你一支笔"(包含了朝向被试身体的动作)，并且被试按键反应所需之行的动作也是朝向自己身体时，被试的反应速度会更快。换言之，对与动作有关句子的加工影响了理解者在外部世界中计划和执行动作的能力[1]。在上述这项研究的基础上，具身认知的支持者开展了许多相似的研究并证实了类似的运动模拟效应的存在。

在茨瓦恩(R. Zwaan)和泰勒(L. Taylor)的一项研究中，首先，他们通过对比被试在观看顺时针(clockwise)或逆时针(counterclockwise)的视觉旋转动画的过程中执行向左(逆时针)和向右(顺时针)的手部动作执行情况，证实了视觉上的旋转能够引起运动共鸣。之后他们对被试阅读包含顺时针或逆时针旋转动作的句子对手部旋转动作的影响进行探究，结果发现对于包含旋转动作的语言的理解也能够引起运动系统的共鸣。如当要求被试在阅读诸如"大卫将螺丝钉从墙上取下来"(Dave removed the screw from the wall.)的句子并判断该句子是否有意义的过程中，如果判断的操作方式是控制操作杆向左移动(需要做出一个逆时针的反应)时，由于将螺丝钉从墙上取下来也需要执行一个逆时针的旋转动作，因此此时被试的反应速度是最快的；而如果被试阅读到的依然是上述句子，但判断的操作方式是控制操作杆向右移动(需要做出一个顺时针的反应)时，被试的反应是最慢的。概言之，当句子中所包含动作的旋转方向与被试实际需要执行的方向是一致时，反应速度会得到促进；反之，当语言中所包含的旋转方向与被试实际需要执行的方向相反时，反应速度会受到抑制。此外他们还发现视觉上的旋转也会影响语言理解。被试在阅读句子并判断是否有意义的同时还接收到旋转的视觉刺激，一个"+"以10°每100毫秒的速度匀速顺时针或逆时针旋转，旋转的过程中"+"的颜色会发生变化，当有颜色变化发生时，被试需要按空格键做出反应。

---

[1] Glenberg, A. M., & Kaschak, M. P. (2002). Grounding language in action. *Psychonomic Bulletin & Review*, 9(3), 558-565.

所阅读的内容依然是包含有顺时针或逆时针旋转动作的句子,如顺时针的有"吉姆调紧了螺母"(Jim tightened the lug nuts.),逆时针的有"朱莉亚把闹钟拨了回去"(Julia set the clock back)①。当"+"的旋转方向和句子中包含动作的旋转方向一致时,被试的判断速度会加快,反之则会变慢。句子理解中的这种运动效应(motor effects)不仅受动词所隐含方向的影响,而且还会受到副词所描述动词执行情况的影响②。

综上可见,在对句子的在线理解过程中似乎会涉及运动系统的活动,并且语言理解和运动系统的活动之间相互影响。这在某种程度上也支持了具身进路的基本假设,即我们通过身体模拟来实现对语言的理解。

语言理解过程中所引发的运动系统的活动在后续的研究中得到了进一步的阐明③。通过一个名为理解算盘(Graspasaurus)的特殊响应装置,研究者考察了对名词的加工会在多大程度上激活例如使用指针戳计算器的按键等功能性(functional)的运动手势,以及在多大程度上激活例如使用张开的手将计算器拿起来等的与体积相关的(volumetric)运动手势。研究结果显示,无论是功能性的运动手势还是体积相关的运动手势,两者都会在语言理解的过程中被激活,但只有功能性的运动手势在句子理解结束之后还会处于被激活的状态。并且,研究者还发现,即便被试所阅读的句子中并没有描述某个特定对象的显性动作(例如"那个人看着计算器"),功能性的运动手势也还是会被激活④。从上述行为实验的研究中可以得到的结论是,无论是名词还是动词的加工都能够产生运动信息,并且信息是在在线理解的过程中产生的,并持续存在并进而影响对句子的最终解释。

神经成像研究也为上述结论提供了更多的佐证。如通过 fMRI 和 EEG 等技术,研究者对语言理解过程中的运动活动进行了观察,非常有意思并且广为人知的结果是,加工"捡"(pick)、"踢"(kick)和"舔"(lick)等词语会分别激活运动皮层中对应于手、足和嘴的部分⑤。此类现象也得到了其他研究者

---

① Zwaan, R. A., & Taylor, L. J. (2006). Seeing, acting, understanding: Motor resonance in language comprehension. *Journal of Experimental Psychology: General*, 135(1), 1.
② Taylor, L. J., & Zwaan, R. A. (2008). Motor resonance and linguistic focus. *The Quarterly Journal of Experimental Psychology*, 61(6), 896–904.
③ Bub, D. N., & Masson, M. E. (2010). On the nature of hand-action representations evoked during written sentence comprehension. *Cognition*, 116(3), 394–408.
④ Masson, M. E., Bub, D. N., & Warren, C. M. (2008). Kicking calculators: Contribution of embodied representations to sentence comprehension. *Journal of Memory and Language*, 59(3), 256–265.
⑤ Hauk, O., Johnsrude, I., & Pulvermüller, F. (2004). Somatotopic representation of action words in human motor and premotor cortex. *Neuron*, 41(2), 301–307.

的进一步证实①,说明为数不少的实验数据证明,关于动作的语言理解涉及神经系统的使用,而这些神经系统则是与计划和执行语言中所涉及的动作有直接联系的。

2. 语言理解中的知觉模拟

具身视角下的语言理解所涉及的第二大方面是语言加工过程中的知觉模拟(perceptual simulation)。对此,茨瓦恩及其同事开展了一系列的研究②③④。在其研究中,被试会阅读到一些包含特殊视觉内容等句子,如"天空中有一只老鹰"或"巢穴中有一只老鹰"。研究者假设阅读前者的过程会引发被试对一只展开翅膀的老鹰的模拟,而阅读后者的过程则会引发被试对一只翅膀收紧的老鹰的模拟。在阅读每个句子之后,实验者向被试呈现包含有一个对象的图片,如一只老鹰或其他的东西,并需要被试判断所看到的东西是否在刚刚阅读的句子中有被提到。研究结果发现,当图片中的内容与句子所描述对象应有的特征吻合时,被试的反应速度是最快的,而当两者不一致时,反应速度则是最慢的。具体而言,当被试阅读的句子为"天空中有一只老鹰"并且看到的图片是一只展示飞翔的老鹰,此时他们的判断速度是最快的;如果被试阅读的句子是"天空中有一只老鹰"但看到的图片却是一只正在栖息的老鹰,这时他们的判断速度是最慢的。

卡斯查克等人也对语言理解过程中的知觉模拟现象进行了研究,他们的实验所关注的是包含视觉运动信息的句子理解,例如"松鼠从你身边跑开了"所描述的是远离身体的视觉运动。在阅读此类句子的同时实验者会向被试呈现描述动作的视觉刺激。非常有意思的是,这一实验中并没有出现运动共鸣,相反,当句子所描述的运动方向和所呈现的视觉刺激所描绘的方向相反时,被试的反应速度是最快的;而当句子所描述的运动方向和所呈现的视觉刺激所描绘的方向相同时,被试的反应速度反而是最慢的。这一结果可能是由于对包含视觉运动信息的句子的理解涉及与运动有关的神经机制的使用,而这些神经机制又在对运动方向的知觉过程中被需要,当两者运动方向一致

---

① Tettamanti, M., Buccino, G., Saccuman, M. C., Gallese, V., Danna, M., Scifo, P., ... Perani, D. (2005). Listening to action-related sentences activates fronto-parietal motor circuits. *Journal of Cognitive Neuroscience*, 17(2), 273–281.

② Stanfield, R. A., & Zwaan, R. A. (2001). The effect of implied orientation derived from verbal context on picture recognition. *Psychological Science*, 12(2), 153–156.

③ Zwaan, R. A., Madden, C. J., Yaxley, R. H., & Aveyard, M. E. (2004). Moving words: Dynamic representations in language comprehension. *Cognitive Science*, 28(4), 611–619.

④ Zwaan, R. A., Stanfield, R. A., & Yaxley, R. H. (2002). Language comprehenders mentally represent the shapes of objects. *Psychological Science*, 13(2), 168–171.

时，对相同神经机制的需要之间的冲突导致了反应速度的降低。

随后的一些研究也证明，关于运动影响(motor affects)的语言加工会受到视觉刺激加工的影响[1][2]。与运动模拟的情况一样，知觉模拟的行为证据也得到了神经科学研究结果的补充证实[3]，这些研究结果共同表明，对有关知觉特征的语言加工能够引起与远端知觉刺激加工相联系的神经系统的活动。

此外，语言所涉及的内容在不同感觉通道之间转换时的加工代价研究也能在一定程度上体现语言理解中知觉系统的卷入。例如，让被试判断"炸弹"是否会"很响"，如果之前被试刚刚完成一个"柠檬"是否会"很酸"的判断，和紧接着判断"叶子"会"沙沙响"比起来，前者的反应时会更长[4]。因为"很响"和"沙沙响"都是在听觉系统中进行加工的，而"很酸"则是在味觉系统中进行加工的，反应时的差异说明了信息加工过程中存在不同感觉通道之间转换的过程，也间接地论证了在进行信息加工的过程中，身体的各类系统在其中起着重要的作用。弗穆伦(N. Vermeulen)等也提出了类似的观点，即对于听觉刺激(高音或低音)或视觉刺激(亮的或暗的灰色)的感知判断均会分别对随后需要在这两个感觉模块中进行模仿的感念判断产生影响[5]。换言之，感觉系统和运动系统的使用会影响需要在这两个系统中进行模仿的概念任务的完成。

3. 语言理解中的情绪模拟

研究表明，当人们对情绪词汇进行加工时，无论是具体的还是抽象的，其凸显网络(salience network)和躯体运动网络中对应的区域都是活跃的。并且，无论是和自我相关还是和他者相关，只要是情绪词汇在凸显网络中都能观察到激活模式，但只有与自我相关的情绪词汇才会激活与心智化有关的网络[6]。另

---

[1] Bergen, B. K., Lindsay, S., Matlock, T., & Narayanan, S. (2007). Spatial and linguistic aspects of visual imagery in sentence comprehension. *Cognitive Science*, 31(5), 733–764.

[2] Richardson, D., & Matlock, T. (2007). The integration of figurative language and static depictions: An eye movement study of fictive motion. *Cognition*, 102(1), 129–138.

[3] Binder, J. R., Desai, R. H., Graves, W. W., & Conant, L. L. (2009). Where is the semantic system? A critical review and meta-analysis of 120 functional neuroimaging studies. *Cerebral Cortex*, 19(12), 2767–2796.

[4] Pecher, D., Zeelenberg, R., & Barsalou, L. W. (2003). Verifying different-modality properties for concepts produces switching costs. *Psychological Science*, 14(2), 119–124.

[5] Vermeulen, N., Corneille, O., & Niedenthal, P. M. (2008). Sensory load incurs conceptual processing costs. *Cognition*, 109(2), 287–294.

[6] Herbert, C., Herbert, B. M., & Pauli, P. (2011). Emotional self-reference: brain structures involved in the processing of words describing one's own emotions. *Neuropsychologia*, 49(10), 2947–2956.

一项有趣的研究表明,人们在理解加工情绪故事时所激活的凸显网络的部分和当他们使用情感词汇描述自己的感受时所激活的脑区存在高度相关[1]。这些研究表明,我们在加工情绪语言的过程会涉及感官运动、内部感受以及内省状态的参与,并且对这些状态对生成和表征予以支持的神经系统也会参与其中。

就语言和情绪而言,有许多富有创造性和想象力的方法被应用于研究过程中。例如,哈瓦斯(D. A. Havas)等借助美容行业中应对衰老的一种"利器"——A型肉毒毒素(botox)——来研究面部活动在情绪语言加工中的作用。众所周知,A型肉毒毒素作为一种神经毒素能够麻痹肌肉,通过组织面部肌肉的收缩来实现减少皱纹出现的目的。研究者邀请准备在皱眉肌(corrugator supercilii)注射A型肉毒毒素的女性为实验被试在实验中阅读快乐的、悲伤的和愤怒的句子,并回答理解问题。两个星期之后,同样的这些被试再次被邀请至实验室阅读更多的句子,但此时的她们没有皱纹了。实验结果发现,注射A型肉毒毒素的结果是显著地减缓了这些女性阅读愤怒地和悲伤的句子的速度,但是对于阅读快乐的句子的速度并没有影响。这一结果表明,面部肌肉的去神经支配(denervation)不仅会影响面部表情,而且似乎还会阻碍对特定情绪语言的加工[2]。

福罗尼(F. Foroni)和塞明(G. Semin)发现,具身模拟在对情绪词的无意识加工中也在起作用。被试在实验中会被无意识地暴露在积极或消极的动词(如"微笑""皱眉"等)面前,然后被邀请对动画片是否有趣进行等级评定。在动画片等级评定任务中,一半被试需要用嘴唇叼笔以阻止脸部的反应。没有用嘴唇叼笔的被试中,较之被暴露于消极动词面前的被试,被暴露于积极动词面前的被试会将动画片评定为更为有趣的。然而,这种效应在用嘴唇叼笔的那一部分被试身上并不会出现,似乎是因为这些被试的叼笔动作使得他们无法对积极的阈下情绪启动给出运动共鸣(motor resonance),从而导致他们无法作出需要肌肉运动参与的微笑[3]。因此在此类条件下,情绪词汇便不

---

[1] Saxbe, D. E., Yang, X.-F., Borofsky, L. A., & Immordino-Yang, M. H. (2013). The embodiment of emotion: Language use during the feeling of social emotions predicts cortical somatosensory activity. *Social Cognitive and Affective Neuroscience*, 8(7), 806–812.

[2] Havas, D. A., Glenberg, A. M., Gutowski, K. A., Lucarelli, M. J., & Davidson, R. J. (2010). Cosmetic use of botulinum toxin-A affects processing of emotional language. *Psychological Science*, 21(7), 895–900.

[3] Foroni, F., & Semin, G. R. (2009). Language that puts you in touch with your bodily feelings: The multimodal responsiveness of affective expressions. *Psychological Science*, 20(8), 974–980.

能对随后评定动画片的有趣等级产生影响。

　　语言和情绪之间存在密切联系也得到了来自神经成像研究结果的证实。研究中被试阅读例如"惧怕"(dread)等与情绪相关的动作词汇的同时会有fMRI记录他们的大脑活动情况。抽象的情绪词汇不仅会激活大脑中被认为与情绪体验有关的边缘系统(limbic regions),而且还会激活运动皮层(motor cortex),说明身体和脸部的运动在情绪概念理解中起着基础性的作用。这一结果也暗示:通过将我们在被标记为"愤怒的"他人的手势和脸部表情与我们自己在做出这些手势和表情时的感受是如何地联系起来,我们习得了感到"愤怒的"意味着什么。因此,"愤怒"的含义不可避免地嵌入与愤怒体验相关的行为和内部状态之中[①]。

　　重要的是,当情绪识别任务能通过记忆中的词汇联想任务来完成时,或者当情绪的意义并不是任务完成的核心内容时,具身模拟可能并不总是必要的[②]。当与一种给定情绪相关的特定模态的神经状态的再激活对于完成任务而言是必需的时候,例如需要对情绪表达进行识别或是进行更深层的情绪概念加工时,躯体激活的行为表现可能便会出现。例如,当激活"厌恶"(disgust)情绪的内部表征时,涉及表达厌恶的脸部肌肉便会变得活跃。

　　尼登塔尔(P. Niedenthal)及同事利用具身模拟的这种特征来检验人们何时依赖于以及何时不依赖于情绪的具身表征。具体的操作过程是:实验者向被试展示了60个名词,其中:一半是诸如"微笑"(smile)、"呕吐"(vomit)、"折磨"(torturer)等与某种情绪有关的;另一半则是诸如"椅子"(chair)、"口袋"(pocket)、"立方体"(cubic)等属于情绪上的中性词。将被试随机分配至两类不同的任务组,针对所看到的名词,一组的任务是判断它们是否与一种特定的情绪有关;另一组的任务是判断它们是大写字母还是小写字母。与此同时进行的是通过肌电图记录被试的脸部肌肉活动。结果显示,判断词语是否与情绪有关的被试会在加工情绪词汇时表现出特定情绪相关的脸部肌肉的激活,即当所判断的词是和"快乐"有关时,产生微笑的肌肉会被激活;当所判断的词是和"愤怒"和"恶心"有关时,表达相应情绪的肌肉也会各自被激活。但是这种效应在任务是判断词语是大写的还是小写的被试身上并不会出现。此外他们还分别选用诸如"高兴的"(delighted)或"被排斥

---

① Moseley, G. L., Gallace, A., & Spence, C. (2012). Bodily illusions in health and disease: Physiological and clinical perspectives and the concept of a cortical 'body matrix'. *Neuroscience & Biobehavioral Reviews*, 36(1), 34–46.

② Niedenthal, P. M., Winkielman, P., Mondillon, L., & Vermeulen, N. (2009). Embodiment of emotion concepts. *Journal of Personality and Social Psychology*, 96(6), 1120.

的"(repelled)等涉及情绪状态的词语，或是诸如"程序化的"(programmed)等抽象的中性词汇，也得到了与上述实验相似的结果①。这两个研究共同说明了当任务涉及理解情绪概念的意义时，具身化情绪概念非常重要。

为了检验具身性在情绪概念加工中的因果作用，尼登塔尔及其同事还进行了第三项研究。与前两项实验的任务基本类似，这一次研究者要求所有被试都进行对词语是否与情绪有关进行判断，只不过有一半的被试在实验过程中需要用嘴唇叼一支钢笔。用嘴唇叼笔的任务阻止了颧大肌(zygomaticus major)以及提上唇肌(levator labii superioris)的运动。颧大肌起着让嘴角上扬从而微笑的作用，而提上唇肌则是起着使我们能卷起上嘴唇以表示厌恶的作用。根据前两项实验的结果我们可以预测，对于和快乐或厌恶有关的情绪词汇的加工，用嘴唇叼笔的被试无法通过模仿相应的情绪，如果具身性在情绪词汇的理解中起作用，那么第三项实验中被试的完成情况必然有别于前两项研究。实验结果表明，用最终叼笔显著地降低了被试对与快乐和厌恶有关的词汇是否是情绪词汇的判断速度，但是对与愤怒有关或是中性词汇是否是情绪词汇的判断速度并没有影响。当采用肌电图以外的其他生理指标对情绪进行评估时，开展类似的研究也能得到一致的结果②。

（三）社会认知的具身性

社会认知(social cognition)是一种理解他人并与他人互动的能力。具体而言，它是能促进同种个体间行为应答的信息加工过程，是一种有益于复杂多变的社会行为的高级认知过程③，因而一直是心理学、社会学、人类学，以及哲学等领域共同关注的焦点。在第一代认知科学传统的影响下，哲学家和心理学家认为，为了理解和成功地与他人互动，我们必须有一种心理理论(theory of mind)。例如，有一个有关诸如信念、欲望和意图等的心理状态如何影响行为以及行为如何影响心理状态的理论。长期以来一直存在的两种相互竞争的心理理论观点分别是：理论论(theory theory)和模拟论(simulation theory)④。

---

① Niedenthal, P. M., Winkielman, P., Mondillon, L., & Vermeulen, N. (2009). Embodiment of emotion concepts. *Journal of Personality and Social Psychology*, 96(6), 1120.
② Oosterwijk, S., Topper, M., Rotteveel, M., & Fischer, A. H. (2010). When the mind forms fear: Embodied fear knowledge potentiates bodily reactions to fearful stimuli. *Social Psychological and Personality Science*, 1(1), 65-72.
③ Adolphs, R. (1999). Social cognition and the human brain. *Trends in Cognitive Sciences*, 3(12), 469-479.
④ Spaulding, S. (2014). Embodied cognition and theory of mind. In L. Shapiro (Eds.), *The Routledge Handbook of Embodied Cognition*. New York: Routledge, pp. 197-206.

理论论认为，我们是通过诉诸常识心理学（folk psychology）关于心理状态如何影响行为来解释和预测个体的行为。通过这些大众心理学的理论，我们从目标对象的行为可以推断出其心理状态可能是什么。基于这些推论，再加上心理理论中能够把心理状态和行为联系起来的心理原则（principles），我们可以预测目标对象的后续行为。换言之，人类之所以能够理解他人，是因为我们在不断发展的过程中构建了一套规则或理论，作为推测他人意图、愿望或信念的准则，社会认知的完成有赖于这一理论的实践化。

模拟论则认为我们是用自己的心智作为模型来解释和预测目标对象的行为。我们会想象自己处于目标对象的情境之中来尝试弄清楚届时我们的心理状态将会是怎样的，以及如果我们处于与目标对象相同的情境中，我们的行为表现又将会如何表现。我们追溯性地模拟（retroactively simulate）导致我们观察到的行为出现的目标对象的心理状态可能会是怎样的，随后我们将上述模拟过程中目标对象的心理状态作为假定的信念和欲望输入，通过我们自己的决策机制运行它们，从而得出结论并将其归因于目标对象。换言之，人类是基于对他人进行模仿从而实现对他人的理解，即所谓的"将自己的脚放进别人的鞋子里"（put yourself in others' shoes）。

对比理论论和模拟论的核心主张可见，两者对于心理理论是如何工作的存在分歧。理论论认为这是一个信息丰富的理论过程，而模拟论则认为这是一个信息贫乏的模拟过程。虽然理论论和模拟论的支持者关于心理理论是如何运作的无法达成共识，但是他们都认可的观点是社会认知需要心理理论。有大量关于心理理论的经验文献，旨在检验我们的心理理论在本质上是理论的还是模拟的，儿童从什么时间段开始形成和发展心理理论，以及我们的心理概念理论是先天存在的还是后天习得的。

但是随着具身认知研究的兴起和深入，不少研究者认为，关于心理理论的哲学和经验研究是被误导的。具身认知甚至彻底抛弃了理论论和模拟论都认同的社会认知需要心理理论的前提，认为理论论和模拟论的内部争论并不是问题的核心所在，它驳斥了关于心理理论的实证研究，认为这是一种错误的构想和误导。具身认知为社会认知提供了一种新的不依赖于心理理论的解释。

社会认知的内容几乎涉及我们生活的所有方面，为了更好地聚焦问题，限于篇幅，我们将选取一些较有代表性的研究来说明社会认知的具身性。

1. 常见社会现象中的具身性

无意识模仿（mimicry）是人类社会交流过程中的一个普遍而有趣的现象，即人们会在自然交流的过程中无意识地复制对方的动作、表情、行为方式等。在一些逸事报道中就不乏此类描述：如当一群人中有一个开始笑的时候，其他人可能也会跟着笑。变色龙效应(chameleon effect)属于无意识模仿的具体表现之一，属于社会心理学中较早的对无意识模仿所开展的行为研究。研究者发现当实验者在实验中适当地增加自己摸脸或抖腿的动作时，被试相应地行为也会出现显著的增加，并且事后被试也不会意识到自己对实验人员的模仿[1]。无意识模仿对人际互动而言有着重要的意义，从行为结果而言，被模仿者会更喜欢模仿者，即无意识模仿能够增进个体之间的喜爱和联系程度。

从行为本身来看，无意识模仿相当简单，当双方在进行交流的时候，一方做出的动作会被另一方无意识地模仿[2]。但从行为背后的神经机制来看，无意识模仿却是一个神奇的过程，因为在模仿的过程中，尤其是对于身体的某些部分或脸部表情等，模仿者无法通过直观的视觉反馈进行调整，此时大脑是如何将这两种不同的表征联系在一起的呢？即模仿中的"对应问题"(correspondence problem)是如何实现的[3]。

这一问题在镜像神经元与镜像系统上找到了答案：首先，人脑镜像系统和猴脑镜像神经元之间的差异与人类与猴子在模仿能力方面的差异呈正相关[4]；其次，在无意识模仿的过程中镜像神经元系统的激活模式说明其直接参与了无意识模仿任务[5]；再者，当镜像神经元系统受损或受到抑制时，人类的无意识模仿能力也会出现显著的下降[6]。尽管镜像神经元系统的存在不足以为无意识模仿提供充分的条件，但它却是一个十分理想的理论架构：当人们观察他人动作时，镜像系统被激活，由于个体自身执行类似动作的时候激活的也是相同的区域，因此动作的感知便会通过镜像系统的活动进而激活动作的执行，从而导致无意识模仿的出现。

---

[1] Chartrand, T. L., & Bargh, J. A. (1999). The chameleon effect: The perception-behavior link and social interaction. *Journal of Personality and Social Psychology*, 76(6), 893.
[2] 汪寅、臧寅垠、陈巍：《从"变色龙效应"到"镜像神经元"再到"模仿过多症"——作为社会交流产物的人类无意识模仿》，《心理科学进展》2011年第6期。
[3] Heyes, C., Bird, G., Johnson, H., & Haggard, P. (2005). Experience modulates automatic imitation. *Cognitive Brain Research*, 22(2), 233-240.
[4] Iacoboni, M. (2009). Imitation, empathy, and mirror neurons. *Annual Review of Psychology*, 60, 653-670.
[5] Catmur, C., Walsh, V., & Heyes, C. (2009). Associative sequence learning: The role of experience in the development of imitation and the mirror system. *Philosophical Transactions of the Royal Society B: Biological Sciences*, 364(1528), 2369-2380.
[6] Catmur, C., Mars, R. B., Rushworth, M. F., & Heyes, C. (2011). Making mirrors: Premotor cortex stimulation enhances mirror and counter-mirror motor facilitation. *Journal of Cognitive Neuroscience*, 23(9), 2352-2362.

此外,社会认知领域的其他一些有趣的发现与具身认知的观点也是一致的。例如,研究表明,对老年人刻板印象的激活会自动启动与刻板印象相一致的行为。[1] 巴奇(J. Bargh)等的一项经典研究表明,当学生被分类为"老年人"时,他们离开实验室时走得比那些没有被归类为"老年人"的学生慢[2]。在穆斯韦勒(T. Mussweiler)的一项研究中,实验者引导被试在脚踝和手腕上负重行走,同时让他们上半身穿上救生衣。在经历了这种体验之后,被试需要阅读一篇文章,其中需要他们假象一个人,并对这个人的一系列特征进行评定,其中包括这个人是否是"超重的"。研究结果证实,经历过负重行走的被试更容易将假象的人评定为是"超重的人"[3]。从上述研究结果中很容易得出的结论是身体体验会影响个体对他人的理解。基于此,心智是独立于身体过程的传统社会认知模型显然是缺乏解释力的。

不仅人际互动中的很多事例与具身认知的观点一致,不少研究同样证实体验的知觉维度能够影响抽象的社会概念的理解,即社会认知相关的不少抽象概念似乎也符合具身性的解释。

2. 抽象社会概念的具身性

以"权力"(power)为例。在我们的一生中,大多数人都会遇到至少在一定程度上对自己有权力的人,如父母、老师、老板等。研究表明,在与有权力的人互动时,人们会对情境中代表权力的知觉、运动以及内省状态等给予特别的注意。例如,伴随着社会权力体验的一个重要共同的特征是对空间差异的知觉。孩子们会体验到这样一个事实,即大多数有权势的人都比他们高。他们可能还会注意到,校长有一间超大的办公室,还有一把超大的椅子。这些现象说明,例如大小差异的空间体验可以很容易地融入权力这样的抽象社会概念的表征中(embodiment and social cognition)。舒伯特(T. Schubert)在一系列研究中证实权力的心理表征包括关于什么是向上和向下的空间位置信息,即人们会可视化社会群体之间的权力关系,上面是有权势的群体,如老板,而下面则是无权势的群体,如秘书。此外,对权力的判断会干扰上下的空间线索。研究表明,被试在提供向上线索时比提供向下线索时更快或更准确地识别有权势的社会群体,但在识别没有权势的群体是,提供向下线索时识

---

[1] Ferguson, M. J., & Bargh, J. A. (2004). How social perception can automatically influence behavior. *Trends in Cognitive Sciences*, 8(1), 33-39.

[2] Bargh, J. A., Chen, M., & Burrows, L. (1996). Automaticity of social behavior: Direct effects of trait construct and stereotype activation on action. *Journal of Personality and Social Psychology*, 71(2), 230.

[3] Mussweiler, T. (2006). Doing is for thinking! Stereotype activation by stereotypic movements. *Psychological Science*, 17(1), 17-21.

别速度会比提供向上线索时更快。并且,舒伯特还证明了对权力的判断会错误地受到空间权力线索的影响。当强大(strong)的内容(如狮子)被显示在计算机屏幕顶部的时候较之呈现在底部时会被评价为更强大①。吉斯纳(S. Giessner)和舒伯特扩展了上述发现并表明在垂直维度上的信息也会影响对领导者权力的判断。例如,他们在研究中要求被试阅读一篇关于一个经理的短文,并附上一张组织结构图。结构图中最高层的框代表经理,下面的框分别代表不同的员工。不同被试所看到的组织结构图中垂直连线的长度是不一样的。在垂直线较长的情况下被试会将经理评定为更有权势,而垂直线较短的情况下被试的判断刚好相反。这种情况反过来也成立。当告诉被试经理的权势高低之后再要求他们在电脑屏幕上放置相应的框,被告知经理权力越大的被试所放置的代表经理的框离固定无法移动的代表员工的框垂直距离也越大②。

不仅空间差异会影响个体对他人的感觉,有趣的是,摆一个高姿态也会让自己感觉更有力量。研究者要求被试摆出一个有权势的姿势(如伸展)或低权势的姿势(如收缩),结果表明这些姿势会诱导权力相关的神经内分泌和行为的变化。有权势的姿势会增加被试的睾酮水平(testosterone level),并降低他们的皮质醇水平(cortisol level),还会导致更愿意冒险;而低权势的姿势则刚好产生相反的效果③。上述行为证据表明,抽象的社会权力概念在一定程度上是基于成为一个有权势的人所会有的物理体验的。从这个意义上说,体验具有社会意义。

另一种物理体验即温度,似乎也代表了社会意义。社会判断的一个基本维度是"暖"与"冷",这种判断对社会交往有着重要的影响。实验证据表明,温度的感觉可以代表这些社会判断和行为的基础。威廉姆斯(L. Williams)和巴奇的研究证明,温暖的触觉体验会影响人与人之间温暖的行为和判断他人的方式④。在前往实验室的路上,一名实验助理请被试帮忙拿一下他的饮料(其中一半被试帮忙拿的是冷饮,另一半被试帮忙拿的是热饮),这样他就

---

① Schubert, T. W. (2005). Your highness: Vertical positions as perceptual symbols of power. *Journal of Personality and Social Psychology*, 89(1), 1-21.
② Giessner, S. R., & Schubert, T. W. (2007). High in the hierarchy: How vertical location and judgments of leaders' power are interrelated. *Organizational Behavior and Human Decision Processes*, 104(1), 30-44.
③ Carney, D. R., Cuddy, A. J., & Yap, A. J. (2010). Power posing: Brief nonverbal displays affect neuroendocrine levels and risk tolerance. *Psychological Science*, 21(10), 1363-1368.
④ Williams, L. E., & Bargh, J. A. (2008). Experiencing physical warmth promotes interpersonal warmth. *Science*, 322(5901), 606-607.

可以写下一些关于被试的信息。在随后的实验过程中，较之拿过冷饮料的人，拿过热饮料的被试会更容易地将假想的人判定为更温暖。

在第二个实验中，被试被要求对一个冷的或热的治疗垫进行评价，并在事后会收到一份礼物作为参加实验的回报。其中一半被试收到的礼物被描述为给朋友的礼物，而另一半收到的礼物被描述为给自己的礼物。在实验环节对热垫子进行评价的被试较之评价冷垫子的被试更愿意将礼物送给朋友，这一结果表明人际温暖的概念在一定程度上源于温暖的身体体验。伊泽尔曼（H. IJzerman）和塞明重复了上述研究，并进一步发现，身体温暖的不同处理方式可以让人们感到是否与他人更亲近，并且还会受到具体的语言使用的影响[①]。在第一项研究中，实验者以需要准备一份问卷为由请被试根据帮忙拿一下热的或冷的饮料。随后，被试需要完成一份关于重要他人的自我他者融合量表（inclusion of other in self scale, IOS）（如图 2-1 所示）。

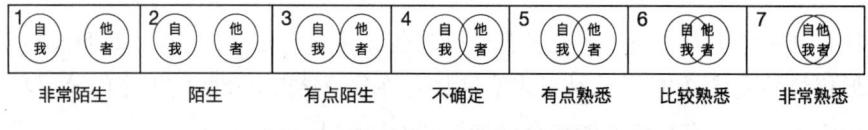

1 自我 他者	2 自我 他者	3 自我 他者	4 自我 他者	5 自我 他者	6 自他我者	7 自他我者
非常陌生	陌生	有点陌生	不确定	有点熟悉	比较熟悉	非常熟悉

图 2-1 自我他者融合量表示意图

结果表明，手持温热饮料的被试感到与另一个人更接近，这从两个人之间的重叠程度能够得以体现。在第二项研究中，被试所处房间的环境温度被操纵为相当冷或相当暖。被试观看了一段关于象棋的视频，并需要描述他们看到了什么；之后他们还需要完成 IOS 量表，将实验者作为另一个人。视频的描述是为了具体和抽象而编码的（动作是最具体的，形容词的使用是最抽象的）。结果显示，温暖房间的被试对象棋项目的描述更为具体，并且感觉与实验者更亲近。语言使用在一定程度上会影响社会亲近性中的温度效应。伊泽尔曼和塞明的研究同时还发现，温暖房间的被试更关注物体之间的关系，而寒冷房间的被试则更关注物体内部的细节，并且这种影响也会受到语言的调节作用，寒冷的温度导致抽象的语言使用，温暖的温度导致更具体的语言使用。

此外，还有研究发现社会接近性的体验反过来也会影响个体对温度的知觉。回忆起经历过社会排斥的被试报告说，与回忆融入经历的被试相比，他们会将环境问题感受为更低。此外，与没有被排除在视频游戏之外的被试相

---

① IJzerman, H., & Semin, G. R. (2009). The thermometer of social relations: Mapping social proximity on temperature. *Psychological science*, 20(10), 1214-1220.

比,在虚拟游戏环境中感到被排斥的被试更有可能寻求温暖,这表明他们对温暖食物和饮料的渴望①。上述研究说明,社会权力和社会温暖等抽象的社会概念具有物理体验的基础,这种体验的激活会影响这些概念在信息处理中的使用。此外,社会判断和决策中也可以找到支持具身性的研究。

3. 社会判断与决策的具身性

阿克曼(J. Ackerman)等通过一系列的研究展示了即便是偶然触觉感觉也能对社会性判断和决策产生决定性的影响②。第一项研究邀请了54名被试根据一份简历来评价一位陌生的职位候选人。候选人的简历被放置于一块带夹写字板上,一半被试拿到的是较轻的(340.2克)写字板;另一半拿到的是较重的(2 041.2克)写字板。较之手持较轻写字板的被试,持较重写字板的被试对候选人的评价更高,对该职位表现出更大的兴趣,但在对候选人可能的人际关系的评价上并不认为他们是更有可能与同事"好相处"的。并且被试认为自己的评价会比其他人更精准,但他们并不认为自己的评价任务上投入了更多的努力。上述结果与轻和重的隐喻一致,例如我们会说"形势严峻""任务艰巨"等,重通常会与严肃性和重要性的概念相联系,写字板的重量影响了被试对候选人表现和严肃性的印象,但是由于社交亲和力在这一隐喻上并不属于有关特质,因此在判断上不会受影响。

第二项研究考察的是轻重隐喻对于决策的影响。被试应邀对某些社会问题是否应该得到政府资助给出建议。一部分被试所持的是较轻的(453.6克)写字板;另一部分所持的是较重的(1 559.2克)写字板。这些问题中有一部分是如空气污染的标准制定等属于比较重要和严重的问题,而另一些如公共卫生间的监管办法等属于比较特殊和不太重要的问题。手持较重写字板的男性被试更愿意在社会问题上投入更多的钱,但女性被试无论所持写字板轻重都愿意为社会问题提供接近最大金额的资金。可见,轻重的触觉体验在概念上对印象和决策都有特定的影响,但不会产生更普遍的情绪性的影响。

在第三项研究中,被试阅读一篇描述了一种模棱两可的社会现象的文章,要求对这种互动的性质给出自己在两方面的印象评价。两组印象分别是和社会协调质量有关的(文章中所描述的互动是敌对的还是友好的、是竞争的还是合作的、是讨论的还是争论的等)以及和关系熟悉度有关的(文章中的两个人是属于亲密关系还是工作或业务关系),阅读之前被试需要完成一个

---

① Zhong, C.-B., & Leonardelli, G. J. (2008). Cold and lonely: Does social exclusion literally feel cold? *Psychological Science*, 19(9), 838–842.
② Ackerman, J. M., Nocera, C. C., & Bargh, J. A. (2010). Incidental haptic sensations influence social judgments and decisions. *Science*, 328(5986), 1712–1715.

简单的拼图,一部分被试所拼图片的材质是粗糙的;另一部分的材质是光滑的。结果显示,完成粗糙拼图的被试会将互动评价为更不协调或更难,但关系熟悉度的评价并不受拼图粗糙与否的影响。

在第四项研究中,被试依然是先完成粗糙或光滑的拼图,随后和另一名玩家进行最后通牒博弈。每位被试收到10张50美元面值的彩票,并选择将其中0—10张给对手。如果对方接受了提议,则完成分配,双方可以兑换各自所拥有彩票等额的现金;如果对方拒绝了提议,所有的彩票都会被收回,双方都得不到任何补偿。结果表明,较之完成光滑拼图的被试,完成粗糙拼图的被试在分配中会将更多的材料分配给对方从而避免对方拒绝分配而导致自己最后一无所获。可见分配之前所完成拼图的质地改变了人们对社会协调的印象。

在第五项研究中,被试观看一场魔术表演,并尝试猜出其中的秘密。就像在许多魔术表演中一样,参与者首先检查和验证在魔术中使用的物体有没有什么不寻常的地方,呈现给被试检查的或是一块柔软的毯子,或是一块坚硬的木块。检查结束之后被试被告知魔术将会被推迟,其间请他们协助在阅读一篇文章之后根据文章所描述的两个人(分别是老板和雇员)之间模棱两可的互动完成一项印象形成任务。被试根据人格特质对员工进行评价,分为积极/消极维度的和严格/宽容维度的。与硬度的隐喻关联一致,较之检查过柔软毯子的被试,检查过坚硬木块的被试更容易将员工评定为严格的,但对其是否友好的积极/消极维度的影响并不显著。

第六项研究将主动触摸替换为被动接触,请被试分别坐在硬木椅子或软垫椅子上,同时完成印象形成任务和谈判任务。印象形成任务的要求与第五项研究类似,谈判任务中被试需要想象购买一辆标价为16 500美元的新车,然后对这辆车提出两个报价(在第一个报价被拒绝之后才有机会给出第二次报价)。印象形成任务中,坐在硬木椅子上的被试会将员工评定为更稳定、更不情绪化,但在是否友好方面依旧没有差别。在谈判任务中,第一次的报价差异并不显著,但是两次报价之间的差别与被试所坐椅子的软硬程度存在一定的相关性。坐在硬木椅子上的被试两次出价之间的差异(平均差异为896.5美元)小于坐在软垫椅子上的被试(平均差异为1 243.6美元)。这一结果说明即便是被动接触的物体,其软硬程度也会激活被试对观察对象稳定性和刚性的形成,从而改变个体的决策的可变性或改变报价的意愿。

综上所述,无论是来自神经科学的研究还是来自实验心理学的研究都为具身认知提供了不少佐证。但无论这些证据的来源多么科学,对具身认知的质疑依旧存在,而其中的有些挑战甚至直接威胁到具身认知的发展。

二、具身认知的困境与出路

无论是基于日常体验还是基于科学研究,身体状态影响认知或是认知状态影响身体的例子几乎都是无所不在的,即便是经典认知科学的拥护者也不会否认这一点。就具身认知所呈现的证据而言,如果只是针对某一特殊领域或是某一特定问题,具身认知的解释进路似乎是具有一定解释力的,但是如果要以此拓展并试图改变整个认知科学的研究纲领,具身认知的现有研究还远没有达到其支持者所期待的程度。不少批评者认为,具身认知的支持者只是选择性地关注某些具身认知能起作用的领域而忽视了认知科学中的很多更为普遍和重要的内容。

以一个都市白领每天早上的日常生活为例:闹钟的铃声把他从睡梦中惊醒,习惯性地伸手按了"忽略",但随后他马上意识到了今天早上将会有一个重要的早会,于是他不太情愿地起了床,换上运动服出门遛狗。在遛狗的过程中,他的脑中可能会出现无数的内容,如他可能会仔细思考父亲节该送什么礼物,他也有可能会规划自己一天的安排,他或许还会提醒自己不要忘了交水电费。在思考这些问题的同时,他还会欣赏周围的风景,注意到林荫道上的绿树、红花和小草,空中飞过的小鸟和蝴蝶。在看到熟悉的停车位上停着一辆陌生车子的时候他可能还会揣测是不是又有新的邻居要搬进来了……回到家中洗漱之后,他一边小口喝着咖啡一边走到衣柜前开始思考今天穿什么衣服比较合适,此时他的脑海中可能还会突然出现某一首歌曲熟悉的旋律。意识到时间不多的时候他会加快选择速度,甚至会随手选择一套衣服穿好并抓紧时间出门。在上述过程中,我们可以捕捉到诸多与认知相关的加工过程:心智不断地对视觉的、听觉的和触觉的刺激进行知觉,个体所看到的对象会被归为不同的类别。在这些被知觉对象中,很多是与个人体验密切相关的,知觉这些对象的过程还会唤醒存储过的记忆,并引发一系列的联想。注意也不断地在进行着切换,有时候指向外部世界,有时候则又指向内心深处。上述过程在我们的日常体验中极为平常,但仔细分析其中的内容,几乎没有太多能够通过具身认知的原则进行解释的[1]。这是基于常识层面所衍生的对具身认知的质疑。在理论研究方面,对具身认知的质疑和反思也一直存在。

---

[1] Goldinger, S. D., Papesh, M. H., Barnhart, A. S., Hansen, W. A., & Hout, M. C. (2016). The poverty of embodied cognition. *Psychonomic Bulletin & Review*, 23(4), 959-978.

（一）对具身认知核心主张的回应

尽管具身认知的发展势头曾表现出势不可当之势，但仔细阅读具身认知的相关文献依然会有一种挫败感，因为从"温和的具身"到"激进的具身"，同样是在具身认知的主题下我们能够发现很多非常不同的主张。对于"温和的具身"的支持者而言，知识并不是在真空中获得的，相反，所有的认知体验都必然要落地于它们所发生时的感觉和运动环境之中。感觉运动信息在在线认知过程中批判性地塑造了概念表征，并且相同的感官运动编码也会塑造加工过程。例如，根据巴萨卢的知觉符号理论，在知觉过程中人们会登记（register）多模态的知觉、运动和内省状态。随后，当类似的知觉信息被加工时，这些表征就会重新被激活，这一过程使得知觉者能够应用之前所编码的感官运动信息。可以说知觉符号理论可以被视为知觉学习和概括的范例[1][2]。在具身认知谱系的另一端则是"激进的具身"理论，其支持者认为心理表征完全是一个空的和被误导的概念[3]。根据这一观点，认知不仅发生在大脑中，而且还是一个延伸到身体和环境中的分布式系统。如威尔逊和戈隆卡(S. Golonka)所指出的：

> 目前认知科学中最激动人心的观点便是认知是具身的理论……具身性是一种令人惊讶的激进假设，它认为大脑并不是我们可以用来解决问题的唯一认知资源。我们的身体和它们在世界上通过知觉引导的运动完成了大部分工作，并帮助我们实现目标，它取代了对复杂的内部心理表征的需要。这一简单的事实彻底改变了我们对"认知"所涉及内容的看法，即具身性不仅仅是作用于非具身认知加工的另一个因素而已。[4]

威尔逊和戈隆卡的这一立场反映了他们对生态心理学（ecological psychology）的关注。例如，我们现在的目标是向远处的目标扔一个柚子，这时对我们有帮助的不是有关柚子大小、形状、重量等的物理信息，显然解决这一问题的关键并不在于认知能力。因为如果能让我们拿着柚子感受一会儿，

---

[1] Goldinger, S. D. (1998). Echoes of echoes? An episodic theory of lexical access. *Psychological Review*, 105(2), 251.

[2] Mahon, B. Z. (2015). What is embodied about cognition? *Language, Cognition and Neuroscience*, 30(4), 420-429.

[3] Chemero, A. (2011). *Radical Embodied Cognitive Science*. Cambridge, MA: MIT Press.

[4] Wilson, A. D., & Golonka, S. (2013). Embodied cognition is not what you think it is. *Frontiers in Psychology*, 4, 58.

那么我们的感觉运动系统就会自动校准,帮助我们快速完成准备工作从而更好地进行投掷。基于这样的现象,一些具身认知的支持者进行了概括,认为认知是在没有表征的情况下实现的。但如上文我们所举的一个都市白领的日常生活的例子,亦如其他人所质疑的那样,当考虑到绝大多数的认知生活时,这种说法显然难以令人信服。根据具身认知自身的理论主张,目前我们所能确定的似乎只是"具身认知"这一标签代表了一个谱系中(从温和的具身到激进的具身)不同的解释。具身认知内部理论主张的不一致也是其反对者对其提出的质疑之一。正如威尔逊所指出的,不同文献对具身认知的定义和概念各不相同,这阻碍了理论本身的进步①。

一个相关的、具有挑战性的问题是,通常用来描述具身认知的术语往往模糊不清,这使得具身认知很难在科学意义上被理解。尽管顾名思义,具身认知的首要原则是认知加工从根本上是具身的。但这是一个很难精确表达的概念,因此格兰伯格等人在研究中明确指出:

> 具身认知研究的基本原则是,思维不是脱离身体的东西;相反,思维是一种受到身体和大脑与环境相互作用极大影响的活动。换句话说,我们的思维方式取决于我们拥有的身体类型。此外,认知依赖于身体的原因正变得越来越清楚:认知是用来指导行动的。我们感知是为了行动(我们感知到什么取决于我们打算如何行动);我们有情绪来指导行动;即使是最抽象的认知过程(例如,自我、语言)的理解也能通过思考它们是如何接地于行动的而受益。这种对行动的关注与标准认知心理学形成了鲜明对比,在很大程度上,标准认知心理学认为行动(和身体)是次于认知的。②

从格兰伯格等开宗明义的说明中我们对具身认知的几个核心主题进行了重新的整理,结合其他一些研究者的观点逐一进行介绍和评论。首先,认知本质上是受身体影响的。具身认知的质疑者认为这一说法是模棱两可的,因为我们每个人肯定都同意,没有活着的身体就不可能有认知。比如,人不可能不用眼睛看物体;再比如,认知功能会随着疲劳、饥饿和醉酒等生理状态的变化而变化,这些观点也是经典认知理论者所认可的。因此有些研究者认

---

① Wilson, M. (2002). Six views of embodied cognition. *Psychonomic Bulletin & Review*, 9(4), 625-636.
② Glenberg, A. M., Witt, J. K., & Metcalfe, J. (2013). From the revolution to embodiment: 25 years of cognitive psychology. *Perspectives on Psychological Science*, 8(5), 573-585.

为,如果具身认知的主张是正确的,我们需要通过如下方式阐明具身认知的基本主张①:当一个人加工信息时(例如,知觉一幅图片或是理解一个句子),知觉者的身体会以某种特殊的方式参与其中,或许是通过模拟,或是作为约束,作用于加工过程。例如,当看着一个咖啡杯时,对于咖啡杯的知觉从根本上是由一个可以抓住的手柄的存在来塑造的②。又如,当听到描述某个动作的句子(例如,麦克递给托尼一根意大利腊肠)时,句子所暗示的动作会被隐含地模拟出来,理解是基于模拟而生成的③。基于此,并不能得出威尔逊所主张的"离线的认知是基于身体的"(off-line cognition is body-based),我们所能得到的结论最多只是:(1)认知过程受身体的影响(cognitive processing is influenced by the body)。

具身认知的第二个重要的主题是:(2)认知是情境的(cognition is situated)。这一主张意味着认知活动发生在周围环境中,与知觉和行动密切相关。这一源自生态心理学具身认知主张在具身认知的研究文献中反复出现。如果说一个人只能看到他周围环境中的物体,这不应该属于情境认知所要传达的内容,因为这一点是显而易见的。因此,情境认知的解释应该是,认知过程(无论是定性的还是定量的)是基于个人的目标和当前的背景而变化。

与具身认知的第二个主题密切相关的一个主题是:(3)认知可以转移到环境中(cognition can be off loaded to the environment)。对此我们能在生活中找到充分的证据。例如,人们列出清单是为了避免将信息保存在记忆中,同时为了减轻记忆的负担,我们会使用环境中的对象作为记忆线索等等。在凌乱的房间里环顾四周很容易,但记住所有东西的位置却很困难。因此,视觉搜索便会出现"失忆"(amnesic),人们在搜索目标时会反复注视错误的位置,从而使得稳定的环境能够优化我们的认知。但具身认知的质疑者指出,这样的例子在理论上似乎是中性的:无论我们假设认知是具身的还是非具身的,上述例子都能被合理解释,人类在进化过程中形成了在不需要记忆的时候会使用知觉进行替代。

更具挑战性的观点是:(4)环境是认知系统的一部分(the environment is part of the cognitive system),即认知系统可以延展至环境中(cognitive

---

① Goldinger, S. D., Papesh, M. H., Barnhart, A. S., Hansen, W. A., & Hout, M. C. (2016). The poverty of embodied cognition. *Psychonomic Bulletin & Review*, 23(4), 959–978.
② Bub, D. N., & Masson, M. E. (2010). On the nature of hand-action representations evoked during written sentence comprehension. *Cognition*, 116(3), 394–408.
③ Glenberg, A. M., & Kaschak, M. P. (2002). Grounding language in action. *Psychonomic Bulletin & Review*, 9(3), 558–565.

system extends into the environment)。威尔逊对此的解释如下：

> 这一主张是这样的：驱动认知活动的力量不是只停留在个人的头脑中，而是在他们互动时分布在个人和情境中。因此，要理解认知，我们必须把情境和情境认知者作为一个单一的、统一的系统一起研究。[1]

但与此同时，威尔逊认为这一假设也被认为是有问题的，在逻辑上是有缺陷的。这一假设属于延展认知的主张之一，然而我们会发现，延展认知似乎既是对的也是错的。举个例子，如果你的眼睛落在"辣椒"这个词上，那么辣椒和它的各种联想在你的脑海中就会变得活跃起来。环境通过驱动知觉来塑造认知，就此而言延展认知的假设似乎是对的。但是，我们也可以说并没有任何被激活的联想存在于环境中，因为辣椒本身在中餐的烹饪中很常见，这就使得声称这个词本身正在做任何"认知的工作"似乎就是错误的了。

来自具身认知的第五个突出主题是：(5) 认知是为行动的(cognition is for action)。具身认知的质疑者指出，这是常识、进化论思想的过度延伸。显然，知觉和认知系统的进化是为了最大化生存，就像循环系统和消化系统一样。知觉和行动是紧密联系在一起的，无数的例子都是支持行动的认知。同时，当一个人看电视时，他会表现出各种各样的认知行为（例如，感知、注意、预测、记忆、语言加工），所有这一切认知过程发生时这个人都是坐在沙发上，从表面上看可能并没有太多的行动。

在具身认知的一些版本中出现的最激进的一个主题是：(6) 认知不涉及心理表征(cognition does not involve mental representation)[2]。如前所述，这并不是具身认知领域已经达成一致的观点，因为许多具身认知的支持者明确假设表征在认知中的作用[3]。综上所述，我们可以将具身认知的原则概括为如下3个方面：首先，认知受到身体的影响；其次，认知受到环境的影响；再次，认知可能不需要内部表征。因为第三个原则在具身认知内部就存在争议，因此大多数学者对具身认知的解释力的探讨主要集中在前面两条原则上[4]。如果具身认知的原则是对的，那么它应该能够为认知科学的一些经典

---

[1] Wilson, M. (2002). Six views of embodied cognition. *Psychonomic Bulletin & Review*, 9(4), 625–636.
[2] Chemero, A. (2011). *Radical Embodied Cognitive Science*. Cambridge, MA: MIT Press.
[3] Barsalou, L. W. (2008). Grounded cognition. *Annual Review of Psychology*, 59, 617–645.
[4] Goldinger, S. D., Papesh, M. H., Barnhart, A. S., Hansen, W. A., & Hout, M. C. (2016). The poverty of embodied cognition. *Psychonomic Bulletin & Review*, 23(4), 959–978.

研究提供更好的解释,而如果它并不能做到这一点的话,至少我们可以认为具身认知暂时还无法做到其支持者所期待的对经典认知科学的超越乃至替代。

尽管切入及质疑的进路并不完全相同,但对具身认知解释力的质疑为不少学者所共享,正如夏皮罗在《具身认知》一书中所总结的:

> "概念化"标准认知科学竞争,可是失败了。"替代"与标准认知科学竞争,在一些领域取得了胜利,但很可能在其他领域遭遇失败。"构成"并未与标准认知科学竞争,但却推动它将其边界延展至远远超出很多实践者期望的程度。①

(二)对具身认知解释力的质疑

基于具身认知的基本主张以及具身认知经典的心理学研究范式,笔者曾对语言理解过程中的知觉模拟和情绪词汇加工中的具身性进行探索,并且得到了符合具身认知主张的结果。但对这些结果的进一步审视其实也能发现存在问题,因为这些结果不仅能被具身认知的主张所解释,而且在经典认知科学的框架下也能得到合理解释。下面将简单介绍两项研究,并尝试从具身认知和经典认知的角度分别予以解释。

实验一:语言理解的静态知觉表征研究:

实验材料由72个句子(48个实验句和24个填充句②)和72张黑白图片组成。部分句子翻译自经典实验③,部分句子根据中国人的习惯改编而成。48个填充句每两个组成一对,描述同一个物体但隐含了物体的不同形状。如"菜篮子里有一只鸡蛋"和"平底锅里有一只鸡蛋",两者描述的均为鸡蛋,但所隐含的形状信息不同。72张黑白图片作为实验探测项目分别对应于72个句子,其中48张对应于实验句,24张对应于填充句。每次实验中会出现48个句子要求被试根据句子描述对象和图片内容判断图片中的物品是否在句子中被提及。实验句中的物体在图片中均会出现,正确判断应为"是"反应,填充句中的物体在图片中均不会出现,正确判断应为"否"反应。

---

① L. 夏皮罗:《具身认知》,李恒威、董达译,华夏出版社2014年版,第264页。
② 填充句的作用是为了平衡被试在实验中反应,避免因为反应一致而出现思维定式从而影响结果的准确性和科学性。
③ Zwaan, R. A., Stanfield, R. A., & Yaxley, R. H. (2002). Language comprehenders mentally represent the shapes of objects. *Psychological Science*, 13(2), 168-171.

实验采用移动窗口技术,在计算机上进行。在实验中,被试首先看到屏幕中间出现的一个注视点"+",呈现时间为250毫秒。紧接着出现句子,要求被试在完成句子阅读之后按下空格键,屏幕出现图片,要求被试根据句子和图片的内容进行判断,并按键反应。F键为"是"反应,即图中物体与句中所描述物体一致;J键为"否"反应,即图中物体与句中所描述物体不一致。系统自动记录被试的正确率和反应时间。每对实验句和对应的图片之间会形成4个序列的2种匹配关系。如图2-2所示。

菜篮子里有一只鸡蛋　平底锅里有一只鸡蛋　平底锅里有一只鸡蛋　菜篮子里有一只鸡蛋
　　　匹配　　　　　　　　　　　　　　　　　　　　　不匹配

图2-2 实验一中实验句与探测项目的搭配示例

实验结果表明匹配关系主效应显著,例如当图片为完整的鸡蛋而句子为"菜篮子里有一只鸡蛋"时,被试的反应时间显著短于"平底锅里有一只鸡蛋"的情况。从具身认知的角度解释,实验结果说明被试在阅读句子的时候在头脑中表征了物体所隐含的形状,从而当出现图片要求被试对其是否曾经出现在句子中进行判断时,与句子所隐含物体形状信息相一致的图片由于与之前所形成的知觉表征一致而得以更快地反应。即句子理解过程中产生了对静态知觉的模拟表征。当将描绘静态特征的图片和句子换成包含动态特征时,类似的匹配效应依旧存在。

实验二:语言理解的动态知觉表征研究:

实验材料同样包含72个句子(48个实验句和24个填充句),部分句子翻译自经典实验[1],部分根据中国人的习惯自行编制。48个实验句两个组成一对,描述同一个事物,隐含事物不同的运动方向。如"小明把排球传给我"和"我把排球传给小明"。24个填充句子各自独立。另有72张黑白图片对应于72个句子,实验探测项目亦为两两配对,实验句子中的事物在图画中均会出现,正确判断应为"是"反应;填充句子中的事物在图画中均不会出现,正确判断应为"否"反应。实验中,部分图片出现时会由小变大,模拟靠近被试方向的运动;部分则会由大变小模拟远离被试方向的运动。

---

[1] Zwaan, R. A., Madden, C. J., Yaxley, R. H., & Aveyard, M. E. (2004). Moving words: Dynamic representations in language comprehension. *Cognitive Science*, 28(4), 611-619.

实验同样采用移动窗口技术,在计算机上进行。被试首先看到屏幕中央出现一个注视点"+",呈现时间是 250 毫秒。紧接着出现句子,被试完成句子阅读之后按下空格键,屏幕中出现动态图片,一半图片由小(6 厘米×6 厘米)变大(8 厘米×8 厘米),另一半图片由大变小。根据预实验中被试的判断时间将图片变化时间设定 3 000 毫秒,即由小变大的图片一开始出现时图片尺寸为 6 厘米×6 厘米,经过 3 000 毫秒时间逐渐变大为 8 厘米×8 厘米,从而实现对物体由远及近的运动的模拟;由大变小的图片一开始出现时图片尺寸为 8 厘米×8 厘米,经过 3 000 毫秒的时间逐渐变小为 6 厘米×6 厘米,从而实现对物体由近及远的运动的模拟。出现图片之后,被试可随时按键(F 键表示是;J 键表示否)对图中事物或词语是否有出现在之前的句子中进行判断,计算机记录被试的正确率和反应时间。

实验句子和实验探测项目之间会形成 4 个序列的两种匹配关系,如"小明把排球传给我"和由小变大的排球图片配对(序列 1 匹配);"我把排球传给小明"和由大变小的排球图片配对(序列 2 匹配);"我把排球传给小明"和由小变大的排球图片配对(序列 3 不匹配);"小明把排球传给我"和由大变小的排球图片配对(序列 4 不匹配)。如图 2-3 所示。

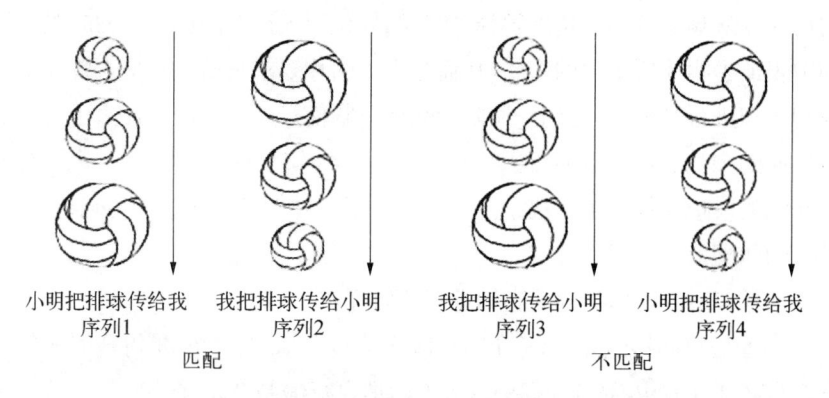

图 2-3 实验二中实验句与探测项目的搭配示例

实验结果发现:图片运动方向与句子隐含运动方向交互作用显著,图片运动方向与句子所隐含运动方向一致时被试反应时间与图片运动方向和句子所隐含运动方向不一致时被试的反应时间有极显著的差异。基于具身认知视角的解释是,实验结果说明被试在句子阅读过程中激活了句子所隐含运动信息的知觉表征,因此当图片出现,被试知觉到的信息与之前形成的表征一致时,判断反应得以易化,从而得到了更短的反应时间。换言之,句子理解过程中产生了对动态知觉的模拟表征。然而,当前对于两个实验中所表现出的匹配优势的来源依然存在较大的争议。具身认知的反对者认为,这种匹配优势源于被试策略性的表征而非真正的知觉表征。为了进一步探究匹配优势的来源，有必要对表征过程进行研究。

上述两个实验的结果看似能够很好地为具身认知的主张"语言理解是基于身体模拟而不是基于表征的"提供较好的证据，而这一点也恰恰是具身认知的支持者们很热衷做的事情①②③④，但如果我们从经典认知理论入手，同样能够为上述现象找到一些理论支撑。在如词汇判断、命名或是识别等的词汇知觉任务（word-perception task）中，都存在无数并且稳定的启动效应（priming effects）。根据经典认知科学的解释，启动产生于知觉和记忆，源自各种潜在的关系。从某些角度而言，启动效应似乎与具身认知的基本主张是一致的，例如上述两个例子中，我们可以将一致效应解释为因为句子所隐含的状态信息或者运动信息与图片或动画一致而出现的，同样我们也可以将这种效应解释为知觉任务中的语义启动效应所导致的，在此过程中并不需要运动系统的参与或模拟。对于同一个实验结果，思路两种主张的解释都能自圆其说。

此外对具身认知解释力的另一个批评是，在科学研究中往往有这样的现象，即一旦研究人员定义了一个科学研究的领域，其他研究人员就会强烈倾向于关注这个领域。在许多后续研究中，与运动相关的单词和短语一直是人们关注的焦点。尽管这些研究曾一度为具身认知的支持者带来无数利好，但不少批评者却敏锐地注意到纯粹的抽象语言对具体的语言描述构成了挑战。一些具身认知的理论家也已经意识到这个问题，并且也作出了一些让步，例如承认我们可能需要混合理论⑤。

具身认知的批评者尖锐地指出，尽管对于具身认知不少学者热情高涨，但基于简单、合乎逻辑的理由，具身认知在解决认知生活的很多方面都远远达不到要求。显然，人们的身心有着深厚的联系。从认知科学的角度来看，承认身体状态可能会影响认知，认知可能会影响身体状态，这在理论上是令人信服的。我们的身体提供复杂的信息承载渠道，超越视觉或听觉。适应良

---

① Glenberg, A. M., & Kaschak, M. P. (2002). Grounding language in action. *Psychonomic Bulletin & Review*, 9(3), 558 – 565.
② Zwaan, R. A., & Taylor, L. J. (2006). Seeing, acting, understanding: Motor resonance in language comprehension. *Journal of Experimental Psychology: General*, 135(1), 1.
③ Chersi, F., Thill, S., Ziemke, T., & Borghi, A. M. (2010). Sentence processing: Linking language to motor chains. *Frontiers in Neurorobotics*, 4, 4.
④ de Vega, M., Moreno, V., & Castillo, D. (2013). The comprehension of action-related sentences may cause interference rather than facilitation on matching actions. *Psychological Research*, 77(1), 20 – 30.
⑤ Zwaan, R. A. (2014). Embodiment and language comprehension: Reframing the discussion. *Trends in Cognitive Sciences*, 18(5), 229 – 234.

好的头脑应该使用任何可用的、可靠的信号。类似地,我们已经进化出心理状态(例如恐惧)可以影响生理功能的机制。基于上述原因,"弱具身"(weakly embodied)的进路是完全可信的,但弱具身在很多方面和经典的认知理论之间并没有多大程度的分离[1]。当研究表明与动作相关的词汇或句子能够激活运动皮层的活动[2],或者身体动作能够影响对包含运动信息的句子理解时[3],这些结果都能被纳入或认知科学的知觉模型中。但反过来,就此断言认知从根本上是根植于身体状态的,那么大量的数据立即就无法从理论上得到解释,因此反对者认为强具身主张在逻辑上无法全面解释几乎任何认知的发现,即便是句子加工也是如此。在他们看来,具身认知思潮所引发的热情是真实的,但是被误导了[4]。

然正如卡尔·萨根的深刻洞察：

> 科学的核心是两种看似矛盾的态度之间的必要张力(essential tension)——对新想法的开放,无论它们可能多么奇怪或违反直觉,以及对所有想法,无论是新旧想法,都进行最无情的怀疑审查。这就是深奥的真理是如何从深奥的废话中筛选出来的[5]。

具身认知的支持者不会轻易放弃自己的立场,在回应质疑者的过程中,具身认知内部也在不断修正着自己的不足,例如提出新的解释框架。

(三)基于事件编码视角的具身认知框架

事件编码理论(Theory of Event Coding, TEC)最早由伯纳德·霍梅尔(Bernhard Hommel)等于2001年正式提出,作为一个新的解释知觉(perception)和行动计划(action planning)的理论框架[6]。在 TEC 提出之前,

---

[1] Mahon, B. Z. (2015). What is embodied about cognition? *Language, Cognition and Neuroscience*, 30(4), 420–429.

[2] Pulvermüller, F., Hauk, O., Nikulin, V. V., & Ilmoniemi, R. J. (2005). Functional links between motor and language systems. *European Journal of Neuroscience*, 21(3), 793–797.

[3] Bub, D. N., & Masson, M. E. (2010). On the nature of hand-action representations evoked during written sentence comprehension. *Cognition*, 116(3), 394–408.

[4] Häfner, M. (2013). When body and mind are talking: Interoception moderates embodied cognition. *Experimental Psychology*, 60(4), 1–5.

[5] 转引自 Goldinger, S. D., Papesh, M. H., Barnhart, A. S., Hansen, W. A., & Hout, M. C. (2016). The poverty of embodied cognition. *Psychonomic Bulletin & Review*, 23(4), 959–978.

[6] Hommel, B., Müsseler, J., Aschersleben, G., & Prinz, W. (2001). The theory of event coding (TEC): A framework for perception and action planning. *Behavioral and Brain Sciences*, 24(5), 849–878.

知觉和行动计划在主流理论中往往被认为是相互分离的两个过程,因此对知觉而言,动作相关的过程对知觉信息和知觉学习过程的影响无法得到充分说明;而对行动而言,只重视对刺激做出反应是如何进行的理论无法对目标导向的任务的完成给出令人满意的回答。TEC的提出便是旨在弥补传统理论在解释知觉-行动交互作用时的不足。TEC根植于洛采(Hermann Lotze)以及詹姆斯(William James)等所主张的认知的观念运动进路(cognitivistic ideomotor approaches),认同人类认知涌现自感官运动加工过程。观念运动理论将人类视为会通过行动来达成特定目标的自主体,因此其理论分析的起点是目标而不是刺激。目标是通过主动探索环境来获得的,这一过程形成了运动活动和对其知觉结果的表征之间的联系[1]。神经科学的研究也证实,产生某一特定行动结果的计划在具体的动作被执行之前就会激活行动结果的神经编码[2]。

TEC将观念运动的机制与有关知觉和行动事件(event)是如何被表征的假设结合在一起。其基本主张是事件的认知表征不仅服务于表征功能(如知觉、记忆、推理等),而且还服务于行动相关的功能(如行动计划、行动发起等)。根据TEC,作为知觉基础的对刺激的表征和作为行动计划基础的对行动的表征并不是各自编码、独立存储的,相反,它们共存于一个共同的表征媒介(common representational medium)中。这就意味着刺激和反应编码并不是完全不同类别的实体,而只是指向从而实现对特定任务和情境中的不同事件进行表征的功能。

最初的TEC只是强调了知觉和行动的表征基础是相同的,之后在不断积累的实证数据的基础上,霍梅尔对TEC进行了充实和完善并提出了TEC 2.0,使其能够为一个更综合的观点提供了基础。该观点既包括知觉和行动之间共享的编码,也包括基于这些编码所进行操作的控制过程。"知觉"和"行动"不仅是相关的、关联的或交织的,而且是指称完全相同事情的两个不同的术语:知觉包括主动产生输入的过程,这些输入告知环境状态及其与自己身体的关系,而行动包括主动产生自主体意图的环境状态的过程。也就是说,知觉和行动都包括移动从而产生特定的输入,只是用知觉这个词来强调输入产生的功能,而用行动这个词来

---

[1] Elsner, B., & Hommel, B. (2001). Effect anticipation and action control. *Journal of Experimental Psychology: Human Perception and Performance*, 27(1), 229.

[2] Kühn, S., Keizer, A. W., Rombouts, S. A., & Hommel, B. (2011). The functional and neural mechanism of action preparation: roles of EBA and FFA in voluntary action control. *Journal of Cognitive Neuroscience*, 23(1), 214–220.

指代意图实现的功能①。具体而言,TEC2.0 对如下 4 个方面的问题给出了更全面的合理解释和说明:(1)事件文件的整合和检索在多大程度上取决于当前的目标;(2)元控制状态如何影响事件文件的处理;(3)特征绑定如何与事件学习相关;(4)非社会事件的整合如何与社会事件的整合相关②。完善后的 TEC 有如下 4 个基本假设:(1)知觉事件和计划行动在认知上由事件编码表征;(2)事件编码是特征编码的整合组合(事件文件);(3)事件文件可以被用来表征与知觉到的或自我生成的特征相关的认知或大脑状态;(4)因此,知觉和行动的基本单位可以被认为是感官运动实体,由感官输入(一个通常被称为知觉的过程)激活,并控制运动输出(一个通常被称为行动的过程)。

通过将 TEC 在绑定和学习、社会事件以及自我是如何编码的等方面的解释力进行逐一检验之后,霍梅尔指出,TEC 能够作为一个理论框架来组织和解决具身认知当前所面临的一些问题③。如前文所述,具身认知运动确实非常不连贯,是由许多不同的、有时不相关的问题和理论推理路线驱动的。但同时我们也可以看到,作为该运动一部分的不同方法确实显示出一些家族相似性,它们或多或少地赞同要拒绝完全的符号表征,倾向于组成式的、分布式的表征,以及至少对行动的一些依赖。因此,尽管在细节方面普遍缺乏一致可能令人失望和沮丧,但依然有很多的重叠和一致,因此不能把目前的不连贯性作为否定整个运动的理由。就此而言,现在最需要的就是更多的机制的理论化。只有机制性的理论才能有助于将具身认知方法的理论主张操作化,并将其转化为具体的、能够体现因果的机制以及这些机制运作的明确的表征。TEC 提供了一个基本框架和概念工具箱,它可以帮助组织涉及更具体的机制和表征的讨论。但是需要强调的是,TEC 并不是一个关于特定现象的具体理论,而是一个元理论框架,有助于组织构建更具体的、机制性的、可实证检验的模型,最重要的是,可以直接对垒的替代模型④。霍梅尔通过对威尔逊所提出的 6 条具身认知具体意味着什么进行了逐一的说明,来论证

---

① Hommel, B. (2021). The future of embodiment research: Conceptual themes, theoretical tools, and remaining challenges. In M. D. Robinson & L. E. Thomas (Eds.), *Handbook of Embodied Psychology*. Cham: Springer, pp. 597–617.

② Hommel, B. (2019). Theory of Event Coding (TEC) V2. 0: Representing and controlling perception and action. *Attention, Perception, & Psychophysics*, 81(7), 2139–2154.

③ Hommel, B. (2015). The theory of event coding (TEC) as embodied-cognition framework. *Frontiers in Psychology*, 6, 1318.

④ Hommel, B. (2021). The future of embodiment research: Conceptual themes, theoretical tools, and remaining challenges. In M. D. Robinson & L. E. Thomas (Eds.), *Handbook of Embodied Psychology*. Cham: Springer, pp. 597–617.

TEC 能够作为具身认知的机制性的框架的主张。值得注意的是，TEC 并不是某种支持具身认知或是反对具身认知的理论，它所提供的更多的是一种帮助我们更好地理解具身认知的工具。下面对相关的内容进行简单介绍[①]：

第一，对于"认知是情境的"说明。一方面，情境认知重视知（knowing）和行（doing）的统一，强调主动的自主性在知识获取和内部表征中的作用，这一点也正是观念运动理论和 TEC 所共同重视的。观念运动理论通过假设存在行动目标或特定知识的存在来解释自主行为，并进一步解释了目标是如何通过对自己的身体及其与环境的相互作用的具体实践探索而获得。TEC 在此基础上将其扩展至人类认知的一般理论，主张人类不仅通过感官运动经验获得行动目标，而且大部分或是所有的知识都根植于感官运动经验。就此而言，TEC 的主张与情境认识所强调的是一致的。另一方面，情境认知认为自主体大部分时候可能并不需要获取内部信息，而是可以简单地从环境中拾取信息。人类以及灵长类动物毫无疑问是拥有在线信息加工通道的，但是并没有足够的证据能够说明这些通道的工作可以独立于离线的信息加工系统。TEC 对离线系统如何服务于在线通道加工的解释为情境认知提供了一种解决方案，即认知的观念运动理论和基于供应性的理论并不是完全对立的，两者在某种程度上是可以整合的。

第二，对"认知的时间压力"的说明。具身认知概念的有一个假设是因为参与认知活动的时间成本太高因此它无法成为日常行动的基础。这一逻辑可行的前提是对人类而言参与认知活动的时间成本确实很高，并且认知会影响知觉和行动。但是理论和经验证据发现，认知的主要作用似乎是存在于预期的（离线的）准备中，即选择一个目标、为特定的任务配置系统、引出与目标相关的行动系统、以及为处理可能的触发刺激做准备。TEC 所针对的就是这些准备过程，一旦一个行动被选中并做了充分的准备，似乎就不会有太多的认知活动，环境信息通常足以推动行动的完成，类似于一种有准备的条件反射。因此，如果认知不是用于在线控制，而是用于离线准备，那么认知过程可能的缓慢并不能作为反对认知主义方法的论据。

第三，对"认知工作转移到环境中"的态度。如果环境可以服务于个人记忆，那么个体似乎确实不需要发展内部模型。然而由于支持这一假设的证据主要是源于空间任务，因此其所得到的结论并不能特别使人信服。但是具身认知所主张的不依赖于模型的观点和 TEC 是一致的，后者同样不认为行动

---

① Hommel, B. (2015). The theory of event coding (TEC) as embodied-cognition framework. *Frontiers in Psychology*, 6, 1318.

依赖于有关世界的模型。TEC 的目标是解释人们如何基于通过主动体验而获得的程序性的和内隐的知识来计划目标导向的行动,但是它并不认为行动的所有方面都是由计划预先决定的。相反,它认为计划只限于指定与目标相关的行动结果,而指定与目标无关的行动特征则留给环境驱动的在线通道,这些通道在行动执行过程中不断反馈信息。

第四,关于"分布式认知"。分布式认知认为人类认知不仅和个人的心智和大脑有关,而且还和他们所处的环境有关。这点似乎并没有悬念,毕竟离开环境单独谈人类认知并没有太多值得深思之处。可能也正是由于这种共识的存在,反而使得分布式认知的标准并没有得到任何具体证据的支持。例如,环境中的哪些内容是和认知有关并没有得到确切的说明。霍梅尔认为对分布式认知更自由的解释可能会接近情境认知的标准,从而正确地吸引自主体对自己与环境的具体感官运动经验的相关性的关注。也正是基于此,TEC 及其对感官运动经验的依赖成为一种有价值的工具,以超越抽象的抱怨,并允许对具体现象的具体假设进行经验性的检验。

第五,针对"认知服务于行动"。在 TEC 的解释框架中,认知也是服务于行动的,但不同于多数具身认知进路认为每一种认知技能或内容的使用都会伴随感官运动活动,TEC 认为认知有可能在没有感官运动活动或心理模拟的情况下发生。TEC 假设被知觉的或是即将引起的事件是通过事件文件的方式被表征的,事件文件是对远端事件特征的编码的整合的绑定。这样一个绑定的每个成分的贡献是根据与其情境的相关性得以权衡的。这就意味着事件表征是根据目标和手头的任务被裁定的,换言之,尽管大部分认知表征可能既包含知觉成分也包含行动成分,但是认知操作在使用这些表征的时候可能并不需要激活所有的成分。因此,如果认知操作不需要明显的行为,那么它们就有可能在没有可测量的运动活动的情况下被执行。另一个原因是,如同 TEC 所假设的那样,将基本认知单位建立在感官运动经验之上,并不一定会阻止其他表征的产生,这些表征指的是这些基本单位的组合或它们之间的关系。霍梅尔举例说,即便不曾拥有过感官运动上的有关独角兽的体验,也没有理由排除人们能够将(以感官运动为基础的)马的表征与(以感官运动为基础的)角的表征结合起来,创造出独角兽的表征。根据 TEC,最终的表征可能会被认为是抽象的,但它不一定就是符号的或任意的,它们仍然可以被认为是基于感官运动的体验。

第六,有关"基于身体的认知的离线使用"。该主张指的是,通过感官运动与环境的互动而产生的认知结构或技能,可以离线使用,即在没有明显行为的情况下使用,来服务于认知活动。TEC 未能提供一个关于内化如何详细运作的系统方案,但它假设明显的感官运动行为会导致运动模式和表征其后果的编码的绑定。获得这些绑定使得自主体能够在内部运行这些绑定来模拟动作,而不需要实际激活运动模式。获得多个感官运动事件使得自主体能够构建更复杂的事件序列。这些表征提供了关于如何从一种情况到另一种情况以达到一个遥远的目标的信息,这可以用来模拟和比较替代的问题解决策略。

综上所述,基于TEC的理论框架,不仅能够对具身进路的主要概念主题进行更详细的说明,而且还以一种与许多具身进路兼容的方式解决这些主题,更重要的是,TEC所提供的方案是兼具实证检验操作性的。但是鉴于它是一个认为表征概念有用的理论,用TEC来操作具身认知不会满足激进的反表征主义者,但是即使对这个阵营的理论家来说,TEC也可能代表一个具体的、有动力的挑战,以改善他们自己理论化的机制性方面。

尽管TEC并没有单独强调内感受的作用,但其对知觉表征和行动表征同一性的论证包含的一个大前提便是对知觉表征重要性的重视,而这也正是具身认知内感受研究转向的基础——多感官整合作为所有认知活动的基础,服务于认知的各个方面。

(四)具身认知的内感受转向

在对具身效应的深入探究过程中,研究者发现,可以根据不同的被试对特定线索的偏好将其归类为更偏向于对个人线索响应(responsive to personal cues)的类型还是更偏向于对情境线索响应(responsive to situational cues)的类型。以一个经典的具身认知实验为例:研究者认为,俯卧在椅子上,头垂在胸前,双手瘫软在膝盖上属于"悲伤"的姿势;在椅子上坐直,身体略微前倾,双手紧握成拳并举起属于"愤怒"的姿势;而靠在椅子上,双手举在脸前,手心向前,脸部略微偏向则属于"恐惧"的姿势。研究也证实,保持不同的姿势30秒之后该姿势会增加被试相对应的情绪感受。然而,特定姿势对情绪感受的唤醒程度是存在显著个体差异的。偏向于个人线索响应的被试身上能观察到更明显的具身效应。与此类似的研究还有姿势对自信感的影响。在要求被试在直立、自然或倾斜的站立姿势下进行演讲之后,邀请他们报告自己演讲时的自信程度,结果显示,在弯腰的姿势下,自我报告的信心明显不足。值得深思的是,进一步的研究揭示,姿势的影响只发生在那些被归类为偏向于个人线索响应的被试身上[1]。

---

[1] Laird, J. D. (2007). *Feelings: The Perception of Self*. Oxford: Oxford University Press, pp. 55-56.

再如本章第一节第三部分"社会认知的具身性"中曾经介绍过的一项研究,手持不同重量写字板的被试在估计外币汇率时会受到书写板轻重的影响,这一结果被认为是具身效应的一种体现。但在对这一效应进一步检验的过程中研究者发现,并不是所有的被试都会表现出明显的具身效应的影响:实验助手邀请被试手持不同重量的写字板(轻的约 350 克,重的约 2 800 克)的同时进行外币汇率的估算,同时通过米勒(Miller)等所编制的身体意识问卷(Body Consciousness Questionnaire)中私密身体意识分量表(Private Body Consciousness sub-scale)对其身体觉知能力进行测量,结果表明,只有身体觉知能力高的被试才会受到具身效应的影响[1]。上述研究表明,身体觉知能力会对认知产生重要的影响。并且这种影响的作用机制也正在得到揭示。从区分偏向于个人线索响应还是情境线索响应开始,到开始关注内感受在其中的作用,身体与认知之间相互作用的机制正在得到进一步的揭示。近年来,随着大量围绕内感受的相关研究的开展,越来越多的研究者注意到并开始认可内感受之于具身认知的重要意义,在具身认知自身的推进过程中也呈现出了一种重视内感受的研究转向。

早在 19 世纪 80 年代詹姆斯就曾强调过内脏感受对认知的影响,例如指出"情绪的体验是对内脏状态的知觉","我们所有的对精神活动感受实际上都是对身体活动的一种感受",尽管詹姆斯的工作更集中于对躯体感受和情绪之间关系的阐述。曾经有一个阶段,对于此类观念有较大的争议,一些学者甚至指出,詹姆斯的这一方面工作属于策略性的失误(strategic error),并因此招致沃尔特·坎农(Walter Cannon)的强烈的质疑,尤其是针对内脏状态影响情绪感受的抨击。例如坎农指出内脏反应的不同不足以区分解释各种情绪体验。心跳、血压等似乎都只能是变强或变弱,步调一致或上下不同地移动,它们不足以提供包括恐惧、愤怒或恶心在内的多种不同的感受。并且内脏太不敏感了从而没法提供足够的反馈。内脏中的感官神经相对比较少,正如我们所知道的,我们很少能够知道我们的肝脏、胃,甚至是心脏正发生着什么,因此似乎我们真的不能够从它们获得很多感觉[2]。然而,随着内感受研究的深入,现在人们逐渐认识到,内脏传入物(visceral afferents)很少相对来说是无感的这种说法并不正确,内脏传入物的数量实际上甚至超过传出物(efferents)。内感受对包括情绪等在内的人类认知的影响机制正在随着

---

[1] Miller, L. C., Murphy, R., & Buss, A. H. (1981). Consciousness of body: Private and public. *Journal of Personality and Social Psychology*, 41, 397–406.

[2] Cannon, W. B. (1927). The James-Lange theory of emotions: A critical examination and an alternative theory. *The American Journal of Psychology*, 39(1/4), 106–124.

相关学科研究的发展和深入而逐步得到揭示。

安东尼奥·达马西奥（Antonio Damasio）的躯体标记假说（somatic marker hypothesis）是将内感受与具身认知相联系的一个典范,尽管躯体标记假说侧重于解释情绪和感受是如何在理性决策的过程中发挥重要作用的。躯体标记假说的提出是基于达马西奥多年来对伴有情绪障碍和决策障碍的神经疾病患者的研究,当与某个反应相关的结果出现时个体会体验到一种不愉快或愉快的躯体感受,这种现象被达马西奥称为躯体标记,只不过广义的躯体感受不仅仅局限于内脏感受,也包含了非内脏感受①。躯体标记可以提高决策效率和准确性,这一主张与有内感受缺陷的患者所表现出的决策能力的下降和非理性决策增加的表现也是相一致的。并且与内感受过程一样,这些标记信号同时在有意识的层面和无意识的层面上运作,以迅速指导决策。超越决策的范畴,无论我们做什么或者想什么,躯体感官系统的参与都是必不可少的,如果没有某种类型的具体化,心智的出现似乎也是不可能的。正如达马西奥在《笛卡尔的错误：情绪、推理和大脑》（*Descartes' Error: Emotion, Reason, and the Human Brain*）一书中明确指出的：

> 从躯体标记和演化的证据上看,没有躯体就不可能产生心智。但笛卡尔的"二元论"在我们的肉体和心灵之间划出了一道鸿沟,它将最精巧的心智过程与躯体分离了,这种观点一直主导着西方科学界和思想界,是时候颠覆它了。②

就此而言,对内感受的深入研究并不是论证具身认知和离身认知孰是孰非的问题,而是进一步揭示身体和心智如何发生交互的进路之一。

---

① Damasio, A. R. (1996). The somatic marker hypothesis and the possible functions of the prefrontal cortex. *Philosophical Transactions of the Royal Society of London. Series B: Biological Sciences*, 351(1346), 1413-1420.
② A. R. 达马西奥：《笛卡尔的错误：情绪、推理和大脑》,殷云露译,北京联合出版公司 2018 年版。

第二篇

转向与发展

第三章 内感受研究的兴起与发展

内感受的概念在学术文献中最早出现于20世纪初期,但即便是在当前的文献中依然找不到关于内感受的确切定义,因为在过去100多年的历程中,内感受的含义也在不断变化,从最初的限制性(restrictive)定义逐渐发展为包含性的(inclusive)定义。

一、内感受的界定、测量与维度

(一)内感受的界定与测量

最早在文献中使用内感受概念的学者是谢林顿。在《神经系统的综合作用》(The Integrative Action of Nervous System)一书中,谢林顿提到过"内感受器"(interoceptors)、"内感受的感受场"(interoceptive receptor fields)、"内感受的反射弧"(interoceptive reflex arcs)、"内感受的表面"(interoceptive surface)以及"内感受的片段"(interoceptive segments)等,但事实上直到20世纪40年代,名词"内感受"才正式出现在公开发表的学术文章或书籍中[1]。在谢林顿的使用中更多的是形容词"内感受的"(interoceptive),以此与"外感受的"(extroceptive)进行区别,后者相对应的是身体外部的,而前者则是指身体内部的。尽管就内感受的定义而言,迄今为止尚未有权威统一的标准,但狭义的内感受在很大程度上还是源于谢林顿最初的界定。

关于内感受的传统观念认为与疼痛、痒等源于外部躯体感官系统的信号不同,源自内脏和血管舒缩活动的感受及相互之间的差异较小,因而较难区分。然而来自哺乳动物大脑皮层的最新研究表明,这一点可能是有失偏颇的。因此对内感受的界定也从而扩大至既包含对身体的生理条件的感觉,也包含在不断进行活动的环境中对内部状态的表征[2]。广义的内感受包含内

---

[1] Ceunen, E., Vlaeyen, J. W., & Van Diest, I. (2016). On the origin of interoception. *Frontiers in Psychology*, 7, 743.

[2] Craig, A. D. (2009). How do you feel—now? The anterior insula and human awareness. *Nature Reviews Neuroscience*, 10(1), 59-70.

脏感觉(visceroception)和本体感觉(proprioception)两种形式①。前者主要是指对内部信号的加工和知觉,而后者主要是指对有关在空间中控制身体的皮肤和肌肉骨骼等结构的信号的加工。具体而言,内感受的信号主要源于如下四大系统:心血管(cardiovascular)、呼吸(respiratory)、胃肠(gastrointestinal)和泌尿生殖(urogenital)。在所有这些不同来源的内感受中,源于心血管系统的感受,是身体和大脑交互作用研究中的热点。这一方面可能是由于心和脑一直以来都被认为存在着紧密联系;另一方面也是因为源于心血管系统的内感受信息相对更为丰富,也便于实验中进行控制和测量②。

尽管认可内感受研究应以源自内脏的感觉为核心,持内感受狭义所指的学者并不认为内感受应该包括本体感觉,即对本体感觉是否应归属于内感受能力仍存在争议,因此内感受更普遍地被定义为是指对涉及身体内部状态的信号的感觉和表征③。

内感受的有效刺激往往是不可知的,即便对于某些可以识别的内感受变量,在实验层面进行控制也是相当困难的。目前较有代表性的内感受的客观测量指标是心跳知觉(heartbeat perception)任务的测量结果。具体而言,心跳知觉任务又进一步被细分为心跳计数任务(heartbeat counting task)和心跳区分任务(heartbeat discrimination task)。

心跳计数任务范式由戴尔(A. Dale)和安德森(D. Anderson)提出后得到了尚德里(R. Schandry)的规范与推广④。具体操作是要求被试在一些较短的时间段内(如25秒、35秒、45秒等)"监测"(monitor)自己的心跳。"监测"过程中不会告知被试具体所持续的时间长度,被试需要通过将注意力集中在自己的身体信号上来感知自己的心跳次数,而不允许采用把脉或其他能够帮助提高心跳监测正确率的方式。每个阶段的开始和结束都会有语音提醒,每一时间段结束之后立即要求被试报告他们数的或者估计的自己的心跳数。测试过程中被试实际的心跳数通过心电图(随着技术的发展,近年来更常用的是心率测试带、脉搏血氧仪或生理多导仪等)获得。用被试所报告的每一

---

① Gao, Q., Ping, X., & Chen, W. (2019). Body influences on social cognition through interoception. *Frontiers in Psychology*, 10, 2066.
② 张静、陈巍:《对话心智与身体:具身认知的内感受研究转向》,《心理科学》2021年第1期。
③ Garfinkel, S., Critchley, H. D., & Pollatos, O. (2015). The interoceptive system: Implications for cognition, emotion, and health. In J. T. Cacioppo, L. G. Tassinary & G. Berntson (Eds.), *Handbook of Psychophysiology*. Cambridge: Cambridge University Press, pp. 427-443.
④ Schandry, R. (1981). Heart beat perception and emotional experience. *Psychophysiology*, 18 (4), 483-488.

时间段的心跳数(counted heartbeats)减去同一时间段内仪器所记录的实际心跳数(recorded heartbeats),取绝对值后除以实际心跳数,所得到的便是单一试次中的误差分数。用1减去误差分数即可得到单一试次中的知觉分数。对所有试次所得结果求平均值,即可得到被试平均的误差分数或知觉分数(如下公式所示,其中 n 表示测试次数,通常为3)。

$$平均错误分数 = \frac{1}{n} \sum \frac{|报告的心跳数 - 实际的心跳数|}{实际的心跳数}$$

$$平均知觉分数 = \frac{1}{n} \sum \left(1 - \frac{|报告的心跳数 - 实际的心跳数|}{实际的心跳数}\right)$$

从以上公式可见,无论是误差分数还是知觉分数,均介于0—1,心跳知觉能力越强的个体其所报告的平均误差分数会越趋向于0,平均知觉分数则越趋向于1,意味着其内感受能力越强。

实际的测试结果表明,成年人对自己心跳的知觉出现了普遍低估的情况。尚德里的统计结果是被试报告的平均心跳数为59 bpm,低于实际平均心跳数(80 bpm)26%,即平均误差分数为0.26。尚德里与施佩希特(G. Specht)发现被试在静息时约会低估36%,在公开演讲之前会低估32%,而在运动之后则会低估23%[1]。林(C. Ring)和布雷纳(J. Brener)也报告过类似的结果[2]。同时,心跳计数任务最大的问题在于实验者是要求被试估计自己的心跳数,该范式并无法区分被试是基于心跳感觉体验还是基于对心跳数的常识认知来报告自己的心跳数。即便如此,基于心跳计数任务范式所获得的内脏知觉能力与情绪感受之间的相关关系还是得到了很多研究的证实[3]。因此,这一方法目前仍在研究中被广泛采用。

另一种常用的心跳知觉的测量方法是心跳区分任务,又称二项迫选任务(two alternative forced choice task)[4]。与心跳计数任务范式中被试的核心任务"追踪"(tracking)不同,心跳区分任务范式的主要任务是"区分"(discrimination)。实验中会有一组与心跳相关的视觉刺激呈现,在一半试次

---

[1] Schandry, R., & Specht, G. (1981). The influence of psychological and physical stress on cardiac awareness. *Psychophysiology*, 18, 154.
[2] Ring, C., & Brener, J. (2018). Heartbeat counting is unrelated to heartbeat detection: A comparison of methods to quantify interoception. *Psychophysiology*, 55(9), e13084.
[3] Garfinkel, S. N., Seth, A. K., Barrett, A. B., Suzuki, K., & Critchley, H. D. (2015). Knowing your own heart: Distinguishing interoceptive accuracy from interoceptive awareness. *Biological Psychology*, 104, 65-74.
[4] Whitehead, W. E., & Drescher, V. M. (1980). Perception of gastric contractions and self-control of gastric motility. *Psychophysiology*, 17(6), 552-558.

中为"同步的"心跳提示（S+，出现于 R 波之后的 128 毫秒处），另一半试次中为"不同步的"心跳提示（S—，出现于 R 波之后的 384 毫秒处）。具体数值的计算原理是心跳感觉的产生是由于心室收缩产生的压力脉冲波会刺激心脏及其附近的机械性刺激感受器（mechanoreceptors），因而即便是同步也存在一小段时间差。根据信号检测理论，在 S+的刺激呈现时，报告同步即为击中，而在 S—的刺激呈现时，报告同步则为虚报。最终的心跳知觉能力 d'＝击中率—虚报率。尽管这种方法在理论上看似有效，但实际实施过程中发现被试似乎很难区分是否同步。在怀特海德（W. Whitehead）的研究中，只有 25% 的被试能够对同步（S+）或者不同步（S—）的刺激作出较好的区别（d'大于或等于 0.75）。

尽管心跳计数任务和心跳区分任务仍是当前内感受客观测量方式中最常用的两种范式，但两者所得结果有时候并不完全一致[1][2]。在对不同方法的测量结果进行合理解释的过程中，以自我报告为主的内感受的主观测量方法作为一种评估内感受的辅助手段也在得到不断发展与广泛应用。

在诸多以身体感受为主要研究对象的问卷中，希尔兹（S. Shields）等所编制的身体觉知问卷（Body Awareness Questionnaire, BAQ）[3]被广泛地应用于"测量一个人对自己身体一般的、非情绪性的身体过程的敏感性"。BAQ 是一种自我报告量表，包含 18 个条目，考察个体对自己身体 4 个不同方面的敏感性：对身体过程中响应和变化的注意（如条目 1"我能注意到我的身体对不同食物的反应之间的差异"）、对身体反应的预测（如条目 2"当我撞到自己时我总是能知道是否会出现淤青"）、对睡眠周期的感知（如条目 17"对我而言似乎有一个'最好的'晚上上床睡觉的时间"）以及对疾病发生的预测（如条目 6"如果我正在发烧即便不测量体温我也能知道"）。此外，波格斯（S. W. Porges）身体知觉问卷（Porges Body Perception Questionnaire, PBPQ）、渴感觉知问卷（Thirst Awareness Questionnaire, TAQ）等也被广泛地应用于临床和科学研究中[4]。作为内感受敏感性的测量方法 PBPQ 中的条目涉及一系列日常觉知的特征描述，如"我的嘴巴很干"，"我的胳膊和腿存在肌肉紧张"，或

---

[1] Desmedt, O., Luminet, O., & Corneille, O. (2018). The heartbeat counting task largely involves non-interoceptive processes: Evidence from both the original and an adapted counting task. *Biological Psychology*, 138, 185–188.

[2] Zamariola, G., Maurage, P., Luminet, O., & Corneille, O. (2018). Interoceptive accuracy scores from the heartbeat counting task are problematic: evidence from simple bivariate correlations. *Biological Psychology*, 137, 12–17.

[3] Shields, S. A., Mallory, M. E., & Simon, A. (1989). The body awareness questionnaire: Reliability and validity. *Journal of personality Assessment*, 53(4), 802–815.

[4] Mehling, W. E., Gopisetty, V., Daubenmier, J., Price, C. J., Hecht, F. M., & Stewart, A. (2009). Body awareness: Construct and self-report measures. *PLoS One*, 4(5), e5614.

是"我的心怦怦直跳"等。

尽管存在多种不同的测量方法,但内感受的测量依旧是这一领域研究的主要难点之一。最根本的原因可能在于不同的方法所测得结果之间的差异。例如就客观的以心跳计数任务为代表的测量方法和主观的以自评量表为代表的测量方法所测得的结果间何者更为可靠就一直存在争议。即便同样是心脏知觉,心跳计数任务和心跳区分任务之间的相关度并不高,可能是由于不同任务在要求上的不同:心跳计数任务(至少在理论上)是对个体知觉自己心跳的能力进行量化,而心跳区分任务则要求个体将内部信号与外部信号结合起来[1]。此外,心跳计数任务和心跳区分任务所针对的都是个体对自己心跳对知觉能力,源自身体内部的信号除了心跳还有胃部的、呼吸的以及其他内脏器官的,因此相应的内感受的测量也各有不同的对象。如有针对胃部知觉的胃收缩(gastric contraction)、水负荷测试(water load test)以及饥饿/饱足(hunger/satiety)感知;有针对呼吸系统的呼吸阻力检测(respiratory resistance detection);有针对肌肉和骨骼的肌肉力量(muscular effort)、疼痛(pain)以及平衡觉(balance)等的测量[2]。这就使得内感受的测量问题缺乏统一的标准。

综上所述,由于在内感受的定义上并未达成一致,因此内感受的测量也仍然存在多种针对不同对象和能力的方法。为了让读者能够更好地把握和对比不同方法的特点和利弊,我们对当前内感受的典型测量方法进行了总结与概括(如表3-1所示)。从测量方法上可分为客观的测量和主观的测量两大类。

表3-1 内感受的测量

测量方法与内容		代表性研究	方法简介
客观的测量	心跳计数任务	Dale & Anderson (1978)	要求被试不通过把脉等方式知觉其在特定时间段内的心跳次数,是第一个采用知觉心跳次数正确率作为衡量内感受的方法
		Schandry (1981)	进一步细化了指导语内容、每个试次的间隔时间以及具体的时间段,是至今被引用和重复次数最多的研究

---

[1] Couto, B., Adolfi, F., Sedeño, L., Salles, A., Canales-Johnson, A., Alvarez-Abut, P., ... Ibanez, A. (2015). Disentangling interoception: Insights from focal strokes affecting the perception of external and internal milieus. *Frontiers in Psychology*, 6, 503.

[2] Brewer, R., Murphy, J., & Bird, G. (2021). Atypical interoception as a common risk factor for psychopathology: A review. *Neuroscience & Biobehavioral Reviews*, 130, 470-508.

续表

测量方法与内容		代表性研究	方法简介
客观的测量	心跳追踪任务	McFarland (1975)	在一项心跳追踪的练习中,要求被试在感受到自己心跳的同步时按下按键
		Ludwick-Rosenthal & Neufeld (1985)	被试需要完成两项追踪练习:一是传统的在感受到内部的心跳时按键;二是在听到外部的心跳录音时按键
	心跳探测/区分任务	Whitehead et al. (1977)	该任务由 200 个时长为 10 秒的试次构成,其中一半提供了心跳的即时反馈,另一半为延时反馈,要求被试对哪些是即时反馈、哪些是延时反馈做出判断
		Brener & Kluvitse (1988)	在 R 波之后的不同时间点呈现声音,要求被试找出与其心跳同步的声音时刻
	胃收缩知觉任务	Whitehead & Drescher (1980)	通过灌注导管法记录胃部收缩情况,主试在胃收缩的峰值或之后 12~15 秒打开信号灯,被试通过选择进行判断
	水负荷测试	Koch et al. (2000)	被试摄入水 5 分钟或直到他们认为自己的胃饱了。随后对喝水前和后 10 分钟、20 分钟和 30 分钟出现的症状进行评分
		Herbert et al. (2012)	实验过程中要求被试通过一个没有刻度的容器喝水,每次在自己感到有饱腹感时停下,然后对过程中的饱胀/困倦、恶心、感受效价和唤醒等进行评分
		van Dyck et al. (2016)	首先,被试自由饮水,感受到饱腹感时停下;接着,再次饮水,直到达到最大的胃饱胀点。据此计算出产生饱腹感所需的水量和产生最大饱腹感所需的额外水量
	呼吸阻力检测	Harver et al. (1993)	被试在鼻子被夹住的情况下用嘴通过一个特殊的装置吸气并判断是否存在阻力
		van den Bergh et al. (2004)	被试通过一个特殊的面罩呼吸芳香的或恶臭的气体,考察他们对呼吸道症状的知觉情况
		Bogaerts et al. (2005)	通过面罩向被试提供 3 种不同的气体,考察被试在不同情况下自我评价的呼吸频率和实际的呼吸频率的异同
		Garfinkel et al. (2016)	被试通过一个开放的呼吸回路呼吸,并判断在目标试验中是否存在对气流的额外阻力,同时要口头说明他们对自己所给出答案的自信程度

续表

测量方法与内容		代表性研究	方 法 简 介
主观的测量	身体知觉问卷	Porges (1993)	由5个分测验构成：觉知(45项)、压力反应(10项)、自动的神经系统反应性(27项)、压力类型(8+4项)以及健康历史问卷(25+3项)
	内感受觉知的多维评价	Mehling et al. (2012)	包含8个不同的概念：注意(4项)、不分心(3项)、不担心(3项)、注意力调节(7项)、情绪意识(5项)、自我调节(4项)、身体倾听(3项)和信任(3项)
	身体意识问卷	Miller et al. (1981)	共15个项目，涉及3个不同的类别：私人身体意识(5项)、公共身体意识(6项)和身体能力(4项)
	进食障碍量表之内感受分量表	Garner et al. (1983)	共64个项目，分为8个子量表：瘦身驱力(7项)、贪食症(7项)、身体不满意(9项)、无效性(10项)、完美主义(6项)、人际不信任(7项)、内感受觉知(10项)、成熟恐惧(8项)
	身体觉知问卷	Shields et al. (1989)	由18个项目所组成的量表，旨在评估自我报告的对正常的非情绪性身体过程的关注度。具体而言包括对身体周期和节律的敏感性、检测正常功能的微小变化的能力以及预测身体反应的能力
	内感受感官问卷	Fiene et al. (2018)	这是一份由20个项目所组成的单因素量表，主要考察个体对内感受身体状态的困惑。其结果显示，随着自闭症特质的增加，内感受困惑程度也会增加，自闭症患者的困惑程度是最高的
	自我觉知问卷	Longarzo et al. (2015)	包含35个项目，以5点李克特量表进行评分(0=从不；1=有时；2=经常；3=非常经常；4=总是)。总分在0—140分，分数越高意味着内感受觉知越强
	内感受困惑问卷	Brewer et al. (2016)	评估个体觉得自己在解释非情感内感受状态方面的困难程度，如饥饿、温度和唤醒。所有20个项目都按1(不描述我)—5(很好地描述了我)进行回答。通过反向计分后相加所得即为内感受困惑分数
	内感受精确性量表	Murphy et al. (2020)	包括21个项目，5(非常同意)—1(非常不同意)进行评分，分数在21—105。分数越高表示自我报告的内感受准确性越高

针对不同测量方法所获得的结果并不完全一致这一事实,有研究者就此认为不同方法所测得的结果之间存在差异说明内感受还可以细分为不同的成分,并提出了内感受的四维模型,认为内感受至少应该包含 4 个不同的维度。

(二)内感受的维度

根据内感受的不同测量方法所得到的结果之间存在差异,内感受被认为至少可以区分为 4 个相互联系但又有所区别的维度:内感受精确性(interoceptive accuracy, IAcc)、内感受敏感性(interoceptive sensitivity, IS)、内感受觉知(interoceptive awareness, IA)以及内感受信号的情绪评估(emotional evaluation of interoceptive signals, IE)[1]。

1. 内感受的第一个方面,内感受精确性(IAcc)被定义为检测诸如心跳、饥饿或渴感等源自身体内部信号的能力

研究者一般通过个体在行为测试(绝大多数是与心血管系统有关的)中的表现对 IAcc 进行客观衡量,最为广泛使用的测量办法便是心跳计数任务和心跳区分任务。并且,通过心跳计数任务所获得的心脏 IAcc 被证实与个体的胃敏感性(gastric sensitivity)存在联系。赫伯特(B. Herbert)等在研究中以心跳计数任务作为衡量心脏 IAcc 的方式,以水负荷试验(water-loading tests),即自由饮水范式(free drinking paradigm),评估胃敏感性,通过胃电描记法(electrogastrography)测量胃电活动(gastric myoelectrical activity),并且还评估了被试饱腹(fullness)、期望(valence)、唤醒(arousal)以及恶心(nausea)的主观感受。结果表明,心脏 IAcc 与摄入的水量以及水负荷后的正常胃活动呈负相关。但是,无论心脏 IAcc 高低与否,被试在饮水之后对自己饱腹感、恶心感以及情感的主观评分上并没有显著差异,表明较之低心脏 IAcc 的被试,心脏 IAcc 高的被试之所以会摄入相对较少的水,是因为尽管摄入的水量仍处于较低水平但心脏 IAcc 高的被试已经感受到了强烈的饱足信号,而心脏 IAcc 低被试则在摄入较高水平的水量之后才会感受到同等程度的饱足信号。这些发现表明心脏 IAcc 与胃功能的敏感性呈正相关,即胃和心脏之间存在一种一致的跨模态的敏感性[2]。这种不同感觉通道之间内感受的一

---

[1] Pollatos, O., & Herbert, B. M. (2018). Interoception: definitions, dimensions, neural substrates. In G. Hauke & A. Kritikos (Eds.), *Embodiment in Psychotherapy*. Cham: Springer, pp. 15–27.

[2] Herbert, B. M., Muth, E. R., Pollatos, O., & Herbert, C. (2012). Interoception across modalities: On the relationship between cardiac awareness and the sensitivity for gastric functions. *PLoS One*, 7(5), e36646.

致性在呼吸系统的类似测试中也被证实存在①。尽管目前为止评估多个内感受通道的研究仍然较少,但上述研究表明,不同感官通道间 IAcc 是存在一致性的,并且 IAcc 很有可能是一个类似于特质的变量(trait-like variable),不同个体在这个维度上或许会有很大的不同。

2. 内感受的第二个方面,内感受敏感性(IS)是指对诸如肌肉紧张、饥饿或口干等的身体状态进行报告的能力

IS 属于个体对内部过程的主观体验,当前对它进行测量的主要工具是各类以身体觉知(body awareness)为主要研究对象的自我报告问卷。除了如前文所述的身体觉知问卷(BAQ)、波格斯身体知觉问卷(PBPQ)、渴感觉知问卷(TAQ)之外,还有近年来新编制的问卷内感受觉知的多维评价(Mutidimensional Assessment of Interoceptive Awareness,MAIA)②。它由 32 个条目组成,共包含 8 个分量表,分别是:注意(noticing)、不分心(not distracting)、不担心(not worrying)、注意调节(attention regulation)、情绪觉知(emotional awareness)、自我调节(self-regulation)、身体倾听(body listening)以及信任(trusting)。例如,在"注意"分量表中有诸如"当我紧张的时候,我能注意到紧张在我身体中所处的位置"等的描述;在"不分心"分量表中有诸如"我不会注意到身体的紧张或不舒服,直到它们变得更加严重"等的描述;在"不担心"分量表中有诸如"当我感受到身体疼痛时,我会变得不安"等的描述;在"注意调节"分量表中有诸如"我能够将注意力集中在自己的呼吸上而不为发生在我身边的事情分心"等的描述;在"情绪觉知"分量表中有诸如"当我生气时,我会注意到我的身体是如何变化的"等的描述;在"自我调节"分量表中有诸如"当我感到被压垮时,我能在内心找到平静之处"等的描述;在"身体倾听"分量表中会有诸如"我会倾听来自身体的关于我情绪状态的信息"等的描述;在"信任"分量表中有诸如"在我的身体里我有家的感觉"等的描述。在内感受觉知多维评价问卷中,有些评估条目是正向计分,高分意味着对身体感觉或身体症状的过度敏感,另一些评估条目则是反向计分,高分意味着对身体感觉或身体症状的不敏感。

---

① Pollatos, O., Herbert, B. M., Mai, S., & Kammer, T. (2016). Changes in interoceptive processes following brain stimulation. *Philosophical Transactions of the Royal Society B: Biological Sciences*, 371, 20160016.

② Mehling, W. E., Price, C., Daubenmier, J. J., Acree, M., Bartmess, E., & Stewart, A. (2012). The multidimensional assessment of interoceptive awareness (MAIA). *PLoS One*, 7(11), e48230.

3. 内感受的第三个方面,内感受觉知(IA)是指对身体状态的觉知,并且,它还是对内感受状态精确性自信程度的一种测量,是对内感受精确性的一种元觉知,即在多大程度上相信自己的精确性判断

它是内感受精确性的一种元认知量度,体现的是一个人对于自己能精确知觉内部过程能力的觉知程度(例如,当好的时候知道自己是好的,或者当不好的是时候也能知道自己是不好的)。IA 并不总是直接对应于客观的内感受表现(内感受精确性),也不直接对应于主观的内感受知觉(内感受敏感性),IA 所体现的是客观的内感受表现(通过心跳知觉任务所获得)和主观的内感受觉知(通过内感受问卷所获得)之间的差异程度。因而,对 IA 的衡量也是通过对比客观的心跳知觉任务中的表现和主观的内感受自评量表的结果来体现的。加芬克尔(S. N. Garfinkel)等将个体 IAcc 和 IS 间的差异被定义为内感受特质预测错误(interoceptive trait prediction error, ITPE),在具体的操作过程中,先分别通过心跳计数任务或心跳区分任务评估被试的 IAcc,通过身体知觉问卷中的觉知分量表评估被试的 IS,将所得结果各自转换为标准 Z 分数(standardized Z-values)之后计算 IS 和 IAcc 之间的差异(即 ITPE = IS − IAcc)。ITPE 的正值表明个体倾向于高估他们的内感受能力,而负值反映了个体倾向于低估自己的内感受能力[①]。

4. 内感受的第四个方面,内感受信号的情绪评估(IE)被定义为对特定情境中出现或被注意到的任何身体感觉的解释

例如,"当你感觉到自己的心跳时,你有多焦虑?"内感受的这一维度被认为在一些特殊群体中(如自闭症、进食障碍群体等)可能存在特别的问题(如图 3-1 所示)。

内感受精确性 IAcc	内感受敏感性 IS
内感受觉知 IA	内感受的情绪评估 IE

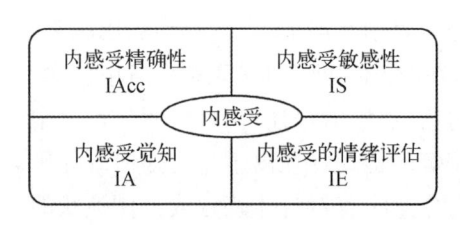

图 3-1 内感受的维度示意图

上述 4 个维度尽管都属于内感受的重要组成部分,但是到目前为止的研究表明,在健康人群中,这 4 个维度并不总是存在明显的相关性。例如,对于 IE 维度,赫伯特(B. Herbert)及其同事在研究中证明它反映的是内感受的一个独立的方面,和 IAcc 等其他几个维度之间并不存在必然的联系,反映

---

① Garfinkel, S. N., Tiley, C., O'Keeffe, S., Harrison, N. A., Seth, A. K., & Critchley, H. D. (2016). Discrepancies between dimensions of interoception in autism: Implications for emotion and anxiety. *Biological Psychology*, 114, 117-126.

的是自上而下调节的过程①。又如,对 IAcc 和 IS 之间关系的不少研究揭示,两者之间并不存在系统的相关性②。但是有趣的是,在患有神经性厌食症(anorexia nervosa)③和神经性贪食症(bulimia nervosa)④的女性身上,内感受的不同维度之间却表现出与正常个体不同的相关联模式,进食障碍患者的 IS 和 IAcc 之间存在负相关(本书第六章"对临床实践的启发与引导"中将详细介绍并讨论相关研究)。

尽管研究者对于"内感受是否只包含上述 4 个成分？这 4 个成分之间的关系如何？以及现有的衡量这 4 种成分的方法是否客观有效？"等仍存质疑,但通过改进实验方法从而提高内感受衡量精确度的尝试并没有停止,因为来自内感受神经解剖学的研究也表明,内感受的能力可能是具身加工的一个有效的指标⑤。

二、内感受的神经解剖学基础

研究表明,灵长类动物具有一种独特的对内稳态传入活动(homeostatic afferent activity)的皮层表征,这种表征能够反映身体组织的生理条件的所有组成部分。这就意味着,所有来自身体的感受都被表征在一个系统发生学上的新系统中,该系统是从进化论上古老的、分级的、维持身体完整性的稳态系统的传入支(afferent limb)进化而来的⑥。来自神经解剖学的证据表明,人脑中的"内感受神经网络"主要包括如下一些部分:躯体感官皮层(somatosensory cortices)、躯体运动皮层(somatomotor cortices)、脑岛皮层(insular cortex)、前扣带回以及腹内侧前额叶皮层(ventromedial prefrontal

---

① Herbert, B. M., Herbert, C., Pollatos, O., Weimer, K., Enck, P., Sauer, H., & Zipfel, S. (2012). Effects of short-term food deprivation on interoceptive awareness, feelings and autonomic cardiac activity. *Biological Psychology*, 89(1), 71-79.
② Pollatos, O., & Georgiou, E. (2016). Normal interoceptive accuracy in women with bulimia nervosa. *Psychiatry Research*, 240, 328-332.
③ Fischer, D., Berberich, G., Zaudig, M., Krauseneck, T., Weiss, S., & Pollatos, O. (2016). Interoceptive processes in anorexia nervosa in the time course of cognitive-behavioral therapy: A pilot study. *Frontiers in Psychiatry*, 7, 199.
④ Pollatos, O., & Georgiou, E. (2016). Normal interoceptive accuracy in women with bulimia nervosa. *Psychiatry Research*, 240, 328-332.
⑤ Pollatos, O., & Herbert, B. M. (2018). Interoception: definitions, dimensions, neural substrates. In G. Hauke & A. Kritikos (Eds.), *Embodiment in Psychotherapy*. Cham: Springer, pp. 15-27.
⑥ Craig, A. D. (2004). Human feelings: why are some more aware than others? *Trends in Cognitive Sciences*, 8(6), 239-241.

cortices)和背外侧前额叶皮层(dorsolateral prefrontal cortex)[1]。这些结构与内部的情绪和内脏感觉状态的监测[2]、情绪加工和反应以及感受和行为的自我调节[3]都有着密切的联系。

在这一内感受网络中,脑岛起着非常重要的作用,它会对源自身体不同通道的内脏感官(如不同的内部器官)输入的相关投射点进行表征[4]。就具体的神经机制而言,脑岛的不同部位被认为涉及神经加工的不同步骤,共同为身体的初级内稳态条件与感官环境的显著特征以及动机的(motivational)、享乐的(hedonic)和社会的(social)条件的顺序整合奠定基础[5]。源自内脏的变化以及疼痛的原始内感受信号,首先会被投射到后脑岛(posterior insula),并且随着它们朝向前脑岛前进,这些信息会被逐渐整合至周围的动机和享乐信息中[6]。这一特殊的网络为将内感受概念化为"物质我"(material me)奠定了神经解剖学的基础[7]。

对凉爽感受的PET研究揭示,与作用在手上的凉爽温度的主观评定相关的激活最先出现在中脑岛(mid-insula),随后是在右前岛(right anterior insula)和眶额皮层(orbitofrontal cortex)激活程度达到最强。源自身体对热痛觉(heat pain)以及情感碰触(affective touch)的感受也会以此造成后脑岛、中脑岛和前脑岛的激活,并且与这些主观感受相伴随的最强的激活出现在前脑岛。对热痛觉的一项研究显示脑岛背后侧(dorsal posterior insula)的激活程度与客观的疼痛强度相关联,而主观的疼痛强度的评定则是和右前脑岛的激活程度相关。类似的结果还有对风味(flavors)和味道(tastes)的主观评定,

---

[1] Critchley, H. D., Wiens, S., Rotshtein, P., Öhman, A., & Dolan, R. J. (2004). Neural systems supporting interoceptive awareness. *Nature Neuroscience*, 7(2), 189–195.

[2] Critchley, H. D., Corfield, D., Chandler, M., Mathias, C., & Dolan, R. J. (2000). Cerebral correlates of autonomic cardiovascular arousal: A functional neuroimaging investigation in humans. *The Journal of Physiology*, 523(1), 259–270.

[3] Critchley, H. D., & Garfinkel, S. N. (2017). Interoception and emotion. *Current Opinion in Psychology*, 17, 7–14.

[4] Herbert, B. M., & Pollatos, O. (2012). The body in the mind: on the relationship between interoception and embodiment. *Topics in Cognitive Science*, 4(4), 692–704.

[5] Garfinkel, S., Critchley, H., & Pollatos, O. (2015). The interoceptive system: implications for cognition, emotion, and health. In J. T. Cacioppo, L. G. Tassinary & G. Berntson (Eds.), *Handbook of Psychophysiology*. Cambridge: Cambridge University Press, pp. 427–443.

[6] Craig, A. D. (2009). How do you feel—now? The anterior insula and human awareness. *Nature Reviews Neuroscience*, 10(1), 59–70.

[7] Tsakiris, M. (2017a). The material me: unifying the exteroceptive and interoceptive sides of the bodily self. In F. de Vignemont & A. J. T. Alsmith (Eds.), *The Subject's Matter: Self-Consciousness and the Body*. Cambridge, MA: MIT Press, pp. 335–362.

被证实与左前脑岛的激活有很强的相关性①。综合上述研究结果可以给出这样的解释，即源自身体的感受产生于脑岛中部，而对源自身体的感受的主观体验则产生于前脑岛。

如前所述，个体的内感受精确性可以通过心跳知觉任务加以测量，其中常用的有两类：要求被试尽可能准确报告心跳数的心跳计数任务，和要求被试区分自己的心跳是否和特定提示音同步的心跳区分任务。在一项基于心跳区分任务的 fMRI 实验中研究者发现，当被试听到与自己心跳同步的提示音并且能对其正确识别时，其双侧前脑岛、前扣带回等区域会被激活，并且右前脑岛的激活程度和个体最终的心跳觉知分数强相关。右前脑岛的激活程度还和被试所报告的实验过程中所体验到的焦虑的主观感受相关②。此外，研究还发现前脑岛皮层的物体体积与个体心跳觉知的分数相关。并且右前脑岛是唯一大小和身体觉知水平相关的皮层区域。这一结果说明右前脑岛的激活和大小与内感受的主观觉知之间存在着独特的关系③。脑岛与内感受之间的密切联系不仅为其作为内感受的神经解剖学基础提供了证据，而且还有助于我们更好地理解大脑的工作机制。

神经科学对大脑的实际描述将大脑理解为"贝叶斯计算器官"（Bayesian computational organ）。贝叶斯定理最早由英国数学家托马斯·贝叶斯（Thomas Bayes）创立并发展，用来描述两个条件概率之间的关系。具体而言，贝叶斯定理有两个关键构件：p(A|X) 和 p(X|A)。p(A|X) 指的是，给定新证据(X)，我们需要改变多少关于这个世界的信念(A)，而 p(A|X) 指的是，给定我们关于这个世界的信念(A)，我们期望得到什么样的证据(X)。我们把这两个构件看作是作出预测和察觉预测误差的手段。现在，我们的脑可以根据它对世界的信念来预测活动的模式，这些活动模式是通过我的眼睛、耳朵和其他感官来察觉的：p(X|A)。如果在预测时出现误差，那么将会发生什么呢？实际上这些误差十分重要，因为我们的脑正是通过利用它们来更新自己对外部世界的信念，并产生出一个更好的信念 p(A|X)。一旦这种更新发生，我们的脑对世界就产生了一个新的信念，并能够基于此对通过我的感官察觉的活动模式进行新的预测。我们的脑会重复这个过程，每循环一次，

---

① Craig, A. D. (2015). *How Do You Feel? An Interoceptive Moment with Your Neurobiological Self*. Oxford: Princeton University Press, pp. 203 – 204.
② Critchley, H. D., Wiens, S., Rotshtein, P., Öhman, A., & Dolan, R. J. (2004). Neural systems supporting interoceptive awareness. *Nature Neuroscience*, 7(2), 189 – 195.
③ Pollatos, O., Gramann, K., & Schandry, R. (2007). Neural systems connecting interoceptive awareness and feelings. *Human Brain Mapping*, 28(1), 9 – 18.

预测误差就变小一次。当预测误差变得足够小的时候,我们的脑就可以"知道"外在世界那边的东西是何物了。但是这一切发生得如此之快,以至于我们根本不会在有意识的心智活动中觉知到这个复杂的过程。知晓外在世界那边的东西是何物对于我们来说好像是件轻而易举的事情,但我们的脑却为此要陷入这种无止境的预测和更新的循环中,一刻不得停歇①。

基于贝叶斯思想,大脑的运作方式也得到了全新的理解。越来越多的研究者认可大脑是通过"预测编码"(predictive coding)的方式进行信息加工和解释的②③。在历史上,生物学家和系统论理论家罗伯特·罗森(Robert Rosen)是首位对何谓"预测"系统给出严格定义的学者。罗森将该类系统命名为"预期系统"(anticipatory system),于 1974 年首次提出该理论④,最终于 1985 年在其专著《预期系统:哲学、数学和方法论基础》(*Anticipatory Systems: Philosophical, Mathematical and Methodological Foundations*)中系统总结了预期系统理论:

> 预期系统:一个系统,包含关于自身与/或其环境的一个预测模型(predictive model),从而使该系统可根据模型对下一时刻的预测改变此时刻的状态。⑤

"预测编码模型"(predictive coding models)超越了大脑作为从感觉到知觉的"被动转换站"(passive translation station)的观点,并且认为对外部世界的感官知觉,以及对自己身体的内感受知觉,都是由大脑构建的。这些模型的根本思想是,感官加工是一个层级结构,所有的感官知觉实际上都可能是通过一个积极的、交互的过程而发生的,即通过将大脑对感觉的预期或预测与同时到来的感觉进行比较。根据所加工信息的类型,可以将每个层级上处理的内容分为自上而下的信息和自下而上的信息,前者反映的是关于事件的感官结果的预测,而后者反映的则是感官事件的影响。

---

① C. 弗里斯:《心智的构建:脑如何创造我们的精神世界》,杨南昌等译,华东师范大学出版社 2015 年版,第 123 页。
② Friston, K. (2005). A theory of cortical responses. *Philosophical Transactions of the Royal Society B: Biological Sciences*, 360(1456), 815 – 836.
③ Seth, A. K., & Friston, K. J. (2016). Active interoceptive inference and the emotional brain. *Philosophical Transactions of the Royal Society B: Biological Sciences*, 371, 20160007.
④ Rosen, R. (1974). Planning, management, policies and strategies: four fuzzy concepts. *International Journal of General Systems*, 1(4), 245 – 252.
⑤ Rosen, R. (2012). *Anticipatory Systems: Philosophical, Mathematical and Methodological Foundations*. Cham: Springer, pp. 313.

对内感受而言，这意味着所有的感官体验同时也反映了对身体状态的预测。在这一模型中，大脑会积极地为它所遇到的刺激生成解释[1]。卡尔·弗里斯顿(Karl Friston)概述了"自由能量原理"(free-energy principle)对生物体生存的优先权。自由能量原理的概念源于热力学第二定律，又称熵增定律。所谓熵是指在某一封闭系统中，由有效能量转化而成的无效能量的量度。也可以说熵是作为度量一个热力学系统无序状态的度量单位。熵增定律就是指在所有过程中，熵的增加是不可逆的，说明在一个封闭系统中，能量只能由有效能量转化为无效能量，系统的整体状态只能从有序变为无序。尽管在局部范围内，通过一定的手段或许可以建立起一定的秩序，但这种秩序的建立必然是以给周围环境带来更多的无序为代价的。

因此自由能量原理认为生物自主体在一个永恒变化的环境中有一种自然的倾向抵制失调。一个有机体的显形定义了一个自主体可以存在于其中的生理的和感官的状态，以及一个有机体能够占有的边界。因此一个有机体（和它的大脑）将会处于一组小的状态之中是一种很高的可能性，而有机体处于一组大的状态之中是一种很低的可能性。以我们常见的鱼为例。一条鱼生活在陆地上的可能性很低，而生活在水中的可能性很高。因此鱼在陆地上就会是一种出人意料的和不可能的状态。从数学计算上说，大脑（作为自主体评估关于外部和内部环境并抵制失调的一个器官）必须保持比较低的熵值（熵值作为对所有发生的事件的平均震惊程度的评估）。为了这样做，人脑需要最小化和当前事件有关的震惊，通过对环境中的事件可能引发的感官结果进行预测。预测会不断被更新和最优化以便在大脑中保持一个比较低的熵值。从长远来看，这就意味着大脑作为一个整体会在所有感官系统中最小化震惊的平均值，学会最佳地对感官输入进行建模和预测。并且，这意味着短期的阶段性的震惊，即"预测误差"(prediction errors)，这些误差会在每个感官系统的每个节点被处理，会通过最小化震惊的方式被避免。自由能量所扮演的就是震惊水平上限的作用。预测编码模型表明，对于一个生物体而言，最小化"预测误差"(minimizing prediction error)是具有适应性的优势的。预测误差反映了由关于世界和身体的内部模型所预测的感官感觉和感官输入之间的差异。

根据自由能量原理，自主体总是生活在一种相对稳定、变化较小的状态之中。自由能量的目标便是让用于评估所有事件震惊程度的熵值处于较低

---

[1] Seth, A. K., & Friston, K. (2016). Active interoceptive inference and the emotional brain. *Philosophical Transactions of the Royal Society B: Biological Sciences*, 371, 20160007.

的水平。为了实现这一目标,自主体或通过作用于环境改变输入,或通过更新对输入信息的评估来减少并避免震惊的出现。前者会导致自主体选择能够减少预期误差的更熟悉的环境,而后者则使得自主体在不断更新原因和进行评估的过程中对感官事件的结果做出最优的推论。自由能量原理最重要的一个方面就是,它认为脑通过更新可能性表征来维持稳定,即大脑会一直动态地评估哪些状态的可能性是高的,哪些状态的可能性是低的,并且让各种可能性维持在此消彼长、此长彼消的平衡之中①。

如果我们的脑可以通过贝叶斯原理对外在于我们的事物进行认识,那么它应该也同样可以通过该原理对我们自己进行认识。尽管这一过程之迅速我们在一般的日常经历中无法有意识地体验。具体的"内感受预测编码模型"(interoceptive predictive coding models)概述了内感受体验所反映的一种预测,即对产生的内脏感觉制约的身体预期状态的预测。赛斯(A. Seth)等指出,当信息性的内感受预测信号与输入成功匹配时,预测误差会受到抑制,而存在感便会产生。当身体的实际状态与预测的状态不匹配时,内感受的预测误差便会产生。当预测误差很小或不存在时,系统可以被认为是处于内稳态的②。在内感受的预测编码的解释中,较高的内感受精确性反映的是更少的"噪声"(noisy)以及更可靠的内感受信息,即更高的"精度"(precision)③。因此,最近的观点认为不少精神疾病(psychiatric disorders)和身心机能紊乱(psychosomatic disorders)的临床症状都与内感受的功能障碍(尤其是受损的内感受精确性)有着密切的联系,这或许可以被理解为对内感受系统中最小化预测误差时的不平衡的体现④。

为了描述从大脑边缘区域到脑岛皮层的特定皮层连接,巴雷特(L. Barrett)和西蒙斯(W. Simmons)提出了前脑岛起着"误差模块"(error module)作用的神经解剖学模型⑤。与内感受预测编码有关的脑区包括:特定的脑干(specific brainstem)、脑岛、眶额(orbitofrontal)、前扣带回等次级

---

① 张静:《自我和自我错觉:基于橡胶手和虚拟手错觉的研究》,中国社会科学出版社 2017 年版,第 107—108 页。

② Seth, A. K., Suzuki, K., & Critchley, H. D. (2012). An interoceptive predictive coding model of conscious presence. *Frontiers in Psychology*, 2, 395.

③ Ainley, V., Apps, M. A., Fotopoulou, A., & Tsakiris, M. (2016). 'Bodily precision': A predictive coding account of individual differences in interoceptive accuracy. *Philosophical Transactions of the Royal Society B: Biological Sciences*, 3.

④ Khalsa, S. S., & Lapidus, R. C. (2016). Can interoception improve the pragmatic search for biomarkers in psychiatry? *Frontiers in Psychiatry*, 7, 121.

⑤ Barrett, L. F., & Simmons, W. K. (2015). Interoceptive predictions in the brain. *Nature Reviews Neuroscience*, 16(7), 419–429.

皮层和皮层区域。赛斯等指出这些区域可能潜在地形成了一个松散的层级[①],脑岛的中后部支持对内感受信号的初级皮层表征,而后脑岛则是监测预测的身体活动和实际的身体活动之间的可能偏差,例如作为一个误差模块[②]。

预测编码模型为我们理解"心-身交互作用"提供了一些关于身体和自我信念的概念,其中最为核心的就是所有的心理状态都是"具身的"。因此,有必要从作为身体自我基础的角度来梳理内感受与具身性的关系。

三、作为身体自我基础的内感受

自我的本性必然涉及无意识的生命自我、前反思的自我感,以及反思意识的自传体自我。对于生命自我,无疑诸如主体、第一人称视角、感知、反应、行为、趋向、回避、意向性等描述任何主体特性的术语也适用于它,然而,无意识的生命自我并没有意识所赋予的自我感。而反思意识的自传体自我,它不仅涉及我们如何理解自我,更多的还会涉及我们如何理解社会和文化语境中的自我。瓦雷拉指出,认知依赖于经验的种类,这些经验来自具有各种感知运动的身体;而这些个体的感知运动能力自身又内含在一个更广泛的生物、心理和文化的情境中,这是我们在使用具身一词时意在突出的两点:一是关于心智嵌入身体;二是关于身体嵌入情境与社会。如果要考察二,必须先考察一[③]。因此,我们想要了解自我,比较合理的一种方式是重视拥有自我感的身体自我。

首先,从生理学层面而言,我们的身体具有相当程度的稳定性。尽管婴儿期和青春期人的身体会发生较大的变化,然而总体而言,在人的一生的发展过程中,身体的构造大体上是保持不变的,并且身体的操作活动也具有明显的稳定性。尤其是到成年期之后,身体的整个布局,包括基本的系统和器官,不仅对同一个人而言是基本保持稳定的,而且对不同的人而言这些结构相互之间也是高度一致的。人体的绝大多数成分所进行的操作活动很少改变或根本就没有改变。骨头、关节和肌肉如此,内脏和内部环境更是如此。此外,内脏和内环境的可能状态的范围是相当有限的。由于这些状态的范围

---

① Seth, A. K., Suzuki, K., & Critchley, H. D. (2012). An interoceptive predictive coding model of conscious presence. *Frontiers in Psychology*, 2, 395.
② Critchley, H. D., Wiens, S., Rotshtein, P., Öhman, A., & Dolan, R. J. (2004). Neural systems supporting interoceptive awareness. *Nature Neuroscience*, 7(2), 189-195.
③ F. 瓦雷拉、E. 汤普森、E. 罗施:《具身心智:认知科学和人类经验》,李恒威、李恒熙、王球、于霞译,浙江大学出版社2010年版,第139页。

很小,因此,这种有限性就被建构在有机体的细节内部了。容许变动的范围是如此微小,遵守这种有限性又是生存所必需的,这就使得有机体从一开始就有一个自主的调节体系,以保证对生命造成威胁的偏差不会出现,或者能够得到迅速的纠正。概而言之,似乎有机体天生地就带有这些装置,从而保证身体的大部分结构能够非常敏感的注意到最微小的变化。这些装置通过遗传根植在每一个有机体身上的,无论有机体主观上是否想要,这些装置都会各负其责地执行并完成它们的基本工作①。

其次,从心理学层面而言,我们也能够观察到很多身体稳定性的表现。有这样一条我们特别习以为常以至于经常忽视的简单而有趣的证据便是:无论是我们自己还是我们所认识的任何一个人,我们都有一个身体的自我,而与此相对应的有一个心理的自我。读过《爱丽丝漫游仙境》(Alice in Wonderland)的朋友们可能还记得爱丽丝有一次误入兔子洞,将贴有"喝我"标签的瓶子中的液体一饮而尽,将贴有"吃我"标签的盒子中的蛋糕一扫而空之后,仙境中的爱丽丝开始体验各种奇怪的症状。她发现了一把金钥匙,并用它打开了一扇通向花园的门,花园里没有一件东西是看上去那么简单的。那儿有一只消失后只留下笑脸的柴郡猫。"哎哟,我常常看见没有笑脸的猫,可是还从没见过没有猫的笑脸呢。这是我见过的最奇怪的事儿了!"爱丽丝禁不住发出如此的感慨②。可见,即便是在童话故事中,没有身体的表情也是令人难以置信的。尽管某些早期哲学家乃至某些当代宗教思想中认为人的心灵可以独立于身体而存在,认为灵魂、精神是没有重量没有颜色的东西。然而实际上谁也不曾见过没有身体的人,同时也没有任何迹象表明这些没有重量没有颜色的灵魂曾经存在过。简单而言,我们的日常经历告诉我们的便是这样一种简单的对应关系:一个人,一个身体;一个心灵,一个身体③。就像爱丽丝从来没有见过没有猫的笑脸,我们也从来没有见过没有身体的人。此外,我们也没有见过有两个身体的人。

此外,我们的身体除了上述的稳定性之外,就生物学的视角而言,它又是处于不断发展变化中的。它在细胞和分子的水平上总是持续不断地进行着重新建构。我们不仅在生命终结的时候不是永恒持久的,而且在我们的有生

---

① A. R. 达马西奥:《感受发生的一切:意识产生中的身体和情绪》,杨韶刚译,教育科学出版社 2007 年版,第 109—113 页。

② N. 汉弗莱:《一个心智的历史:意识的起源和演化》,李恒威、张静译,浙江大学出版社 2015 年版,第 60 页。

③ A. R. 达马西奥:《感受发生的一切:意识产生中的身体和情绪》,杨韶刚译,教育科学出版社 2007 年版,第 110 页。

之年，我们身体的大部分部件也是要消亡的，不断地被其他非永久性的部分所取代。生与死的循环在一生中要重复无数次——我们的身体中有些细胞只能存活短短的一个星期，大多数细胞不会超过一年。没有任何成分能长时间保持不变，构成我们今天身体的大多数细胞和组织都已经不同于我们上大学时所具有的细胞和组织了。当我们发现自己是由什么组成的以及是如何组织在一起的时候，就会发现一个永不停息的建造和拆除的过程。我们会认识到，生命就是受这种永不停息的过程所支配的。身体既稳定又不断变化的特性和我们试图对之一探究竟的自我是如此之相似。一方面，自我是稳定的，在不同的时间和不一样的情境内，我们似乎都会有一种我是经历这些不同的那个相同的人的感受。但是另一方面，自我存在所必不可少的各种体验又是处于不断的变化之中的。身体的这种稳定性和一刻不停的建构性便是为什么我们能够并且需要通过身体表征来理解自我的一个重要原因[①]。

大脑如何产生"我的身体是我的"的体验？这一问题在多感官整合的语境中得到了广泛的探索与深入的研究。这一研究的起点应是主体性和最小限度的自我，进而根据研究所关注的刺激和变量的不同，可以分为身体自我的外感受模型和身体自我的内感受模型进行探究。

（一）主体性和最小自我

人类婴儿从出生开始自我表征（self-representation）的能力便一直在发展与完善。以至于成年的我们甚至会忽视"我如何感受和操作我的身体，甚至知道我的身体是我的"这一哲学和心理学的基本问题。正如威廉·詹姆斯说的，我的手"它总在那里"。当我们口渴想喝水时，在伸手之前我们必然需要知道或寻找杯子在哪里，但我们却从来不需要像寻找水杯一样去寻找自己的手，这似乎是一件不言而喻的事情。这一被我们视为理所当然的能力的基础在于认识如何自我表征和自我识别的（self-recognition）。我的身体与"我"之间的关系同我的身体与他人之间的关系有着极大的不同，个体能够意识到自己同外部是有区别的，这标志着自我意识的形成。在具身认知的视角下，自我表征和自我识别不光是自我觉知的一种衡量，同时也是推论他人心理状态的基础。身体的自我觉知首先需要一种对有界性的基本体验，在前反思的身体自我觉知的现象学概念中，主体性体验至关重要。

1. 主体性和内感受

主体和客体是截然不同的存在，其区别在于所有主体都有一个共同的基

[①] 张静：《自我和自我错觉：基于橡胶手和虚拟手错觉的研究》，中国社会科学出版社 2017 年版，第 28—29 页。

本特征,而所有客体似乎都缺乏这个基本特征:主体会拥有一种有感知能力的视角(sentient perspective),这种视角会打破主体自身自我封闭的状态,将其与外部世界相连,而客体似乎只是存在于其自身之中,既不会觉知到,也不会敏感,更不会关心发生在它们身上的或是发生在环境中的事情。就此而言,能够回答"在我身上发生了什么"和"在外界发生了什么"这两个问题至关重要。在尼古拉斯·汉弗莱(Nicholas Humphrey)有关意识起源和演化的理论中就曾明确指出,即便是对于像变形虫那样最简单的生物体而言,也需要有一个明确的边界。这一边界至关重要,因为这个动物就是存在于这一边界内的,边界内的一切都是这个动物的一部分,都属于它,是"自我"的一部分;而边界外的一切都不是这个动物的一部分,都不属于它,是"他者"的一部分:

> 一方面,正如我们所看到的,动物从拥有评估自身当前状况的能力中获益:即要回答"在我身上发生了什么"的问题——"红光照到我皮肤上像是什么感觉"。另一方面,如果它们具有评估外部世界状况的能力,它们将会进一步获益:即要回答"在外界发生了什么"的问题,例如,"这束红色光线来自哪里"。但"在我身上发生了什么"和"在外界发生了什么"的问题始终是不同种类的问题,因此始终要求不同种类的回答。①

因其所呈现给我们的方式的特殊性,主体性在绝大多数情况下都很难把握,尽管它始终存在于时间进程之中,但往往是不可观察的,因此主体性很难从第三人称的方法中获得。而且,即便是第一人称的(first-person)或反思的(reflective)的方法有时候也很难通达主体性。在心理学对心智的研究中,随着行为主义思想的兴起及其方法论的推广,加之内省方法自身如因细节没有达成一致共识所造成的混乱的存在,使得自20世纪20年代以来,主体性在之后几十年的时间里一直是实验科学研究的禁忌;直至50年代后期,随着认知心理学的兴起,研究者才重新意识到专注于认知功能、认知模型的认知科学是不完整的:

> 事后看来,显而易见的情形是:从传统哲学和心理学走向当代认知科学的过程中,我们错过了一些东西,直到现在人们才开始重新正视它

---

① N. 汉弗莱:《一个心智的历史:意识的起源和演化》,李恒威、张静译,浙江大学出版社2015年版,第21页。

们。概言之,我们缺少的是对主体体验的科学关注。①

从第一人称的角度来看,主体性存在的通达并不是完全不可及的。主体性以一种非专题性或非反思性的方式将自己觉知为有感知能力的。换言之,有感知能力或能感受就意味着对于感受的觉知。"自我觉知"(self-awareness)通常是用在对感受拥有觉知的意义上,而不是用于反思性的自我意识的清晰的形式上。并且在主体性的基本层面上,觉知及其所谓的客体之间并没有严格的区分。自我觉知是建立在主体性本身之中的。主体性的视角就像是一束光,世界显现于其中,但这束光本身并不需要通过照到自己身上的方式才能让自己出现在觉知中。在意识相关术语的语境中,无数哲学家尝试对这种观点进行表述,如意识是自我意识;自我意识是意识的一种内在的特征等②③。但是语言有时候会让我们误入歧途,从而将意识与自我意识区分开来。感觉能力和对拥有感知能力的觉知之间,或是感受和对一个人感受的感受之间的概念的和术语的区分,可能是没有根据的④。

严格地说,自我意识并不是意识本身,因为它不遵循意识行为指向对象的知觉模型,这是许多意识哲学家试图阐明的⑤。意识与它本身之间或许根本就是不相关的,而不像我们的直觉所认为的属于主体-客体的关系。如果能就上述观点达成共识,那么就能够理解为什么为了探索主体性现象,我们不应该从经历着的主体性转为将其在反思行动中进行客观化。哲学家有时候会使用属于"前反思的自我意识"(pre-reflective self-consciousness)来指代自我作为主体而非客体意义上的自我意识⑥,有时候也会用"第一人称视角"来强调意识的这一维度⑦。

---

① E. 汤普森:《生命中的心智:生物学、现象学和心智科学》,李恒威、李恒熙、徐燕译,浙江大学出版社 2013 年版,第 3 页。

② Legrand, D. (2007). Pre-reflective self-as-subject from experiential and empirical perspectives. *Consciousness and Cognition*, 16(3), 583-599.

③ D. 扎哈维:《主体性和自身性:对第一人称视角的探究》,蔡文菁译,上海译文出版社 2008 年版,第 125—130 页。

④ de Vignemont, F. (2018). Was Descartes right after all? An affective background for bodily. In M. Tsakiris & H. De Preester (Eds.), *The Interoceptive Mind: From Homeostasis to Awareness*. Oxford: Oxford University Press, pp. 259-271.

⑤ Frank, M. (2007). Non-objectal subjectivity. Journal of consciousness studies, 14(5-6), 152-173.

⑥ Legrand, D. (2007). Pre-reflective self-as-subject from experiential and empirical perspectives. *Consciousness and Cognition*, 16(3), 583-599.

⑦ D. 扎哈维:《主体性和自身性:对第一人称视角的探究》,蔡文菁译,上海译文出版社 2008 年版,第 151 页。

主体性的成熟形式(full-fledged form)被称为"意识",这种形式能够形成一种清晰的、反思性的以及理性的自我意识模式,但它却会阻碍我们对基本的自我觉知的较好理解。

当主体从第一人称视角"主我"(I)转向自己,反思性地把自己当作思考或感觉的对象时,自我意识的清楚模式便开始活跃,从而会导致"宾我"(me)作为思维和感受的对象而出现。例如,当我认为自己是笨拙的,当我在镜子中认出自己,或者当我想起自己还是一个孩子的时候,自我意识的反思模式就是活跃的。意识的这种模式和自我以及所有与之相关的特征,如自我识别、个性化、纪传体叙述等相联系①。

相比之下,自我觉知并不必然要求要存在一个人,一个"主我",或是一个反思自己的主体,因为我们讨论的是主体性而不是主体。"自我"的概念往往引发的都是反思性的自我意识中所涉及的自我的概念,从而直接跳过了自我觉知中所涉及的最小自我(minimal self)的概念。但最小自我的存在及其作用却是自我研究中的重要内容之一。最小自我指的是最基本的、直接的或原始的自我,不包含任何对自我而言不必要的成分。正如扎哈维所总结的:

> 每当有自身觉知时,就会有一种最小限度的自身感(sense of self)②在场。自身觉知不仅在我意识到我正在感知一支蜡烛时存在,同时也当我在第一人称被给予模式中熟悉一种体验时——当对于我而言存有某种对体验的感觉如何时——存在。换言之,前反思的自身觉知和最小限度的自身感都是我们体验生活不可或缺的部分。③

虽然哲学家们在试图深入主观性的根本内容的过程中小心地避免使用过于夸张的自我概念,但自我意识的很多复杂和高级的现象中所衍生出的元素往往还是会被纳入其中,从而不仅会影响到理论的探讨,也会影响到科学研究的假设和进路。因此,仔细考虑主观性在其最基本的形式中是一种非关系性自我觉知的拥有感知能力的视角,或许能够推动神经科学和神经心理学

---

① de Vignemont, F. (2018). Was Descartes right after all? An affective background for bodily. In M. Tsakiris & H. De Preester (Eds.), *The Interoceptive Mind: From Homeostasis to Awareness*. Oxford: Oxford University Press, pp. 259-271.

② D. 扎哈维的 *Subjectivity and Selfhood: Investigating the First-Person Perspective* 一书的中译本《主体性和自身性:对第一人称视角的探究》中,self 一词被翻译为"自身",与之相对应的,sense of self 也被翻译为"自身感"。

③ D. 扎哈维:《主体性和自身性:对第一人称视角的探究》,蔡文菁译,上海译文出版社 2008年版,第 186 页。

对主体性的研究。然而,认知科学的大部分研究仍然集中在将自我视为主体(主我)和客体(宾我)之间的一种关系的结果,例如在自我识别中将自我视为知觉的对象。意识的活动,如知觉、注意、表征等,都是指向自我的,所有这些活动都是将自我对象化。这也正是神经心理学研究需要从总是将自我作为客体,转向兼顾自我同时也可以作为主体的原因[1]。事实上,早在19世纪90年代,威廉·詹姆斯就曾对自我进行过"主我"和"宾我"之间的区分,沿着这一经典区分,当代的哲学家、心理学家和认知科学家们也开始将重点放在"我"作为知觉、行动、认知和情绪的自主体的角度上[2],而不是总将"我"视为知觉、行动、认知和情绪的客体。这是向主体性科学研究急需的方向迈出的一步。

除了主体性体验之外,身体和世界的区分也很重要,正是这种区分构成了基本的自我感和非我感的区分。

2. 最小自我的界定与意义

在汤普森的建构论主张中,最基本的自我指定系统所完成的便是通过将运动指令和感官刺激相联系而获得最初的自我和他者的区别。为了方便这一问题的讨论,现象学家肖恩·加拉格尔(Shaun Gallagher)将自我划分为最小的自我(minimal self)和叙事的自我(narrative self),并指出,我们对自我开展研究首先需要寻找的是:

> 即便在所有自我的不必要的特征都被剥离之后,我们仍然拥有一种直觉,即存在一个基本的、直接的或原始的"某物"我们愿意将其称为"自我"。[3]

对自我的分类加拉格尔不是最早的一位自然也不会成为最后的一位。从19世纪末詹姆斯开创性地将不同的自我进行分类以来,这项工作一直没有停过。詹姆斯将自我划分为物理的自我(physical self)、心理的自我(mental self)、精神的自我(spiritual self)以及本我(the ego)。乌尔里克·奈瑟儿(Ulric Neisser)指出有必要在自我的生态的(ecological)、人际的

---

[1] Legrand, D. (2007). Pre-reflective self-as-subject from experiential and empirical perspectives. *Consciousness and Cognition*, 16(3), 583–599.

[2] Christoff, K., Cosmelli, D., Legrand, D., & Thompson, E. (2011). Specifying the self for cognitive neuroscience. *Trends in Cognitive Sciences*, 15(3), 104–112.

[3] Gallagher, S. (2000). Philosophical conceptions of the self: Implications for cognitive science. *Trends in Cognitive Sciences*, 4(1), 14–21.

(interpersonal)、扩展的(extended)、私人的(private)以及概念的(conceptual)方面进行不同的划分。而盖伦·斯特劳森(Galen Strawson)在对来自包括哲学心理学等在内的各个学科的文献进行综述后指出关于自我除了上述的分类之外还存在大量的描述，如认知的(cognitive)、具身的、虚构的(fictional)以及叙事的自我。加拉格尔本人也表示之所以采用最小的自我和叙事的自我这样的二分是因为这样能够更好地将心智哲学的观点和认知科学的发现进行更好结合，从而拓宽在这一问题上的哲学分析的广度。此外，对自我从这一角度进行分类的学者也并非只有加拉格尔一人。最小的自我和叙事的自我的这种分类方法和达马西奥所进行的原始自我、核心自我以及自传体自我有着异曲同工之处。这里之所以选择加拉格尔的分类方法正如他本人所言，可以更好地将哲学分析与科学实证探索进行跨学科结合，并且在这样的分类框架下我们也更容易进行实证检验[1]。

除了对自我进行分类外，加拉格尔同时还指出对最小自我的觉知是通过两类基本体验：拥有性的体验和自主性的体验而得以调节的，即拥有感和自主感被认为是两类能够帮助我们进行有效识别身体自我的重要体验[2]。

如前文所述(详见第一章第一节"具身认知的现象学基础")，所谓拥有感，是指"我"是那个正在做出某个动作或者经历某种体验的人的感觉。例如，我的身体正在移动的感觉，不管这一移动是否出于我本人的意愿。当我伸手去够一个水杯的时候，我对于伸出去的那只手是属于我身体的一部分的感觉或者我对于伸手的那个动作是属于我身体所发出动作的感觉便是拥有感。拥有感对于自我的意义在我们的日常体验中无处不在。例如，当需要判断看到的身体是否属于我时，我们最先采用的方法可能就是根据我看到的身体的某个特定部位的空间位置或典型特征等与我相应的本体感觉之间的比较来判定，即身体部位的视觉信息与我本体感觉信息之间是否匹配[3]。

身体拥有感指的是一个人自己身体的特殊知觉状态，正是它才使得身体感觉对自己而言与众不同，即"我的身体"属于我的感受。身体拥有感赋予本体感官信号一种特殊的现象品质，并且它对于自我意识而言也是根本的：我的身体和"我"之间的关系与我的身体和其他人的身体之间的关系是不同的，

---

[1] 张静：《自我和自我错觉：基于橡胶手和虚拟手错觉的研究》，中国社会科学出版社2017年版，第33页。
[2] Christoff, K., Cosmelli, D., Legrand, D., & Thompson, E. (2011). Specifying the self for cognitive neuroscience. Trends in Cognitive Sciences, 15(3), 104–112.
[3] 张静、陈巍、李恒威：《我的身体是"我"的吗？——从橡胶手错觉看自主感和拥有感》，《自然辩证法通讯》2017年第2期。

与我和外部对象之间的关系也是不一样的。正如威廉·詹姆斯所言:"我们对于外部对象的知觉可以从不同的视角进行,甚至这种知觉也可以暂停,但是我们对于自己身体的知觉却与此相反,对'相同的不变的身体的感受总在那儿'。"梅洛-庞蒂也写道:"我自己身体的不变性在种类上是完全不一样的……它的不变性并不像世界上其他的不变性,而是就我而言的不变性。"[1]当我们发现自己是由什么组成的以及是如何组合在一起的时候,就会发现这是一个永不停息的建造和拆除的过程,然而,令人惊讶的是,我们竟然有一种自我感,我们有构成同一性的结构和功能的某种持续性,有某种我们称之为人格的稳固的行为特质,你就是你,而我就是我[2]。身体拥有感的这种不变性正是我们将其视为最小的自我核心成分并加以研究的主要原因。

常识经验也告诉我们,除了拥有感,我们还会根据我是否能让身体的某个特定部位受我的控制来判定,即能否让它随我的意愿而运动。同样是当我伸手去够一个水杯的时候,如果是我自己主动做出这一动作,我会有一种伸手的动作是受我自己意愿所控制的感觉,即对伸手够杯子动作的自主感;而如果是别人拉着我的手去拿杯子或者我的手没有动,而杯子被他人移到我手中时,我不再会有这种自主感。自主感在日常生活中也是无处不在。例如,当我们在商场的监控电视中看到某一酷似自己的图像但是又无法百分之百确定的时候,大部分人可能都会采取的一种策略就是移动身体的某个部分,如果监控电视中的图像也随之移动,那么我们会相应地做出肯定判断,否则我们会认为自己看错了。只有当所有这些都相匹配时,我才会认为这是我的手。这种体验被称为自主感[3]。自主感是指我是那个发起动作或者导致动作产生的人的感觉。"我"是引起某物运动,或我是在"我"的意识流中产生特定思维的那个人,但反之并不必然。例如,有人推了我一下,我会意识到动的是我的身体(拥有感),但我不会产生我是我之所以动的原因的感觉(自主感)。

较之拥有感,自主感因其包含了更多的心理成分而更难界定。这里我们只关注自主感如何作为一种有助于人类进行自我识别的基本体验而存在。大量的研究表明,自主感,尤其是自主性的判断,很大程度上依赖于预测结果和实际感官结果之间的一致和不一致程度[4]。预测结果和实际结果之间的

---

[1] Tsakiris, M. (2010). My body in the brain: a neurocognitive model of body-ownership. *Neuropsychologia*, 48(3), 703-712.

[2] A. R. 达马西奥:《感受发生的一切:意识产生中的身体和情绪》,杨韶刚译,教育科学出版社 2007 年版,第 112 页。

[3] 张静、李恒威:《自我表征的可塑性:基于橡胶手错觉的研究》,《心理科学》2016 年第 2 期。

[4] Vosgerau, G., & Newen, A. (2007). Thoughts, motor actions, and the self. *Mind & Language*, 22(1), 22-43.

一致性将会导致自主感的产生,而不一致则说明动作可能是由另一个自主体所导致的。在对自主感的研究中,中央监控理论(central monitoring theory)或称比较器模型(comparator model)是当前最有影响力的解释。根据这一理论,在动作产生的同时会产生相应的输出信号(efferent signals),而当动作被执行之后又会有再输入信号(re-afferent signals),两者之间的相匹配会让我们产生相应的自主感,而不相匹配则会造成自主感的降低甚至缺失[1][2]。换言之,为了实现对动作的精确控制,运动系统不仅要利用感官反馈,而且还需要进行预测,并将预测的结果与实际的反馈进行比较。不一致的反馈会向运动系统发出信号指导其监控并对行为做出相应的调整[3]。这些输出副本机制可能就是心理上自主体验的基础。

输入输出副本的重要性不仅体现在影响自主感产生与缺失的条件下,它们同时对于区别自我和他者也有着重要的意义。中央神经系统包含一个特定的比较器系统,它能够接收运动指令的副本并将其与源于运动的感官信号进行匹配。例如,当我们在键盘上移动手指时,大脑皮层会向脑干和脊柱中的运动神经元发送运动信号,同时还会发送这些信号的副本给小脑。与此同时,小脑会收到源于肌肉、关节、肌腱等的包含手指移动信息的感官信号,通过比较关于手指位置和移动的感官信息与关于运动指令的信息,小脑使得大脑能够对自我运动所导致的感官变化和环境所导致的感官变化加以区别。神经系统正是根据系统地将产生动作的运动指令(输出信号)与源于动作而产生的感官刺激(输入信号)相联系来实现对自我和他者的区别[4]。

围绕最小自我的两个核心成分拥有感和自主感,认知科学和实验心理学进行了一系列的实证研究以探究哪些因素影响稳定统一的自我感的形成与保持。早期的研究更多地聚焦于外部刺激的影响,随着内感受研究的兴起,对内感受影响的探究也吸引了越来越多的研究者的兴趣。

(二)身体自我的外感受模型

1. 橡胶手错觉中外感受的整合

橡胶手错觉是一种将人造的外部对象(橡胶手)感受为自己真实身体

---

[1] Blakemore, S.-J., Frith, C. D., & Wolpert, D. M. (2001). The cerebellum is involved in predicting the sensory consequences of action. *Neuroreport*, 12(9), 1879–1884.

[2] Feinberg, I. (1978). Efference copy and corollary discharge: Implications for thinking and its disorders. *Schizophrenia Bulletin*, 4(4), 636.

[3] Franklin, D. W., & Wolpert, D. M. (2011). Computational mechanisms of sensorimotor control. *Neuron*, 72(3), 425–442.

[4] Christoff, K., Cosmelli, D., Legrand, D., & Thompson, E. (2011). Specifying the self for cognitive neuroscience. *Trends in Cognitive Sciences*, 15(3), 104–112.

一部分的知觉体验。这一现象最早由认知心理学家马修·波特维尼克(Matthew Botvinick)和乔纳森·科恩(Jonathan Cohen)发现并报告①。经典的橡胶手错觉实验具体操作如下：被试就坐于一张桌子前，根据要求将自己的其中一只手置于桌面上。实验者将一只橡胶手平行置于被试的真手附近，并用一块挡板将真手和橡胶手隔开，使得被试的真手被遮挡于其视线之外。实验过程中实验者用两把规格相同的刷子同时轻刷被试可见的橡胶手和不可见的真手(如图 3-2 所示)。

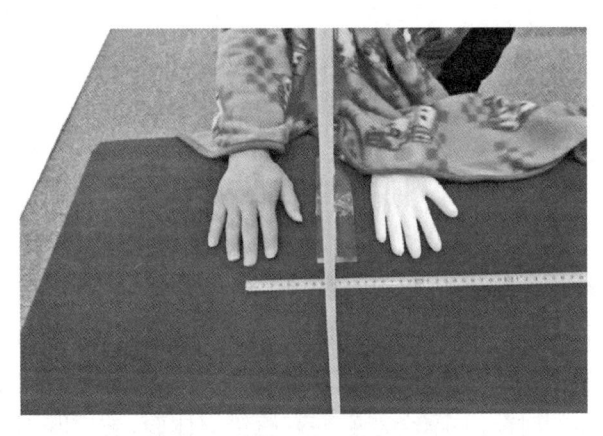

图 3-2 橡胶手错觉实验示意图②

10 分钟后，要求被试完成一份包含 9 个与身体拥有感有关问题的问卷。如"刚才我好像是从我看到橡胶手所放置的位置处感受到的刷子的触觉""我感到好像橡胶手是我自己的手"等，并在李克特 7 点量表上根据自己的实际感受进行选择(从"-3"到"3"依次代表"非常不同意""不同意""部分不同意""不确定""部分同意""同意""非常同意")。尽管问卷所衡量的内容属于主观感受，但问卷的结果较为一致地显示被试在同步的视觉-触觉刺激后会将橡胶手感受为自己身体的一部分，并感受到作用在真手上的刺激仿佛是从橡胶手放置的那个位置来的。

除了问卷报告的方式外，本体感觉偏移(proprioceptive drift)程度也被引入作为一个重要的因变量指标来衡量被试的错觉体验程度。所谓本体感觉偏移是指被试自己感觉身体的某个部位所处的位置和该身体部位实际所处

---

① Botvinick, M., & Cohen, J. (1998). Rubber hands 'feel' touch that eyes see. *Nature*，391(6669)，756.
② 图片摘自张静、陈巍、李恒威：《我的身体是"我"的吗——从橡胶手错觉看自主感和拥有感》，《自然辩证法通讯》2017 年第 2 期。

位置之间的偏差。实验中,在用刷子以相同的频率和方式刺激被试可见的橡胶手和不可见的真手之后,实验者要求被试在桌子下面移动自己的右手食指,指向位于和左手食指相对齐的位置。通常情况下,几乎所有的正常人都能轻松地完成这个任务。但是在橡胶手错觉实验中,当被试的左手接受了10分钟的同步的视觉-触觉刺激之后,被试对自己手指所处位置的感受会出现明显的朝向橡胶手所在位置的偏移,而且这种偏移与被试所报告的错觉持续时间成正比[1]。

继经典橡胶手错觉实验之后,一系列探索拥有感错觉影响因素及其作用机制的研究陆续展开。岛田宗太郎(Sotaro Shimada)等通过改变视觉输入与触觉刺激之间的时间间隔发现,当延时在300毫秒以内时,被试能够体验到较强的对橡胶手的拥有感;当延时在400～500毫秒之间时,拥有感错觉程度会大大降低;而当延时增加至600毫秒时橡胶手就无法再被感受为自己身体的一部分了[2]。为此,几乎所有的橡胶手错觉研究中都会将不同步的刺激作为控制条件进行比较,并且几乎所有早期橡胶手错觉的研究都发现在刺激不同步的条件下错觉并不会出现,即当刷被试真手的刷子的节奏和被试观察到的作用在他们所能看到的橡胶手上的刷子的节奏在时间上不同步的时候,并不会产生拥有感错觉体验,被试既不会感受到橡胶手成了他们自己身体的一部分,也不会觉得他们所体验到的刷子的触觉是从橡胶手被刷的那个位置来的[3][4]。因此,两类感官输入,即真手上的触觉感受和被试所观察到的橡胶手被刷的视觉感受,在时间上必须一致。换言之,尽管其自身单独并不能构成充分条件,但同步的多感官刺激(synchronous multisensory stimulation)被认为是驱动橡胶手错觉出现并导致身体拥有感变化的主要原因(值得注意的是,在早期的研究中,多感官刺激更多的是着眼于以视觉、触觉等为主的外感受刺激的影响上)。同步地施加视觉-触觉刺激是一个至关重要的因素。多感官加工旨在整合感官信号和潜在冲突的解决,从而在可获得的感官证据的基础上形成一个对世界和身体连续的

---

[1] Botvinick, M., & Cohen, J. (1998). Rubber hands 'feel' touch that eyes see. *Nature*, 391(6669), 756.

[2] Shimada, S., Fukuda, K., & Hiraki, K. (2009). Rubber hand illusion under delayed visual feedback. *PLoS One*, 4(7), e6185.

[3] Ehrsson, H. H., Spence, C., & Passingham, R. E. (2004). That's my hand! Activity in premotor cortex reflects feeling of ownership of a limb. *Science*, 305(5685), 875–877.

[4] Tsakiris, M., & Haggard, P. (2005). The rubber hand illusion revisited: Visuotactile integration and self-attribution. *Journal of Experimental Psychology: Human Perception and Performance*, 31(1), 80.

表征。橡胶手错觉反映了视觉、触觉以及本体感觉三方的交互作用：作用在橡胶手上的触觉刺激的视觉感受与被试自己真手上的触觉感受的整合导致了对自己看不见的真手所处位置的错误定位，即本体感觉出现了朝向视知觉的空间位置的偏移。

影响错觉产生的因素除了时间一致性外还有空间一致性，即被试的真手和橡胶手之间的距离。除了对空间因素进行控制的研究，一般橡胶手错觉研究都会将真手和橡胶手之间的距离控制在10～15厘米。堂娜·劳埃德(Donna Lloyd)的研究发现，随着被试真手和橡胶手之间的距离增加，被试所感受到的错觉程度会逐渐下降乃至最终消失。当橡胶手被移动至距离被试真手27.5厘米处时，错觉程度会出现显著的降低。他们认为这可能意味着我们身体周围的动态视觉接收区是有限的[1]。但是也存在个别与之相悖的研究结果：当橡胶手错觉产生之后撤掉橡胶手，面对光秃秃的桌面时，被试仍报告说他们能感受到位于桌面上的触觉。在真手和桌面上都贴有创可贴的情况下，撕掉桌面上的创可贴时，皮肤电传导反应(skin-conductance response, SCR)能监测到被试情绪的变化。当橡胶手被移至距离真手3英尺(约91厘米)的位置时，错觉也依然存在[2]。可见并不是所有的研究都发现了此类距离现象的存在。为此有研究者指出，不仅真假手之间的距离很重要，而且橡胶手和身体之间的相对位置也会对错觉产生重要影响[3]。然而距离的确切作用其实尚未完全清楚，并且目前研究所观察到的距离对错觉的影响还包括其他的一些因素，诸如两手之间的摆放情况以及它们和身体之间的位置等。

此外，特征一致性，如橡胶手的姿势、和真手在外观上的差异程度等，也被认为会对橡胶手错觉实验中的拥有感体验产生影响。扎克瑞斯(M. Tsakiris)及其同事发现当橡胶手被旋转至与真手呈90°角的位置时，本体感觉偏移的测量表明错觉程度出现了显著的下降[4]。与之结果一致的研究也不在少数，即当橡胶手的摆放位置处于一个从被试手臂的角度出发的一个解

---

[1] Lloyd, D. M. (2007). Spatial limits on referred touch to an alien limb may reflect boundaries of visuo-tactile peripersonal space surrounding the hand. *Brain and Cognition*, 64(1), 104-109.

[2] Armel, K. C., & Ramachandran, V. S. (2003). Projecting sensations to external objects: Evidence from skin conductance response. *Proceedings of the Royal Society of London. Series B: Biological Sciences*, 270(1523), 1499-1506.

[3] Preston, C. (2013). The role of distance from the body and distance from the real hand in ownership and disownership during the rubber hand illusion. *Acta Psychologica*, 142(2), 177-183.

[4] Tsakiris, M., Haggard, P., Franck, N., Mainy, N., & Sirigu, A. (2005). A specific role for efferent information in self-recognition. *Cognition*, 96(3), 215-231.

剖学上不可能的位置，例如呈 90°或者 180°角的时候，错觉体验便不会产生[1]。并且有的研究发现并不是所有的对象都可以被使用的：用与人手毫无相似之处的木块来代替橡胶手，或是用左手来代替右手时(如被试被刷的手是右手而实际放置于他们面前的橡胶手是左手)，拥有感错觉也会消失[2]。这很有可能是由于关于什么对象可能成为我们身体一部分的自上而下的知识所影响的，即橡胶手错觉产生过程中可能存在来自身体意象(如果存在)的干预。然而与空间一致性原则类似，特征一致性的结论也不绝对一致。尽管虚拟手错觉被认为几乎等同于橡胶手错觉，但是通过虚拟手错觉范式对特征一致性所开展的研究结果却发现，被试甚至能对虚拟的气球或者虚拟的正方形木块产生拥有感。这些研究结果都暗示，视觉、触觉等外感受在塑造身体拥有感过程中的作用及其工作机制可能更为复杂。结合虚拟现实技术，我们曾考察了拥有感体验在不同的空间参照系中的变化情况。实验结果证实了视觉、触觉以及绝对距离等外感受信息对拥有感的影响，此外还发现相对位置变化会比绝对距离变化的影响更大[3]。这一结果在证实身体拥有感可塑性的同时，也在一定程度上为探究身体拥有感形成的作用机制提供了更多的实证数据。

综上可见，当前绝大多数的研究表明，时间一致性、空间一致性以及特征一致性是影响橡胶手错觉是否产生的重要因素。其中时间一致性的影响可以在身体自我的外感受模型中得到较为充分的解释，体现的是外部刺激自下而上的影响，而空间一致性和特征一致性的存在说明除了自下而上的影响，可能同时还存在自上而下的先验认知模式的影响(内感受的影响将在本节第三部分"身体自我的内感受模型"中详细介绍)。值得注意的是，外感受的影响并不局限于改变被试对橡胶手的拥有感体验，作为橡胶手错觉结果的身体拥有感的改变反过来又能改变一个人的身体意象。因接受同步的视觉-触觉刺激而体验到橡胶手错觉的被试较之接受不同步的视觉-触觉刺激而没有体验到橡胶手错觉的被试，前者会将橡胶手和自己的真手知觉为更具外观相似性[4]，说明拥有性体验的改变会导致知觉到的物理相

---

[1] Ehrsson, H. H., Spence, C., & Passingham, R. E. (2004). That's my hand! Activity in premotor cortex reflects feeling of ownership of a limb. *Science*, 305(5685), 875–877.

[2] Guterstam, A., Petkova, V. I., & Ehrsson, H. H. (2011). The illusion of owning a third arm. *PLoS One*, 6(2), e17208.

[3] 张静、陈巍：《身体意象可塑吗？——同步性和距离参照系对身体拥有感的影响》，《心理学报》2016 年第 8 期。

[4] Longo, M. R., Schüür, F., Kammers, M. P., Tsakiris, M., & Haggard, P. (2008). What is embodiment? A psychometric approach. *Cognition*, 107(3), 978–998.

似性的改变。

除了视觉和触觉外,运动觉在橡胶手错觉中的作用也是至关重要的。传统橡胶手错觉往往更关注身体拥有感的影响因素,对自主感的变化及其与拥有感的交互作用重视不够。移动橡胶手错觉在经典范式基础上引入运动因素对拥有感和自主感进行双向分离的研究。借助一个特殊的装置,被试可以通过自主运动控制木头制成的仿真假手的运动,也可以由实验者控制仿真假手的运动从而带动被试真手的运动。结果发现,与经典橡胶手错觉结果一致的是,只有当真假手位置一致时被试才会对假手产生拥有感,说明了该实验装置与其他经典实验设置的一致性。实验还发现较之消极移动的情况,只有当真手的移动是被试自己发起时,被试才会对橡胶手产生自主感,同时也会有更强的拥有感[1]。这一方面说明了拥有感和自主感在一定条件下会发生分离;另一方面也体现了拥有感与自主感之间存在某种联系,自主感似乎能促进或提升拥有感的体验。在此之前,已有研究通过分别将触觉刺激作用于被试特定的手指,并指导被试进行主动或者被动的手指移动发现,只有受到刺激的手指才会出现显著的本体感觉的偏移,而未受到刺激的手指则不会。但在主动移动的情况下,本体感觉偏移会出现在所有手指上[2],说明所有手指都产生了拥有感错觉。据此可见,自主感似乎能够对拥有感进行调节,运动觉能将局部的、零碎的身体拥有感整合到一个连续体中,形成统一的身体觉知。我们使用猫爪和人手作为刺激材料,通过同步和不同步的视觉反馈对自主感进行调节,结果显示当虚拟手模态、视觉刺激和运动控制的反馈一致时,被试的拥有感和自主感是最高的,而自主感的缺失则或多或少会导致拥有感的下降(对人手的影响较之对猫爪的影响更大),进一步论证了运动觉在拥有感产生过程中起着重要的中介作用[3]。

除了经典橡胶手错觉以及引入虚拟现实技术后演变出的虚拟手错觉所关注的肢体的拥有感错觉外,外感受多感官整合的相同的原则也能被应用于对身体其他部分乃至全身拥有性体验的相关问题的探究中。

2. 其他错觉研究中外感受的整合

全身错觉(full-body illusion)是外感受整合作用的又一典型示例。由于

---

[1] Kalckert, A., & Ehrsson, H. H. (2014). The moving rubber hand illusion revisited: comparing movements and visuotactile stimulation to induce illusory ownership. *Consciousness and Cognition*, 26, 117-132.

[2] Tsakiris, M., Prabhu, G., & Haggard, P. (2006). Having a body versus moving your body: How agency structures body-ownership. *Consciousness and Cognition*, 15(2), 423-432.

[3] Zhang, J., & Hommel, B. (2016). Body ownership and response to threat. *Psychological Research*, 80(6), 1020-1029.

在实验控制能够引起被试感受到"仿佛位于自己身体所处位置的后方"的感觉,因此全身错觉又被称为离体体验(out-of-body experiences)[1]。

全身错觉实验的大致过程如下:被试根据实验者的引导戴上与一台摄像机相连的三维头盔式显示镜(head-mounted display),摄像机被放置于其正后方 2 米处,使他们在实验过程中看到的不是正常情况下的前方,而是平常自己不会看得到的后背,因此被试会感受到仿佛是站在自己身后 2 米处的位置看着自己。在实验过程中,实验者用一根小棒轻触被试的后背,同时通过控制时间因素使一部分被试在感受到后背的触觉刺激的同时观察到同步的视觉刺激,即虚拟身体也受到小棒的轻触;而另一部分被试在感受到后背的触觉刺激作用的 200 毫秒之后才会观察到作用在虚拟身体上的小棒的轻触,即被试感受到的触觉刺激和观察到的视觉刺激并不同步(如图 3-3 所示)。两种情况下刺激持续时间均为 60 秒。在实验处理结束之后,实验者会关掉显示器,被试根据实验者的提示模拟在跑步机上的小步走,并在实验者的引导下慢慢小步后退,随后再以正常大小的步幅回到初始位置,以此来测量其本体感觉偏移程度。此外,被试还需要完成一份包含 7 个问题的拥有感问卷,以此来衡量他们所产生的对虚拟身体的拥有感错觉程度[2]。

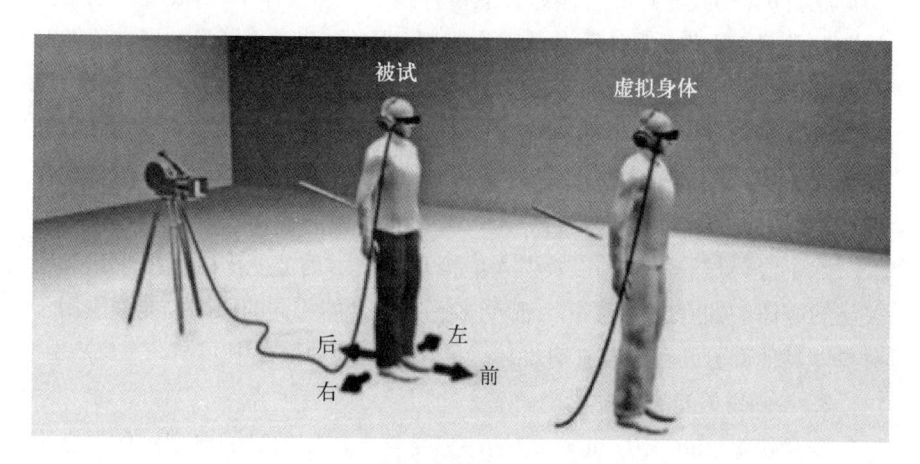

图 3-3 全身错觉示意图(1)[3]

---

[1] Ehrsson, H. H. (2007). The experimental induction of out-of-body experiences. *Science*, 317 (5841), 1048-1048.

[2] Lenggenhager, B., Tadi, T., Metzinger, T., & Blanke, O. (2007). Video ergo sum: Manipulating bodily self-consciousness. *Science*, 317(5841), 1096-1099.

[3] 图片引用并修改自 Lenggenhager, B., Tadi, T., Metzinger, T., & Blanke, O. (2007). Video ergo sum: Manipulating bodily self-consciousness. *Science*, 317(5841), 1096-1099.

与橡胶手错觉实验的结果相似,在同步的视觉-触觉刺激的条件下,被试会对虚拟身体产生更强烈的拥有感错觉,并且在本体感觉偏移的测量上也体现出朝向虚拟身体所在位置的自我定位(self-localization)。此外,研究者还尝试了与上述情境相似但又略有不同的条件:在被试右侧不远处放置一个与之身型相似的人体模型,并穿上与被试相同的衣服,将摄像机放置于假人背后2米处的位置,头盔显示器仍与摄像机相连,通过头盔显示器被试能够看到假人的三维虚拟身体的后背(如图3-4所示)。采用相同的因变量对被试的拥有感错觉和本体感觉偏移进行测量,与之前的结果相似,在视觉刺激和触觉刺激同步的情况下,这一控制条件的改变仍能得到相似的结果,即被试依旧会对虚拟身体产生拥有感,并出现朝向虚拟身体的本体感觉偏移。但是当将假人换成与之等高的长方体木块时,即便是施加同步的视觉-触觉刺激,被试也不会对木块产生拥有感,并且也不会出现朝向木块的本体感觉偏移[1]。

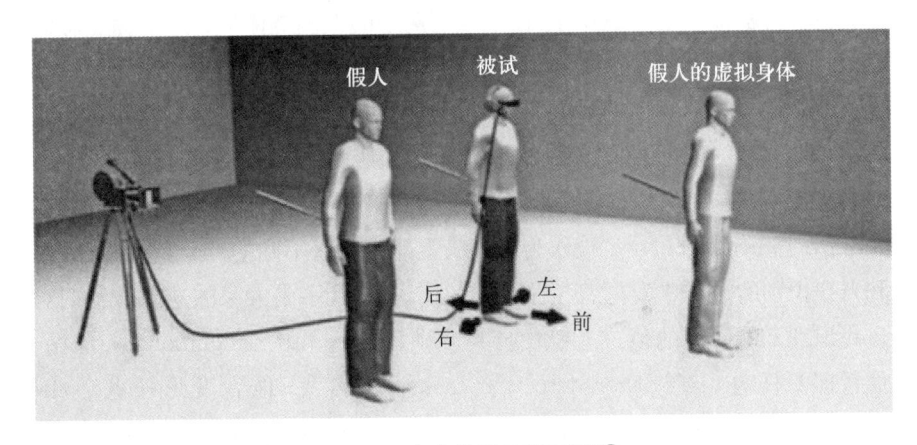

图3-4 全身错觉示意图(2)[2]

综上所述,当视觉对象与被试具有特征相似性的时候,无论被试观察到的是否是自己的后背,同步的视觉-触觉刺激均能使其对虚拟身体产生拥有感。但当视觉对象是与人体无关的其他对象时,视觉-触觉刺激的多感官整合并不能引发被试产生拥有感错觉。这一结论与橡胶手错觉中所揭示特征一致性的重要影响也是相一致的。

类似的操作不仅能让被试,对自己真实身体一般大小的虚拟身体产生拥

---

[1] Lenggenhager, B., Tadi, T., Metzinger, T., & Blanke, O. (2007). Video ergo sum: Manipulating bodily self-consciousness. *Science*, 317(5841), 1096-1099.
[2] 图片引用并修改自 Lenggenhager, B., Tadi, T., Metzinger, T., & Blanke, O. (2007). Video ergo sum: Manipulating bodily self-consciousness. *Science*, 317(5841), 1096-1099.

有感,甚至还能让他们对比自己身体大很多或者小很多的人偶身体的特定部分产生拥有感[1]。实验中被试以只能看到自己下半身的方式平躺在实验室的床上,躺好后戴上与一台摄像机相连的头盔式显示镜,摄像机所拍摄的或为巨大的人偶(高 400 厘米)或为袖珍的人偶(高 80 厘米或 30 厘米)的下半身。人偶的穿着打扮与被试相一致。实验过程中实验者用末端连着小球的两根杆子以同步或者不同步的方式轻触被试和人偶 4 分钟,拥有感问卷的结果揭示,同步的视觉-触觉刺激能让被试对所有的人偶身体部分(无论大小与否)产生拥有感错觉。研究者通过皮肤电传导反应(SCR)记录当有威胁或疼痛刺激作用于人偶身上时被试的生理反应。结果显示与接受不同步视觉-触觉刺激的控制组被试相比,对人偶的身体部分产生拥有感错觉的被试会出现明显的 SCR 的增加,即客观的 SCR 数据与主观的问卷所获得的数据一致。进一步的研究还发现,当被试对大的人偶身体部分产生拥有感的时候,他们会觉得外部对象看起来变小了;而当他们对小的人偶身体部分产生拥有感的时候,他们会觉得外部对象看起来更大了,即对不同大小的身体产生拥有感会改变他们对外界环境的知觉。这一结果说明,在外感受整合影响拥有感的同时,被影响的拥有感还会进一步引起更高层级的知觉的改变。

除了身体或身体部分外,另一类受到广泛关注的错觉是识脸错觉(enfacement illusion)[2]。脸作为个体身上非常与众不同的部分,在自我表征和自我识别的过程中发挥着至关重要的作用,这几乎是大家的共识。早期对自我识别开展研究的范式有镜像自我识别(mirror self-recognition)[3]、自我-他者探测任务(self-other detection tasks)[4]、自我-他者变形任务(self-other morphing tasks)[5]以及掩蔽启动任务(masked priming tasks)等[6]。所有上述方法都是基于一个重要的前提,即脸是我们身上非常重要的一部分,个体对自己脸的识别速度会更快、精确性也会更高。人脸的这种特殊

---

[1] Van Der Hoort, B., Guterstam, A., & Ehrsson, H. H. (2011). Being Barbie: The size of one's own body determines the perceived size of the world. *PLoS One*, 6(5), e20195.
[2] Porciello, G., Bufalari, I., Minio-Paluello, I., Di Pace, E., & Aglioti, S. M. (2018). The 'Enfacement' illusion: A window on the plasticity of the self. *Cortex*, 104, 261–275.
[3] Gallup, G. G. (1970). Chimpanzees: self-recognition. *Science*, 167(3914), 86–87.
[4] Devue, C., Van der Stigchel, S., Brédart, S., & Theeuwes, J. (2009). You do not find your own face faster; you just look at it longer. *Cognition*, 111(1), 114–122.
[5] Heinisch, C., Dinse, H. R., Tegenthoff, M., Juckel, G., & Brüne, M. (2011). An rTMS study into self-face recognition using video-morphing technique. *Social Cognitive and Affective Neuroscience*, 6(4), 442–449.
[6] Pannese, A., & Hirsch, J. (2010). Self-specific priming effect. *Consciousness and Cognition*, 19(4), 962–968.

性也使其成为自我识别研究中的重要关注对象。

在识脸错觉实验中被试就坐于电脑前,屏幕上会显示一张经过软件处理的人脸(基于被试自己的脸和他人的脸的特征合成,两者各占50%)。在实验过程中,要求被试像照镜子一样看着屏幕中的人脸,有一支小刷子会轻刷屏幕中人脸的脸颊,与此同时,被试的脸颊上也会被实验者施加同步的或不同步的小刷子的触觉刺激,该过程持续120秒(如图3-5所示)。

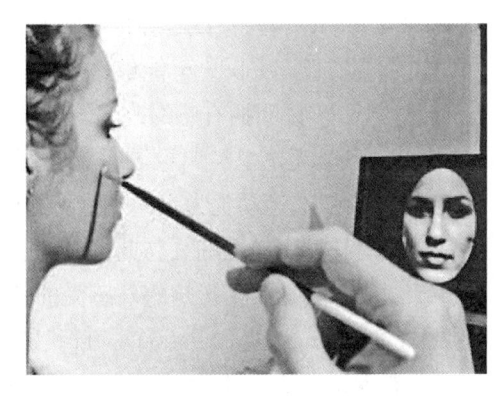

图3-5 识脸错觉实验过程示意图[①]

在被试接受上述的实验处理前后,需要完成一项自我脸部识别任务。在自我脸部识别任务中,被试需要在连续变化的人脸图片(从0%的自己和100%的他者合成变化为100%的自己和0%的他者合成,或从100%的自己和0%的他者合成变化为0%的自己和100%的他者合成)的变化过程中按键选择何时所看到的人脸开始像自己了或开始不像自己了。刷脸处理前后的自我脸部识别任务的完成情况被用来作为脸部多感官刺激整合效果的衡量标准。基于橡胶手错觉和全身错觉,可以预测,当看着屏幕中的人脸被刷的同时接收到自己脸颊相同位置被相同频率刷,这种同步的视觉-触觉刺激会发生整合,导致被试对屏幕中的人脸产生拥有感错觉,表现在自我脸部识别任务中就是被试在实验处理之后会感到屏幕中的那张脸看起来更像自己的脸[②]。

识脸错觉的这一结论并不新鲜,根据大量橡胶手错觉和全身错觉等的研究结果,我们能够预测外感受的整合能对个体的身体自我的表征与识别产生影响。但有意思的是,识脸错觉的研究结果还发现,实验结束后被试会觉得屏幕中的人脸看起来更加亲切[③],认为他们更有吸引力也更值得信任[④],说明

[①] 图片引自 Tsakiris, M. (2008). Looking for myself: Current multisensory input alters self-face recognition. *PLoS One*, 3(12), e4040.

[②] Tsakiris, M. (2008). Looking for myself: Current multisensory input alters self-face recognition. *PLoS One*, 3(12), e4040.

[③] Sforza, A., Bufalari, I., Haggard, P., & Aglioti, S. M. (2010). My face in yours: Visuo-tactile facial stimulation influences sense of identity. *Social Neuroscience*, 5(2), 148-162.

[④] Tajadura-Jiménez, A., Longo, M. R., Coleman, R., & Tsakiris, M. (2012). The person in the mirror: using the enfacement illusion to investigate the experiential structure of self-identification. *Consciousness and Cognition*, 21(4), 1725-1738.

拥有感改变的同时情感认知也在发生变化。在同步的视觉-触觉刺激的作用之后,被试会将自己评定为与所看到的陌生人之间具有更多的性格上的共同点[1],并且如果让白人被试看屏幕中和人的脸被刷的同时感受自己的脸以同样的频率被实验者刷,甚至能够改变白人被试所固有的对黑人的内隐偏见[2]。这进一步说明拥有感的改变甚至能影响更高级的社会认知。

综上所述,无论是经典橡胶手错觉还是由此衍生出来的其他错觉研究中,以视觉、触觉、运动觉为主的外感受的整合在形成个体身体拥有感过程中的重要作用是显而易见的。与此同时,我们也需注意到,会对我们物理自我(physical self)觉知产生影响的外感受的整合加工反过来也会影响自我的生理调节(physiological regulation)。自我的生理调节所导致的改变作为身体拥有性有意识层面的体验,其重要性甚至超过外感受的多感官整合,说明除了外感受的多感官整合之外,身体自我觉知的产生、保持或中断的过程中还会涉及各种不同的加工。外感受输入只能表征自我觉知的部分通道,我们同时也以内感受的方式在觉知着自我。然而相较于外感受的整合作用所得到充分研究,前庭觉、心跳觉知等内感受的调节作用之前一直被忽视,但是内感受在统一稳定的身体拥有感的形成和更新过程中的作用却是不容忽视的[3]。

(三)身体自我的内感受模型

作为一种感官系统,内感受是身体生理状况的感觉[4],它源于身体的内脏器官(例如,心、肺、胃、膀胱等),这些感觉发出它们的状态信号(例如,心跳、饥饿、呼吸困难、膀胱、胃、直肠或食道等的扩张等)。虽然前庭觉和本体感觉信号似乎也来自内部,但是内感受在使大脑确保有机体有效的生理功能(即内稳态)方面发挥着独特的作用。因此,内感受对于确保生物体在不断变化的环境中的内稳态稳定性和生存至关重要,这是其他系统所不能做到的。内感受信号产生于如下四大系统:心血管系统、呼吸系统、胃肠系统和泌尿

---

[1] Paladino, M.-P., Mazzurega, M., Pavani, F., & Schubert, T. W. (2010). Synchronous multisensory stimulation blurs self-other boundaries. *Psychological Science*, 21(9), 1202-1207.

[2] Maister, L., Slater, M., Sanchez-Vives, M. V., & Tsakiris, M. (2015). Changing bodies changes minds: owning another body affects social cognition. *Trends in Cognitive Sciences*, 19(1), 6-12.

[3] Crucianelli, L., Krahé, C., Jenkinson, P. M., & Fotopoulou, A. K. (2018). Interoceptive ingredients of body ownership: Affective touch and cardiac awareness in the rubber hand illusion. *Cortex*, 104, 180-192.

[4] Craig, A. D. (2009). Emotional moments across time: A possible neural basis for time perception in the anterior insula. *Philosophical Transactions of the Royal Society B: Biological Sciences*, 364(1525), 1933-1942.

生殖系统。其中,心血管已经成为研究内脏身体和大脑之间相互作用的主要焦点①,因为心脏和大脑作为身体的两个最重要的器官相互之间存在丰富的信息和双向联系。此外,交感系统和副交感系统之间的平衡在情绪处理中所起的已知作用是另一个神经生理学和心理学对心-脑相互作用特别关注的原因。

对于理解心脏和大脑的相互作用,人们特别感兴趣的是一组经过充分研究的自动的且无意识的功能。心率变异性(heart rate variability)反映心率间期的变化以及交感神经和副交感神经分别在提高和降低心率的影响之间的平衡。心-脑系统中的一个关键节点是迷走神经(vagus nerve),它是副交感神经分支的主要组成部分,既有传入路径,也有传出路径,能够有效地共同调节心脏和大脑,促进对环境变化的灵活反应。迷走神经张力(vagal tone)是副交感神经功能状态的一个指标,通过抑制窦房结(sinoatrial node)的放电频率迷走神经可以降低心率。高迷走神经张力反映了对心脏更好的副交感神经控制。一般来说,心脏信号由迷走神经传递到皮质下和皮质区域,包括作为中央内感受中心的脑岛②,以便传递有关身体生理状态的信息。概言之,这些变量有助于实现和塑造觉知水平以下的心脑对话。

不可否认,尽管我们可能无法觉知到我们的心率变异率或迷走神经张力,但是我们可以觉知到自己的内感受状态,比如我们的心率加快或我们的胃空了。除了对其他感官模态的觉知以外,对内感受状态的觉知也有着显著的生物学优势。然而,与大量关于视觉或躯体感官觉知的经验数据相比,我们对内感受觉知的理解由于受到因果操作内感受状态的困难以及可用的测量方法等原因而受到很大程度的限制。对内感受觉知的研究主要集中在对心跳的觉知上,因为与其他内感受的变化不同,这些事件是可以很容易测量的。心跳检测过程通常需要个体感知和计数短间隔期间发生的心跳的数量,或者检测个体心跳和外部刺激之间的同步或不同步性。这两种方法都能生成关于内感受精确性的衡量标准,它们彼此相关,并与其他内感受模态的测量相互关联③。

由于不同个体在感知和检测心跳方面的表现存在显著的差异,这使得我们能够将其区分为内感受精确性高、低不同的群体。内感受精确性被认为反

---

① Critchley, H. D., & Harrison, N. A. (2013). Visceral influences on brain and behavior. *Neuron*, 77(4), 624-638.
② Craig, A. D. (2009). How do you feel—now? The anterior insula and human awareness. *Nature Reviews Neuroscience*, 10(1), 59-70.
③ Garfinkel, S. N., Seth, A. K., Barrett, A. B., Suzuki, K., & Critchley, H. (2015). Knowing your own heart: Distinguishing interoceptive accuracy from interoceptive awareness. *Biological Psychology*, 104, 65-74.

映了一个人对自己内脏信号的一种类似特质的(a trait-like)敏感性,这对健康、感受和认知都有重要的影响。类似的方法也被应用于其他内感受系统,对例如呼吸或胃敏感度等内感受能力进行测量。对于一个个体而言存在不同的内感受系统,因此一个基本的问题便会涉及不同内感受系统觉知能力之间是否存在相互关系。一些行为研究报告了显著的相关性,如心脏和呼吸敏感性呈正相关[1]、心脏和胃敏感性也呈正相关[2],而另一些研究则并未发现不同模态内感受之间的相关性。有趣的是,现有的神经成像研究发现暗示了潜在的共性,因为不同的内感受模态都会涉及脑岛[3]。尽管目前能够对此猜测进行证实的数据仍非常有限,心脏觉知代表"一般的"(general)内感受觉知似乎是合理的,但未来的研究应该试图最终澄清这一问题。

　　心脏内感受精确性中的个体差异与精神健康有关,过高的内感受精确性往往更容易诱发焦虑,而在述情障碍(alexithymia)患者中,症状严重程度与内感受精确性呈负相关,说明适度的内感受精确性有助于个体对情绪感受的体验。此外,研究表明低内感受精确性是人格解体障碍(depersonalization disorder)、人格障碍(personality disorder)、心身疾病(psychosomatic complaints)和进食障碍(eating disorders)患者的特征[4]。在健康的成年人中,对内感受觉知的研究几乎无一例外都与情绪有关。内感受精确性对于情绪体验和情绪调节的强度至关重要[5]。高内感受精确性的个体较之低内感受精确性的个体会报告更高的唤醒水平,但尽管有相似的生理唤醒,高内感受精确性的个体更有能力自我调节自己的行为[6],并且更倾向于在决策任务中遵循自己的直觉[7]。综上所述,尽管当前的研究主要来自情绪和精神病理学的研究,

---

[1] Whitehead, W. E., & Drescher, V. M. (1980). Perception of gastric contractions and self-control of gastric motility. *Psychophysiology*, 17(6), 552–558.

[2] Herbert, B. M., Muth, E. R., Pollatos, O., & Herbert, C. (2012). Interoception across modalities: On the relationship between cardiac awareness and the sensitivity for gastric functions. *PLoS One*, 7(5), e36646.

[3] Craig, A. D. (2009). How do you feel—now? The anterior insula and human awareness. *Nature Reviews Neuroscience*, 10(1), 59–70.

[4] Herbert, B. M., & Pollatos, O. (2012). The body in the mind: on the relationship between interoception and embodiment. *Topics in Cognitive Science*, 4(4), 692–704.

[5] Wiens, S. (2005). Interoception in emotional experience. *Current Opinion in Neurology*, 18(4), 442–447.

[6] Herbert, B. M., & Pollatos, O. (2012). The body in the mind: on the relationship between interoception and embodiment. *Topics in Cognitive Science*, 4(4), 692–704.

[7] Dunn, B. D., Galton, H. C., Morgan, R., Evans, D., Oliver, C., Meyer, M., ... Dalgleish, T. (2010). Listening to your heart: How interoception shapes emotion experience and intuitive decision making. *Psychological Science*, 21(12), 1835–1844.

但这些结果表明内感受对情绪觉知和心理健康很重要。

除了上述这些领域之外,认知神经科学已经间接揭示了内感受在认知加工和自我觉知中可能扮演的无处不在的角色。无数的功能性神经成像研究报告了在一系列任务中,脑岛(大脑中的中央内感受中枢)的激活。克雷格(A. D. Craig)提出,脑岛活动的共同点一方面是该区域在整合身体和环境信息以优化内稳态效率中的核心作用;另一方面是在大脑中对物理自我进行表征[1]。除了内稳态,一系列与自我觉知相关的有趣也值得引起我们的注意。右前脑岛的活动与内感受精确性的表现相关[2]。龙基(R. Ronchi)等人的一个案例研究显示脑岛切除后心跳觉知能力也下降了[3]。就身体拥有感的神经机制而言,对橡胶手错觉和病变研究的功能性神经成像研究显示大脑中的内感受网络包括运动前区(premotor)[4]、颞顶叶区域(temporoparietal)、枕叶区(occipital areas)以及脑岛(insula)[5]。有趣的是,右后岛与身体拥有感体验有关的假设也得到了躯体妄想症相关研究的证实。在一项针对具有躯体妄想症状病人的研究中拜尔(B. Baier)和卡纳特(H-O. Karnath)证实了右后岛确实是"肢体拥有感紊乱"现象的关键结构[6]。

这些发现表明,身体自我的外感受方面和内感受方面分别被表征在脑岛皮层从后往前的亚区(subregions)中[7]。除了身体的表征,脑岛皮层还与自我和他人的情感加工以及更广泛的社会认知过程有关[8]。综上所述,这些发

---

[1] Craig, A. D. (2009). How do you feel—now? The anterior insula and human awareness. *Nature Reviews Neuroscience*, 10(1), 59 - 70.

[2] Khalsa, S. S., Rudrauf, D., Feinstein, J. S., & Tranel, D. (2009). The pathways of interoceptive awareness. *Nature Neuroscience*, 12(12), 1494 - 1496.

[3] Ronchi, R., Bello-Ruiz, J., Lukowska, M., Herbelin, B., Cabrilo, I., Schaller, K., & Blanke, O. (2015). Right insular damage decreases heartbeat awareness and alters cardio-visual effects on bodily self-consciousness. *Neuropsychologia*, 70, 11 - 20.

[4] Ehrsson, H. H., Spence, C., & Passingham, R. E. (2004). That's my hand! Activity in premotor cortex reflects feeling of ownership of a limb. *Science*, 305(5685), 875 - 877.

[5] Tsakiris, M., Schütz-Bosbach, S., & Gallagher, S. (2007). On agency and body-ownership: Phenomenological and neurocognitive reflections. *Consciousness and Cognition*, 16(3), 645 - 660.

[6] Baier, B., & Karnath, H.-O. (2008). Tight link between our sense of limb ownership and self-awareness of actions. *Stroke*, 39(2), 486 - 488.

[7] Simmons, W. K., Avery, J. A., Barcalow, J. C., Bodurka, J., Drevets, W. C., & Bellgowan, P. (2013). Keeping the body in mind: insula functional organization and functional connectivity integrate interoceptive, exteroceptive, and emotional awareness. *Human Brain Mapping*, 34(11), 2944 - 2958.

[8] Bernhardt, B. C., & Singer, T. (2012). The neural basis of empathy. *Annual Review of Neuroscience*, 35, 1 - 23.

现表明，内感受对自我觉知的作用可能超出了它对情绪和现象意识的已知作用的范围。尽管神经成像结果很重要地显示了自我的内感受和外感受方面在大脑的什么地方被整合，但它们并没有回答一个基本的心理学问题：内感受和外感受表征是简单地相加还是相互作用？两者之间的平衡对于具身自我本身以及自我在社交环境中的功能重要性是什么？

1. 错觉研究中内感受的调节

较之大量研究对外感受影响的关注和探索，聚焦于内感受调节作用的研究目前并不是太多。其中也不乏基于橡胶手错觉研究范式的实验，因为来自外感受对身体表征的影响研究同时也证实了对橡胶手产生拥有感的体验对真手在内感受水平上如何被加工也会产生显著的影响与改变。首先，问卷结果显示，被试感到仿佛他们自己的真手消失了，说明这些由橡胶手错觉而导致的变化并不是让身体感觉多出了一只手，而是将橡胶手视作自己真手的替代品[1]。其次，这一现象也得到了来自生理学水平数据的佐证。当被试对橡胶手产生拥有感体验之后，真手的皮肤表面温度会出现下降，并且皮肤温度的下降程度与错觉的鲜活程度呈正相关[2][3][4]。这种效应只是作为拥有性体验的结果才会出现，说明能够被意识到的身体拥有感的改变会对被试无意识层面的内稳态的调节(homeostatic regulation)产生直接的影响。更为有意思的现象是，在橡胶手错觉中被"拒绝"的真手的组胺反应也会上升[5]，说明个体的内感受系统在对橡胶手产生拥有感之后开始与真手"脱离关系"而更加"亲近"假手。这一结果与达马西奥对"自我"的界定也是一致的，在他看来，"自我就是免疫系统所认可的身体部分"[6]。

作为个体体验不可分割的一部分，与外感受不同，内感受在橡胶手错觉实验中的影响始终是存在的。对内感受进行评估、报告甚至是施加一些干预

---

[1] Longo, M. R., Schüür, F., Kammers, M. P., Tsakiris, M., & Haggard, P. (2008). What is embodiment? A psychometric approach. *Cognition*, 107(3), 978–998.

[2] Kammers, M. P., Rose, K., & Haggard, P. (2011). Feeling numb: Temperature, but not thermal pain, modulates feeling of body ownership. *Neuropsychologia*, 49(5), 1316–1321.

[3] Moseley, G. L., Olthof, N., Venema, A., Don, S., Wijers, M., Gallace, A., & Spence, C. (2008). Psychologically induced cooling of a specific body part caused by the illusory ownership of an artificial counterpart. *Proceedings of the National Academy of Sciences*, 105(35), 13169–13173.

[4] Sadibolova, R., & Longo, M. R. (2014). Seeing the body produces limb-specific modulation of skin temperature. *Biology Letters*, 10(4), 20140157.

[5] Barnsley, N., McAuley, J. H., Mohan, R., Dey, A., Thomas, P., & Moseley, G. (2011). The rubber hand illusion increases histamine reactivity in the real arm. *Current Biology*, 21(23), R945–R946.

[6] Damasio, A. (2003). Mental self: The person within. *Nature*, 423(6937), 227–227.

能够帮助我们更科学地解释拥有感可塑性相关研究中所观察到的不同的现象。经典橡胶手错觉的实现主要是依靠视觉、触觉等外感受的整合来实现，我们常用的衡量这种整合效果的方式是属于广义的内感受之一的本体感觉的偏移。然而，对于内感受是如何影响外感受的整合，以及我们可能会更感兴趣的，内外感受具体如何整合的研究目前相对而言仍处于初探阶段。尽管内感受的维度在当前的研究中至少已经被细分为了内感受精确性（IAcc）、内感受敏感性（IS）、内感受觉知（IA）以及内感受信号的情绪评估（IE），但是由于内感受状态的因果控制方面存在的困难以及测量手段的限制，在实际实践应用过程中，最为广泛使用的指标仍是 IAcc 和 IS。

围绕内感受与拥有感体验关系的实证研究最早始于扎克瑞斯等的一项研究[①]。实验开始之前被试先通过心跳计数任务对被试的 IAcc 进行测量：每位被试需要在 4 个时间段内（100 秒、45 秒、35 秒和 25 秒）不借助任何辅助设备或自行把脉等方式默数并报告自己的心跳数，4 个时间段的先后顺序随机安排，测试过程中实验者不会告知被试具体的持续时间，也不会给予被试任何完成情况好坏的反馈。最后根据标准心跳计数任务的统计方法（详见本书第三章第一节第一部分"内感受的界定与测量"），计算每位被试的知觉分数，其结果作为被试 IAcc 高低与否的衡量指标。

随后进入橡胶手错觉实验阶段：实验者事先制作好一个特殊的长方体盒子（宽 36.5 厘米，高 19 厘米，深 29 厘米），盒子分 2 层，被试在实验过程中将手置于盒子下层，上层可以放置橡胶手。同时盒子还配备了一个特殊的黑色盖子，盖子的中间有折痕，当盖子打开时，被试能看到橡胶手，但实验者却无法看到；而当盖子盖上时则刚好相反。在被试根据要求放置好自己的左手于盒子指定位置处后，实验者首先通过要求被试报告自己感觉到的左手食指所处的位置对被试的本体感觉进行测试。随后实验者对被试左手食指的皮肤温度进行测试。完成两项测试之后，实验者向被试施加持续时间为 120 秒的同步的或不同步的视觉-触觉刺激，即用相同的刷子以相同的方式刷被试的真手和橡胶手，或是用相同的刷子以完全相反的方式刷被试的真手和橡胶手。完成之后再次测量被试左手食指的皮肤温度，并再次要求被试报告自己感觉到的左手食指所处的位置（对比前后两次所报告位置的偏差来计算本体感觉偏移程度）。之后再完成包含 8 个条目的拥有感体验问卷。

---

① Tsakiris, M., Jiménez, A. T.-., & Costantini, M. (2011). Just a heartbeat away from one's body: Interoceptive sensitivity predicts malleability of body-representations. *Proceedings of the Royal Society B: Biological Sciences*, 278(1717), 2470-2476.

实验结果显示，IAcc 能够预测橡胶手错觉过程中的拥有感的可变性，即外感受的多感官整合所导致的对橡胶手产生拥有感体验的程度能够通过 IAcc 的高低进行预测。具体而言，无论是本体感觉偏移程度，还是皮肤温度的下降程度，抑或拥有感问卷的结果均显示，IAcc 高的被试在橡胶手错觉实验中更不容易对非自己身体的外部对象产生拥有感，而 IAcc 低的被试则更容易产生拥有感错觉。这一结果似乎说明，离线的、非即时的（off-line）内感受能力起着让被试更好地体验自身拥有感的作用，因而会表现出对橡胶手产生拥有感错觉的抑制。

除了心跳信号，不同类型的触觉刺激所引发的内感受体验的改变，对橡胶手错觉实验中身体拥有感的调节作用，也在一定程度上为内感受对身体自我表征产生影响提供了更多的佐证。已有研究表明，慢速的、轻的触觉刺激较之快速的触觉刺激能够引发更愉悦的体验[1]。克鲁恰内利（L. Crucianelli）等[2]在此基础上证实当慢速的、轻的刺激作为橡胶手错觉实验中的触觉刺激材料与视觉刺激同步呈现时，它能比快速的、重的刺激作为刺激材料使得被试产生更强烈的对橡胶手的拥有感。这一结果首次为对来自皮肤的特定内感受信号的知觉，对于身体拥有感的感受和判断，都会产生重要影响，提供了直接的证据。由于身体拥有感被认为是自我意识的基本方面之一，因此这些发现也在一定程度上为达马西奥[3]、克雷格[4]所主张的具身的心理"自我"的基础是内感受的观点提供了更多的实证支持。

此外，前庭刺激可能也在身体拥有性体验形成中发挥着重要的作用。首先，前庭信号在保持身体自我觉知的连续的心理表征中起着重要的作用。神经成像研究也确认前庭系统的投射和大脑中身体空间表征所涉及的区域是有重叠的[5]。研究表明，前庭热刺激（caloric vestibular stimulation, CVS），即通过灌入冷水或温水刺激内耳的半规管，可以激活对侧脑皮层的前庭区域，

---

[1] Löken, L. S., Wessberg, J., McGlone, F., & Olausson, H. (2009). Coding of pleasant touch by unmyelinated afferents in humans. *Nature Neuroscience*, 12(5), 547.

[2] Crucianelli, L., Krahé, C., Jenkinson, P. M., & Fotopoulou, A. K. (2018). Interoceptive ingredients of body ownership: Affective touch and cardiac awareness in the rubber hand illusion. *Cortex*, 104, 180–192.

[3] A. R. 达马西奥：《感受发生的一切：意识产生中的身体和情绪》，杨韶刚译，教育出版社 2007 年版，第 271 页。

[4] Craig, A. (2009). Emotional moments across time: A possible neural basis for time perception in the anterior insula. *Philosophical Transactions of the Royal Society B: Biological Sciences*, 364(1525), 1933–1942.

[5] Lopez, C., Blanke, O., & Mast, F. (2012). The human vestibular cortex revealed by coordinate-based activation likelihood estimation meta-analysis. *Neuroscience*, 212, 159–179.

从而起到调节右半球中风患者的空间认知、身体觉知和身体拥有感的作用。蓬佐(S. Ponzo)等通过采用较之CVS侵入性较小的前庭电刺激(galvanic vestibular stimulation，GVS)来对橡胶手错觉中的拥有感进行探究[1]。GVS的具体操作涉及通过使用放置于乳突上的两个电极施加很小的电流，其中阳极作用于左乳突、阴极作用于右乳突的方式被称为左前庭电刺激(LGVS)。这一实验结果表明，同步的视觉-触觉刺激条件下，LGVS会显著地增强被试对橡胶手的拥有感，甚至即便只是让被试看着橡胶手的条件下，LGVS也会导致被试出现朝向橡胶手的本体感觉偏移，说明前庭刺激能够对外感受整合形成拥有感的过程产生促进作用。

除却错觉研究，我们对身体自我的很多研究最初都是来源于神经病理学的特殊案例研究。作为正常人，我们始终能感受到的只是有身体存在的体验，因此神经病理学案例中患者所表现出来的各种身体自我失调的现象，便是我们宝贵的理解内感受调节作用乃至多感官整合机制的材料。对拥有感可塑性的全面理解与认识不仅要重视实验，同时也要关注身体自我障碍患者身上所表现出来的拥有感的失调现象。

2. 神经病理学案例中的拥有感失调与内感受障碍

偏侧躯体失认症最常见于右半球大脑受损之后，其主要特征是对受损脑区对侧肢体(通常是左侧)、近体和体外空间(peripersonal and extracorporeal space)的严重忽视[2]。在众多的偏侧躯体失认症的临床表现中，患者对身体部分的无视又可进一步细分为个人忽视(personal neglect)、运动忽视(motor neglect)和偏瘫病觉缺失(anosognosia for hemiplegia)。偏侧肢体失认症的主要受损脑区是右脑的颞顶联合皮层(temporal parietal junction，TPJ)、顶下小叶(inferior parietal lobe)和颞上回(superior temporal gyrus)等区，同时多感官刺激整合的相关研究表明，与其有着密切联系的脑区也包含颞-顶联合皮层、顶下小叶等区域[3]，因此，偏侧躯体失认症患者所表现出的身体拥有感障碍很有可能是源于多感官刺激整合的失败。

右顶叶受损还会表现出的一种典型障碍是躯体失认症，患此类疾病的病

---

[1] Ponzo, S., Kirsch, L. P., Fotopoulou, A., & Jenkinson, P. M. (2018). Balancing body ownership: Visual capture of proprioception and affectivity during vestibular stimulation. *Neuropsychologia*, 117, 311–321.

[2] Azouvi, P. (2017). The ecological assessment of unilateral neglect. *Annals of Physical and Rehabilitation Medicine*, 60(3), 186–190.

[3] Ohshiro, T., Angelaki, D. E., & DeAngelis, G. C. (2017). A neural signature of divisive normalization at the level of multisensory integration in primate cortex. *Neuron*, 95(2), 399–411.e398.

人通常会描述他们身体的某些部分从身体觉知中消失了,即失去对自己肢体的拥有感或产生对自己肢体不知道(非归属)的感受和信念。阿兹(Arzy)曾描述过一位右脑前运动皮层(接收直接的顶叶输入的区域)受损的病人声称她自己右手臂的一部分曾经消失过而且现在还是透明的,并且有明显的切边,她能够透过手臂看到其所处位置的桌面。沃尔珀特(Wolpert)等描述过一位上顶叶(superior parietal lobe)受损的病人报告她的右侧肢体在空中悬浮,并随着视觉的受阻而消失于觉知中[1]。研究表明躯体失认症可以通过碰触或注视患者消失的身体部分而得到缓解,说明多感官整合机制在身体部分的觉知、自我认同和具身性中至少发挥一定的作用。

另一类典型的拥有感紊乱是躯体妄想症。这类疾病通常也是由于右脑顶叶皮层受损,导致患者认为自己左侧的肢体并不是他自己的。患者会丧失对这些肢体的感受,与此相伴的还有这些肢体运动能力的丧失。有别于偏侧躯体失认症的患者对受损脑对侧的身体部分单纯的忽视,躯体妄想症的病人往往在否认自己身体部分真实归属的同时还会声称这一特定的身体部分是属于别人的,如认为自己的手臂是医生的[2]。詹金森(P. Jenkinson)等通过实验设置转换被试的视角(直接的第一人称视角或是通过镜子呈现的第三人称视角)和空间的注意(个人近体空间或外部空间),结果显示,躯体妄想症的病人在所有的第一人称视角下都否认对自己肢体的拥有感,但在第三人称视角下其拥有性是有显著提升的。并且,这种提升的程度有赖于空间的注意(spatial attention),当其注意力被吸引至外部空间(靠近镜子)时,患者表现出相当好的对自己在镜子中的手臂的再认,但是当其注意力被吸引至近体空间(靠近自己)时,患者对自己手臂的再认率只有另一种情况的一半[3]。这些特殊现象说明右半球腹侧注意网络的病变会导致第一人称身体拥有感和刺激驱动注意的受损,但在第三人称视角下,并且当空间注意力被引导至远离被试的外部空间时,身体被识别为是自己的概率会大大增加,此时很有可能是以已有身体意象为主导的自上而下的机制在起作用,从而帮助患者识别自己的身体部分。

---

[1] 张静、陈巍:《身体拥有感及其可塑性:基于内外感受研究的视角》,《心理科学进展》2020年第2期。
[2] Bolognini, N., Ronchi, R., Casati, C., Fortis, P., & Vallar, G. (2014). Multisensory remission of somatoparaphrenic delusion: my hand is back! *Neurology: Clinical Practice*, 4(3), 216-225.
[3] Jenkinson, P. M., Haggard, P., Ferreira, N. C., & Fotopoulou, A. (2013). Body ownership and attention in the mirror: Insights from somatoparaphrenia and the rubber hand illusion. *Neuropsychologia*, 51(8), 1453-1462.

上述3种典型病例其共同特征都是对身体的某一或某些部分的拥有感异常以及与之相伴随的认知障碍,全身性的拥有感失调。目前而言,无论是实验室中还是临床中最具代表性的都是离体体验(out-of-body experience, OBEs)。离体体验是一种特殊的自我体验状态,最为核心的特征是当事人所体验到的自我、心智或觉知的中心是位于其物理身体之外的。即在离体体验中,首先当事人似乎是完全清醒的,但他们通常都会报告的一种感觉就是好像飘浮在空间,从而使得他们对于环境的觉知是一种被提升了的视角(elevated viewpoint)[1]。这种体验最常出现于癫痫(epilepsy)、偏头痛(migraine)以及人格解体(depersonalization)等患者身上,例如一些有头晕(dizziness)症状的病人在首次出现头晕现象之后会体验到离体体验[2]。但据临床记录,离体体验在普通人群中也并不罕见,一项对210名有头晕病史的患者和210名健康被试的对比研究发现,前者体验到离体体验的概率是14%而后者是5%[3]。围绕离体体验的研究发现,首先,癫痫或中风所致的离体体验通常会伴有如自体幻视(autoscopy)等复杂得多的感官错觉[4];其次,对身体障碍患者颞顶联合皮层的电刺激会引发离体体验,而颞顶联合皮层与多感官加工密切相关是众所周知的;并且在健康被试身上的研究也表明视觉和触觉信号的不匹配能够人为地引发离体体验[5],因此目前较为主流的观点认为视觉、触觉、本体感觉、内感受、运动信号等内外感受整合的失败是导致离体体验出现的主要原因。

随着研究者对内感受关注度的提升,内感受也被不断证实会对包括身体表征、情绪加工与调节、学习、记忆心理理论、共情、决策等在内的诸多具身认知的研究主题产生影响。这些研究为我们思考和探索内感受与具身认知之间的关系进而推动具身认知走出困境奠定了坚实的基础。从身体本身到情绪再到更高阶的社会认知,身体是人类自我认知的前提,也是与他人、社会发

---

[1] Kessler, K., & Braithwaite, J. J. (2016). Deliberate and spontaneous sensations of disembodiment: Capacity or flaw? *Cognitive Neuropsychiatry*, 21(5), 412-428.

[2] Dieterich, M., & Staab, J. P. (2017). Functional dizziness: From phobic postural vertigo and chronic subjective dizziness to persistent postural-perceptual dizziness. *Current Opinion in Neurology*, 30(1), 107-113.

[3] Lopez, C., & Elziere, M. (2018). Out-of-body experience in vestibular disorders—A prospective study of 210 patients with dizziness. *Cortex*, 104, 193-206.

[4] Lopez, C., Heydrich, L., Seeck, M., & Blanke, O. (2010). Abnormal self-location and vestibular vertigo in a patient with right frontal lobe epilepsy. *Epilepsy & Behavior*, 17(2), 289-292.

[5] Ehrsson, H. H. (2007). The experimental induction of out-of-body experiences. *Science*, 317(5841), 1048.

生互动的基础,情绪既是对身体变化的觉知也是联系身体与高阶认知的纽带,对广义的决策和狭义的社会行为都有着深远的影响。第四章将通过分析内感受与具身认知之间从低阶的身体知觉到高阶的认知加工中的具体表现来探讨内感受与具身认知的相互关联。

第四章 内感受与具身认知

传统观念认为,我们之所以能够识别"我的手是我的"源于我们拥有一个相对稳定的"手"的身体意象(body image),自我识别更多的是基于自上而下的影响。但橡胶手错觉实验让我们意识到或许自我表征是可塑的[1][2]。通过施加同步的视觉和触觉刺激能让健康被试在短时间内将外部对象感受为属于自己的。这一结果直接影响了具身认知的解释力。后者认为认知依赖于自主体的物理身体特征和来自身体的各类体验[3]。在橡胶手错觉的研究中,外感受自下而上的影响非常明显,我们要实现在不断变化的环境中保持身体表征的稳定性,就必然需要有别于外感受的其他因素的调节。本章将通过对当前研究已经证实的内感受能对自我和具身认知产生重要影响的研究进行介绍,我们将不同的研究分别纳入身体表征、情绪加工、认知加工、社会认知以及具身自我的范畴,通过内感受的影响研究来勾勒内感受之于具身认知发展的重要意义和可能产生的推动作用。内感受被认为对具身认知的实现起着重要的作用。

就内感受与具身认知的关系而言,首当其冲的是内感受与身体表征的密切联系,相关内容在第三章第三节的"身体自我的内感受模型"部分已经有所涉及,本章将重点从内外感受整合的视角对内感受和身体表征的关系进行介绍。

一、内感受与身体表征

(一)最小自我的内外感受整合

1. 来自错觉研究的内外感受整合

继扎克瑞斯首次将橡胶手错觉实验范式应用于内感受影响的研究中,苏

---

[1] Botvinick, M., & Cohen, J. (1998). Rubber hands 'feel' touch that eyes see. *Nature*, 391 (6669), 756.

[2] 张静、陈巍:《身体意象可塑吗?——同步性和距离参照系对身体拥有感的影响》,《心理学报》2016年第8期。

[3] Dijkerman, C., & Lenggenhager, B. (2018). The body and cognition: The relation between body representations and higher level cognitive and social processes. *Cortex*, 7, 104–133.

祖基(K. Suzuki)等采用"心跳橡胶手错觉"(cardiac rubber hand illusion)开展了类似的研究。被试坐在有一块垂直挡板的实验桌前,并按要求将左手放置在挡板左侧的桌面上,从而确保当他们向下看或向前看是无法看到自己的真手。实验在虚拟现实环境中进行,使用微软的一款设备(Kinect)获取被试手的三维模型用于生成实时的虚拟手,并将其投影到被试所佩戴的头盔式显示器上。通过脉搏血氧计(pulse oximeter)将采集到的被试实时的心跳数据,并基于此以改变虚拟手颜色的方式向被试提供"心跳视觉反馈"(cardio-visual feedback)。为了验证实验装置能够产生与经典橡胶手错觉或虚拟手错觉相同的效果,实验中也向被试提供了触觉-视觉反馈,即实验者向被试的左手施加刷子的触觉,同时让被试在头盔显示器中也看到虚拟手被刷子刷的画面。内感受精确性(IAcc)的测量是基于心跳区分任务:被试需要判定视觉呈现的心脏信号是否与自己的实际心跳同步。最后拥有感错觉的体验程度通过本体感觉偏移和拥有感体验问卷予以衡量。视觉-触觉反馈的结果显示,较之不同步的条件,同步条件下,即当被试观察到的虚拟手被刷的视觉刺激和感受到自己真手被刷的触觉刺激相一致时,无论是本体感觉偏移还是拥有感问卷的结果都证实被试对虚拟手产生了拥有感。更有趣的结果是,同步的心跳视觉反馈会加强同等条件下被试对虚拟手的拥有感体验,似乎内感受内容(实际心跳情况)的直观呈现能够使得被试产生更强的对虚拟手的拥有感。并且,IAcc越高的被试心跳视觉反馈的效果也越好[1]。

较之扎克瑞斯等对内感受性与拥有感错觉体验程度的相关研究,苏祖基等的研究尝试了以在线的、即时的(on-line)方式将内感受的体验内容通过外感受之一的视觉通道向被试予以呈现,两个研究结果之间的对比在一定程度上体现了内外感受整合对拥有感体验形成所产生的影响。两个研究结果之间的差异在于,前者内感受并不是即时呈现的,其作用更多的是维持个体原有的身体拥有感的稳定性,体现的是离线的内感受性的作用;而后者内感受的内容与虚拟手是共同呈现的,其作用是促进对与内感受同步的外部对象产生拥有感,体现的是在线的与外感受整合后的内感受的作用。基于此我们认为可以说,如果自我的外感受模型强调的是源于身体外部的信号对身体拥有感所产生的自下而上的影响,那么内感受模型所强调的就是源于身体内部的信号对稳定的身体拥有感的保持所产生的自上而下的影响。类似的结果也

---

[1] Suzuki, K., Garfinkel, S. N., Critchley, H. D., & Seth, A. K. (2013). Multisensory integration across exteroceptive and interoceptive domains modulates self-experience in the rubber-hand illusion. *Neuropsychologia*, 51(13), 2909-2917.

在全身错觉的研究中得到了证实。

阿斯佩尔(Aspell)等在全身错觉经典范式的基础上引入了对内感受信息的控制，考察其对身体知觉的具体影响机制。与之前的全身错觉实验类似，被试站在实验室的中间，其身后2米处是一台摄像机，摄像机所拍摄到的被试的身体(虚拟身体)可以通过被试所佩戴的头盔式显示镜进行实时呈现。在"身体条件"(body conditions)下，被试通过显示镜看到的是一个虚拟身体的后背位于他前方2米处；在"物体条件"(object conditions)下，被试通过显示镜看到的是一个高和宽与自己身形相似的长方形物体。在拍摄视频呈现的过程中，实验者同时也会通过心电图(electrocardiogram，ECG)记录被试的实时心跳数据。原始ECG数据的R波峰值会被转换为闪烁的曲线作为虚拟对象(身体或物体)的轮廓以和被试实际心跳同步或者不同步的方式呈现给被试，因此实验中共有4种不同的条件：身体同步(body synchronous)、身体不同步(body synchronous)、物体同步(object synchronous)以及物体不同步(object synchronous)。被试在每个条件的试次(大约持续6分钟)结束之后需要完成一份包含11个条目的问卷以考察其自我识别情况。并且引导被试在闭上眼睛的情况下小步向后走1.5米并请他们仍然在闭眼的情况下以正常步伐走回原处，通过对比原始位置和被试走回去之后所处位置之间的距离作为其本体感觉偏移程度的指标以考察其自我定位的情况。实验结果与苏祖基等通过橡胶手错觉范式所开展的研究基本一致，在身体同步的条件下，被试对虚拟身体产生的拥有感最强，并且本体感觉偏移程度最大，意味着被试在对虚拟身体产生拥有感错觉的同时对自己真实身体的拥有感体验程度在下降[①]。

内外感受之间的整合不仅体现在当来自身体内部的心跳数据和来自外部的视觉刺激共同呈现的条件下，其他的感觉通道的内感受，如呼吸，也存在类似的效应[②]。内外感受的整合在其中所起的作用便是更好地平衡自下而上和自上而下的影响，从而保证个体在最大程度上拥有稳定、统一的自我感。这一假设的进一步检验需要我们能够设计更有针对性的实验。例如，上述的研究说明外感受的效果会受内感受的影响，那么反之内感受的效应是否会受到外感受的影响？又如，内感受内容通过外感受通道呈现时能促进拥有感的

---

① Aspell, J. E., Heydrich, L., Marillier, G., Lavanchy, T., Herbelin, B., & Blanke, O. (2013). Turning body and self inside out: Visualized heartbeats alter bodily self-consciousness and tactile perception. *Psychological Science*, 24(12), 2445-2453.

② Adler, D., Herbelin, B., Similowski, T., & Blanke, O. (2014). Breathing and sense of self: Visuo-respiratory conflicts alter body self-consciousness. *Respiration*, 203, 68-74.

形成,那么对于感受性高的个体而言,这种促进是更容易发生还是并不容易发生？此外,不同的内感受通道之间的相互作用和影响也值得后续研究的关注。

较之仅对内外感受整合对身体自我觉知的影响,近年来的一项研究进一步对外感受驱动的身体拥有感和自我识别的改变是否能够影响个体识别自己内部信号的内感受能力进行了探索[1]。研究者分别通过借助橡胶手错觉范式和识脸错觉范式来进行实验。研究中所选用的内感受指标依然是最常用的 IAcc,通过标准心跳计数任务的结果进行评估。在橡胶手错觉实验部分,橡胶手被置于被试面前的桌面上与其同样放置于桌面上的左手相距 15 厘米,通过特定的装置,被试能看到橡胶手但却无法看到自己的真手。实验者坐在被试的对面,向被试施加同步的或不同步的视觉-触觉刺激(具体操作详见第三章第三节第 2 部分"身体自我的外感受模型"中对橡胶手错觉实验研究的介绍)。无论被随机分配至同步组还是不同步组,首先被试都需要根据要求分别在 25 秒、35 秒、45 秒以及 100 秒等 4 个时间段内不借助于把脉等外部测量手段估计自己的心跳数,根据估计心跳数和实际心跳数之间的差异情况所获得的是每位被试内感受精确性程度的基线水平。在视觉-触觉刺激同步的条件下,被试先接受 60 秒同步的视觉-触觉刺激,接着被试完成心跳计数任务,时间段为 25 秒、35 秒、45 秒以及 100 秒的其中之一;随后被试接受第二组的 60 秒同步的视觉-触觉刺激,接着完成第二次的心跳计数任务,时间段为剩下的三个时间段的其中之一……以此类推,直至每位被试都接受 4 次 60 秒的同步的视觉-触觉刺激,并完成 4 个时间段的心跳计数任务。在视觉-触觉不同步的条件下,除了刺激的同步性之外,其他设置和要求与视觉-触觉同步的条件下相同。每位被试在完成上述环节之后需要回答一份拥有感问卷。对比被试在橡胶手错觉实验中接受视觉-触觉刺激前后的 IAcc,研究者发现,对于 IAcc 较低的个体而言,外感受所导致的身体拥有感的改变显著地提高了他们的 IAcc,但是外感受作用所导致的身体拥有感的改变并没有改变 IAcc 基线水平较高的个体在心跳计数任务中的表现。

除了心跳知觉,前庭觉对于稳定统一的身体自我觉知乃至更高级的身体自我表征或身体意识而言都至关重要,因此身体自我的内外感受整合除了可以通过错觉实验寻找答案外,也可以并且需要关注其在病理学案例中的应用。

---

[1] Filippetti, M. L., & Tsakiris, M. (2017). Heartfelt embodiment: Changes in body-ownership and self-identification produce distinct changes in interoceptive accuracy. *Cognition*, 159, 1 - 10.

2. 基于前庭刺激的干预与治疗

前庭系统与包括躯体感官区域在内的多感官皮层网络有着广泛的交互作用,前庭系统的紊乱可能会引起包括离体体验等在内的多种躯体障碍[1]。不少临床观察显示前庭信号对计算身体的抽象认知表征以及形成身体的自我觉知都至关重要[2]。前庭输入会影响健康个体对作用于手上的触觉刺激的定位,如作用于被试手背上的触觉会被知觉为朝向手腕的位置。前庭热刺激还可能会导致个体对自己身体某些部分的大小的知觉产生变形或失真,如觉得手指变大或是觉得手背变小等[3]。有别于健康被试的知觉失真,在由于脑损伤而出现身体自我障碍的患者身上,前庭热刺激似乎能对身体表征和拥有感产生相反的效果。

博蒂尼(G. Bottini)等通过将前庭热刺激(CVS)作用于左脑或右脑受损的偏身麻木患者以及没有脑损伤的健康被试,对比不同被试在CVS作用前后施加触觉刺激时的fMRI结果,左前庭热刺激能暂时缓解偏身麻木患者的病情[4]。龙基(R. Ronchi)等通过将CVS作用于一个因左脑受损而导致严重右侧个人忽视和偏瘫病觉缺失的患者,对比CVS前后的视觉空间测试(visuo-spatial tests)和病觉缺失问卷(anosognosia questionnaire)结果发现,患者的个人忽视和偏瘫病觉缺失出现了暂时性的显著好转。此外,前庭热刺激似乎对躯体妄想症的患者也能起到暂时性的缓解症状的作用。斯皮托尼(G. Spitoni)等将CVS作用于一名重度慢性中风后中枢疼痛患者,结果表明CVS能够有效地提高患者的运动技能、减轻疼痛、并且缓解躯体幻觉的症状[5]。可见,CVS对于身体拥有感障碍的改善现象是较为普遍的存在于躯体障碍患者身上的。并且,研究者在对躯体妄想症患者的治疗研究中也发现,多感官的视-触联合刺激作用也能够起到与前庭热刺激相似的作用,减轻躯体妄

---

[1] Lopez, C., & Elzière, M. (2018). Out-of-body experience in vestibular disorders—A prospective study of 210 patients with dizziness. *Cortex*, 104, 193–206.

[2] Ferrè, E. R., Berlot, E., & Haggard, P. (2015). Vestibular contributions to a right-hemisphere network for bodily awareness: combining galvanic vestibular stimulation and the "Rubber Hand Illusion". *Neuropsychologia*, 69, 140–147.

[3] Ferrè, E. R., Vagnoni, E., & Haggard, P. (2013). Vestibular contributions to bodily awareness. *Neuropsychologia*, 51(8), 1445–1452.

[4] Bottini, G., Paulesu, E., Gandola, M., Loffredo, S., Scarpa, P., Sterzi, R., ... Fazio, F. (2005). Left caloric vestibular stimulation ameliorates right hemianesthesia. *Neurology*, 65(8), 1278–1283.

[5] Spitoni, G. F., Pireddu, G., Galati, G., Sulpizio, V., Paolucci, S., & Pizzamiglio, L. (2016). Caloric vestibular stimulation reduces pain and somatoparaphrenia in a severe chronic central post-stroke pain patient: A case study. *PLoS One*, 11(3), e0151213.

想症状①。就此而言，内外感受或许能够通过不同的途径而实现相同的功能。

萨尔瓦托（G. Salvato）等通过给一位由于右脑颞顶联合皮层中风而罹患躯体妄想症的患者施加 CVS 而使其暂时性地恢复了肢体拥有感，并且测量施加刺激前后患者的手部温度发现在 CVS 之后被试的手部温度出现了升高②。已有研究表明，体温和身体拥有感存在某种程度的正相关，在橡胶手错觉的研究中，与对橡胶手产生拥有感错觉体验相伴随的表现之一是被试与之相对应的手部温度会出现下降③，说明在对外部对象产生拥有感的同时，被试对自身真实身体部分的拥有感是在减弱的。赛达（A. Sedda）等发现 CVS 对身体表征的影响，不仅体现在会降低身体温度方面，更重要的是它还能够提高被试的触觉敏感性④。虽然对橡胶手错觉中手部温度的变化，不同的研究存在一些出入，但是 CVS 之后的手部温度上升也至少在一定程度上说明了前庭刺激作为内感受的一种在拥有感形成过程中起作用。

综上所述，前庭信号对于稳定统一的拥有感形成至关重要，前庭刺激不仅会对正常被试的身体拥有感造成影响，而且还会影响身体障碍患者对自身身体拥有感的体验。但是如果使用恰当，前庭刺激能有助于某些疾病的治疗与康复。当前对于由脑损伤所导致的身体自我障碍有关的疾病并没有完善的治疗方法，基于一些个案研究，某些患者的症状可以通过前庭刺激得到暂时的缓解。这些觉知上的改变可能是右侧脑后上颞叶和顶叶区域受到暂时性的过度刺激所造成的，因为这两个区域恰好涉及第一人称视角对自我和他者空间关系的表征。更一般地讲，对前庭的、视前庭眼动以及躯体感觉的过度刺激可能会暂时性地改变病人的空间参照系，从而改善与之相关的视觉运动和躯体感官的功能缺陷⑤。

遗憾的是，总体而言，在当前围绕身体拥有感影响因素的研究中，内感受

---

① D'Imperio, D., Tomelleri, G., Moretto, G., & Moro, V. (2017). Modulation of somatoparaphrenia following left-hemisphere damage. *Neurocase*, 23(2), 162-170.

② Salvato, G., Gandola, M., Veronelli, L., Berlingeri, M., Corbo, M., & Bottini, G. (2018). The vestibular system, body temperature and sense of body ownership: a potential link? Insights from a single case study. *Physiology & Behavior*, 194, 522-526.

③ Kammers, M. P., Rose, K., & Haggard, P. (2011). Feeling numb: Temperature, but not thermal pain, modulates feeling of body ownership. *Neuropsychologia*, 49(5), 1316-1321.

④ Sedda, A., Tonin, D., Salvato, G., Gandola, M., & Bottini, G. (2016). Left caloric vestibular stimulation as a tool to reveal implicit and explicit parameters of body representation. *Consciousness and Cognition*, 41, 1-9.

⑤ 张静：《自我和自我错觉——基于橡胶手和虚拟手错觉的研究》，中国社会科学出版社 2017 年版，第 56 页。

的研究远少于外感受的研究,对内外感受整合的直接研究更是凤毛麟角,仅见于针对健康被试的几例研究①②。当前有关前庭刺激对身体拥有感的影响或是对身体自我障碍患者的治疗作用主要是基于零碎的个案研究,因此系统的理论框架以及可以通过实证研究进行检验的理论假设对于身体拥有感可塑性的研究将会有较大的推动作用。

内感受的控制会改变身体觉知的各个重要方面,而内感受精确性似乎会限制外感受信号在身体觉知上的效果。因此可以推测,如果自我的外感受模型强调的是身体觉知的可塑性,那么内感受模型主要就是服务于身体的稳定性及其对外部变化的心理表征。它反映的是适应性和稳定性之间必要的生物平衡。内感受很有可能是具身性的一个重要的调节机制。

内外感受的整合不仅对最小自我而言意义重大,而且对自我-他者的分化也起着重要的作用。

(二)自我-他者表征的多感官整合

自我-他者分化是自我识别的起点,对自我表征有着重要的意义,被认为是人类自我意识形成过程中的里程碑事件③。自我-他者分化的重要性不仅在人类身上显而易见,即便是对于像变形虫这样的单细胞生物而言也有着重要的生存意义:

> 活的动物有它们自己的形式和物质。每个动物个体不仅是一个空间有界的包,而且更重要的是,这个包中的内容合成一个整体。"所有权"(ownership)和"归属"(belonging)告诉我们"拥有"我们自己身体的观念对我们自己的生命而言是多么重要。无论是在一只阿米巴虫的层面还是一头大象的层面上,动物都是一种自我整合并且自我个体化的整体。它的边界是自我加强并主动加以维持的。④

对原始的生命体而言,它就存在于这一边界内——边界内的一切都是

---

① Ferrè, E. R., Berlot, E., & Haggard, P. (2015). Vestibular contributions to a right-hemisphere network for bodily awareness: Combining galvanic vestibular stimulation and the "Rubber Hand Illusion". *Neuropsychologia*, 69, 140–147.
② Ponzo, S., Kirsch, L. P., Fotopoulou, A., & Jenkinson, P. M. (2018). Balancing body ownership: Visual capture of proprioception and affectivity during vestibular stimulation. *Neuropsychologia*, 117, 311–321.
③ Gallup, G. G. (1970). Chimpanzees: Self-recognition. *Science*, 167(3914), 86–87.
④ N. 汉弗莱:《一个心智的历史:意识的起源和演化》,李恒威、张静译,浙江大学出版社2015年版,第18页。

这个动物的一部分,都属于它,是"自我"的一部分;而边界外的一切都不是这个动物的一部分,都不属于它,是"他者"的一部分。这个边界将动物自己的物质成分保存在里面,而将世界的其余东西维持在外面。这个边界是物质、信息、能量进行交换的至关重要的边缘①。对于人类这样的复杂生命机体而言,身体便起着早期简单生物中边界的作用。因而,自我身体表征不仅对于自我觉知而言是必要的,而且对自我和他者关系的表征而言更为重要。

当前实证研究中广受关注的有关内外感受整合之于自我-他者分化的研究范式是识脸错觉(经典识脸错觉的研究详见第三章第三节第二部分"身体自我的外感受模型")。最初识脸错觉的出现只是作为橡胶手错觉的一种变式,探究视觉-触觉刺激的同步性对个体拥有感的影响。随后由于人脸在自我身体表征中与众不同的特点并且具有其他身体部位不可替代的优势。例如,人脸是一个人所有身体部分中最具自我表现特征的部位②,识脸错觉很快被推广至自我-他者关系的表征以及更进一步的自我的社会性表征的研究中。识脸错觉中同步的视觉-触觉刺激被称为人际多感官刺激(interpersonal multisensory stimulation),在这一刺激作用之后,被试不仅在主观上将他人的脸评定为更像自己的,而且他们在对自我和他者脸的区分任务中的表现也会受到相应的影响③,说明个体知觉到的与他人的物理相似性在提高。

基于橡胶手错觉研究范式的内外感受整合研究在一定程度上说明了多感官整合对特定部分身体拥有感形成的作用机制,依此推论,当将内感受的因素纳入考察之后,内外感受的多感官整合应该也会影响识脸错觉中自我-他者边界的改变。塞尔等通过两个基于识脸错觉的实验④对这一点进行了验证。实验的刺激材料为被试所不熟悉的陌生人脸的正面照片。在其第一个实验中,主试采用心电图记录被试实时的心跳数据,并通过保持屏幕背景不变的前提下周期性地改变刺激材料(人脸)亮度的方式将被试的心跳数据以同步(呈现的变化与被试实际心跳一致)或不同步(呈现的变化与被试实际心跳不一致)的方式予以呈现。在同步或不同步的内(心跳信息)外(视觉信

---

① Humphrey, N. (2000). How to solve the mind-body problem. *Journal of Consciousness Studies*, 7(4), 5-20.
② Rochat, P. (2015). Layers of awareness in development. *Developmental Review*, 38, 122-145.
③ Tajadura-Jiménez, A., Longo, M. R., Coleman, R., & Tsakiris, M. (2012). The person in the mirror: Using the enfacement illusion to investigate the experiential structure of self-identification. *Consciousness and Cognition*, 21(4), 1725-1738.
④ Sel, A., Azevedo, R. T., & Tsakiris, M. (2017). Heartfelt self: Cardio-visual integration affects self-face recognition and interoceptive cortical processing. *Cerebral Cortex*, 27(11), 5144-5155.

息)感受信息作用前后进行自我-他者人脸识别,被试需要根据要求对屏幕所呈现的人脸在多大程度上与自己的相似进行选择判断。实验结果证实当呈现在陌生人脸上的心跳信息与被试实际心跳同步时,被试会知觉到陌生人脸和自己脸之间更高程度的相似性。这一结果支持这样一种观点,即内外感受信息的整合是自我-他者分化以及自我脸部心理表征的建构或更新的一个重要的机制。值得注意的是,同步的内外感受刺激的作用效果有赖于内感受精确性,即被试精确知觉自己心跳数据的能力越强,同步的心跳-视觉刺激对自我-他者表征所产生的影响也越大。

为了进一步考察心跳-视觉刺激作用时被试的心跳诱发电位(heartbeat evoked potential)的振幅,塞尔等进行了第二个实验,结果表明当内外感受刺激同步时,心跳诱发电位的振幅会出现降低的情况。根据以往研究结果,心跳诱发电位振幅的降低与身体相关的内外感受信号的整合以及自我识别等有关[1],因此第二个实验的结果间接地说明了同步的心跳-视觉刺激对自我-他者表征所产生的影响。并且心跳诱发电位降低的幅度同样与被试内感受精确性的高低有关,说明当大脑整合内外感受信号时,存在基于内感受精确性的对心跳诱发电位振幅的调节作用。

自我-他者表征的多感官整合不仅表现在内感受能力不同的影响上,而且还表现在外感受刺激作用对内感受能力的改变中。菲利佩蒂(M. Filippetti)和扎克瑞斯的一项研究中,被试坐在电脑前面,在观看到屏幕中人脸被刷子轻刷的视频内容的同时感受同步的或不同步的作用于自己脸上的刷子的触觉刺激(具体操作详见第三章第三节第2部分"身体自我的外感受模型"中对识脸错觉实验研究的介绍),被试所看到的人脸在一半试次中是他们自己的脸,另一半试次中是陌生人的脸。与橡胶手错觉实验部分的操作类似,主试首先会对被试IAcc的基线水平进行测试,但与橡胶手错觉实验部分不同的是,由于识脸错觉实验中被试看到的或为自己的脸或为陌生人的脸,因此在对IAcc的基线水平进行测试时也需要分别测试被试看着自己脸时的IAcc和看着陌生人脸时的IAcc。在同步刺激的条件下,被试先接受120秒同步的视觉-触觉刺激,此时屏幕中所呈现的是被试自己的脸,随后分别要求被试在不同时间段内完成心跳计数任务,之后再向被试施加40秒同步的视觉-触觉刺激,此时屏幕中所呈现的是陌生人的脸,之后再要求被试在不同时

---

[1] Canales-Johnson, A., Silva, C., Huepe, D., Rivera-Rei, Á., Noreika, V., Garcia, M. d. C., ... Sedeño, L. (2015). Auditory feedback differentially modulates behavioral and neural markers of objective and subjective performance when tapping to your heartbeat. *Cerebral Cortex*, 25(11), 4490-4503.

间段内完成心跳计数任务。在不同步刺激的条件下,被试先接受 120 秒不同步的视觉-触觉刺激,此时屏幕中所呈现的是陌生人的脸,随后分别要求被试在不同时间段内完成心跳计数任务,之后再向被试施加 40 秒不同步的视觉-触觉刺激,此时屏幕中所呈现的是被试自己的脸,之后再要求被试在不同时间段内完成心跳计数任务。每位被试在完成上述环节之后需要回答一份自我识别问卷。有意思的是,对比被试在识脸错觉实验中接受视觉-触觉刺激前后的 IAcc,研究者发现对于 IAcc 较高的个体而言,外感受刺激所导致的身体自我识别的改变显著地降低了他们的 IAcc,但是外感受作用所导致的身体自我识别的改变并没有改变 IAcc 基线水平较低的个体在心跳计数任务中的表现[1]。这些结果一方面说明对自我觉知不同方面的改变对个体是否能精确检测源自身体内部信号的能力所产生的影响是不同的,暗示了内感受信号在身体自我意识的不同方面所起的作用可能是截然不同的。但是更为重要的是,这一研究证明了,内外感受的整合并不仅限于内感受对外感受作用的影响,而且内感受能力也会受到外感受作用的影响。这为我们将内外感受整合研究的结果应用于临床所需奠定了重要的基础。

并且在调整内感受预测和身体状态的整个过程中,情绪的内容可能会出现[2][3]。内脏运动皮质产生自主神经、荷尔蒙和免疫学的预测,这些预测是系统应变稳态(allostatic)反应的基础。这些预测不仅会被转发到导致内部变化的身体,还会被发送到被称为"初级内感受皮层"(primary interoceptive cortex)的脑岛[4]。在这里,这些预测会与源自内脏的、肌肉的以及皮肤变化的传入信号进行比较,在此基础上形成的误差信号向上传播到预测起源的内脏运动区。一旦内感受的输入得到了解释,情绪内容就会出现[5]。

二、内感受与情绪加工

(一)情绪加工中的内感受

情绪和身体之间存在密切联系的观点并不是具身认知研究兴起之后

---

[1] Filippetti, M. L., & Tsakiris, M. (2017). Heartfelt embodiment: Changes in body-ownership and self-identification produce distinct changes in interoceptive accuracy. *Cognition*, 159, 1–10.

[2] Seth, A. K. (2013). Interoceptive inference, emotion, and the embodied self. *Trends in Cognitive Sciences*, 17(11), 565–573.

[3] Barrett, L. F. (2017). The theory of constructed emotion: An active inference account of interoception and categorization. *Social Cognitive and Affective Neuroscience*, 12(1), 1–23.

[4] Barrett, L. F., & Simmons, W. K. (2015). Interoceptive predictions in the brain. *Nature Reviews Neuroscience*, 16(7), 419–429.

[5] Barrett, L. F. (2017). The theory of constructed emotion: an active inference account of interoception and categorization. *Social Cognitive and Affective Neuroscience*, 12(1), 1–23.

才出现的新主张,早在19世纪末,詹姆斯和兰格就都曾指出,生理反应是情绪体验的原因。他们的理论,也被称为詹姆斯-兰格理论,将躯体和内脏传入反馈与主观情绪体验(感觉)联系起来。根据詹姆斯-兰格理论的模型,情绪刺激会自动引发内脏、血管或躯体反应,例如,血压或心率的变化。因为身体的变化直接跟在知觉之后,所以感觉到这些变化的现象实际上就是情绪本身。

> 对于这些较粗的情绪,我们很自然的想法,是以为对于某种物事的知觉引起了一种精神的感荡,即所谓情绪,并且是由后者的心境唤起身体上的表现。我的说法却与此相反,就是以为,对于刺激的物事的知觉立即引起身体上变化;而正当这些变化发生的时候,我们对这些变化之觉就是情绪。常识说我们破产了,就愁苦啼哭;我们遇见一头熊,就吓得跑走;我们被一个敌手侮辱了,就发怒动手打。我这里要辩护的假设是说:这样说的先后次第不对,前项心境并不直接引起后项心境,两者之中一定要有身体上表现居中。①

自此以后,无数致力于对情绪问题进行深入与精确阐释的研究者对詹姆斯-兰格的情绪外周理论进行了辩护和重构。詹姆斯-兰格的情绪理论被认为是情绪的"具身理论"的先驱,尽管存在不同版本的情绪的具身性模型,但其共同点都是承认身体变化的某种表征是必须的,侧重于对不同身体变化的察觉和知觉。它们并不否认情绪可以影响认知系统,也不否认评估(evaluation)是情绪的重要组成部分,但它们不认为这些过程中的任何一个是必要的和不可或缺的;与之相对应的"认知理论"则认为认知才是必要的成分,重视情绪的调节作用,即它们实际上会影响如注意、记忆或推理等认知系统,并强调它们的计算功能。认知理论的另一个大分支通过陈述的评估,即将某一特定的现象称为一种情绪必然需要某种类型的评估②。

詹姆斯-兰格的情绪理论不仅被视为早期的情绪具身性假说的理论渊源,其影响直至今天依然不小,其基本概念依旧是许多当代情绪模型的核心,例如达马西奥的"躯体标记假说"③。根据达马西奥的说法,与过去经

---

① W. 詹姆斯:《心理学原理》,唐钺译,北京大学出版社2015年版,第157页。
② Smith, R., & Lane, R. D. (2015). The neural basis of one's own conscious and unconscious emotional states. *Neuroscience & Biobehavioral Reviews*, 57, 1-29.
③ Damasio, A. R. (1994). *Descartes' Error: Emotion, rationality and the Human Brain*. G. P. Putnam's Son.

历相关的信息以躯体标记的形式储存在身体中，这些标记是对过去事件的复合的身体表征，包括在这些事件发生期间所伴随出现的身体变化。躯体标记可以被类似的情境、被片断信息，甚至是被记忆激活①。例如一个正在等待面试的人可能特别紧张，因为他在之前的面试过程中曾有过不好的体验，仅仅是这个想法就有可能会激活伴有紧张感受的躯体标记。有可能他自己也能意识到了这段记忆，也有可能这一线索并不是那么明显，例如可能仅仅是门卫与过去让他产生不愉快经历的人有些相似，他自己并没有意识到，但无论是否有所觉知，外显或内隐的记忆都会激活紧张的躯体标记。

因此，情绪体验可以被理解为一种躯体变化，而这种躯体变化的出现是为了对影响我们身体或心理健康的刺激做出反应。对信息的评估也是基于我们先前的体验，例如学习就会影响解释的形成。即便身体感觉总是存在的，但它有可能是内隐的，并不能通过语言进行报告，基于这一观点有些学者认为情绪是对神经系统和生理变化的有意识或无意识的知觉形式②。

詹姆斯-兰格的情绪理论抑或情绪的具身性理论在内感受的研究进路中能够得到更深入的阐释。如上所述，身体唤醒过程中的内感受加工和改变是情绪的具身性理论解释的中心。正是对这些身体反应的感知，至关重要地构成了体验的情感成分。内感觉加工的不同方面可以进一步区分为：第一个维度是内感觉精确性(IAcc)，被定义为监测来自身体内部信号并通过行为测试进行客观量化的能力；第二个维度是内感受敏感性(IS)，是指对身体内部状态的主观信念和自信程度，通常是通过自我报告的问卷进行评估；第三个维度是内感受觉知(IA)，同时结合了客观的和主观的测量方法，其目的是分析主观的自信度和客观的精确性之间的一致程度；第四个维度是内感受信号的情绪评估(IE)，是指对特定情境中所出现的身体感觉的解释(详见本书第三章第一节第二部分"内感受的维度")。不少研究表明，与较高的IAcc相联系的是情绪刺激时更强烈的感受和更高的潜在大脑结构或外周反应的激活程度。因此，内感受被认为在塑造我们的情绪体验中起着重要的作用，因为对身体反应更好的理解意味着更高的情绪体验程度。

---

① A. R. 达马西奥：《感受发生的一切：意识产生中的身体和情绪》，杨韶刚译，科学教育出版社2007年版，第63页。
② Prinz, J. J. (2006). Is emotion a form of perception? *Canadian Journal of Philosophy*, 36(sup1), 137-160.

达马西奥的躯体标记假说和普林斯(J. Prinz)的具身评估假说都被认为是上述概念的进一步完善与补充。在达马西奥的模型中,躯体标记所表征的是内部身体状态的变化,从而体现刺激对于引导情绪和认知行为的重要性。而在普林斯看来,情绪是对身体所处水平的评估,情绪是特殊的心理表征,它与察觉身体变化过程中所涉及的系统紧密相连。在情绪加工的内感受研究进路的影响下产生的理论模型还有如史密斯(R. Smith)和莱恩(R. Lane)的情绪加工的多层级模型(multi-hierarchical model of emotion processing)。在这一模型中,情绪被认为是多层级评估机制作用的结果。他们的层级化的神经认知框架建立在对神经科学的经验证据和情绪体验理论的基本概念的综述之上,其中也包含达马西奥和普林斯的工作,因此该模型被认为是较综合的,同时也包含了关于评价机制的认知理论的概念[1]。

史密斯和莱恩建议要对所谓的"离散的身体特征"(discrete body features)和"整体的身体模式"(whole-body pattern)进行区分,因为这两种特征是在神经系统的不同层次上被表征的。具体而言,离散的身体特征,如内稳态中所使用的器官特异性活动是在躯体感官皮层、后脑岛、孤束核(Nucleus tractus solitarii)、下丘脑核团(hypothalamic nuclei)以及臂旁核(parabrachial nucleus)中得以表征的,而整体的身体模式则是被表征于脑岛的中部和前部的。整体的身体模式,顾名思义,代表的是身体的整体活动模式,与压力或悲伤等现象学上可区分的身体感受相关,与身体感受总是指身体变化的整体模式的概念相对应。在这一模型中,情绪概念是通过涉及如前扣带回和前额叶内侧皮质等其他脑区的评估机制而产生的。这是一个多级的内感受/躯体感官的过程,通过这个过程,身体状态的模式被察觉并被赋予概念和情感意义。这些假设与其他研究[2]中所发现的脑岛和前扣带回再连接内感受加工和情绪方面起着重要作用的结论是相一致的。

(二)情绪调节中的内感受

史密斯和莱恩的情绪的层级加工框架还进一步衍生出有关情绪调节的一个模型,从而为情绪的具身性问题提供包含内感受因素在内的较为全面的解释。这一情绪调节模型包含6个功能水平以及与之相对应的神经基础(如图4-1所示)。

---

[1] Smith, R., & Lane, R. D. (2015). The neural basis of one's own conscious and unconscious emotional states. *Neuroscience & Biobehavioral Reviews*, 57, 1-29.

[2] Pollatos, O., Gramann, K., & Schandry, R. (2007). Neural systems connecting interoceptive awareness and feelings. *Human Brain Mapping*, 28(1), 9-18.

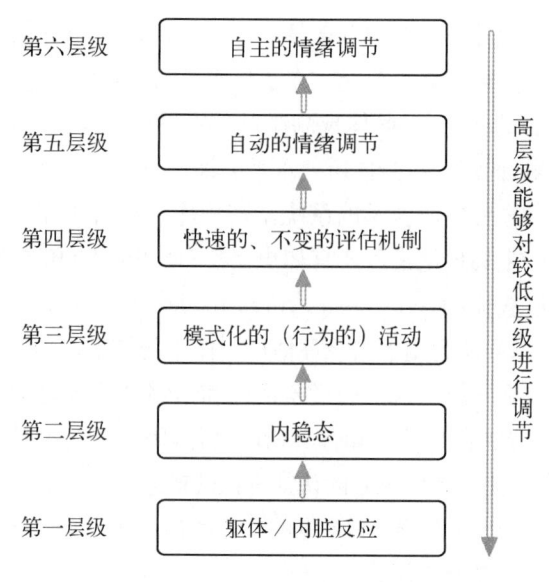

```
第六层级        自主的情绪调节
第五层级        自动的情绪调节
第四层级     快速的、不变的评估机制
第三层级      模式化的（行为的）活动
第二层级            内稳态
第一层级         躯体/内脏反应
```

高层级能够对较低层级进行调节

图 4-1　史密斯和莱恩的情绪调节模型示意图

在这一多层级的调节模型中，最低级的水平是为躯体或内脏反应，完全与周围神经系统和脊髓协调的简单反射相联系。往上一级为内稳态水平，位于脑干下部。第三级涉及自主神经系统，协调防御反应或体温调节等模式化的(行为的)活动。第四级的活动是通过位于颞叶内侧区域(如杏仁核)的快速、不变的评估机制来描述的。这一层次的重点是自主神经、知觉和认知机制，这些机制对简单的、具有潜在情感意义的知觉刺激做出反应。第五层级被认为与自动的情绪调节有关。较之上一层级，它对语境信息更为敏感，采用的是较慢的评估机制。最高级的水平其功能是自主的情绪调节，它是目标导向的，涉及意图和计划。它会调节自主行为，如企图使用压制和重新评估。第六级涉及自上而下的过程，这些过程影响如记忆、注意等的认知功能，并且能够改变思想和行为[①]。基于认知理论所衍生出来的情绪的模型所描述的往往是发生在具身情绪调节模型的较高水平上的内容，但实际上，这些过程和较低水平的机制之间是存在密切联系的。

除了理论模型的完善，内感受在情绪调节中的重要作用也不断得到了来自实验室研究的证实。这些研究涵盖了不同的领域，如特定的情绪调节策略、存在社会排斥的情境、需要共情或社会公平等的情况等。

例如弗斯特(J. Füstös)等在研究中指导被试使用一种常规的情绪调节

---

① Smith, R., & Lane, R. D. (2015). The neural basis of one's own conscious and unconscious emotional states. *Neuroscience & Biobehavioral Reviews*, 57, 1–29.

策略,即认知重评(cognitive reappraisal),来对负面刺激进行重新解释①。这种策略被认为能够在情绪产生的早期阶段作为一种调节情绪的先行策略对情绪感受产生积极的影响②。实验结果发现,IAcc较高的被试更善于降低(down regulate)他们因不愉快的图片刺激所引发的负面情绪。与这种主观上体验的改变相伴随的是P300振幅的变化(P300是事件相关电位的一种,通过脑电图测量,是一种内源性的和认知功能相关的特殊诱发电位,其振幅改变反映了目标刺激出现频率的变化)。

  社会环境中的情绪调节对心理健康至关重要。在社会排斥的情境中,内感受对于情绪稳定性的影响和积极作用也得到了实验结果的证实。研究者采用网络掷球范式(cyberball paradigm)来模拟社会排斥情境。实验中非排斥组的被试有1/3的概率能接到球,而排斥组的被试除了一开始能接到球之后就会一直被忽视。实验前根据被试在心跳知觉任务中的表现而将其分为IAcc高、低不同的两组。实验前后使用心境状态量表(Profile of Mood States)和情绪调节问卷(Emotion Regulation Questionnaire)分别对被试的主观心境和情绪调节策略进行评价。被试受排斥之后的感受在实验处理之后通过一份包含10个条目的问卷进行评估。这些问题选取并改编自需求威胁量表(Needs-Threat Scale),该量表包含关于控制感、归属感以及自尊等感受的陈述。实验结果揭示,内感受性高的被试,需求威胁量表得分较低,情绪调节上更偏向于采用重评(reappraisal)策略,说明在面对社会排斥时,其所受到的负面影响更小③。高IAcc水平与较低的社会排斥后的苦恼水平相关,这也支持了先前的结果④。

  内感受也有助于更好地对他人的情绪进行区分。具有较高IAcc水平的被试在识别情绪的面部表达方面也表现出更高的准确率⑤。有趣的是,这一点对表达悲伤和幸福的表情识别是更明显,但却并不适用于对厌恶和愤怒的

---

① Füstös, J., Gramann, K., Herbert, B. M., & Pollatos, O. (2013). On the embodiment of emotion regulation: interoceptive awareness facilitates reappraisal. *Social Cognitive and Affective Neuroscience*, 8(8), 911-917.

② Gross, J. J., & Thompson, R. A. (2007). Emotion regulation: conceptual foundations. In J. J. Gross (Eds.), *Handbook of Emotion Regulation*. The Guilford Press, pp. 3-24.

③ Pollatos, O., Matthias, E., & Keller, J. (2015). When interoception helps to overcome negative feelings caused by social exclusion. *Frontiers in Psychology*, 6, 786.

④ Werner, N. S., Kerschreiter, R., Kindermann, N. K., & Duschek, S. (2013). Interoceptive awareness as a moderator of affective responses to social exclusion. *Journal of Psychophysiology*, 27(1), 39-50.

⑤ Terasawa, Y., Moriguchi, Y., Tochizawa, S., & Umeda, S. (2014). Interoceptive sensitivity predicts sensitivity to the emotions of others. *Cognition and Emotion*, 28(8), 1435-1448.

表情识别。对这一结果的一种可能的解释与具身模拟对识别不同情绪的贡献有关。由情绪线索所引起的生理状态被内感受读出（read-out），从而有助于更好地对情绪进行识别①。

由此可见，内感受也会与共情相关：对描述痛苦情况的图片做出反应时，IAcc 更高的个体在疼痛强度以及同情心两个维度上的评分更高，这表明疼痛的认知和情感维度都依赖于内感受过程②。这一发现也与这样一种观点相一致，即高 IAcc 水平使得个体具有更有效的机制来支持情绪调节适应性的使用。相应地，在儿童身上，与更高的 IAcc 水平相联系的是更高的情绪智力和适应能力，而这两个方面都是情绪调节的正向预测指标③（内感受与共情更多的讨论详见本章第三节第二部分"内感受与共情"）。

内感受在情绪调节过程中的作用研究说明，使用早期的对策来控制情绪唤醒是可能的。这些机制可能与社会排斥、负面情感或共情相关的社会情境关系更为密切。内感受能力越强的个体对自己情绪体验的识别能力也越高，从而也更善于调节自己的情绪。

三、内感受与认知加工

在第一代认知科学计算主义的影响下，学习、记忆、动机、决策等认知加工被认为是纯粹理性的并独立于身体表证和加工的过程。但考察具体的认知加工过程与内感受之间的关系不难发现，内感受与学习、记忆、动机、决策等过程是相关的，甚至在这些认知加工过程中起着重要的作用。

（一）内感受与学习

尽管对人类学习过程中内感受作用机制的直接研究并不多，但内感受能力的重要性对学习的影响可以通过一些间接的线索和证据得以理解。

首先，以操作性条件反射为例，对此类学习而言，操作性行为的奖励或惩罚对行为的强化起着重要的作用，而这一过程离不开个体对与奖励或惩罚有关的源自身体内部信号的知觉。较差的内感受能力不仅意味着在需要知觉身体特定内部信号时任务的失败（例如当要求不通过外部辅助手段对特定时间段内的心跳次数进行统计），而且还意味着无法识别和区分不同的内感受

---

① Singer, T., & Lamm, C. (2009). The social neuroscience of empathy. *Annals of the New York Academy of Sciences*, 1156(1), 81–96.
② Grynberg, D., & Pollatos, O. (2015). Perceiving one's body shapes empathy. *Physiology & Behavior*, 140, 54–60.
③ Koch, A., & Pollatos, O. (2014). Interoceptive sensitivity, body weight and eating behavior in children: a prospective study. *Frontiers in Psychology*, 5, 1003.

信号。内感受信息的错误分类可能会导致学习信号的误报或得到不一致的学习信号;出现例如把疼痛知觉为饥饿的惩罚信号内部来源的系统性错误归类;或是将通常引起消极评价的特定内感受信号归类为积极的奖励信号。并且,早在巴甫洛夫开展经典条件作用的研究时就曾指出,内感受状态可以作为条件性或非条件性刺激进入联想本身,也可以通过作为环境线索或场合设置者影响学习的获得和表达[1]。

其次,内感受对学习的影响还可以通过其在记忆过程中的作用得以理解。一项内脏感官反馈对记忆表现影响的研究揭示,内感受精确性高的被试在考察情感词汇记忆能力的任务中会有更好的表现。在实验过程中主试分别向内感受精确性高低不同的两组被试呈现带有情绪效价的词语(20个积极词、20个消极词、20个中性词),要求被试大声读出这些词语,并在5分钟的干扰任务(distractor task)之后完成词干补充任务(word-stem completion task)。词干补充任务属于认知任务的一种,要求根据给定的前几个字母尽可能快且准确地完成单词的补充。在这一实验中,主试提供每个目标单词的前3个字母,要求被试尽可能快而准确的完成补充任务。其中一些单词是之前出现过的启动词汇(primed words),另一些单词则是之前没有出现过的非启动词汇(unprimed words)。实验以准确率作为记忆能力的衡量标准,结果显示,除了启动词汇的完成情况优于非启动词汇之外,内感受精确性高的被试在记忆积极词语和消极词语时的表现显著优于内感受精确性低的被试,但在记忆中性词语时,两组被试的表现并没有显著差异。这一实验说明获得有关躯体加工的信息能够促进认知加工[2]。

加芬克尔等的一项研究为内感受精确性在记忆中发挥作用提供了额外证据。这一研究的前提假设是:心理功能受到生理唤醒状态的影响,因此自然气压感受器(natural baro receptor)的刺激将会影响单词的识别和后续的记忆。一个心动周期(cardiac cycle)是指从前一次心跳的开始到下一次心跳的开始心血管系统所经历的过程。一个心动周期包括一次心脏收缩和一次心脏舒张。实验者在有限的注意资源的情况下将单词与心动周期的不同阶段锁定,即将单词呈现在收缩期或舒张期。实验结果显示,在收缩期检测到并因此编码的目标词比在舒张期检测到的目标词记得更牢,但具有较高内感受敏感性的人不太容易受到收缩期干扰对随后记忆的不利影响,这表明内感受

---

[1] Bevins, R. A., & Besheer, J. (2014). Interoception and learning: Import to understanding and treating diseases and psychopathologies. *ACS Chemical Neuroscience*, 5(8), 624–631.

[2] Werner, N. S., Peres, I., Duschek, S., & Schandry, R. (2010). Implicit memory for emotional words is modulated by cardiac perception. *Biological Psychology*, 85(3), 370–376.

表征的可靠性减轻了生理性唤醒对记忆的干扰[1]。此外,内感受与成瘾之间的关系研究[2]以及内感受皮层在学习过程中的参与情况[3]等也能够作为内感受影响学习的间接证据。概言之,内感受精确性高的个体其在学习和记忆方面的表现也更好。

(二)内感受与决策

在社会情境中人类的决策行为通常被概念化为人脑中认知加工和情感加工之间的竞争。就人类行为的理性解释而言,如果一个人面临两个选择,一个是获得报酬而另一个是一无所获,毫无疑问他应该选择前者。这种情况在非社会情境中应该是毫无疑问的,但是在社会情境中却并非总是如此。例如在经典的最后通牒博弈(Ultimatum Game)中,一名提议者(proposer)向另一名响应者(responder)提出一种资源/金钱的分配方案,如果响应者同意,双方就按照这一方案进行分配,但如果响应者不同意,则双方均得不到任何东西。按照理性人假设,只要提议者将一定资源/金钱分给响应者,无论多少响应者应该都会同意,因为再少的资源/金钱也比什么都没有要强。但实际的执行过程中却并非如此,只有提议者给响应者足够的资源/金钱时方案才能获得通过,否则(通常当提议者自己试图分配超过80%的资源/金钱时)响应者宁可选择双方都得不到任何东西的"同归于尽"的策略[4][5]。这种对不公平的敏感性或许就是人类的特性[6],因为黑猩猩在进行相同的任务时并不会因为不公平而拒绝任何分配[7]。决策过程中的这种偏离理性的加工被认为是源于决策中包含情感因素,并且进一步的研究表明,内感受能力会对理性决策产生重要的影响。

---

[1] Garfinkel, S. N., Barrett, A. B., Minati, L., Dolan, R. J., Seth, A. K., & Critchley, H. D. (2013). What the heart forgets: Cardiac timing influences memory for words and is modulated by metacognition and interoceptive sensitivity. *Psychophysiology*, 50(6), 505–512.

[2] Verdejo-Garcia, A., Clark, L., & Dunn, B. D. (2012). The role of interoception in addiction: A critical review. *Neuroscience & Biobehavioral Reviews*, 36(8), 1857–1869.

[3] García-Cordero, I., Sedeño, L., De La Fuente, L., Slachevsky, A., Forno, G., Klein, F., ... & Ibañez, A. (2016). Feeling, learning from and being aware of inner states: Interoceptive dimensions in neurodegeneration and stroke. *Philosophical Transactions of the Royal Society B: Biological Sciences*, 371, 20160006.

[4] Bolton, G. E., & Zwick, R. (1995). Anonymity versus punishment in ultimatum bargaining. *Games and Economic Behavior*, 10(1), 95–121.

[5] Güth, W., Schmittberger, R., & Schwarze, B. (1982). An experimental analysis of ultimatum bargaining. *Journal of Economic Behavior & Organization*, 3(4), 367–388.

[6] Fehr, E., & Fischbacher, U. (2003). The nature of human altruism. *Nature*, 425(6960), 785–791.

[7] Jensen, K., Call, J., & Tomasello, M. (2007). Chimpanzees are rational maximizers in an ultimatum game. *Science*, 318(5847), 107–109.

研究表明,内感受精确性能够缓和游戏中某些因预测社会行为所导致的必然的变化,特别是对知觉到的对另一个人的不公平的负面反应(拒绝)的表达[1]。

研究者邀请普通的健康成人和冥想修行者(meditator)参加与电脑程序进行的最后通牒博弈。游戏共45轮,每一轮分配的总金额都是20美元。每次屏幕会以条形图的方式呈现如"9美元给你,11美元给汤姆",要求被试根据提示信息进行选择"接受(9美元)"或"拒绝(0美元)"。在45轮分配中,只有3次是双方各10美元(公平的分配方案),其他试次中都是分配给被试的少,分配给虚拟玩家的多(不公平的分配方案)。实验统计结果显示,在不公平分配方案的试次中,控制组的被试只接受了其中的1/4,而冥想组的被试能接受其中超过一半的试次。脑成像结果显示,控制组在面对不公平的提议时其前脑岛会被激活,这一激活模式是社交情境中拒绝提议的强预测因子。相比而言,冥想组的被试前脑岛中高层次的情绪表征的激活程度较弱,而后脑岛中低层次的内感受表征则是增强的。此外,控制组中的极少一部分(对不公平分配方案的接受度超过85%)的个体,其背侧前额叶皮层被激活,说明选择过程中认知需求的增加,而做出理性决策的冥想组被试其躯体感官皮层和颞上皮层后部被激活。对比这些数据可见,在最后通牒博弈中对不公平的加工所激活的两类被试的大脑皮层区域差异显著,冥想者被激活的更多的是脑岛中低层次的内感受表征区域,可能正是由于这种不能的激活模式使得他们更容易对行为和相伴随的负性情绪反应进行分离,从而做出更理性的决策[2]。上述结果也说明,在察觉身体线索中,更高的内感受精确性能够通过提高区分不同情绪状态的能力来达成促进对情绪反应的调节。

除了像最后通牒博弈中需要在理性和感性之间进行权衡,决策还会涉及更复杂的情况,例如爱荷华博弈任务(Iowa Gambling Task)所要求的对将要发生事件的不确定性的预测和选择。经典的爱荷华博弈任务中包含A、B、C、D 4种纸牌。纸牌A每次给100美元的奖励,但是连续10次中会有5次35~150美元的罚款;纸牌B每次给100美元的奖励,但是连续10次中会有1次1 250美元的罚款;纸牌C每次给50美元的奖励,但是连续10次有5次25~75美元的罚款;纸牌D每次给50美元的奖励,但是连续10次中有一次

---

[1] Dunn, B. D., Evans, D., Makarova, D., White, J., & Clark, L. (2012). Gut feelings and the reaction to perceived inequity: The interplay between bodily responses, regulation, and perception shapes the rejection of unfair offers on the ultimatum game. *Cognitive, Affective, & Behavioral Neuroscience*, 12(3), 419-429.

[2] Kirk, U., Downar, J., & Montague, P. R. (2011). Interoception drives increased rational decision-making in meditators playing the ultimatum game. *Frontiers in Neuroscience*, 5, 49.

250美元的罚款。每位被试的初始金额是2 000美元，任务是每次选择一张纸牌，目标是在规定时间内（30分钟）尽可能赢得更多的钱。一开始被试并不清楚不同类型纸牌的奖惩规则，但随着游戏的进行他们会发现从长远看A、B属于高利润但是高风险的纸牌，而C、D则属于低利润但是低风险的纸牌①。实验开始前研究者采用心跳计数任务范式对被试的内感受精确性进行了测量，并根据结果将被试分为内感受精确性高、低不同的两组，内感受精确性越高意味着内脏感觉能力越强。实验结果表明，内脏感觉能力越强的个体越倾向于选择C、D两种卡片，即争取更多的净收益而避免更少的净损失，从其行为结果而言，内脏感觉能力越强的个人在爱荷华博弈任务中的表现也越好。事实上，内感受能力之间的差异并不是决定唤醒程度的关键。有一项研究表明，爱荷华博弈任务中即便是内感受能力较差的被试在选择不利选项的时候也会表现出较高的自主神经的唤醒（说明他们对哪些选项产生积极的结果、哪些选项产生消极的结果拥有内隐的知识），但奇怪的是，他们却依然会选择这些选项②。可能的情况是，这些人由于内感受精确性差，不太能够知觉这些身体线索，因此不太能够利用其来帮助他们的决策。

　　邓恩（Dunn）及其同事获得了与这一假设相一致的数据，他们使用改良版的爱荷华博弈任务证明了当唤醒线索倾向于适应性选择时，那些具有较好内感受能力的被试能做出更好的选择，然而当唤醒线索倾向于非适应性选择时，具有较好内感受能力的被试反而比那些内感受能力差的被试做出的选择更差③。同样，研究发现心脏内感受的精确性与博弈任务中框架效应（framing effects）的大小呈正相关（一个人的博弈决定受相同结果被描述为损失或收益的影响程度）。最后通牒游戏中的拒绝率也被发现可以通过内感受精确性好的人的皮肤电反应来预测，但对于内感受精确性差的人则不能预测④。概

---

① Bechara, A., Damasio, A. R., & Damasio, H. (2001). Insensitivity to future consequences following damage to human prefrontal. *The Science of Mental Health: Personality and Personality Disorder*, 50, 287.
② Bechara, A., & Damasio, H. (2002). Decision-making and addiction (part I): Impaired activation of somatic states in substance dependent individuals when pondering decisions with negative future consequences. *Neuropsychologia*, 40(10), 1675-1689.
③ Dunn, B. D., Galton, H. C., Morgan, R., Evans, D., Oliver, C., Meyer, M., ... & Dalgleish, T. (2010). Listening to your heart: How interoception shapes emotion experience and intuitive decision making. *Psychological Science*, 21(12), 1835-1844.
④ Dunn, B. D., Evans, D., Makarova, D., White, J., & Clark, L. (2012). Gut feelings and the reaction to perceived inequity: The interplay between bodily responses, regulation, and perception shapes the rejection of unfair offers on the ultimatum game. *Cognitive, Affective, & Behavioral Neuroscience*, 12(3), 419-429.

言之,一个人知觉内感受信号的能力似乎会影响决策过程中内部线索的利用程度。此外,研究还发现,倾听自己的心跳计时会增加对不公平提议的不公平感的知觉,并增加对其他玩家提出不公平提议的可能性[①],说明对内感受信号的关注也可能影响最后通牒游戏中的行为。

上述研究在一定程度上证实了内感受对认知活动有影响,甚至能够产生促进作用的假设。尽管仍需要更多的研究来揭示具体的作用机制,因为目前所得到的证据并无法证实是内感受能力本身对认知活动产生了影响,即内感受能力的高低是一种特质,有助于个体在学习、记忆、决策等过程中有更优的表现;还是内感受通过调节情绪感受从而影响认知加工,即对身体内部状态的知觉影响了情绪感受,进而对依赖于情绪感受的高阶认知活动产生了影响。

四、内感受与社会认知

社会认知是社会心理学的重要分支之一,关注人们如何加工、存储以及应用有关他人和社会情境的信息,特别重视认知加工在社会互动中所起的作用。具身认知的主张在社会认知研究中对他人心智的理解产生了较大的影响,也促进了诸多新颖研究的开启,但是身体如何影响社会认知至今仍不是非常明确和清楚。近年来,随着内感受研究的兴起和发展,社会认知中具身效应的作用或者更为直接地说,身体是通过内感受影响社会认知的观点得到了越来越多的研究的证实和支持。我们对近年来有关内感受与社会互动的相关研究进行了简单的梳理(如表4-1所示)。

表4-1 内感受与社会互动的相关研究

作　者	研　究	主要发现
Critchley et al. (2004)	Neural systems supporting interoceptive awareness.	右脑岛对内脏反应的表征起着重要的支持作用
Tsakiris et al. (2006)	Neural signatures of body ownership: A sensory network for bodily self-consciousness	本体感觉的行为数据和右后脑岛以及右额叶岛盖的激活呈正相关

---

① Lenggenhager, B., Azevedo, R. T., Mancini, A., & Aglioti, S. M. (2013). Listening to your heart and feeling yourself: effects of exposure to interoceptive signals during the ultimatum game. *Experimental Brain Research*, 230(2), 233-241.

续表

作　者	研　　究	主要发现
Haswell et al. (2009)	Representation of internal models of action in the autistic brain.	对本体感觉的依赖程度越高预示着模仿能力的受损程度越大
Fukushima et al. (2011)	Association between interoception and empathy: Evidence from heartbeat-evoked brain potential.	内脏感觉可能有助于个体在社会认知过程中推测他人的情感状态
Izawa et al. (2012)	Motor learning relies on integrated sensory inputs in ADHD, but over-selectively on proprioception in autism spectrum conditions.	对本体感觉的依赖会导致模仿能力的受损
Ernst et al. (2013)	Interoceptive awareness enhances neural activity during empathy.	内脏感官觉知的进行能够促进共情过程中两侧脑岛以及不同的中线区域的神经活动
Terasawa et al. (2014)	Interoceptive sensitivity predicts sensitivity to the emotions of others.	内脏感觉能够调节社会认知过程中情绪体验的强度
Sedeño et al. (2014)	How do you feel when you can't feel your body? Interoception, functional connectivity and emotional processing in depersonalization derealization disorder.	内脏信息知觉和整合能力的受损可能会导致情感共情反应的中断
Greenfield et al. (2015)	Visuo-tactile integration in autism: Atypical temporal binding may underlie greater reliance on proprioceptive information.	内脏感觉能够同时塑造情感的和认知的共情能力
Grynberg & Pollatos(2015)	Perceiving one's body shapes empathy.	本体感觉的依赖程度会影响共情、模仿等社会认知加工的敏感性
Shah et al. (2017)	From heart to mind: Linking interoception, emotion, and theory of mind.	内脏感觉在社会认知涉及情绪理解的过程中起着重要的调节作用

从表4-1可见，当前内感受与社会认知的研究进一步可以细分为：内感受与心理理论、内感受与共情、内感受与决策等方面。由于内感受与决策的相关研究已在"内感受与认知加工"部分进行过一些介绍，接下来我们将重

点关注心理理论和共情与内感受之间的关系。

（一）内感受与心理理论

在传统研究中，心理理论被描述为表征心理状态的能力，这种界定方式使得对心理理论的个体差异研究较难推进，因为对于个体而言，要么能够、要么不能够对某一特定的心理状态进行表征。但这一能或不能的二分法却又不符合我们在实际生活中观察到的不同的人确实存在心理理论能力差异的这一事实。面对这一问题，为了能够找到心理理论个体差异的根源，不少研究者致力于提出更为细化的能够用于体现心理状态表征能力的描述[1]或是心理理论可能的神经计算规则（neural computational principles）基础[2]。近年来，随着内感受研究的深入，广受关注的一个主张是：内感受，即对身体内部状态的知觉是心理理论的基本成分之一[3]。这一主张的理论基础是"预测编码"理论框架，它认为大脑会生成关于世界的假设并且通过与输入的感官证据对比来验证其预测的有效性。在这一框架的基础之上衍生出内感受对心理理论的影响有强、弱两种解释进路。前者认为对于表征心理状态而言，内感受信息是必须的，而后者则认为情绪和其他的内感受状态共同提供证据从而形成或评估关于他人心理状态的假设。沙哈（P. Shah）及其同事在实验中对上述两种假设进行了检验，即内感受是否能够预测心理状态？抑或内感受只是在理解情绪的过程中起着重要的作用？由于实验中所采用的测量内感受能力的方法是心跳计数任务，因此我们将这一研究归为内脏感觉与心理理论的探索部分。

72名被试在实验过程中首先需要根据实验者的提示进行内感受能力（该研究中考察的是内感受精确性，即IAcc）的测试，随后他们需要完成一项心理理论的评估任务——观看社会认知评价电影（Movie for the Assessment of Social Cognition，MASC）[4]。这一任务要求被试观看一段社会事件相关的影片，在播放的过程中会有选择题穿插其中，并以最终回答的正确率作为衡量被试对心理状态的理解程度。呈现给被试的问题有一些需要对另一个人

---

[1] Happé, F., Cook, J. L., & Bird, G. (2017). The structure of social cognition: In(ter)dependence of sociocognitive processes. *Annual Review of Psychology*, 68, 243-267.

[2] Schaafsma, S. M., Pfaff, D. W., Spunt, R. P., & Adolphs, R. (2015). Deconstructing and reconstructing theory of mind. *Trends in Cognitive Sciences*, 19(2), 65-72.

[3] Ondobaka, S., Kilner, J., & Friston, K. (2017). The role of interoceptive inference in theory of mind. *Brain and Cognition*, 112, 64-68.

[4] Dziobek, I., Fleck, S., Kalbe, E., Rogers, K., Hassenstab, J., Brand, M., ... Convit, A. (2006). Introducing MASC: a movie for the assessment of social cognition. *Journal of Autism and Developmental Disorders*, 36(5), 623-636.

的情绪状态进行表征,如"桑德拉的感受是什么?";有一些不需要对情绪状态进行表征,如"迈克尔在想什么?";还有一些是非社会认知相关的问题,如"傍晚的天气怎么样?"。实验结果发现,内感受精确性的得分只和与需要对情绪状态进行表征的问题的回答正确率呈正相关,即被试的内感受能力越强,其回答情绪相关的心理理论问题时的表现也会越好,但这一相关性在回答与情绪无关的心理理论问题或是在回答非社会认知相关问题的时候并不会出现[1]。这一结果似乎说明内脏感觉能力只是与情感相关的社会认知能力有关,而与情感无关的社会认知能力并不存在显著的正相关。换言之,至少内脏感觉能力对于心理状态表征本身而言并不是必要的,然而它对于促进情绪相关情境中的心理状态表征却有着重要的积极作用。据此可以预见,内脏感觉与共情之间应该有着比较紧密的联系。

(二)内感受与共情

共情(empathy)一词源于德语"Einfühlung",直译为"感受进入"(feeling into),最初是被用于描述一种投射形式,艺术家可以采用这种方式想象成为其他的人或无生命物体将会是怎样的。之后,"Einfühlung"一词被铁钦纳(Titchener)翻译为"empathy",《韦伯斯特词典》将其定义为:不借助于任何客观的外显的方式进行充分交流的情况下,一个人对另一个人过去或现在的感受、思维和体验的理解、觉知、敏感以及间接地体验的行为或能力。但是学术界对于共情其实并没有完全达成共识。大多数定义认为它包含情感成分,但是也有学者认为共情不仅包含情感维度,而且还涉及对他人观点的采择[2]。因此,当前,大多数研究认为共情的情感成分也包含认知成分[3]。共情不仅是社会认知的一个重要方面,而且在日常的社交活动中也发挥着至关重要的作用。

福岛(H. Fukushima)等采用心跳诱发电位(heartbeat-evoked potential, HEP)和脑电图(EEG)作为内脏感觉的指标对内部身体状态的神经加工与共情之间的关系进行了探究。HEP取决于心电图(electrocardiogram, ECG)的峰值(R波),被认为能够反映心脏传入信号的皮层加工情况。在实验过程中被试会看到一系列依次呈现的仅有眉毛和眼睛部分的人脸图片,在情感判断

---

[1] Shah, P., Catmur, C., & Bird, G. (2017). From heart to mind: Linking interoception, emotion, and theory of mind. *Cortex*, 93, 220–223.

[2] Dymond, R. F. (1949). A scale for the measurement of empathic ability. *Journal of Consulting Psychology*, 13(2), 127.

[3] Shamay-Tsoory, S. G. (2011). The neural bases for empathy. *The Neuroscientist*, 17(1), 18–24.

任务中,被试需要判断每张图片的效价(valence),即他们想象图片中的人是积极的还是消极的感受;在身体判断任务中,被试需要判断所看到的眼睛是对称的还是不对称。实验结果显示,不同任务之间 EEG 的差异并不显著,说明心脏活动本身并不会因为任务类型不同而产生不同的活动模式,但 HEP 的差异显著,共情任务中 HEP 的负波加强,说明源自内脏活动的传入反馈可能有助于个体完成推断他人情感状态的任务①。

在实验中向被试呈现一系列图片(其中一半描述的是疼痛相关的情境;另一半描述的是与疼痛无关的情境),要求被试报告自己的感受和他们所感受到的唤醒程度。具体而言,被试在看到图片后要对图片所描述情境的疼痛程度进行从 1(一点都不疼)至 9(极其疼)的评分。此外,他们还要对图片所引发的同情(compassion)和悲痛(distress)反应的主观感受进行从 1(一点也没有)至 9(极其有)的评分。疼痛程度的评定被认为属于认知共情,而同情和悲痛的评定被认为属于情感共情。被试的内脏感觉能力通过心跳计数任务进行评定,即以 IAcc 作为衡量指标。实验结果显示,IAcc 越高的个体其对疼痛相关情境图片所描述的疼痛程度的评定和对因图片所引发的同情以及悲痛感受唤醒程度的评定均更高②。可见,精确知觉身体状态(至少精确知觉心跳情况)的能力能够同时促进认知共情和情感共情。

内脏感觉与共情的关系还有来自神经生理学研究的佐证。根据神经生理学的研究,前脑岛、前扣带回以及扣带回中部皮层均与共情有关,而脑岛同时又与自我和他者的情感加工以及一系列社会认知加工有关。脑岛同时也是大脑中内感受的核心区域,脑岛、感官运动皮层以及扣带回的活动则会在心跳知觉任务中加强③,并且在脑岛切除术之后个体的心跳觉知能力会大幅度下降④。总之,内脏感觉相关脑区和共情脑区之间的重合也说明了内脏感觉在社会认知过程中的重要作用。内感受既能促进心理理论又能促进共情的这一现象也为内感受与决策之间有着紧密联系的观点提供了间接的证据。

---

① Fukushima, H., Terasawa, Y., & Umeda, S. (2011). Association between interoception and empathy: evidence from heartbeat-evoked brain potential. *International Journal of Psychophysiology*, 79(2), 259 - 265.
② Grynberg, D., & Pollatos, O. (2015). Perceiving one's body shapes empathy. *Physiology & Behavior*, 140, 54 - 60.
③ Craig, A. D. (2009). How do you feel—now? The anterior insula and human awareness. *Nature Reviews Neuroscience*, 10(1), 59 - 70.
④ Bernhardt, B. C., & Singer, T. (2012). The neural basis of empathy. *Annual Review of Neuroscience*, 35, 1 - 23.

内感受与具身认知之间的关联性可以通过内感受在身体表征、情绪加工、认知加工,以及社会认知中的多个具体方面中的作用加以剖析,但最终笔者认为其内在逻辑联系应回到"自我"上,通过内感受与具身自我的阐释来理解具身认知的内感受研究转向的必然性和重要性。

五、内感受与具身自我

自我的身体基础问题在哲学中的争论由来已久。笛卡尔所持的是二元论的观点,在他看来自我是纯粹心理的,因此它和身体是分离的:

> 虽然也许(或者不如说的确,像我将要说的那样)我有一个肉体,我和它非常紧密地结合在一起;不过,因为一方面我对我自己有一个清楚、分明的观念,即我只是一个在思维的东西而没有广延,而另一方面,我对于肉体有一个分明的观念,即它只是一个有广延的东西而不能思维,所以肯定的是:这个我,也就是说我的灵魂,也就是说我之所以为我的那个东西,是完全、真正跟我的肉体有分别的,灵魂可以没有肉体而存在。[①]

但是笛卡尔的解释并不能令人满意,他的方法在解释心理(mental)和生理(physical)领域的交互作用上是失败的。例如,为什么想起一件过去曾经经历过至今仍生动且可怕的事件会引起心跳加速的生理反应?为了解决这一问题,斯宾诺莎(Spinoza)提出心智和身体形成了一个独特的实体(entity),从而任何心理事件都会伴随着身体的变化,因此,自我作为心理活动的主体便拥有一个身体的基础。詹姆斯进一步阐释了自我的概念,他定义了一个自我的层级,认为自我的成分可以分成几类,分别是物质的自我、社群的自我、精神的自我的成分以及纯粹的自我的成分:

> 有一种相当一致的意见,将能占有一个人的各项自我以及由之而来的他的各种自视态度排成分等的尺度,身体的自我最低,精神的自我最高,身外的物质的自我以及各种社群的自我在中间。[②]

在詹姆斯看来,身体自我是在最底层的,并且是其他自我形式的基础。

[①] R. 笛卡尔:《第一哲学沉思集》,庞景仁译,商务印书馆 2014 年版,第 85 页。
[②] W. 詹姆斯:《心理学原理》,唐钺译,北京大学出版社 2015 年版,第 99 页。

我们对精神活动的全部感受本质上就是对身体活动的感受。自我的身体基础的观点在神经科学家达马西奥那里得到了更进一步的发展与细化①。达马西奥将自我的最初水平定义为"原始自我"(proto-self),它是各种水平的自我的先兆。原始自我是一些相关的神经模式的群集,这些神经模式一刻不停地映射有机体在许多方面的身体结构的状态。原始自我是无意识的,对应于所有活着的有机体所共享的一种机制。当某一对象与有机体发生交互作用时,它会改变有机体的状态,从而也改变了原始自我。当有机体的神经系统再次映射被客体意象的建构活动所改变的身体状态,并在此映射的同时将客体意象加强且突出地显示在这个映射过程中时,达马西奥认为知道和自我感就在这个组合的映射中出现了。这个与客体发生交互作用时被客体改变的原始自我的再次映射被他称为核心自我(core-self)②。由于各种各样的对象持续不断地与有机体交互作用,核心自我也因此不断地生成并在时间上延续,核心自我体验的合集便构成了自传体自我(autobiographical self)。自传体自我在时间上是延展的,它将主体置于其个人历史的一个给定的点上,与之相伴随的是由过去所构成的同一性,并且有着将来的视角,在自我的层级模型中,每个水平都依赖于较低级的水平,因此从根本上说都是依赖于身体机制的③。在达马西奥看来,身体确保了自我历时的稳定性。

尽管这些主张对当前研究产生了较大的影响,但也一直遭受到来自各方面的质疑。就詹姆斯和达马西奥的理论而言,自我性(selfhood)是根植于对身体状态的变化中的。具体而言,根据詹姆斯的观点,"对身体活动的感受"构成了自我的核心定义,而根据达马西奥的观点,原型自我是通过脑对有机体内部状态中的变化的反应而产生的。可以说,这是对詹姆斯-兰格情绪理论的一种再现,即生理的改变生成了情绪的感受。如果这一假设成立,那么身体状态的改变必然会导致情绪状态的变化,然而事实并非如此。同样的,对于詹姆斯和达马西奥的自我理论而言也存在类似的问题,身体状态的改变也并不必然引起自我的改变。例如,当通过进食刺激内脏时,自我并没有发生深刻的变化。因此,一种更合理的主张应该是诸如心脏等内部器官应该是起着连续信号源的作用,它们向中枢神经系统发送身体在那里的信息而无所

---

① A. R. 达马西奥:《感受发生的一切:意识产生中的身体和情绪》,杨韶刚译,教育科学出版社 2007 年版,第 13—19 页。
② 李恒威、董达:《演化中的意识机制——达马西奥的意识观》,《哲学研究》2015 年第 12 期。
③ Damasio, A. R. (1996). The somatic marker hypothesis and the possible functions of the prefrontal cortex. *Philosophical Transactions of the Royal Society of London. Series B: Biological Sciences*, 351(1346), 1413-1420.

谓身体处于什么状态。随后这些信息会在中央一级的水平上被用来生成一个以自我为中心的参照系,由此便会产生第一人称视角[1]。第一人称视角可以被视为构成自我各方面所必需的基本构件。第一人称视角是自我最简单的、前反思的方面所固有的,并且定义着行动的、知觉的或感受的主体。在自我更为复杂的方面,如自传体自我或社会自我中,自我还包括一个反思的成分,这时自我是内省的对象[2][3]。就此而言,对内脏信号的神经监测可以构成自我的基础[4]。

在《自我和自我错觉——基于橡胶手和虚拟手错觉的研究》一书中,笔者从身体自我入手,基于对自我觉知中始终存在的最小自我的两个核心成分拥有感和自主感的分析,通过哲学分析和实验科学之间的相互阐发为自我的建构论进行过辩护,并在理论阐释和实证研究的基础上指出:我们应该从成分的建构、结构的建构以及过程的建构3个方面来审视和解读自我的建构论[5]。就成分的建构而言,我们需要重视拥有感和自主感这两类能够帮助我们进行有效身体自我识别的基本体验;就结构的建构而言,我们应该将自我视为一个层级系统,重视各个层级之间的相互作用对稳定、统一的最小自我体验形成的重要意义;就过程的建构而言,自我生成于自我指定(self-specifying)和自我标明(self-designating)系统之中[6]。

无论是成分的建构还是结构的建构抑或过程的建构,具身的重要性都显而易见。内感受与拥有感之间的密切联系得到了大量基于橡胶手错觉等实验研究的证实:内感受能力越强的个体往往越容易保持身体自我的稳定性,

---

[1] Park, H.D., & Tallon-Baudry, C. (2014). The neural subjective frame: From bodily signals to perceptual consciousness. *Philosophical Transactions of the Royal Society B: Biological Sciences*, 369(1641), 20130208.

[2] Christoff, K., Cosmelli, D., Legrand, D., & Thompson, E. (2011). Specifying the self for cognitive neuroscience. *Trends in Cognitive Sciences*, 15(3), 104–112.

[3] Legrand, D., & Ruby, P. (2009). What is self-specific? Theoretical investigation and critical review of neuroimaging results. *Psychological Review*, 116(1), 252.

[4] Babo-Rebelo, M., & Tallon-Baudry, C. (2018). Interoceptive signals, brain dynamics, and subjectivity. In M. Tsakiris & H. De Preester (Eds.), *The Interoceptive Mind: From Homeostasis to Awareness*. Oxford: Oxford University Press, pp. 46–62.

[5] 张静:《自我和自我错觉——基于橡胶手和虚拟手错觉的研究》,中国社会科学出版社2017年版,第163—173页。

[6] 自我指定系统和自我标明系统这两个概念是汤普森(E. Thompson)在其著作《觉醒、梦和存在:神经科学、冥想和哲学中的自我》(*Waking, Dreaming, Being: Self and Consciousness in Neuroscience, Meditation and Philosophy*)中提出的。一个自我指定系统就是一些过程的集合,这些过程相互说明彼此从而在整体上构成了一个有别于环境的自我持存的(self-perpetuating)系统;而自我标明系统能基于不断变化的身心状态在概念上指定它自己为一个自我。

越不容易因源于外部的同步的视觉-触觉刺激的影响而对不属于自己身体一部分的外部对象产生拥有感。但内外感受整合之于拥有感的影响研究揭示，当将内感受信号以外显的方式(如根据同步信号控制颜色或明暗的变化)予以显示并将其与外部刺激同步呈现，内感受能力越强的个体反而越容易对外部对象产生拥有感。此时，保持身体自我稳定性的内感受会成为促进个体更好地整合外感受刺激的因素。

内感受之于结构建构和过程建构的意义在内感受的预测加工框架中可以得到很好的阐释。预测加工从根本上说是关于脑如何合理化世界和内含于(embedded)其中的身体的理论[1]，其基本原理是世界上存在隐藏的原因需要推断。这些原因隐藏在人类的大脑中，大脑所能通达的只有它自己的状态：它既不能直接通达外部世界，也不能通达它所存在的身体，更不能通达别的自主体。因此，它必须解决的一个问题便是，对大脑的影响如何与外部世界中的原因相联系[2]。我们可以用推理的方式来呈现这个问题的解决方案，为了找出大脑受到的影响背后的原因，必须推断原因。有人认为这一过程发生在一个层级结构中，在其中会生成关于较低级别最可能的状态的预测，并且预测的结果会与实际的感官输入进行比较。低层级预测的是快速时间尺度上所输入的信号的基本感官属性，而高层级预测的是较慢时间尺度上的更为复杂的规律(regularities)[3]。在这一过程中最关键的信息便是预测和信号之间的不相匹配，这一关键信息随后会通过前馈连接(feedforward connections)被传递，进而达到改进模型的目的。这一更新模型的过程称为知觉推论(perceptual inference)，并且与主动推论(active inference)形成对比[4]。在主动推论的过程中，生物自主体为了改变感官输入而作出反应从而使自身更好地适应预测，而不是对模型进行修正。但是无论是知觉推论还是主动推论，两者的目的都是为了最小化预测误差。

然而，随之而来的一个问题是：大脑如何"决定"选择这些策略中的哪一种？这取决于预期和误差信号被认为有多精确。正如我们已经看到的，预测误差的"工作"是改进生成模型。然而，这里有一个非常值得注意的重要问题

---

[1] Clark, A. (2013). Whatever next? Predictive brains, situated agents, and the future of cognitive science. *Behavioral and Brain Sciences*, 36(03), 181–204.
[2] Hohwy, J. (2013). *The Predictive Mind*. Oxford: Oxford University Press.
[3] Hohwy, J., & Paton, B. (2010). Explaining away the body: Experiences of supernaturally caused touch and touch on non-hand objects within the rubber hand illusion. *PLoS One*, 5(2), e9416.
[4] Friston, K. (2010). The free-energy principle: A unified brain theory? *Nature Reviews Neuroscience*, 11(2), 127–138.

是,误差并不会简单地被认为"值得信任的",并且因此而改变模型或驱动自主体采取行动。大脑会根据对误差信号的可靠性的估计来考虑误差信号是否值得信赖。例如,如果预测误差被评估为精确度较高的,则它们可能会改变假设;但如果预测误差被评估为精确度较低的,模型的改变就不会发生。也就是说,误差信号实际上所能产生的影响取决于其被大脑所评估的精确程度。同时,预测模型的可靠性也需要考虑在内。

一般而言,内感受的预测加工遵循与前面描述的推断外感受状态相同的原理,即关于下一个最有可能的内感受信号的预测模型生成之后会与实际的输入进行比较。这种机制将身体状态保持在其预期的范围内,同时又能够灵活地适应外部和内部的变化。但这并不意味着这个想法不是简单地将输入信息与内稳态的设定点(setpoint)进行比较并相应地改变内部环境,而是系统会预测偏离平均水平的需求,从而有效地调节需求和资源[1]。

根据预测误差的大小和被评估的可靠性,大脑会通过如下几种方式最小化预测误差:通过更新内感受状态的生成模型;通过激活荷尔蒙、内脏、免疫和自主机制来改变内感受信号;或者通过行动改变能够对身体产生影响的外部条件[2]。自主神经系统的、荷尔蒙的、内脏的以及免疫的机制所起的作用就是有助于保持内稳态或应变稳态(allostasis)。在监控其自身状态的整个过程中,系统会不断更新和改变自身的状态,以便将其保持在预期的范围内。主动的内感受推论所描述的就是内部系统如何根据预测的(或要求的)和实际信号之间的差异,即预测误差,来使用自主神经的、免疫的和新陈代谢资源的过程[3]。

正如达马西奥所指出的,身体是有意识心智的基础,没有身体就没有心智、没有意识、没有自我[4]。采用生命的视角和身体的视角是我们全面理解人类心智和自我的前提[5]。然而,以往具身认知的研究往往更重视环境的作用和身体外部刺激的影响而较少关注到内感受的作用。

内感受的状态和身体表征、情绪感受以及社会认知的很多方面存在联

---

[1] Sterling, P. (2012). Allostasis: a model of predictive regulation. *Physiology & Behavior*, 106(1), 5-15.

[2] Seth, A. K. (2013). Interoceptive inference, emotion, and the embodied self. *Trends in Cognitive Sciences*, 17(11), 565-573.

[3] Barrett, L. F., & Simmons, W. K. (2015). Interoceptive predictions in the brain. *Nature Reviews Neuroscience*, 16(7), 419-429.

[4] Dieguez, S., & Lopez, C. (2017). The bodily self: Insights from clinical and experimental research. *Annals of Physical and Rehabilitation Medicine*, 60(5), 198-207.

[5] Damasio, A. R. (2012). *Self Comes to Mind: Constructing the Conscious Brain*. Vintage.

系,并且很有可能共同构筑了自我觉知和自我的基础。例如,达马西奥将自我分为"原始自我""核心自我"和"自传体自我"。这些自我的层级主要就是通过不断进行的身体反应被反馈至大脑并被整合为"躯体标记"(somatic markers)。原始自我由诸多映射有机体身体结构状态的神经模式集合而成,提供内环境、内脏、前庭系统和肌肉骨骼的状态,属于对当前身体状态的初级表征。当原始自我与客体发生交互作用时,有机体的身体状态即原始自我也会随之发生变化,此时核心自我便会出现。最后,最高层级的自传体自我是建立在对核心自我经验永久的但带有倾向性的记录基础上的[1]。具身是一种在环境中生成的身体感,它确保我们能够捕获最原初的自我感,因此,具身认知是我们在理解身心关系中所跨出的重要的一步。

尽管笛卡尔的身心二元论主张一直备受诟病,但在处理身体和心智的关系上,有些理论太过强调连续性而忽略了自我的特定方面可能是相互对抗的,而另一些理论则过于关注对抗性而破坏了自我的同一性[2]。身体与心智之间的对话需要同时兼顾竞争与整合的情况,这也意味着既要重视来自外感受的自下而上的对可塑性的影响,也要重视来自内感受的自上而下的稳定性的作用。自由能量原理(free-energy principle)又称最小震惊(minimizing surprise)原理,被认为能够对内外感受的整合在形成稳定统一的自我感过程中的作用进行较好的解释。它指出大脑作为自主体评估关于外部和内部环境并抵制失调的一个器官必须保持比较低的熵值[3],自主体或通过作用于环境改变输入,或通过更新对输入信息的评估来减少并避免震惊的出现[4]。

自由能量原理认为大脑得以维持自我稳定性的方式是预测编码(predictive coding)。根据这一解释框架,对感觉的预测会和实际的感官样本进行比较,从而或使得先验的预期能够对知觉结果产生影响;或使得感官输入能够修正原有的认知结果[5]。该模型支持自下而上和自上而下加工过程

---

[1] 张静:《自我和自我错觉——基于橡胶手和虚拟手错觉的研究》,中国社会科学出版社 2017 年版,第 17 页。

[2] Tsakiris, M. (2017). The multisensory basis of the self: From body to identity to others. *The Quarterly Journal of Experimental Psychology*, 70(4), 597–609.

[3] Bruineberg, J., Kiverstein, J., & Rietveld, E. (2018). The anticipating brain is not a scientist: the free-energy principle from an ecological-enactive perspective. *Synthese*, 195(6), 2417–2444.

[4] Friston, K. (2018). Does predictive coding have a future? *Nature Neuroscience*, 21(8), 1019–1021.

[5] Seth, A. K., & Friston, K. J. (2016). Active interoceptive inference and the emotional brain. *Philosophical Transactions of the Royal Society B: Biological Sciences*, 371, 20160007.

的分层互补①。自下而上的信息在层级结构间的流动反映的是外感受的影响;自上而下的信息反馈体现的是内感受的作用。例如,身体拥有感错觉可以通过橡胶手错觉和全身错觉的实验范式基于外感受的视觉-触觉刺激的一致性而引发,同时也可以通过基于内感受的"心脏视觉"反馈②的方式诱发或促进。内感受在塑造身体拥有性体验和影响自我的具身性方面所起的重要作用未来可能能够在自由能量原理和预测编码理论的框架下得到更好的理解。

尽管当前具身认知的内感受研究相对而言仍较为零碎,并且多为相关研究,暂时还无法回答内感受在多大程度上因果性地涉及情绪和认知加工,但将内感受问题引入具身认知的研究涉及身体表征、情绪加工、社会认知以及具身自我的方方面面,逐渐形成从理论(对自我问题的启示与推进)到实践(精神疾病的分析与干预)的研究框架。

---

① Badcock, P. B., Friston, K. J., & Ramstead, M. J. (2019). The hierarchically mechanistic mind: A free-energy formulation of the human psyche. *Physics of life Reviews*. 31, 101−121.
② Suzuki, K., Garfinkel, S. N., Critchley, H. D., & Seth, A. K. (2013). Multisensory integration across exteroceptive and interoceptive domains modulates self-experience in the rubber-hand illusion. *Neuropsychologia*, 51(13), 2909−2917.

第三篇

启示与应用

第五章 对自我问题的启示与推进

著名的社会心理学家罗伊·鲍迈斯特(Roy Baumeister)有一句名言:"世界上任何地方,自我都是从身体开始的。"[1]具身认知的拥护者致力于实现的目标便是通过将自我接地于身体而最终克服笛卡尔的身心二元论所带来的一系列问题,从而使身体自我成为自我科学研究的起点。自笛卡尔以来,对身体和心智关系问题的探讨深刻地影响着研究者对意识、自我等人类科学终极问题的探究。无论有关自我问题的争论多么莫衷一是,重回身体自我都是关键且必要的一步,自我问题中著名的实体论与错觉论之争也是发端于身体和心灵的关系问题。

一、实体论与错觉论之争

围绕自我的传统争论中,存在两种极端的但却截然对立的观点:其一认为自我是真实的、独立的事物;而另一种则认为根本就没有自我。根据第一种观点,自我是一种事物或实体,有其自己内在的存在。它是一个人的本质,它的持续存在是人的持续存在所必不可少的。正如笛卡尔所主张的身心二元论,虽然心灵天生就和肉体紧密地结合在一起,但它们是两类完全不同的实体。肉体有广延而不能思维,心灵能思维而无广延。心灵之于肉体就好比船员之于船,船员能驾船,但他本身并不是船[2]。笛卡尔的自我理论被认为是"实体自我理论"(the substance theory of the self)的鼻祖。根据这种理论,自我是某种精神世界的"中心"或"司令部",所有经验在此汇聚,所有身体行动由此出发,同时它独立并拥有所有具体的思维和记忆。但是"二元论的麻烦在于它解释得既过多又过少,很少有哲学家对它感到满意"[3]。然而即便

---

[1] Baumeister, R. F. (1999). The nature and structure of the self: an overview. In R. F. Baumeister (Eds.), *The Self in Social Psychology*. Philadelphia: Psychology Press, pp. 1–20.
[2] R. 笛卡尔:《第一哲学沉思集》,庞景仁译,商务印书馆2014年版,第14—33页。
[3] N. 汉弗莱:《一个心智的历史:意识的起源和演化》,李恒威、张静译,浙江大学出版社,2015年版,第4页。

如此，笛卡尔的论点"自我是单一的、连续的、一个可被通达的精神实体"确实符合人类关于自我的日常直觉，并能与人的常识产生共鸣。以至于尽管当代的哲学家、心理学家以及神经科学家很少严肃地看待笛卡尔的"精神实体"，但他们中仍有不少人与笛卡尔共享来自常识的"司令部自我"的直觉，他们依然致力于寻找自我背后的生理机制，希望在大脑中找到一个起着"司令部"作用的特殊功能区域。

近几十年来脑成像技术的突飞猛进使得寻找自我相关机制的努力成果不断涌现，然而，这些成果并没有真正帮助我们定位自我，反而让人感到困惑。因为随着对自我的神经机制探索的深入，人们发现与自我相关的脑功能区域在大脑中分布极为广泛，似乎并不存在一个特定的"中心"对应所谓的实质性的自我。于是，自我的虚无主义立场再次成为哲学家所关注的焦点。

这一主张最早可追溯至大卫·休谟（David Hume）的工作。在《人性论》（A Treatise of Human Nature）的"论人格同一性"中，休谟对"自我"问题进行了细致而深入的论述。休谟从经验主义的立场出发彻底拒斥自我的存在，在他看来实质性的（substantial）、持续的（persisting）的自我是一种错觉（illusion）：

> 有些哲学家们认为我们每一刹那都亲切地意识到所谓我们的自我；认为我们感觉到它的存在和它的存在的继续，并且超出了理证的证信程度那样地确信它的完全的同一性和单纯性……不幸的是：所有这些肯定的说法，都违反了可以用来为它们辩护的那种经验，而且我们也并不照这里所说的方式具有任何自我观念……就我而论，当我亲切地体会我所谓我自己时，我总是碰到这个或那个特殊的知觉，如冷或热、明或暗、爱或恨、痛苦或快乐等等的知觉。任何时候，我总不能抓住一个没有知觉的我自己，而且我也不能观察到任何事物，只能观察到一个知觉。当我的知觉在一个时期内失去的时候，例如在酣睡中，那么在那个时期内我便觉察不到我自己，因而真正可以说是不存在的。①

牛津大学哲学家德里克·帕菲特（Derek Parfit）根据不同理论对于"为何似乎我是一个单一的、连续的、拥有体验的自我？"这一问题的回答将自我理论分成两类：自我派（ego theories）和羁束派（bundle theories）②。前者认为

---

① D. 休谟：《人性论》（上册），关文运译，郑之骧校，商务印书馆2015年版，第277—278页。
② Parfit, D. (1984). *Reasons and Persons*. Oxford: Clarendon Press, p. 91.

之所以我们每个人都觉得自己是一个连续的统一的自我是因为我们原本就是如此。在我们生命中不断变化的体验之下有一个内在的自我，正是这一内在的自我，它体验着所有这些不同的事情。这个自我可能（实际上必须）随着生命进程的进行而不断地变化，但它本质上依然是那个相同的"我"。而后者则认为我们每个人都是一个连续的统一的自我是一种错觉。自我并不存在，有的仅仅是一系列的体验，这些体验以不同的方式松散地联系在一起①。

阿伦·古尔维奇（Aron Gurwitsch）对于意识的自我论和非自我论的经典区分中其实也已经包含了关于自我问题的自我论和非自我论的界定②。一种自我论的理论认为，当我们在关注外部对象时，我们不仅觉知着外部对象，同时也会觉知到它正被我们所关注。例如当我们在看一部电影时，除了意向地朝向该电影、觉知到被观看着的电影之外，我们同时也会觉知到它正被我们所观看。简言之，存在着一个体验对象（电影）、一种体验（观看）以及一个体验主体，即我自己。而与此相对的非自我论理论则否认任何体验都是对于某个主体而言的体验。换句话说，它将忽略任何对于体验主体的指涉，并且宣称存在着的只是一个对于观看电影这一活动的觉知。体验是无自我的，它们是匿名的心理事件，它们只是发生着③。无论是帕菲特的自我派和羁束派的划分还是古尔维奇的自我论和非我论的区别，其核心的分类标准便是这样一个问题：我们对之有着强烈直觉的自我的实在性是否确实存在？

当然除了以笛卡尔和休谟为代表的自我的实体论和错觉论的经典论述外，两类主张在当代自我问题的研究中依然以各种不同的形式存在。从逻辑哲学的视角出发，路德维希·维特根斯坦（Ludwig Wittgenstein）也曾对自我问题进行过探索，他所得出的结论是："的确在某种意义上，在哲学中可以非心理学地谈论自我。自我之进入哲学，是由于'世界是我的世界'。哲学的自我并不是人，既不是人的身体，也不是心理学探讨的人的心灵，而是形而上学的主体，是世界的界限，而非世界的一部分。"④维特根斯坦认为，我们不可能在世界中发现和认识形而上学主体。这就如同眼睛和视野之间的关系一样，从视野的存在推论不出眼睛的存在，我们也不能从世界中事实的存在来推论出形而上学主体的存在。他主张只有通过"世界是我的世界"这种自我进入

---

① Blackmore, S. (2004). *Consciousness: An Introduction*. New York: Oxford University Press, p. 95.
② Gurwitsch, A. (1941). A non-egological conception of consciousness. *Philosophy and Phenomenological Research*, 1(3), 325 – 338.
③ D. 扎哈维：《主体性和自身性：对第一人称视角的探究》，蔡文菁译，上海译文出版社2008年版，第125—126页。
④ L. 维特根斯坦：《逻辑哲学论》，贺绍甲译，商务印书馆1986年版。

哲学的基本方式,哲学的自我才能被设置和保存起来①。

维特根斯坦的这一观点被约翰·黑尔(John Heil)、约翰·塞尔(John Searle)等当代的一些心智科学哲学家进一步发展。塞尔曾针对休谟的观点明确指出:"除了我的一系列思想、情感以及这些思想和情感在其中发生的身体外,我们还需要设定一种事物、一种实体、一个作为这些事件之主体的'我'吗?……我不情愿地被迫得出结论:我们必须要做出这种设定。"②塞尔认为任何一个自我在做出某种行为时,虽然总是由于某种原因,总是有某种因果关系参与其中,但自我的行为又是自由的,自我的某种行为最终是出自我自己的选择③。能够对自我行为的自由特征进行解释的就是如塞尔所说的:

> 我们必须假设,除休谟所描绘的"一束知觉"之外,还有某种形式上的约束,约束着做出决定和付诸行动的实体(entity),我们必须假设一个理性的自我或自主体(agent),它能自由地动作,能对行为负责。它是自由行动、解释、责任和给予事物的理由等概念的复合体。④

可见塞尔的观点是:把自我设定为经验之外的某种事物是理解我们经验特征的一种形式的或逻辑的必然要求。比如他曾举例说,为了理解我们的视知觉,我们必须把它理解为从某个观察点发生的,但这个观察点本身并不是我们所看的事物。这个观察点就是一个纯粹的形式要求,我们需要用它来实施我们的视觉经验的可理解性特征。自我就是这样一种与之类似的纯粹形式的概念,但却更复杂一些:它必须是一个实体,而且这个实体具有意识、知觉、合理性、从事行为的能力、组织知觉和理由的能力,以便自由地完成意愿行为。所以,尽管自我不具有经验性,但它却是必不可少的。

另一方面,错觉论的思想受休谟的影响不仅为20世纪前半期的逻辑经验主义所接受,而且还进一步发展为当代心灵哲学中颇具影响力的自我理论。其代表人物包括丹尼尔·丹尼特(Daniel Dannett)、丹尼斯·魏格纳(Dennis Wegner)、托马斯·梅青格尔(Thomas Metzinger)、让-保罗·萨特(Jean-Paul Sartre)等人。在丹尼特看来,自我虽然需要加以解释,但它的存

---

① 徐弢:《"自我"是什么?——前期维特根斯坦"形而上学主体"概念解析》,《学术月刊》2011年第4期。
② Searle, J. R. (2004). *Mind: A Brief Introduction*. New York: Oxford University Press, p. 193.
③ 张世英:《自我的自由本质和创造性》,《江苏社会科学》2009年第2期。
④ Searle, J. R. (2004). *Mind: A Brief Introduction*. New York: Oxford University Press, pp. 294–295.

在方式并不像自然物体(甚至大脑加工过程)那样。这就像物理学上的重心,它只是一个有用的抽象概念,故而他称自我为"叙事的重心"(narrative gravity)。我们的语言讲述了自我的故事,因此我们开始相信除了单一的身体外,还存在单一的内在自我,它拥有意识、持有见解并作出决策。实际上,内在自我并不存在,存在的只是多重并行的加工过程,这些过程造成了亲切的使用者错觉(benign user illusion)。自我完全是一种虚构,是与理论上推测的实体(诸如亚原子粒子)完全不同的理论虚构,问自我实际上是什么——或者像某些神经科学家所问的——自我在哪里,这是一个范畴错误[1]。梅青格尔在其著作《自我的隧道:心智科学与自我神话》(*The Ego Tunnel: The Science of the Mind and the Myth of the Self*)的开篇明确指出:

> 并不存在所谓自我的事物。与大部分人所相信的相反,没有人有或曾经有过一个自我……就我们当前的知识所及,没有什么事物、没有什么看不见的实体,是我们,无论是在大脑中还是在某些超越这个世界的形而上领域。[2]

简言之,在梅青格尔看来,自我只不过是脑中的各种亚系统和模块相互作用而创造的一种错觉。对此,萨特则是通过拒绝统一性的超验原则的推论来对自我的实体论主张进行回应的。萨特认为意识流的本性不需要一种外在的个体化原则,因为它本身就是被个体化了的。意识也不需要任何先验的统一化原则,因为体验流即是自身统一着的。随后他继续指出,一种对于活生生的意识的无成见的现象学描述完全不会包含一个自我——作为意识中的居住者或意识的拥有者。只要我们沉浸在体验之中,经历着它,那么就不会有任何自我的出现。只有当我们对这一体验采取了一种远距离和对象化的姿态(即当我们反思时),自我才会显现[3]。

基于前文的回顾,我们可以将自我的这两派理论分别描述为认为自我是实质性存在的事物的"实体论"立场与质疑自我的实在性将其视作为错觉的"错觉论"立场。然而,无论是实体论还是错觉论似乎都面临着一些它们的理

---

[1] Dennett, D. (1992). The self as a center of narrative gravity in self and consciousness. In F. S. Kessel, P. M. Cole & D. L. Johnson (Eds.), *Self and Consciousness: Multiple Perceptives*. Hillsdale, N. J.: Lawrence Erlbaum, pp. 103 – 115.

[2] Metzinger, T. (2009). *The Ego Tunnel: The Science of the Mind and the Myth of the Self*. New York: Basic Books, p. 1.

[3] D. 扎哈维:《主体性和自身性:对第一人称视角的探究》,蔡文菁译,上海译文出版社 2008 年版,第 127 页。

论主张所无法圆满解释的困境。根据第一种观点，自我是一个事物或实体有其自身的固有存在，它是一个人的本质，它的持续存在是一个人持续存在所必需的。根据这种观点原则上只有两种可能：自我和身体以及感受、知觉、有意识的觉知等心理状态是一样的；或者自我和身体以及各种心理状态是不一样的。但是，不管是哪种可能似乎都不可行。一方面，如果自我和构成一个人的生理、心理状态一样的话，那么自我会一直不断地变化，因为这些状态是不断变化的。心理状态会出现也会离开，会产生也会停止，如果自我和这些状态的集合或一些特殊的心理状态等同的话，自我也会出现、离开，也会产生、停止。换言之，自我将不再是一个真实的会从此时到彼时都保持不变的并成为会被我们称为"我"或"你"的事物。另一方面，如果自我和身体还有心理状态不一样，是一种有着其自身独特的、分离的、存在的事物，那么自我便不能拥有任何身体和心理状态的属性。但是，不拥有任何我的特征的事物怎么能够成为我呢？发生在我心智和身上的事情怎么能和发生在我身体上的事情不一样呢？并且，我又如何能够知道这种自我以及为何我要在乎它呢？[1]

然而，主张自我根本不存在或自我的存在是一种错觉的理论，似乎也面临着无法自圆其说的困境。他们认为如果自我存在，那么它应该是一个独立的真实的事物或看不见的实体，然而我们并无法从大脑中找到这样的事物或实体，因此独立的真实的自我并不存在，我们的自我感也因此是大脑所创造出的错觉。但是我们中的大多数都相信并能感受自己的同一性（identity）：我们有人格、记忆和回忆，我们有计划和期待，所有这些似乎都凝结在一种连贯的视点中，凝结于一个中心，由此我们面向世界，立基于其上。如果不是根植于一个单独的、独立的、真实存在的自我，这样的视点怎么可能存在呢？[2]并且，我们还可以看到的是，自我的错觉论的怀疑是建立在如果自我存在那么它将是一个独立的真实的事物这样一个预先设定的相当具体的自我的概念之上，问题是，自我究竟是什么这一点是否已经明晰了呢？[3] 错觉论的主张似乎只是论证了一种单一的、独立的、实质性的自我的不存在。并且，通过自我与经验的关系来彻底否定自我的错觉论也是不成立的。其一，作为其根

---

[1] Thompson, E. (2014). *Waking, Dreaming, Being: Self and Consciousness in Neuroscience, Meditation, and Philosophy*. New York: Columbia University Press, pp. 319-320.

[2] F. 瓦雷拉、E. 汤普森、E. 罗施：《具身心智：认知科学和人类经验》，李恒威、李恒熙、王球、于霞译，浙江大学出版社2010年版，第47页。

[3] D. 扎哈维：《主体性和自身性：对第一人称视角的探究》，蔡文菁译，上海译文出版社2008年版，第130页。

基的经验主义并不成立。无论是传统的错觉论还是当代的错觉论,其根基均在于经验主义。遗憾的是,实在性的这种经验主义标准是不能成立的。如果把这种"凡是不能被经验的就是虚幻的"经验主义贯彻到底,我们要否定的不仅是自我的存在,而且要否定感觉以外的一切。那么最终我们必定会陷于"唯感觉论"的泥潭,所得出的只能是贝克莱的"存在就是被感知"的荒谬结论。其二,这种理论本身也难以自圆其说。如果像这种理论断定的那样,所存在的仅仅是感觉,那么为什么所有正常的人却都不可避免地伴随着感觉产生这种自我的"错觉"? 进而,既然人人都伴随着感觉产生这种错觉,那么这种错觉又是如何形成的呢?[1]

二、建构论的缘起与发展

遗憾的是,关于自我的本质问题,经典西方哲学或假设经验无法触及的自我,或采取忽视的态度来回避这一问题,有些甚至没有注意到这一矛盾——如心理学中的自我概念理论(self-concept theory)几乎不直接讨论上述问题。目前我们所知的主要或许唯一直面这个矛盾并且长久以来研究这个矛盾的传统其实来自东方研究传统中的正念/觉知静心修行[2]。自我的建构论在继承了东方研究传统思想的基础上,同时反对实体论和错觉论的极端主张,并继而指出自我既不是一个事物或实体也不是一种错觉。建构论认为自我是一个"我正在持续进行"的过程,这个过程中的"我"和过程本身是等同的,我们之所以与众不同不是因为有一个独特的形而上的品质,而是因为不同的自我是从特殊的不可重复的条件下涌现的,每个人的自我都是在这个不断变化的过程中被建构起来的。基于此,我们对自我建构论以及身体自我重要性的理解就很有必要回到其东方传统根基上。

(一)五蕴与自我

五蕴(five aggregates)是所有佛教流派所共有的一套范畴。"蕴"对应的梵文是"skandha",字面意思是"积聚、堆积"(据说当佛陀第一次教授用以考察经验的框架时,他用谷堆来代表每一蕴)。根据佛教的观点,色、受、想、行、识五蕴和合而成我们的体验和生命以及我们所处其中的世间一切事物,五蕴分别对应于物质和心智两大层面的5个方面,即物质形式(material form)、感受(feeling)、知觉/认知(perception/cognition)、倾向(inclination/volition)以及

---

[1] 刘高岑:《当代心智哲学的自我理论探析》,《哲学动态》2009年第9期。
[2] F. 瓦雷拉、E. 汤普森、E. 罗施:《具身心智:认知科学和人类经验》,李恒威、李恒熙、王球、于霞译,浙江大学出版社2010年版,第48页。

意识(consciousness)。从认知心理学的视角而言,这五蕴分别对应于信息输入系统、情绪编码系统、信息整合系统、信息加工动力系统以及信息识别系统①。佛教认为,这五蕴构成了心色法(psychophysical complex),而心色法则进一步形成了个体体验的每一瞬间,也组成了与众不同的人②。因此,从五蕴中寻找自我是一种自然且合理的思路。

色蕴指的不仅是身体的物质构成,还包括所有物质的活动对象。由于佛教对物质的分类更侧重于我们不同的感觉器官与接触物质时所形成的直接的了解,即比较强调直觉的体验,因此色蕴是在6种感官(眼、耳、鼻、舌、身、意,佛教称之为六根)及其相应的感官对象(色、声、香、味、触、法,佛教称之为六尘)的层面上来指身体和与之相"接触"(contact)的物理刺激。色蕴也被视为登记某些可区分的感官品质的心理活动。然而无论是身体还是物理环境却都不等同于自我。身体对我们而言显然是至关重要的,我们不愿意失去身体部分。但想象科幻小说中常见的心智移植的桥段便可知,身体并不等同于自我,对自我的寻找不可能止步于色蕴。从被认为是基于身体层面或物质层面的色蕴再往上便是心智层面的其他四蕴。

所谓受蕴,在佛教看来是内心领取纳受环境所生起的一种心念,它会对顺、逆的外部环境作用产生乐、苦、舍(不苦不乐)等3种不同的感受。受蕴存在于对被登记的不同感官事件的直接体验中。根据当代神经科学的观点,内外感受刺激会引起一系列的身体变化和反应,而这些变化反过来又会引起个体产生或愉快、不愉快,或中性的感受。这三类感受由六根而来,关乎我们自身,我们也的确深受其影响,但几乎没有人会说这些感受(无论是身体的还是心智的)就是自我。我们更多地将这些感受视为个体对心理事件的直接和低水平的情感评估(affective appraising)。想蕴和受蕴一样,从六根而来,指的是我们在知觉和认知上对所登记和感受的内容的识别。用心理学的术语描述,如果受蕴主要是指感觉,那么想蕴则为知觉,两者分别为"在我身上发生了什么"和"在外界发生了什么"提供回答③。尽管想蕴显然也不等同于自我,但想蕴关乎我们对世界的理解,也关乎行蕴。行蕴指的是思考、感受、感知以及行动的习惯性模式,是对被感受为乐、苦、舍的内容以一种特殊的方式进行反应的倾向,行蕴有些类似于心理学术语中的意向、信念、动机等。具体

---

① 彭彦琴、李清清:《佛教五蕴系统——一种信息加工模型》,《心理科学》2018年第5期。
② F. 瓦雷拉、E. 汤普森、E. 罗施:《具身心智:认知科学和人类经验》,李恒威、李恒熙、王球、于霞译,浙江大学出版社2010年版,第51页。
③ N. 汉弗莱:《一个心智的历史:意识的起源和演化》,李恒威、张静译,浙江大学出版社2015年版,第25页。

而言表现为外部刺激引起个体主观活动并最终形成对应的语言或行为。这一蕴看似与自我更为接近,但自我历时不变的稳定性,却不是会随时间发生较大变化的习惯、动机、情绪倾向等行蕴的内容所能等价的。至于最后一蕴识蕴,它包含了所有其他的蕴,是伴随着其他四蕴的心智体验,因此每一根或感官都会有不同的识,这就导致在经验的每一瞬间都会有一个不同的体验者和一个不同的经验对象,显然在识中我们也无法找到一个实存的自我。在依次考察每一蕴的过程中我们就会理解为何中观派创始人龙树(Nagarjuna)认为自我既不是真实的、独立的事物,也不能简单地说根本没有自我,对自我本质的探究需要诉诸能够超越实体论与错觉论的中观之道(middle way)①。龙树向实体论者提出的问题是:如果自我就是五蕴,那它就将会产生和停止(如同其他属性一般),而如果自我和五蕴不同,那它将不会拥有五蕴的特征②。换言之,且不论我们是否能在五蕴中找到自我,如果自我等同于五蕴,哪怕是等同于其中某一或某些内容,由于形式、感受、认知倾向等都会不断变化、产生和停止,那么自我也将会不断地变化、产生和停止。不断变化的五蕴显然不足以构成一个从此刻到彼时都始终能保持不变的且有着独立存在的自我。如果上述自我等同于五蕴的假设不能成立,那自我就只能是由有别于五蕴的其他事物构成,这样的一个自我将不再会依赖于任何体验,从而便完全是不可知的③,这显然也是不可行的。龙树的论证可以用如下的方式总结:如果自我是独立实在之物,那么根据独立的、内在的、绝对的等限定特征的定义,自我不应该依赖于任何别的事物。然而,我们通过分析五蕴发现经验中找不到能满足这一标准的独立实在之物。但是龙树又认为没有什么事物能与它出现、形成和消亡的条件相分离,因此龙树在批判两种极端立场的基础上提出了这样的主张,即用早期阿毗达摩传统中相依缘起的(dependently co-arisen)表达来描述自我④。

佛教概念中的相依缘起主要包括如下 3 个依赖水平:原因的依赖(causal dependence)、整体/部分的依赖(whole/part dependence)以及概念的依赖(conceptual dependence)。所谓原因的依赖是指某一现象依赖于其原因

---

① Thompson, E. (2014). *Waking, Dreaming, Being: Self and Consciousness in Neuroscience, Meditation, and Philosophy*. New York: Columbia University Press, pp. 319.
② Garfield, J. L. (1995). *The Fundamental Wisdom of the Middle Way: Nâgârjuna's Mūlamadhyamakakârikâ*. New York: Oxford University Press, p. 245.
③ Thompson, E. (2014). *Waking, Dreaming, Being: Self and Consciousness in Neuroscience, Meditation, and Philosophy*. New York: Columbia University Press, pp. 320-321.
④ F. 瓦雷拉、E. 汤普森、E. 罗施:《具身心智:认知科学和人类经验》,李恒威、李恒熙、王球、于霞译,浙江大学出版社 2010 年版,第 180—182 页。

和条件，不仅依赖于其产生的原因和条件，同时也依赖于使其停止和消亡的原因和条件。整体/部分的依赖在中观论中被强调得更多的往往是整体依赖于部分，但是复杂系统理论却进一步指出，部分对整体的依赖也很重要。概念的依赖是 3 种依赖水平中最微妙的但恰恰又是最重要的。根据中观派的观点，概念的依赖是指我们将某物识别为一个单一的整体依赖于我们如何概念化它并使用一个特定的词来指称。龙树极大地推进了对相依性的理解，汤普森在此基础上进一步发展并提出了"自我是在过程中被建构出来的"观点。他认为我们通常或日常的自我概念不是人的内在和实质性本质的概念，而是体验主体和动作自主体的概念。因为，当我们仔细审视我们将其称之为"自我"的事物时，我们所能发现的只是相互联系的过程的集合，而不是任何独立的实体或固有的事物。这些身体、生理、精神抑或心理的过程的出现和终止是有原因和条件的，并且是不能与之相分离的。在吸收"相依缘起"的非实体论核心思想的基础上，汤普森提出了自我的生成进路(enactive approach)①。

（二）从中观论到建构论

这一进路最基本的概念为"我是"(I am)，源于印度哲学，被汤普森称为"我相"(I-making)，用以表达成为一个"我"的感觉之意。这个"我"是思维的思想者(thinker of thoughts)，是行动的执行者(doer of deeds)，并且具有时间上的持续性。生成进路从生命有机体的角度来理解认知，人类作为一个生物动力学系统，是一种高级的自组织、自治系统，自我不能被还原为构成它们的基础心智或物理时间，而是从这种自组织系统的高级整体性中涌现出来的。在非还原论的立场上，生成进路的主张是一种建构的自我观，即认为自我既不是有也不是无，而是一种"无我之我"的组织自治实现同一性的过程。自我既非实体也非不存在，自我是一种建构同一性的过程，正是这一过程生成了一个"我"，自我就是这个过程本身②。

汤普森通过"自我指定系统"(self-specifying system)来阐释其生成主张。首先，由于自我是一个过程，在建构同一性生成一个"我"的过程中会有各种过程的集合，这些过程需要有一个能够彼此指定对方、同时通过相互说明使这些过程的集合能够在整体上构成一个有别于其所处环境的自我持存(self-perpetuating)的系统，自我指定系统在与环境交互作用的过

---

① Thompson, E. (2014). *Waking, Dreaming, Being: Self and Consciousness in Neuroscience, Meditation, and Philosophy*. New York: Columbia University Press, pp. 325 – 326.

② Thompson, E. (2014). *Waking, Dreaming, Being: Self and Consciousness in Neuroscience, Meditation, and Philosophy*. New York: Columbia University Press, pp. 325 – 326.

程中执行一种自我/非我的功能性区分。自我和他者的边界对于从最简单的变形虫到最复杂的人类都至关重要,这一区分是有机体能够进一步处理"自我身上发生了什么"和"在外界发生了什么"的基础。但是从初级的自我指定系统到完备的(full-fledged)我相系统才是自我感最终能够涌现的关键。汤普森认为,从简单的能够区分自我与他者的系统到一个有着历时不变的能感觉到我是自己思维的思想者和行动的执行者的系统,还需要一个至关重要的成分,"自我标明系统"(self-designating system)。自我指定系统完成的是在知觉和动作之间进行区分,生成自我和非我的边界;自我标明系统则是基于不断变化的身体-心智状态,生成一个认知、行动自主体的视角。这就意味着,个体能够通达其不断变化的体验状态并将其视为这些状态的主体。自我正是在这些自我指定和自我标明的系统中生成的,因而它既不同于某个独立的事物或实体,也有别于于纯粹的精神概念,而是作为一个过程被建构出来的①。

毫无疑问,自我是一个真实的现象,即便没有意识,也依然存在自创生系统所刻画的生命自我②。然而像细胞这样的生命自我既感觉不到自己也不知道自己——自我存在,自我感还没有形成,更谈不上个体的历史同一感③。而在一个人有意识的每一刻,自我感始终存在,由自我感所显示的那个"我"始终在场。正如意识研究中最有影响力的神经科学家安东尼奥·达马西奥所言,在我的意识生活中,存在着一个持久但却静默和微妙的自我在场,只要我是有意识的,这一在场就永远不会失效。一旦它缺失了,那么也就不再有一个自我了。自我问题的复杂性并不在于是否存在自我感和自我,而在于人们对于自我存在方式的困惑④。没有意识,生命机体就不会禀赋自我感,而没有自我感则表明生命机体也没有意识。自我感和意识是同在的,它们是等值的。意识并非独石一块,意识是有层级的。区分一种简单、基础的意识类型和一类更复杂的意识在达马西奥看来是合理的,他将前者称为核心意识(core consciousness),而将后者称为扩展意识(extended consciousness)。核心意识具有一个单水平的构成,在有机体的生命过程中它始终保持不变。它并不独为人所有,也并不取决于常规记忆、工作记忆、推理或语言。相反,扩展意识则具有多层面的构成。它随着有机体的生命时间而发展起

---

① 张静:《自我和自我错觉——基于橡胶手和虚拟手错觉的研究》,中国社会科学出版社 2017 年版,第 13—14 页。
② 李恒威:《意向性的起源:同一性、自创生和意义》,《哲学研究》2007 年第 10 期。
③ 李恒威:《意识:从自我到自我感》,浙江大学出版社 2011 年版,第 57 页。
④ 李恒威:《意识:从自我到自我感》,浙江大学出版社 2011 年版,第 56 页。

来，并且取决于常规记忆和工作记忆。在一些非人类中，也能够找到它的基本形式，但是仅仅在使用语言的人类中才达到它的顶峰。在达马西奥看来，这两类意识分别对应于两种自我。他将形成于核心意识的自我感称为核心自我(core self)，将由扩展意识所提供的更为精细的自我感称为自传体自我(autobiographical self)[①]。

达马西奥指出，自传体自我是以自传体记忆为基础的，自传体记忆是由包含许多实例的内隐记忆构成的，这些实例就是个体对过去和可以预见的未来的经验。一个人的一生中那些不变的方面就成为自传体记忆的基础。自传体记忆随着生活经验的增多而不断增长，并且其中的部分也会发生改变，从而能够反映新的经验。在有必要的时候，描述同一性和个体的系统记忆就能作为一种神经模式被重新激活，并且作为表象而显现出来。每一种被重新激活的记忆都是作为一种"已知的事物"而发挥作用的，并且有产生它自己的核心意识的动向。其结果便产生了我们意识到的自传体自我[②]。自传体自我并不是一个事物，并不是某种固定不变的事物，而是人们以某种确定的方式构想和组织其生活的产物。当面对"我是谁"这个问题时，我们将讲述某个故事并强调我们认为具有特殊重要性的那些方面，正是这些事物定义了我们是谁。自传体自我就是通过这种叙述被建构的。尽管自传体自我在实践层面表现出社会性本质，但是仅仅从社会实践层面研究自我问题是远远不够的，因为社会实践层面的自我、建构起来的自传体自我是以生命主体的意识和意向性为前提的[③]。我们要讨论自我的建构，还必须并且尤其要重视现象学上自我的概念，即体验上核心自我的概念。

在精神分裂的临床描述中我们可以看到自我失调作为一个重要成分的出现。正如闵科夫斯基(Minkowski)曾写道："疯狂并非起源于判断、感知或意志的失调，而在于自我之最内在结构的失调。"病人常常抱怨自己丧失了某种最基本的东西。他们可能会说"我感觉不到我自己""我并不是我自己""我失去了与自己的联系"，或者"对我而言我的自我正在消失""我正在变得毫无人性"。患者可能会察觉到一种内在的空无、一种无法定义的"内核"的缺失、一种被削弱的在场感，或是与世界的远离以及一种意义破碎。所有这些抱怨都指向一个削弱了的自我性，自我感不再自动地充实于体验之中。我

[①] A. R. 达马西奥：《感受发生的一切：意识产生中的身体和情绪》，杨韶刚译，教育科学出版社 2007 年版，第 133—134 页。

[②] A. R. 达马西奥：《感受发生的一切：意识产生中的身体和情绪》，杨韶刚译，教育科学出版社 2007 年版，第 135 页。

[③] 刘高岑：《论自我的实在基础和社会属性》，《哲学研究》2010 年第 2 期。

们所面临的是一个在前反思层面上的体验紊乱,它比自卑感、不安全感以及不稳定的认同感更为根本①。来自神经科学研究的证据也表明了核心自我和自传体自我之间的关系。扩展意识的损伤对核心意识并无影响,而在核心意识水平上开始的损伤则会引起扩展意识的崩溃。达马西奥提供了一个因脑炎而导致额叶损伤的病人的材料。该病人记忆的时间不到1秒,他无法学习任何新的东西,并且无法回忆起许多旧的东西。事实上,他回忆不起任何特殊的事物、个人或是在他一生中发生的事件。虽然他的自传体记忆几乎丧失殆尽,而且我们一般人在任何时刻都能被建构起来的自传体自我也严重受损,但他却保留了一个对此时此地之事件和对象的核心意识,并且因而具有一个核心自我②。在第六章中,我们还将呈现身体自我障碍与自闭谱系障碍以及进食障碍等疾病之间的密切联系,以此来说明,对于统一、稳定的自我感而言,核心自我的重要性。

尽管在达马西奥的自我体系中除了核心自我和自传体自我外还有更为原始的现象,那便是原始自我。当产生核心意识的机制在那个没有意识的前兆身上发挥作用的时候,最早期的和最简单的自我表现便出现了。原始自我是一些相关的神经模式的群集,这些神经模式一刻不停地映射有机体在许多方面的身体结构的状态。但是达马西奥也提醒我们既不要把原始自我和丰富的自我感相混淆,也不要把原始自我与古老的神经病学中的那个刻板的小矮人(homunculus)相混淆。一方面,我们当前的认识活动在这一刻主要关注的就是自我感,我们不会意识到原始自我,因为语言并不是原始自我结构的一部分,所以原始自我并没有知觉的力量,也不拥有任何知识。另一方面,原始自我并不是只在一个地方出现,这种不停地被保存下来的神经模式是在多种层次上,从脑干到大脑皮层,在被神经通路相互联结的结构中出现的。此外,原始自我并不能用于解释一切,它只是它所处的每一个方面的一个参照点。神经映射机制显然是有机体迈向自我感的关键一步,但还不是最后一步。当有机体与客体作用,在建构客体意象的同时,有机体的身体状态也被建构客体意象的过程改变了。当有机体的神经系统再次映射这个被客体意象的建构活动所改变的身体状态,并在此映射的同时将客体意象加强且突出地显示在这个映射过程中时,达马西奥认为,知道和自我感就在这个组合的映射中出现了。这个与客体发生交互作用时被客体改变的原始自我的再次

---

① D. 扎哈维:《主体性和自身性:对第一人称视角的探究》,蔡文菁译,上海译文出版社2008年版,第171—172页。
② A. R. 达马西奥:《感受发生的一切:意识产生中的身体和情绪》,杨韶刚译,教育科学出版社2007年版,第162页。

映射被他称为核心自我①。

综上所述,我们可以看到,达马西奥同样秉持自我是不断建构的观点。从神经生物学的角度看,传统上那个作为自我代理者的小矮人是不存在的。首先,在由自体平衡实现的生命调节系统中,不存在一个绝对的中央控制单元来协调、控制和制造各种身体的反应。其次,作为身体状态映射的原始自我和作为蕴含客体模式的身体状态的二阶映射的核心自我都依赖于身体状态提供的基础参照。最后,在自传体自我那里,人们的确感到他们有一个相对稳定的一致的视角,但这个视角不是因为有一个好像实体一样的最高的知情者、监控者和所有者,而是因为记忆将每一时刻的核心自我联结起来的能力,以及社会在确定个体同一性时所依赖的一个根本原则——"一个身体,一个自我"。既然身体在有机体与客体交互作用的每一时刻被改变、被重建,那么始终以身体为参照的自我——无论是自体平衡的自我、原始自我、核心自我还是自传体自我——必然处在不断的建构中②。

可见,对自我的理解,我们不应该仅根据常识体验简单地假设大脑"中央司令部"的存在,也不能只因为无法定位这一司令部而因此认为自我就是一种错觉。更有建设性的做法应该是将自我视为有层级的系统,将其理解为过程而非实体,从自我的最基本的层面出发,即从与自我密不可分的身体出发,来探究身体过程(bodily processes)如何有助于(contribute to)自我的生成与建构③。因为几乎所有关于自我的讨论都是从以下这两个基本问题出发的:第一,是否每一种有意识的体验的特征都是自我感?或者这些体验其实是缺少这种特征的?第二,自我感是否带来自我的实在性?或者是否自我可能就是一种错觉?尽管这两个问题前者是现象学的而后者是形而上学的,但是往往对于这两个问题,通常答案是一样的。无论是自我的实体论者还是错觉论者,双方都认同的是,对于自我存在性的形而上学问题的回答的前提是对关于体验如何被构造的现象学问题的回答。就此而言,我们可以说,现象学被认为主导着形而上学④。

在意识问题的研究中,人们已经认识到的一个普遍存在但研究者往往又

---

① A. R. 达马西奥:《感受发生的一切:意识产生中的身体和情绪》,杨韶刚译,教育科学出版社 2007 年版,第 154 页。
② 李恒威、董达:《演化中的意识机制——达马西奥的意识观》,《哲学研究》2015 年第 12 期。
③ Gallagher, S. (2011). Introduction: A diversity of selves. In S. Gallagher (Eds.), *The Oxford Handbook of the Self*. New York: Oxford University Press, pp. 1-29.
④ Henry, A., & Thompson, E. Witnessing from here: self-awareness from a bodily versus embodied perspective. In S. Gallagher (Eds.), *The Oxford Handbook of the Self*. New York: Oxford University Press, pp. 228-229.

很容易犯的一个错误:"大量对于意识的定义总是从关于其本性的某个理论开始的,而不是从意识现象本身的现象学开始的。这就好比是把马车置于马之前。"① 意识经验的具身特征在梅洛-庞蒂的知觉现象学中有着清晰的阐释。梅洛庞蒂指出意识的本质不是"我思",而是"我能"。意识活动对事物的指涉并非借助于对事物客观和确切特征的表征,而是按照某种受某人身体影响的情境性运动目标来完成的。例如,取一个茶杯来喝水,我们并非借助于茶杯在空间中的客观定位来完成这个动作的,而是借助于其与我们的手的自我中心关系来实现的②。这强烈地暗示意识和自我并非寓居于我们的大脑之中,而是分布式地融贯和延展于那些我们借助于活生生的身体参与世界的结构与行为之中。具身就是一种在环境中生成的身体感,它确保我们能够捕获最原初的自我感。因此,自我问题的研究想要取得突破也必须重视自我本身的现象学问题,正如加勒斯所说:"未来的神经科学研究必须更多地聚焦于第一人称的人类经验。"而这一第一人称的人类经验首先应该聚焦于身体的自我③。

三、最小自我与自我的建构

对于叙事的自我,建构主义的主张显而易见,其核心观点与我们在常识体验中对自我的理解也很吻合:自我的本质在于其社会属性,我们需要从人的社会性存在理解自我,把自我看做是个体生命在其社会性存在中建构起来的事物。正如保罗·利科(Paul Ricoeur)所指出的,自我问题是"我是谁"的问题,面对这样的问题是,人们的回答必然是讲述一个生命的故事,而这一生命故事又是与他人的生命故事交织在一起,共同处于一个由社会历史和共同体授予其意义的更大的结构之中。正是通过对"我是谁"这个问题的叙述,自我才能得以具体化,也正是这种连续的叙述性构造使得生命本身成为一块由讲述的故事编织而成的事物④。然而,即便是社会建构论者也不得不承认的是,自我生物层面的实在性也是自我得以形成的一个必要条件。为此,笔者认为自我的社会建构论可能在一定程度上解释了叙事的自我是如何形成的问题,但是对于更为基础的最小的自我却没能给予足够的重视,对自我建构

---

① Velmans, M. (2009). *Understanding Consciousness*. London: Routledge, p. 7.
② 陈巍、郭本禹:《具身-生成的意识经验:神经现象学的透视》,《华东师范大学学报》(教育科学版)2012 年第 3 期。
③ Gallese, V. (2011). Neuroscience and phenomenology. *Phenomenology and Mind*, (1), 28-39.
④ Ricoeur, P. (2010). *Time and Narrative*. Chicago: University of Chicago Press, p. 246.

论的全面理解应该从最小的自我开始。

（一）成分的建构

拥有感和自主感作为两类能够帮助我们进行有效身体自我识别的基本体验同时也构成了最小的自我的两个核心方面。从我们的日常经历中也不难发现两类体验在帮助我们将自己和他者进行区别的过程中所发挥的作用，以及它们对于我们最基本的自我感形成的重要性。例如，当我们试图对一只因为某些原因而无法直接判断其归属的手做出它是否属于我们身体一部分的判断时，一方面我们会观察形状大小是否相似，感受是否一致，例如当有针扎在那只手上时我们是否会感到疼；另一方面我们也许会尝试移动自己的手看看那只手是否也会有相应的移动，这两方面对于我们做出正确判断缺一不可[1]。可见拥有感和自主感是我们在对自我和他者进行区分时所必不可少的体验，正是拥有感和自主感的共同作用才保证了最终稳定和统一的自我感的形成。然而，即便拥有感和自主感需要共同作用，并且在日常的生活中，在绝大多数情况下，两者都是共同出现且密不可分的，但是它们的相互分离却也是从行为到脑层面都有据可循的。

在日常体验中，主动的动作中拥有感和自主感固然密不可分，当我伸手去拿某个东西的时候，我知道伸出去的手不是别的什么东西，而是属于我身体一部分的我的手，正如维特根斯坦曾对"我"这一第一人称代词在自我指称中的用法所作的经典区分：我作为主体和我作为客体，当我作为主体时，我们不会将"我"指称为错误的对象[2]。同时我也知道做出伸手这个动作的原因在于我想伸手，我能够对伸手这个动作进行控制，可以决定继续执行或马上终止这个动作。但是在被动的动作中拥有感和自主感的分离又是显而易见的，当我去医院检查身体的时候，医生可能会抬起我的胳膊，我知道被抬起来的胳膊是属于我身体一部分的东西，但是我却不会认为胳膊之所以抬起来是我想要这么做。尽管检查身体的这个例子中，拥有感依旧，但是当事人却不会有任何的自主感。从中我们可以简单地判断，拥有感和自主感在某些条件下可以分离，并且他们至少不应该属于完全相同的机制。

在实证层面上，基于橡胶手错觉范式的多感官整合研究提供了大量关于拥有感和自主感可以分离的证据。例如通过对虚拟图像和真手移动的同步

---

[1] 张静、陈巍、李恒威：《我的身体是"我"的吗？——从橡胶手错觉看自主感和拥有感》，《自然辩证法通讯》2017 年第 2 期。

[2] Wittgenstein, L. (1958). *The Blue and Brown Books*. Oxford: Blackwell, p. 56.

性和虚拟图像的模态性进行调节,能够让被试分别产生有拥有感但是没有自主感的体验以及没有拥有感但是有自主感的体验,可见拥有感和自主感的双向分离是可以在某些条件下实现的[1]。并且,对橡胶手错觉过程的脑成像研究的结果也表明,感官驱动的拥有感与中线的皮层结构的激活相联系,但这些区域的激活在自主性条件下并不出现;前辅助运动皮层的激活与自主感相联系,但和拥有感却没有关系。可见拥有感和自主感的关系应该用独立模型而非叠加模型描述更为合适[2],即拥有感和自主感彼此之间尽管在现象上表现出交织在一起,但至少在一定程度上是相互独立的,并且在一定的条件下是能够相互分离的。

但同时需要注意的是,之所以是拥有感和自主感共同而不是其中之一构成了最小的自我的核心方面,是因为两者之间彼此独立可以相互分离的同时又存在着对于稳定统一的自我感而言不可或缺的共同作用。尽管在日常的被动动作中,两者能够被轻易地分开,但是拥有感和自主感的这种分离实际上会扮演着提醒我们一些异常事件发生的作用。例如,在我们没有主动发出行为的意愿时如果我们的身体发生了移动,我们会根据拥有感和自主感之间的这种不一致快速地寻找原因并做出恰当的反应。如果仅仅是朋友开玩笑推一下,我们可能会一笑置之,但如果是有人骑自行车不小心撞到的,我们可能会快速地躲开以避免更坏的结果发生。此外,也正是由于拥有感和自主感之间的交互作用才保证了我们能够以恰当的方式对某些刺激作出反应。为什么我们不能给自己挠痒痒的问题或许是一个很好的例子。当我们自己挠自己的时候,拥有感和自主感是一致的,而当别人挠我们的时候,拥有感依旧,但自主感是不存在的。当两者之间不匹配时有所反应是满足我们的适应性需求的,而当两者之间匹配时做出反应则是会令人诧异的。

另一方面,拥有感和自主感,任何一个成分的缺失或紊乱都会导致自我感的失调。从身体自我障碍的病理学案例中可见,无论是自拥有感还是自主感,任一方面的受损都会让患者感受到自我感的不完整,说明我们完整统一能够正确感知自我和他者异同的自我感需要拥有感和自主感的共同作用。此外,对正常被试所开展的研究结果也说明,拥有感和自主感之间的交互作用至关重要。在没有自主感的情况下,拥有感是零碎的、分散的,而在有自主

---

[1] Zhang, J., & Hommel, B. (2016). Body ownership and response to threat. *Psychological Research*, 80(6), 1020-1029.

[2] Tsakiris, M., Longo, M. R., & Haggard, P. (2010). Having a body versus moving your body: Neural signatures of agency and body-ownership. *Neuropsychologia*, 48(9), 2740-2749.

感的条件下,同样的操作却能够让人产生整合的、统一的拥有感①。并且,即便是在拥有感和自主感能够彼此分离的实验中也依然可以看到两者之间的相互影响。在本章的第二个实验中,较之自主感不存在的情况,在自主感存在的情况下拥有感对主体最终产生的焦虑水平的影响会更大;反之,较之拥有感不存在的情况,在拥有感存在的情况下自主感对焦虑水平产生的作用也会更明显。拥有感和自主感共同作用的重要性以及可能的相互影响可见一斑。

从日常体验到实证研究,拥有感和自主感彼此独立但同时又共同作用的证据表明,一方面,对最小的自我的研究确实需要对拥有感和自主感进行有效的区分并分别予以重视,因为它们是构成最小的有意识体验的两个重要但又不同的方面;另一方面,这两者缺一不可,甚至可以说正是这两者之间的交互作用才保证了一种以我为主体的稳定统一的自我感的呈现。

(二) 结构的建构

对于自我而言,长期以来,实体论者视其为单一的、不可分割的某种高级意识性存在,而错觉论者则在发现似乎根本没办法找到这样一种自我之后对它进行了彻底的否定,认为它只是一种错觉。但是随着具身认知研究的深入,越来越多的研究者开始青睐自我是一个层级系统的观点。

神经科学家达马西奥从生命演化的视角出发,依托神经科学的证据,把自我划分为原始自我、核心自我以及自传体自我等3个层次。首先,有机体作为一个单元被映射在自己的脑中,形成原始自我,原始自我是生命有机体表征自身状态的一系列相互联系和暂时一致的神经模式。其次,客体也被映射在脑中,映射在有机体与客体交互作用所激活的感觉和运行结构中。并且,与客体相关的一阶客体映射会导致与有机体相关的一阶原始自我映射发生改变,并且这些一阶映射的变化还可以被其他的二阶映射表征为客体与有机体的关系或者有机体由于客体的影响所产生的一系列变化。原始自我就是在经历上述时间进程后才成了一个具有自我感的核心自我②。再次,达马西奥指出,就像乐曲结束之后有些东西还会持续,在核心自我的许多次短暂出现之后,某些痕迹也仍然保留。当某些个人的记录根据需要而在重新建构的表象中数量不等地明显表现出来的时候,这些记录就变成了自传体自我③。自

---

① Tsakiris, M., Prabhu, G., & Haggard, P. (2006). Having a body versus moving your body: How agency structures body-ownership. *Consciousness and Cognition*, 15(8), 423-432.
② 李恒威、董达:《演化中的意识机制——达马西奥的意识观》,《哲学研究》2015年第12期。
③ A. R. 达马西奥:《感受发生的一切:意识产生中的身体和情绪》,杨韶刚译,教育科学出版社2007年版,第134页。

我就这样形成了一个从最低级的原始自我到最高级的自传体自我的有层级的结构。

现象学家加拉格尔对自我所做出的划分包含的也是类似于达马西奥自我理论的层级观点。加拉格尔指出自我可以划分为最小的自我和叙事的自我，并且最小的自我可以进一步地通过拥有感和自主感这两类基本体验得以理解。尽管拥有感和自主感一起构成了最小自我的核心成分，并且拥有感本身在现象学层面上所表现出来似乎是一个中央的、统一的加工模块，但事实上拥有感是很大程度上异构的多个功能和表征水平的复杂的多模态现象。基于对从本体感觉、视觉反馈到身体图式等的身体层面的知觉表征到以思维、意图等为代表的命题表征再到规范、判断等为代表的元表征，拥有感和自主感作为身体自我表征的形式被认为各自包含3个层次的内容：拥有性的感受、拥有性的判断和拥有性的元表征；自主性的感受、自主性的判断；道德责任的归因[1]。正是各个层级之间的相互作用才共同促进了稳定、统一的最小自我体验的形成。这一假设在某些身体自我障碍的临床表现中可见一斑[2]。拥有感或者自主感的失调会呈现不同的程度，也就是，即便是拥有感发生了紊乱，也不是全或无的形式。可见拥有感和自主感内部确实存在着不同的层级。

自我的层级结构的假设也推动了实证研究的开展，认知心理学家扎克瑞基于大量有关身体拥有感是如何形成的实验研究结果指出，只强调外感受刺激整合自下而上的解释和只强调个体内部身体地图（internal body maps）的自上而下的解释都是片面的。结合橡胶手错觉的研究而言，自下而上的信息在层级结构间的流动反映的是感官事件的影响（如橡胶手错觉中放置于被试面前的橡胶手被刷子刷时所产生的视觉和触觉刺激），自上而下的信息则是以预测感官事件结果的形式在层级间流动（如我们主观上是无法感受到施加在橡胶手上的触觉刺激的）。在这一结构的最高层是加工感官输入中抽象表征的多感官区域，负责对自下而上的信息和自上而下的信息加以整合并进行表征[3]。随着具身认知内感受研究的深入，感官驱动的机制可以被进一步细化为外感受的驱动和内感受的驱动，其中外感受强调的是源自身体外部信号

---

[1] 张静：《自我和自我错觉——基于橡胶手和虚拟手错觉的研究》，中国社会科学出版社2017年版，第34—44页。

[2] 张静：《自我和自我错觉——基于橡胶手和虚拟手错觉的研究》，中国社会科学出版社2017年版，第48—67页。

[3] 张静、陈巍：《身体拥有感及其可塑性：基于内外感受研究的视角》，《心理科学进展》2020年第2期。

自下而上的影响,而内感受强调的是源自身体内部的信号自上而下的影响。内外感受的整合在其中所起的作用是更好地平衡自下而上的影响和自上而下的影响,从而保证个体在最大程度上拥有稳定、统一的自我感。

不同的拥有感和自主感水平会以一种自下而上的方式对最终被试所体验到的焦虑水平产生影响,其证据可见于多个实验结果中。例如,同步人手条件下的焦虑水平要显著高于不同步猫爪时的焦虑水平;而不同的任务类型则是以一种自上而下的方式对最终被试所体验到的焦虑水平产生影响,惩罚任务会让被试在不同条件下的焦虑水平呈现显著差异,奖励任务则不会产生这样的效应①。可见作为最小自我核心成分的拥有感和自主感能够对高阶的情绪体验产生影响,反之高水平的认知也会对拥有感和自主感的影响进行限制。

自我的这一层级结构系统的具体实现过程被认为是一个预测编码的过程②,对其具体的加工机制的探讨与研究,不仅能够为自我结构的建构提供进一步的说明,同时也能够为自我是一种过程的建构提供更多的佐证。

(三)过程的建构

认为自我是一种建构的主张也有多种不同的表现形式与变化方式。汤普森指出,在某些体验中自我感的不存在逻辑上并不必然意味着没有自我感。相反,如果自我是一种建构,那么我们可以预期的是,即便是在它的某些构成过程依然存在的情况下它也还是可以被分离。换言之,倘若自我是一个过程而非一个实体的事物,那么在一定的条件下,它可能被关闭,并且在随后的另外一些条件下它又能够被重启③。从这一逻辑出发,达马西奥所提供的一个身在心不在的神经病理学案例能够生动形象地说明自我是一种建构的可能性。他曾在和一位病人交谈的过程中遭遇病人突然失去自我感的情况④,达马西奥说这个病例让他目睹了一个像剃刀一样锋利的转换,一个强烈的对比,看到并体会到一个完全有意识的心智与一种丧失了自我感的心智之间的差别⑤,同时这个病例也证明了汤普森所指出的"如果自我是一种建

---

① Zhang, J., & Hommel, B. (2016). Body ownership and response to threat. *Psychological Research*, 80(6), 1020-1029.
② Clark, A. (2013). Whatever next? Predictive brains, situated agents, and the future of cognitive science. *Behavioral and Brain Sciences*, 36(03), 181-204.
③ Thompson, E. (2014). *Waking, Dreaming, Being: Self and Consciousness in Neuroscience, Meditation, and Philosophy*. New York: Columbia University Press, p. 362.
④ A. R. 达马西奥:《感受发生的一切:意识产生中的身体和情绪》,杨韶刚译,教育科学出版社 2007 年版,第 5—6 页。
⑤ 李恒威:《意识:从自我到自我感》,浙江大学出版社 2010 年版,第 58 页。

构,那么它是可以被分离的,是可以在某些条件下被关闭,随后又被重启"的前提假设是可能的。对于进一步的关于自我建构的过程是如何发生的、自我又是如何以自我感的方式呈现给主体的等问题,汤普森的主张是"自我是一个'我'持续进行的过程——一个进行着的生成'我'的过程,在这个过程中'我'和这个过程是等同的"①。接下去我们将重新回到拥有感和自主感的问题上,围绕身体自我识别的重要成分拥有感和自主感是如何被建构的来说明最小的自我可能的建构过程。

无论是在对拥有感和自主感本身含义和层级结构的介绍中,还是基于各类错觉实验所开展的关于拥有感和自主感相关问题的研究中,都可以看到自下而上的信息和自上而下的信息的双向交互作用对最终拥有感和自主感形成的重要影响,在正常个体身上,这一加工机制可以被理解为是一个"预测编码"的建构过程。

根据预测编码理论的主张,无论是自上而下的信息还是自下而上的信息都是通过两类名为表征单元(representational units)和误差单元(error units)的独立的神经元加工的②。前者处理感官输入的概率表征,后者则在预期和实际的感官事件之间出现冲突时对误差进行编码。在这些层级的每一个水平内部,表征单元和误差单元的神经元都会进行大量的信息交换,从而使得震惊(surprise)事件所引起的一个大的、早期的反应能够局部地更新先验概率表征。除了局部的信息交换外,误差单元中任何未被解释的震惊都会被投射至这些层级结构的上一个水平的表征单元中。这就使得震惊事件会引起流向更高层级的预测误差。与此同时,表征单元会动态地更新先验预测,并且将这些信息在层级结构中向下投射,从而表征单元会在层级结构的前一水平"解释掉"误差。这一动态过程受到自由能量最小化的限制,系统通过更新生成模型中的概率分布来迅速地最小化感官系统中的震惊(预测误差),直到推断出感官事件最可能的原因③④。

以橡胶手实验中身体拥有感的形成为例,首先,是被观察物体的视觉外观和个体已经存在的、相对稳定的身体意象之间的比较,只有当两者相似度

---

① Thompson, E. (2014). *Waking, Dreaming, Being: Self and Consciousness in Neuroscience, Meditation, and Philosophy*. New York: Columbia University Press, p. 326.
② Williford, K., Bennequin, D., Friston, K., & Rudrauf, D. (2018). The projective consciousness model and phenomenal selfhood. *Frontiers in Psychology*, 9, 2571.
③ Clark, A. (2013). Whatever next? Predictive brains, situated agents, and the future of cognitive science. *Behavioral and Brain Sciences*, 36(03), 181–204.
④ Friston, K. (2010). The free-energy principle: A unified brain theory? *Nature Reviews Neuroscience*, 11(2), 127–138.

较高时,下一个比较的过程才会启动。在橡胶手错觉实验中,与拥有感的产生高度相关的颞顶联合皮层所起的便是对特定的身体部位进行拟合度的检验。其次,是对当前个体自身的身体状态或姿势和被观察物体的结构和位置特性的比较,两者之间如果继续能够达到足够的知觉相似性才会进入第三个比较的过程。在第二阶段的比较中,起主要作用的可能是顶下小叶,负责完成对身体部分的空间关系的表征。最后,才是不同感官信息之间的比较,所涉及的主要皮层有腹侧前运动皮层、顶内沟以及顶下小叶。这些区域或是在视触刺激相匹配的情况下被激活,或是作用于消解视触刺激之间的冲突,从而实现对视触坐标系的再校准[1]。

对橡胶手产生拥有感的过程中所涉及的皮层或结构的研究进一步说明,身体拥有感形成的脑过程既会受实时的感官信息的影响,又会受外部刺激与内部模型是否匹配的影响。橡胶手错觉的出现很有可能就是个体降低了感官信号的精确性从而以自上而下的方式来解决感官的不确定性[2]。此外,橡胶手错觉产生所涉及的皮层或结构与身体拥有感障碍患者主要的受损脑区有着较高的重合度,这也在一定程度上说明了多感官整合在拥有感产生和保持过程中的重要性,多感官整合的失败有可能造成个体出现某些特定身体部分拥有感的障碍。

这种双向互动是可以通过自由能量原理得以解释的。自由能量原理的一个关键预设是自我组织(self-organizing)的有机体有一种抵制失调的自然倾向,即面对永远不断变化的环境他们会尽可能保持自身原本的状态和形式[3]。有机体通过避免和感官状态关联的震惊来达到保持稳定的目的,而这反过来又会导致一种外部世界对它们而言是需要高度可预测的状态。因此,长远而言,脑为了减少震惊的出现就必须"学会"如何构建一个更好的模型来预测感官输入的结果以期与实际的感官事件之间保持尽可能的一致。同样对于自我而言也是如此,我们要在不断变化的环境中保持一种稳定的自我感,同样需要构建一个良好的能够对感官输入进行较好预测的自我模型,此外这一模型在预测误差发生时也要能够进行更新。自由能量框架的一个重要启示是感官信息是被概率性地加工的,为此如果自由能量原理能够合理地

---

[1] Rao, I. S., & Kayser, C. (2017). Neurophysiological correlates of the rubber hand illusion in late evoked and alpha/beta band activity. *Frontiers in Human Neuroscience*, 11, 377.

[2] Zeller, D., Litvak, V., Friston, K. J., & Classen, J. (2015). Sensory processing and the rubber hand illusion—an evoked potentials study. *Journal of Cognitive Neuroscience*, 27(3), 573–582.

[3] Friston, K. (2010). The free-energy principle: A unified brain theory? *Nature Reviews Neuroscience*, 11(2), 127–138.

解释自我的表征，那么它也应该是概率性的。

自我表征是如何以一种概率性的方式被建构出来的？通过来自橡胶手/虚拟手错觉关于身体自我觉知的研究结果便可见一斑。在看到橡胶手/虚拟手被刷子刷的同时如果在自己的真手上感受到同步的触觉刺激，被试会对橡胶手/虚拟手产生拥有感。此时，诸如对作用于橡胶手/虚拟手的潜在威胁的反应、对自己真手所处位置的判断等行为测量的结果均说明大脑实际上似乎已经将橡胶手视为自己身体的一部分了[1][2]。与此同时，被试自己的真手则会以温度降低等方式表现得更不像自己身体的一部分[3]。显然，对于相同的感官输入而言其背后可能的解释或许并不尽相同，大脑需要选择一种最为合理的解释，其选择的标准便是我们需要更加支持一个统一的自我的解释。这种选择往往不是绝对的而是相对的。因为自主体最小化自由能量的方式既包括通过知觉的方式改变对模型的预测，也包括选择性地筛选条件来改变什么是可被预测的。值得注意的是，按照自由能量原理或最小震惊原理的解释，错觉实验中揭示的身体表征可塑性不仅不会导致"自我"的瓦解或混乱，而且还是维系"自我"的重要保障。受到自上而下与自下而上加工的交互作用，自由能量将得以流动与重新组织。身体意象的表征作用和感官系统输入信息之间的联合会产生一个动态的评价过程。大脑会根据新的信息输入不断地对什么是最可能属于"我"的进行评估。为了保证以最优的方式处理问题，大脑必须"学会"构建一个良好的稳定模型来预测感官输入的结果[4]。

综上所述，首先，不仅将自我看作是有别于物质实体的精神实体的存在无法自圆其说，而且将自我还原为某些特定脑区的尝试显然也是失败的。因为对自我神经相关物的寻找并无法证明自我与哪些特定的脑区或脑过程等同，尽管来自神经成像研究的结果表明有一些脑区会在自我识别的过程中被激活，但是迄今为止尚未发现任何只对自我刺激有所反应的单模态区域的存在。其次，简单地因为自我不是某一实体而就认为它根本不存在或者视其为错觉的做法似乎也不可行。显然每个正常个体都会有一种稳定而统一的自

---

[1] Tsakiris, M. (2010). My body in the brain: A neurocognitive model of body-ownership. *Neuropsychologia*, 48(3), 703-712.

[2] Blanke, O. (2012). Multisensory brain mechanisms of bodily self-consciousness. *Nature Reviews Neuroscience*, 13(8), 556-571.

[3] Hohwy, J., & Paton, B. (2010). Explaining away the body: Experiences of supernaturally caused touch and touch on non-hand objects within the rubber hand illusion. *PLoS One*, 5(2).

[4] Apps, M. A., & Tsakiris, M. (2014). The free-energy self: A predictive coding account of self-recognition. *Neuroscience & Biobehavioral Reviews*, 41, 85-97.

我感,并且自我感的涌现需要一定的生理基础。并且由于没有找到独立的自我实体就认为自我完全是一种错觉的想法从一开始就预设了自我是某种具体的事物,这显然也是有悖常理的。从基于最小的自我两个核心成分所开展的一系列研究出发,采用将自我视为过程而非实体的方式更有助于推进我们对于自我的认识。自我,至少最小的自我是一个持续进行的,动态的过程,而不是一个静态的表征。对自我的理解可以分别从成分的建构、结构的建构和过程的建构等三方面得以进行。

四、内感受与最小自我

如前文所述,大量来自心理学和认知神经科学的实证研究证实,最小自我的两个核心方面,拥有感和自主感受到外感受和内感受的单独的或整合的影响是广泛而深远的。因此,对于人类最小自我的影响,内感受至少是与外感受具有同等重要性的。基于具身认知视角对内感受和最小自我之间的联系进行探究,不仅能够帮助我们更好地理解最小自我可能的发展过程,而且能够深化内感受研究对自我问题的启示。我们将从解释内感受和最小自我关系的理论出发,探讨内感受是如何影响最小自我的发展,并对后续的研究进行展望和预测。

(一)工具性内感受推论与功能性联系

当前较有影响力的对内感受和最小自我之间的联系给出解释的有工具性内感受推论(instrumental interoceptive inference account)以及在此基础上进一步细化的针对内感受和行动状态之间交互作用的功能性联系主张[1]。

工具性内感受推论的解释在20世纪中期的控制论(cybernetics)主张和最近的自由能原理的背景下产生,之所以强调工具性推论,是为了区别于认识性推论(epistemic inference),其作用在于控制而非发现。20世纪50年代,控制论学者威廉·罗斯·艾什比(William Ross Ashby)通过基本变量的二阶内稳态(second-order homeostasis)来阐述生物体无论是在面对危险还是机会时都会试图保持其生理上的完整性这一主张。这些变量对应如血压、心率、血糖水平等指标,它们保持在严格的范围内是生物体能够生存的前提。根据艾什比所提出的框架,当基本变量超出生物体特定的生存极限时,会触发使

---

[1] Musculus, L., Tünte, M. R., Raab, M., & Kayhan, E. (2021). An embodied cognition perspective on the role of interoception in the development of the minimal self. *Frontiers in Psychology*, 12, 716950.

系统重新参数化(re-parameterise)的适应性过程,直到达到内稳态得以恢复的新的平衡①。这一过程被艾什比称为"超稳定性"(ultrastability),即便是环境所造成的扰动足以破坏当前的内稳态过程,一个具有超稳定性的系统也能够在其环境中找到一个新的稳定配置。在早期对超稳定性的描述中,二阶参数重置被作为一个随机过程来实现,即通过不断随机探索不同的设置,直到恢复一阶内稳态。然而,参数设置的随机探索是低效的,并且在生物学上也是不可行的。更可行的解决方案是存在能够明确推论身体状态(基本变量)及其随时间变化的内稳态相关轨迹的模型,它能够对这些状态采取行动以确保持续的生理完整性②。

内感受的推论模型提出,内感受的体验是根据贝叶斯原则,对内部的感官输入原因进行概率推论的结果③。内感受推论遵循与其他外感受模式中相同的预测加工的原则。从本质上讲,大脑部署了一个生成模型,该模型以概率分布的形式编码了关于感官输入及其在身体和世界中的原因的先验信念④。神经元层次结构中较高或较深层次的神经元表征产生对较低层次表征的预测。这些向下的预测与较低层次的表征相比较,形成一个预测误差,这个预测误差被传递回层次结构,以更新较高层次的表征。相邻层次之间的信号交换解决了每个层次的预测误差,形成了对感官输入的分层深入的神经编码解释,而正是这种解释构成了最终的知觉。这一过程涉及两个非常重要的方面。首先,感官预测误差信号的精确性权重,具有较高(预期)精确性的信号在更新向下的预测中具有更大的影响。感官数据的精确性是被推论出来的,其精确性既取决于感官数据的经验方差,也取决于对精确性的先验的预期。其次,通过执行行动(performing actions)改变感官数据以及更新预测,也可以将感官预测误差降到最低。通过行动使预测误差最小化的过程被称为主动推论⑤。主动推论提供了一种控制或调节所推论的原因(感觉信号

---

① Stephan, K. E., Manjaly, Z. M., Mathys, C. D., Weber, L. A., Paliwal, S., Gard, T., ... & Petzschner, F. H. (2016). Allostatic self-efficacy: A metacognitive theory of dyshomeostasis-induced fatigue and depression. *Frontiers in Human Neuroscience*, 10, 550.
② Stephan, K. E., Manjaly, Z. M., Mathys, C. D., Weber, L. A., Paliwal, S., Gard, T., ... & Petzschner, F. H. (2016). Allostatic self-efficacy: A metacognitive theory of dyshomeostasis-induced fatigue and depression. *Frontiers in Human Neuroscience*, 10, 550.
③ Seth, A. K. (2013). Interoceptive inference, emotion, and the embodied self. *Trends in Cognitive Sciences*, 17(11), 565–573.
④ Friston, K. (2009). The free-energy principle: A rough guide to the brain? *Trends in Cognitive Sciences*, 13(7), 293–301.
⑤ Friston, K. J., Daunizeau, J., Kilner, J., & Kiebel, S. J. (2010). Action and behavior: A free-energy formulation. *Biological Cybernetics*, 102(3), 227–260.

来源的隐藏或潜在变量)的手段①。

概言之,根据工具性内感受推论解释,(运动)行动通过一个分层组织的生成模型(hierarchically organized generative model)为内感受状态的调节服务。生成模型对神经层次结构中较高层次的感觉信息的先验进行编码,在此基础上预测较低层次的信息,如内感受状态。这些自上而下的预测与感知到的感知状态进行比较。预测和感知状态之间的差异导致预测误差,然后被送回层次结构中的更高层次,以进一步更新生成模型。通过重复这种层次性的级联,内感受预测误差被最小化,最终使内感受生成模型最优化②。内感受的(主动)推论共同服务于应变稳态(allostasis)的总体目标:通过适应环境变化,将身体的生理参数维持在一个恒定的范围内③。相对于不断变化的外感受信息,内感受促进了身体最小自我的稳定④。

马歇尔(Marshall)等⑤在此基础上,进一步分析了运动行动(motor actions)和内感受信号之间潜在的交互作用,阐述了两者之间双向的功能联系(functional links)。运动和内感受状态都可以形成对彼此的预测。然后将预测与传入的感官输入进行比较,在运动预测的情况下是源自感官运动系统的输入,在内感受预测的情况下是自主神经系统的输入。具体而言,他们提出了内感受的结果预测对运动经验和行动的潜在影响。这一做法将自主神经预测的功能意义和感官运动预测的功能意义等同起来,在这一关系中,运动和内感受的预测在它们对主观体验的贡献方面被认为具有同等的重要性,强调了功能上的双向联系。尽管上述关系的提出目前更多地仍处于理论层面的探讨,尚缺乏实践证据的佐证,但是这一解释框架也为实证研究提供了一些指导。例如,对内感受推论的实证检验,特别是内感受预测对行动表征的贡献,可以通过诱导对特定内感受感觉状态的预期来实现,以探索这是否会影响符合或违背预期情绪的行动的电生理标志物。

---

① Seth, A. K., & Tsakiris, M. (2018). Being a beast machine: The somatic basis of selfhood. *Trends in Cognitive Sciences*, 22(11), 969-981.
② Musculus, L., Tünte, M. R., Raab, M., & Kayhan, E. (2021). An embodied cognition perspective on the role of interoception in the development of the minimal self. *Frontiers in Psychology*, 12, 716950.
③ Sterling, P. (2014). Homeostasis vs allostasis: Implications for brain function and mental disorders. *JAMA Psychiatry*, 71(10), 1192-1193.
④ Tsakiris, M. (2017). The multisensory basis of the self: from body to identity to others. *The Quarterly Journal of Experimental Psychology*, 70(4), 597-609.
⑤ Marshall, A. C., Gentsch, A., & Schütz-Bosbach, S. (2018). The interaction between interoceptive and action states within a framework of predictive coding. *Frontiers in Psychology*, 9, 180.

尽管上述两种解释源自不同的领域,但两者都认为预测编码可以被视为在内感受和最小自我之间形成一个最初的、理论上的联系的机制性过程(mechanistic process)。因此,通过探究内感受也能够更好地理解最小自我。

(二)内感受与最小自我的发展

尽管内感受的测量仍存在各种问题,但针对不同年龄段的个体,通过对经典的用以衡量内感受的变量(如心跳知觉)的考察仍能为我们了解内感受的发展提供一些启示。与关于内感受能力的衡量及其在成年人最小自我中的作用的研究类似,关于内感受发展的研究主要也是集中在心跳知觉上。

以心跳频率的发展变化为例,从婴儿期到儿童期再到青少年期,心跳的频率会发生明显的变化,根据其变化情况可分为4个阶段。第一阶段,从出生到1个月大,心率呈现增加的趋势;第二阶段,从1个月到2岁,心率会陡然下降;第三阶段,从2岁到6岁,心率继续下降,但下降幅度减缓;第四阶段,从6岁到12岁,心率继续下降,下降幅度大于第三阶段但小于第二阶段[1]。除了心跳本身的差异,个体在发育过程中心脏内感受能力也呈现与发展阶段相关的差异。尽管对婴儿期(1岁以下)和幼儿期(1到5岁)进行内感受能力评估存在难度,但是也有研究表明,即便是5个月大的婴儿就已经表现出其对自己心跳信号的敏感性[2]。在这项研究中,实验者向婴儿呈现与他们自己的心跳同步或不同步移动的刺激物,结果显示婴儿看着不同步移动的刺激物的时间明显更长,这一方面显示他们能够区分同步和不同步的刺激物;另一方面也说明与其心跳不同步移动的刺激物会被认为更具新奇性。此外,通过跳远诱发心率变化,并分别在诱发任务前后评估被试的心跳计数能力,结果证实,儿童早在4—6岁时就有能力报告任务前后的心跳数的差异[3]。这些研究表明在生命早期个体便有一定的内感受能力。

对儿童(5—12岁)和青少年(12—18岁)的内感受能力的评估基本上采

---

[1] Fleming, S., Thompson, M., Stevens, R., Heneghan, C., Plüddemann, A., Maconochie, I., ... & Mant, D. (2011). Normal ranges of heart rate and respiratory rate in children from birth to 18 years of age: A systematic review of observational studies. *The Lancet*, 377(9770), 1011-1018.

[2] Maister, L., Tang, T., & Tsakiris, M. (2017). Neurobehavioral evidence of interoceptive sensitivity in early infancy. *Elife*, 6, e25318.

[3] Schaan, L., Schulz, A., Nuraydin, S., Bergert, C., Hilger, A., Rach, H., & Hechler, T. (2019). Interoceptive accuracy, emotion recognition, and emotion regulation in preschool children. *International Journal of Psychophysiology*, 138, 47-56.

用了在成人群体中使用的相同的方式和方法。研究结果证实,与成人类似,儿童和青少年在心跳计数任务和自我报告的内感受测量中均表现出个体差异,即不同的个体其内感受能力是不一样的[1]。此外,对儿童和青少年的研究还证实了内感受能力存在与年龄有关的差异。例如,儿童在与其能力相适应的心跳计数任务中的表现随着年龄的增长而提升[2]。此外,在心跳检测任务中,与儿童相比,青少年显示出与元认知有关的脑区(如背侧前扣带皮层、眶额皮层和中下额回)的激活增加[3]。这种神经激活模式提示,内感受加工的元认知方面可能在青春期是呈现发展态势的。

对于生命早期(几个月大的婴儿)以及儿童期(4—6岁)内感受敏感性的研究并不能为内感受能力的发展提供直接的量化证据,但值得注意的是,内感受敏感性的变化与感觉运动映射(如手到口的触摸和目标导向的伸手[4])的改善相吻合。无论是手到口的触摸还是目标导向的伸手,都能够在一定程度上体现个体对身体-环境关系的更加精确的表征。根据皮亚杰的主张,个体在与环境的互动中不断丰富和发展自己的运动图式进而促进认知的发展,因此无论是目标导向的触摸还是伸手,这些动作的发展与完善在一定程度上都有助于身体表征的形成。通过运动技能的提高和不断探索,婴儿学会以目标为导向的方式行事(即目标导向的触摸和伸手)。这反过来又帮助他们了解自己的身体界限,并将身体导向的目标(例如,伸手到嘴里)与环境中的目标联系起来。建立这种关系可能在一定程度上促进了个体的身体拥有感的发展[5]。

尽管暂时没有足够多的证据给出确定性的回答,但是我们可以猜测,在个体发展过程中,基于2岁以前心跳频率的显著变化(先上升然后陡然下降),内感受在个体生命的前两年的发展可能是至关重要的。在2—6岁,随

---

[1] Jones, A., Silas, J., Todd, J., Stewart, A., Acree, M., Coulson, M., & Mehling, W. E. (2021). Exploring the Multidimensional Assessment of Interoceptive Awareness in youth aged 7 – 17 years. *Journal of Clinical Psychology*, 77(3), 661 – 682.

[2] Koch, A., & Pollatos, O. (2014). Cardiac sensitivity in children: Sex differences and its relationship to parameters of emotional processing. *Psychophysiology*, 51(9), 932 – 941.

[3] Klabunde, M., Juszczak, H., Jordan, T., Baker, J. M., Bruno, J., Carrion, V., & Reiss, A. L. (2019). Functional neuroanatomy of interoceptive processing in children and adolescents: A pilot study. *Scientific Reports*, 9(1), 1 – 8.

[4] Myowa-Yamakoshi, M., & Takeshita, H. (2006). Do human fetuses anticipate self-oriented actions? A study by four-dimensional (4D) ultrasonography. *Infancy*, 10(3), 289 – 301.

[5] Musculus, L., Tünte, M. R., Raab, M., & Kayhan, E. (2021). An embodied cognition perspective on the role of interoception in the development of the minimal self. *Frontiers in Psychology*, 12, 716950.

着身体的快速成长和运动学习以及和环境互动的增加,内感受敏感性会进一步得以提升。至儿童晚期到青春期,随着个体元认知能力的发展,这一阶段个体的内感受觉知也会有与之相适应的发展趋势。在第三章第三节"作为身体自我基础的内感受"部分,大量有关最小自我的多感官整合研究证实,感知和识别源自身体内部信号的能力与感知和识别一个人自己的身体和外部环境之间的界限(如身体拥有感)的能力应该是相辅相成的。例如,感知自己的心跳可能会促进拥有特定身体部分乃至整个身体的感觉。通过这一部分有关内感受(主要是心跳知觉能力)发展的研究回顾,我们可以进一步探索内感受与其他最小自我维度之间的关系。

尽管拥有感和自主感一起构成了最小的自我的核心成分,并且拥有感本身在现象学层面上所表现出来似乎是一个中央的、统一的加工模块,然而实际上拥有感是很大程度上异构的多个功能和表征水平的复杂的多模态的现象。身体拥有感作为身体的自我表征的一种形式被认为包含3个层次的内容:非概念的感受水平(身体的知觉表征),即拥有性的感受(feeling of ownership);概念性的判断水平(身体的命题表征),即拥有性的判断(judgment of ownership);以及元表征水平,即拥有性的元表征(meta-representation of ownership)。同样地,自主感可以细分为3个层次:非概念的感受水平(动作的知觉表征),即自主性的感受(feeling of agency);概念性的判断水平(动作的命题表征),即自主性的判断(judgment of agency);以及自主性的元表征水平(meta-representation of agency),即道德责任的归因(ascription of moral responsibility)[1][2]。无论是拥有感还是自主感,其层级结构之间的区分可能会随着年龄的增长而发展,尤其是在儿童晚期至青少年期,由于元认知过程的参与,个体的内感受觉知的改善可能会表现出与高水平的拥有性判断和自主性判断相吻合。探究内感受、其他最小自我成分和身体发展之间的相互作用,对于定义、测试和分解最小自我发展的机制至关重要。未来的研究应该实证检验具身性互动在生命早期最小自我发展、构建中的作用,包括内感受与拥有感各层级以及与自主感各层级之间的关系。

这一思路也能够为提出可检验的实证框架提供一些启示。例如,可以同时结合纵向研究和横向研究来捕捉内感受的发展轨迹,以及它与其他最小自

---

[1] 张静:《自我和自我错觉:基于橡胶手和虚拟手错觉的研究》,中国社会科学出版社2017年版,第35—41页。
[2] Synofzik, M., Vosgerau, G., & Newen, A. (2008b). I move, therefore I am: A new theoretical framework to investigate agency and ownership. *Consciousness and Cognition*, 17 (2), 411-424.

我成分之间的关系。纵向设计使我们能够区分个体内部在发展过程中的变化,而横向研究则能够让我们了解同一年龄段的群体在发展过程中所表现出的个体差异。在纵向研究中,较为困难的是低龄婴幼儿的内感受的测量和评估,考虑到当前已有研究证实了的内感受与身体表征之间的相互促进,可以将内感受研究范式与身体表征和多感官整合范式结合在一起共同实施[1]。在同一实验中结合多种范式共同测量的研究将促进我们更好地理解身体和感官信息的多个来源如何促进自我的发展。此外,近年来一些以婴儿期的个体为研究对象的工作也考虑了内感受和触觉之间的联系,如主动的自我触摸可能有利于以后与最小自我发展相关的触觉-本体和视觉信息的整合[2][3]。在横向研究中,以身体训练为主的干预(例如通过不同强度的运动来改变心率)可能是一个比较好的能帮助我们了解身体变化和内感受关系的选择。在训练研究中,可以实施不同的针对身体系统的训练,以观察不同训练对内感受的影响。

尽管当前有关内感受与最小自我发展的研究处于初始阶段,很多关系的提出更多的是基于理论层面而并没有得到实证研究的检验。但笔者认为,这种探究是有价值并且也是有希望的。一方面,内感受与最小自我的核心成分拥有感和自主感的影响在大量实证研究中得到过检验;另一方面,初步的研究表明内感受在个体成长过程中表现出逐步发展的趋势,并且其发展过程与身体表征的提升相吻合。此外更值得期待的是,在这一假设的指导下,我们能够提出一些可供实证检验的框架从而促进更深入的探究。

较之内感受与最小自我之间关系研究的缺乏,内感受对高阶的情感、认知、社会功能等的影响在近年来得到了充分的探索,这些研究为更全面地理解内感受与叙事自我奠定了基础。

五、内感受与叙事自我

在"主体性与最小自我"部分笔者提到过叙事的自我。这一概念最早由加拉格尔提出,为了与最小的自我进行区分。最小自我的重要性毋庸置疑,

---

[1] Cowie, D., Sterling, S., & Bremner, A. J. (2016). The development of multisensory body representation and awareness continues to 10 years of age: Evidence from the rubber hand illusion. *Journal of Experimental Child Psychology*, 142, 230-238.

[2] Fotopoulou, A., & Tsakiris, M. (2017). Mentalizing homeostasis: The social origins of interoceptive inference. *Neuropsychoanalysis*, 19(1), 3-28.

[3] Nguyen, P. D., Georgie, Y. K., Kayhan, E., Eppe, M., Hafner, V. V., & Wermter, S. (2021). Sensorimotor representation learning for an "active self" in robots: a model survey. *KI-Künstliche Intelligenz*, 35(1), 9-35.

但是毫无疑问,完整的自我感必然既要包含身体层面的自我,同时也要包含社会心理层面的自我,有的研究者甚至认为自我的本质在于其社会属性。我们暂且不讨论最小的自我和叙事的自我何者更为重要的问题,但两者缺一不可的观点无论是从常识层面来看还是从理论角度而言都是被普遍认可的。不同于最小的自我,叙事的自我在时间上是延伸的,因此无论程度如何,它是一个连续的自我,由过去和将来构成,包括对过去的记忆和对未来的意图,存在于我们和他人所讲述的有关于我们自己的故事中[1]。较之最小的自我,叙事的自我更贴近我们有关自我的日常体验。当我们听他人讲述自己故事的时候,我们可能会惊讶于故事内容本身,但我们绝对不会惊讶于一个人能讲述自己故事的能力和现象。

笔者曾在一项实验研究中对最小的自我和叙事的自我之间的关系进行了一些初步的探索[2]。实验过程中,我们通过电脑屏幕向被试呈现虚拟的图像,通过控制同步性(让虚拟图像的移动和被试操作鼠标所产生的移动同步或不同步)和模态性(虚拟图像为与被试真手形态相似的虚拟手或与被试真手形态完全不同的猫爪)让被试产生不同程度的对于虚拟图像的拥有感和自主感,随后要求被试执行不同的奖励(操作虚拟图像接住尽可能多的金币)或惩罚(操作虚拟图像尽可能避开屏幕上出现的刀子)任务。在实验控制部分结束之后,我们通过状态焦虑量表对被试的焦虑水平进行了测量。这一实验的主要目的是考察不同的拥有感和自主感水平是否会对执行奖惩任务时的焦虑水平产生影响。一方面,我们的结果证实执行不同奖惩任务时的焦虑水平会随着受试者对虚拟图像的拥有感和自主感的不同而有所变化:当虚拟图像被知觉为受试者自己身体一部分的时候,即受试者对其产生拥有感错觉时,焦虑水平会更高;同样当虚拟图像被知觉为受试者自己所能控制的时候,即受试者对其产生自主感错觉时,焦虑水平也会更高;当虚拟图像既被知觉为自己身体的一部分又被知觉为能为受试者主观意愿所控制的时候,即受试者对其既产生拥有感又产生自主感错觉时,此时的焦虑水平是4种不同的条件下最高的。说明身体层面当下的体验与知觉会对高阶的情感认知产生影响,从而表现出焦虑水平的差异,例如同步人手条件下的焦虑水平是最高的,而不同步猫爪条件下的焦虑水平则是最低的。此外,我们的实验结果也暗示着这样一种假设的可能,即情感很可能是最小的自我和叙事的自我两者共同

---

[1] Gallagher, S. (2000). Philosophical conceptions of the self: Implications for cognitive science. *Trends in Cognitive Sciences*, 4(1), 14-21.

[2] Zhang, J., & Hommel, B. (2016). Body ownership and response to threat. *Psychological Research*, 80(6), 1020-1029.

的关键构成要素①。

早在19世纪末,威廉·詹姆斯就已经在《心理学原理》中表达过类似的观点。他认为,所有类型的自我经验都伴随着相应的情感表征,这是自我之为自我的根本要素②。在詹姆斯看来,无论是对于当下的身体层面的体验还是对于过去的心理层面的记忆,情感都起到了一种类似"自我标记"的作用。就此而言,内感受与情绪之间的关系研究在一定程度上能够丰富我们对于叙事自我的认知。内感受与情绪加工可详见第四章第二节,这里我们旨在通过回顾内感受与非常态的情绪现象(述情障碍)之间的关系来理解内感受对叙事自我的启示。

(一)内感受与述情障碍

述情障碍(alexithymia)并不是一种独立的疾病,而是一种亚临床(subclinical)状态的人格特质,其特点是无法识别和描述自己所体验到的情绪。述情障碍的核心特征是情绪觉知、社会依恋以及人际关系方面的明显功能障碍③。在大多数时候述情障碍是在没有神经创伤的情况下发生的,因而被认为是一种神经发育状况,但也有少数述情障碍的案例说明其发生可能是在脑外伤之后的④。尽管早期的述情障碍多见于有心身疾病的患者身上,但近年来越来越多的研究证实述情障碍与内感受缺陷之间存在密切的联系。

内感受和述情障碍之间的双向联系可以简单描述为:对内部状态改变的有意识知觉的受损可能会导致对内部刺激的注意减少,当然也有可能是对内部刺激的注意减少反过来导致对内部状态改变的有意识知觉的受损。此外,对内感受信号的有意识识别受损会导致难以区分情感状态和其他非情感的内感受状态(如饥饿等),也会导致难以借助内感受信号来区分不同的情感状态。内感受与述情障碍之间的紧密联系在自我报告的述情障碍量表中也能窥见一二,常见的述情障碍量表有多伦多述情障碍量表(Toronto Alexithymia Scale,TAS-20)⑤和伯蒙-沃斯特述情障碍问卷

---

① Medford, N. (2012). Emotion and the unreal self: Depersonalization disorder and de-affectualization. *Emotion Review*, 4(2), 139–144.

② James, W. (1890). *The Principles of Psychology*. New York: Dover, p. 335.

③ Preece, D., Becerra, R., Allan, A., Robinson, K., & Dandy, J. (2017). Establishing the theoretical components of alexithymia via factor analysis: Introduction and validation of the attention-appraisal model of alexithymia. *Personality and Individual Differences*, 119, 341–352.

④ Hogeveen, J., Bird, G., Chau, A., Krueger, F., & Grafman, J. (2016). Acquired alexithymia following damage to the anterior insula. *Neuropsychologia*, 82, 142–148.

⑤ Bagby, R. M., Parker, J. D., & Taylor, G. J. (1994). The twenty-item Toronto Alexithymia Scale—I. Item selection and cross-validation of the factor structure. *Journal of Psychosomatic Research*, 38(1), 23–32.

(Bermond-Vorst Alexithymia Questionnaire，BVAQ)[1]，尽管是在情绪领域，但两者实际上都能够间接评估内感受。

　　来自实验层面的有关内感受与述情障碍关系的佐证既有直接的证据也有间接的证据。大部分直接的关系研究主要是通过心跳计数任务(最常用的内感受测量方式之一)来评估内感受精确性，结果表明，述情障碍程度的增加与内感受精确性的降低相关。具体而言，那些具有较高述情障碍水平的个体其准确报告自己心跳数的能力往往低于控制组的被试[2]。与此一致的是，在冥想的心理训练之后，述情障碍症状的减少与心跳知觉能力的提升相关[3]。尽管有些同样是通过心跳计数任务作为衡量内感受方式的研究发现内感受和述情障碍之间的关系并不是那么一致，但是一方面由于不同实验中对变量的控制方式有所不同；另一方面因为通过其他方式所衡量的内感受与述情障碍之间也存在上述类似的相关性，因此大家普遍还是认可内感受与述情障碍之间存在密切联系的结论。例如，有研究表明述情障碍与味觉和肌肉力量的知觉呈负相关，而与对外部线索的依赖以衡量呼吸输出的增加呈正相关[4]。

　　此外，具有较高程度述情障碍的个体似乎也不太能够准确报告自己的唤醒状态[5]。在一项研究中，实验者要求被试报告他们对一系列照片的情绪唤醒程度，同时对与唤醒程度相关的客观指标，如心率和皮肤电反应等进行记录。结果表明述情障碍的分数预测了内感受精确性，即述情障碍的增加预示着主观报告的唤醒程度和客观测量的唤醒程度之间的脱节程度增加。同样地，在患有述情障碍的个体中也观察到自我报告的情绪体验和自主神经反应之间的脱节[6]。除了客观的内感受测量外，患有述情障碍的个体还被发现其

---

[1] Vorst, H. C., & Bermond, B. (2001). Validity and reliability of the Bermond-Vorst alexithymia questionnaire. *Personality and Individual Differences*, 30(3), 413–434.

[2] Shah, P., Hall, R., Catmur, C., & Bird, G. (2016). Alexithymia, not autism, is associated with impaired interoception. *Cortex*, 81, 215–220.

[3] Bornemann, B., & Singer, T. (2017). Taking time to feel our body: Steady increases in heartbeat perception accuracy and decreases in alexithymia over 9 months of contemplative mental training. *Psychophysiology*, 54(3), 469–482.

[4] Murphy, J., Brewer, R., Catmur, C., & Bird, G. (2017). Interoception and psychopathology: A developmental neuroscience perspective. *Developmental Cognitive Neuroscience*, 23, 45–56.

[5] Gaigg, S. B., Cornell, A. S., & Bird, G. (2018). The psychophysiological mechanisms of alexithymia in autism spectrum disorder. *Autism*, 22(2), 227–231.

[6] Eastabrook, J. M., Lanteigne, D. M., & Hollenstein, T. (2013). Decoupling between physiological, self-reported, and expressed emotional responses in alexithymia. *Personality and Individual Differences*, 55(8), 978–982.

自我报告的非情感内感受受损。

除了直接的证据外,还有一些能够证明内感受与述情障碍之间存在密切联系的间接证据。例如,患有述情障碍的个体在应对急性心肌梗死时,会表现出延迟求医的现象;那些自我报告说有高度述情障碍的人消费咖啡因、酒精以及滥用其他物质的情况都要比那些自我报告述情障碍水平低的人更不稳定,这一结果表明在述情障碍程度高的个体身上存在难以知觉这些物质对一个人的内部状态的影响。事实上,最近的证据表明,自我报告的内感受和酒精消费之间的关系是由述情障碍程度介导的。最后,述情障碍还与已知依赖内感受的能力(如情绪调节、情绪识别、共情、决策等)的受损有关[1]。

尽管述情障碍作为一种亚临床的人格特质只能代表叙事自我"出错"时的一种或一些情况,但作为一种情绪识别障碍,其与内感受之间的密切联系为通过内感受洞察叙事自我建构与解构提供了更多的可行性佐证。

此外,鉴于叙事自我有别于最小自我的一个重要方面是时间上的延伸性,内感受对叙事自我的影响还可以通过考察内感受与时间知觉之间的关系得以理解。

(二)内感受与时间知觉

时间知觉是人类体验的基础,无论是对于日常行为还是理解复杂行为而言都是必要的[2]。关于时间体验背后的认知和神经生物学机制,存在许多不同的模型。时间估计的一些模型假设存在具有起搏器(pacemaker)的"间时钟"(internal clock),该起搏器会产生一系列时间单元并被送入累加器中[3][4]。在这些起搏器-累加器模型的变式中,注意门模型(attentional-gate model)有着较大的影响力,它认为只有当注意力指向时间时才会记录产生的时间单元[5]。内感受研究的深入为时间知觉提供了一些不一样的视角。在内感受研究的影响下,与生理状态的改变相伴随的生理状态和情绪不仅是如注意力或工作记忆等的调节器,而且本身也可以起到计时器的作用。时间知觉和生

---

[1] Brewer, R., Murphy, J., & Bird, G. (2021). Atypical interoception as a common risk factor for psychopathology: A review. *Neuroscience & Biobehavioral Reviews*, 130, 470-508.

[2] Buhusi, C. V., & Meck, W. H. (2005). What makes us tick? Functional and neural mechanisms of interval timing. *Nature Reviews Neuroscience*, 6(10), 755-765.

[3] Treisman, M. (2013). The information-processing model of timing (Treisman, 1963): Its sources and further development. *Timing & Time Perception*, 1(2), 131-158.

[4] Wittmann, M., & van Wassenhove, V. (2009). The experience of time: neural mechanisms and the interplay of emotion, cognition and embodiment. *Philosophical Transactions of the Royal Society B: Biological Sciences*, 364(1525), 1809-1813.

[5] Zakay, D., & Block, R. A. (1997). Temporal cognition. *Current Directions in Psychological Science*, 6(1), 12-16.

理加工之间的这种直接联系是由克雷格提出的,他声称我们对时间的体验与情感和内脏加工有关,因为它们共享一个共同的神经系统:岛叶皮质和内感受系统。根据这一观点,负责跨时间的有意识觉知的神经基质是基于身体的生理状态的神经表征的[1],这就说明内感受加工和时间知觉之间应该存在着密切联系[2]。

迈斯纳(K. Meissner)和威特曼(M. Wittmann)的一项心理生理学研究表明,个体持续时间再现的精确性与其内感受敏感性呈正相关,为内感受与时间知觉之间存在密切联系的理论假设提供了直接的实验数据的支持[3]。研究者在一项时间间隔再现(time interval reproduction)的任务中也发现内感受敏感性会影响个体对时间估计的准确性。此外还有证据表明,对内感受信号的注意与由情绪所引发的时间感受中的主观变化之间存在交互作用[4]。这些由悲伤和娱乐所引起的时间感受扭曲现象在关注内感受过程时会更加明显,这凸显了内感受与情绪状态对主观时间体验的影响。

近年来随着冥想研究的深入,与有意识的自我和主观的时间有关的问题也得到了进一步的检验。在正念冥想中,通过增加对身体状态和情绪调节的关注,个体的自我意识的功能方面也会受到相应的影响[5]。初学者在冥想过程中会注意到的一个重要方面是,随着身体自我成为注意力的焦点,至少在冥想开始时,其主观时间显著减慢。脑岛在主观时间知觉中起作用,而 fMRI 的研究显示,在有经验的冥想者中,当他们将注意力集中在"当下"或集中于呼吸中时,脑岛皮层的神经激活水平会增加[6],这一结果与冥想初学者主观时间感受改变的结果也是一致的。

---

[1] Craig, A. D. (2009). Emotional moments across time: a possible neural basis for time perception in the anterior insula. *Philosophical Transactions of the Royal Society B: Biological Sciences*, 364(1525), 1933–1942.

[2] Wittmann, M., Simmons, A. N., Aron, J. L., & Paulus, M. P. (2010). Accumulation of neural activity in the posterior insula encodes the passage of time. *Neuropsychologia*, 48(10), 3110–3120.

[3] Meissner, K., & Wittmann, M. (2011). Body signals, cardiac awareness, and the perception of time. *Biological Psychology*, 86(3), 289–297.

[4] Pollatos, O., Laubrock, J., & Wittmann, M. (2014). Interoceptive focus shapes the experience of time. *PLoS One*, 9(1), e86934.

[5] Hölzel, B. K., Lazar, S. W., Gard, T., Schuman-Olivier, Z., Vago, D. R., & Ott, U. (2011). How does mindfulness meditation work? Proposing mechanisms of action from a conceptual and neural perspective. *Perspectives on Psychological Science*, 6(6), 537–559.

[6] Farb, N. A., Segal, Z. V., & Anderson, A. K. (2013). Mindfulness meditation training alters cortical representations of interoceptive attention. *Social Cognitive and Affective Neuroscience*, 8(1), 15–26.

基于内感受视角的时间知觉研究对于理解与身心自我、情绪状态和时间知觉相关的精神病学和神经学综合征可能也是卓有成效的。在一些学者看来，精神分裂症可以被视为是具身自我的障碍①。在现象学的分析中，自我意识和时间意识是分不开的。意识可以被视为一个存在的世界，作为一个存在于连续时间流中的孤岛。这个"存在之窗"关注的是现在正在发生着的事情②。这一描述补充了胡塞尔和詹姆斯对时间经验的分析。主观的时间被描述为一种连续的流，同时又是对于当下的感受。这种流通过对将要发生的事情的预期，对正在发生的事情的实际体验，以及对已经发生过的事情的记忆等事件所创造的片段的体验而构成了它自己。除了时间流，当下的统一性也是意识的一个基本属性，它包含主观体验的质的特征。感受当下在时间上不是一种无持续的瞬间，相反它在时间上是延展的③④。

有意识的体验有一种"给予"的第一人称模式。我作为体验者意识状态是先天赋予我的，换言之，现象体验是我的⑤⑥。因此，"属我性"的品质包含了一种体验中的最低限度的自我，即最小的自我感（minimal sense of self）。有意识的知觉行为包括自我意识的一种基本形式⑦。此外，当下体验的一部分是延伸的。当前的这种时间延伸源于时间的属性、过去的时刻、现在的觉知以及对将来的期望，所有这些都交织在当前的经验中。胡塞尔将当前意识的这些方面分别称为原印象（primal impression）、保持（retention）和前摄（protention），这些方面共同形成了任何意识体验的内隐时间结构⑧。因此，"时间"和"自我"之间的现象学联系可以表述如下："我通过已经发生在我身上的事情和预测将要发生在我身上的事情来觉知现在正发生在我身上的事

---

① Wittmann, M., & Meissner, K. (2018). The embodiment of time: How interoception shapes the perception of time. In M. Tsakiris & H. De Preester (Eds.), *The Interoceptive Mind: From Homeostasis to Awareness*. Oxford: Oxford University Press, pp. 63–79.

② Metzinger, T. (2004). *Being No one: The Self-model Theory of Subjectivity*. Cambridge, MA: MIT Press.

③ Lloyd, D. (2012). Neural correlates of temporality: default mode variability and temporal awareness. *Consciousness and Cognition*, 21(2), 695–703.

④ Pöppel, E. (1997). A hierarchical model of temporal perception. *Trends in Cognitive Sciences*, 1(2), 56–61.

⑤ Metzinger, T. (2007). Empirical perspectives from the self-model theory of subjectivity: a brief summary with examples. *Progress in Brain Research*, 168, 215–278.

⑥ Nagel, T. (1974). What is it like to be a bat? *The Philosophical Review*, 83(4), 435–450.

⑦ Zahavi, D. (2008). *Subjectivity and Selfhood: Investigating the First-person Perspective*. Cambridge, MA: MIT Press.

⑧ Wittmann, M., & Meissner, K. (2018). The embodiment of time: How interoception shapes the perception of time. In M. Tsakiris & H. De Preester (Eds.), *The Interoceptive Mind: From Homeostasis to Awareness*. Oxford: Oxford University Press, pp. 63–79.

情。自我的实现(在我身上发生了什么事情)正是通过这种意识的三重结构创造出来的。"①根据这一概念,时间意识和自我意识是同一根本过程的表现。

现象的第一人称视角依赖于身体自我。换言之,心理自我(mental self)是由来自身体的持续的内脏和本体感觉输入所创造的。② 主观时间只有通过跨越时间的自我作为一个经久不衰的具身的实体的存在才能显现。正如梅洛-庞蒂在其现象学分析中明确宣称,每一种心理行为都是基于身体功能的:"我们必须理解时间是主体,主体是时间。"

除了情绪情感和时间知觉,学习、决策、共情等多方面的内容都与叙事的自我有着密切的联系。有关内容干预这些方面之间的关系由于在第四章已进行过较为全面的介绍,此处不再赘述。概言之,我们可以通过分析内感受与不同的认知成分之间的关系来丰富对自我的认识,并拓展我们了解自我的途径和方法。

---

① Kiverstein, J. (2012). The meaning of embodiment. *Topics in Cognitive Science*, 4(4), 740-758.
② Metzinger, T. (2007). Empirical perspectives from the self-model theory of subjectivity: A brief summary with examples. *Progress in Brain Research*, 168, 215-278.

第六章　对临床实践的启发与引导

随着内感受研究的日益深入,内感受与适应性行为、适应不良行为以及精神病理学之间的紧密联系也受到了更多的关注,内感受功能障碍越来越多地被认识到是各类心身失调疾病和精神疾病的核心损害[1][2]。本章将以自闭症谱系障碍和进食障碍为例介绍并讨论具身认知的内感受研究所能产生的应用价值。

一、内感受与自闭症谱系障碍

"自闭症"(autism)一词,从词源上来讲,源于 autos,在古希腊语中的字面意思是完全聚焦于自我的,以自我为中心的(self-centered)。它最早出现在瑞士精神科医生布鲁勒(Eugen Bleuler)的著作中,被用来描述成年精神分裂症患者的社会退缩(social withdrawal)现象。直到 20 世纪 40 年代才被美国儿童精神科医生肯纳(Leo Kanner)重新定义用来描述一组被认为患有"儿童精神分裂症"(child schizophrenia)的儿童[3]。有别于其他的精神分裂症患者,他们最明显的临床特征是社会退缩,这也使得研究者认为这组儿童似乎应被归为另一类不同的心理病理学的框架中。在很长一段时间内,几乎所有不同的儿童发育过程中出现的精神障碍和病理学都被贴上了"儿童精神分裂症"的标签。直到 20 世纪 70 年代,精神分裂症和自闭症之间才有了较为清晰的界限,两类疾病也从此被纳入不同的诊断类别中,并且随着各种亚型的细分,自闭症谱系障碍(autism spectrum disorders,ASD)的说法也得到了越来越广泛的使用。如我们今天在《精神障碍诊断与统计手册》(第 5 版)(DSM-5)等

---

[1] Kanner, L. (1943). Autistic disturbances of affective contact. *Nervous Child*, 2(3), 217–250.

[2] Murphy, J., Brewer, R., Catmur, C., & Bird, G. (2017). Interoception and psychopathology: A developmental neuroscience perspective. *Developmental Cognitive Neuroscience*, 23, 45–56.

[3] Kanner, L. (1943). Autistic disturbances of affective contact. *Nervous Child*, 2(3), 217–250.

国际分类标准中所见的,自闭症谱系障碍的临床诊断主要关注是否在多种场所下,社交交流和社交互动方面存在持续性的缺陷或是表现出受限、重复的行为模式、兴趣或活动;而精神分裂症谱系障碍的诊断则会包含更多的内容,如妄想、幻觉、思维(言语)紊乱、明显紊乱或异常的运动行为(包括紧张症)以及其他的一些隐性症状(如情感表述减少或意志减退)[1]。

无论是 ASD 还是精神分裂症,或多或少都涉及主体间性(intersubjectivity)的紊乱,具体表现为无法以足够灵活的方式对环境作出恰当反应,从而实现对他人的正确理解。由于长期以来心灵主义进路(mentalistic approach)的影响,对他人心理状态的理解被认为是通过"读心"实现的,因而 ASD 主体间性的紊乱也被归因于心理理论(theory of mind)模块的功能障碍。然而一方面,从 DSM-5 对 ASD 的诊断标准而言,除了与心理理论功能密切相关的"社交交流和社交互动方面存在持续性的缺陷",ASD 患者还会表现出"受限的、重复的行为模式、兴趣或活动"的非社会性的症状;另一方面,从现象学的角度而言,主体间性主要是基于前反思的具身关系(embodied relationship),这种具身关系的基础是我们的身体及其与环境的互动[2]。正如现象学家加拉格尔所指出的:

> 社会理解不能还原至个体的心智或大脑中的某些机制,它最终是在人和人之间的交互过程中兑现的(cashed out)[3]。

这种具身关系以及人际交互的前提是我们与他人拥有相似的身体,ASD 与外界的"中断"或许是源于本应与他人相似的身体自我出了问题。这些方面都提示我们应该尝试从身体自我障碍(bodily-self disorders)的角度重新审视 ASD[4]。

DSM-5 将自闭症谱系障碍的主要特征概括为社交交流和社交互动方面存在持续性的缺陷,以及受限的、重复的行为模式、兴趣或活动[5]。"社交

---

[1] 美国精神医学学会:《精神障碍诊断与统计手册》(第5版),张道龙等译,北京大学出版社 2018 年版,第 46—47、83—84 页。

[2] Fuchs, T. (2015). Pathologies of intersubjectivity in autism and schizophrenia. *Journal of Consciousness Studies*, 22(1-2), 191-214.

[3] Gallagher, S. (2012). In defense of phenomenological approaches to social cognition: Interacting with the critics. *Review of Philosophy and Psychology*, 3(2), 187-212.

[4] 张静、李琳:《现象学精神病理学视野下自闭症的身体自我障碍》,《浙江社会科学》2020 年第 4 期。

[5] 美国精神医学学会:《精神障碍诊断与统计手册》(第5版),张道龙等译,北京大学出版社 2018 年版,第 46—47 页。

交流和社交互动方面存在持续性的缺陷"通常被归类为自闭症谱系障碍社会性的症状(social symptoms),而"受限的、重复的行为模式、兴趣或活动"往往被认为属于非社会性的症状(non-social symptoms)。在对自闭症谱系障碍开展研究和解释的 70 多年时间里,侧重于自闭症谱系障碍的不同临床表现或基于不同的机制,产生了多种理论①②③④⑤(如表 6-1 所示)。

表 6-1 自闭症谱系障碍的主流理论

理论类别	核 心 主 张	代表性研究
神经生物学理论	自主神经失调(autonomic dysregulation)	Porges, 1995
	镜像神经系统缺陷(mirror neuron system deficits)	Williams et al., 2001
	神经元迁移异常(neuronal migration abnormalities)	Bailey, 1998
	兴奋性和抑制性神经元失衡(imbalance of excitatory and inhibitory neurons)	Rubenstein & Merzenich, 2003
	连接功能障碍(dysfunctional connectivity)	Belmonte et al., 2004
	强烈世界理论(intense world theory)	Markram & Markram, 2010
	贝叶斯模型(Bayesian model)	Pellicano & Burr, 2012
认知理论	心理理论缺失(deficits in Theory of Mind)	Baron-Cohen, 2011
	执行功能障碍和模仿困难(executive function and imitation difficulties)	Rogers et al., 1998

---

① 张静、陈巍、丁峻:《自闭症谱系障碍的"碎镜假说"述评》,《中国特殊教育》2008 年第 11 期。
② Baron-Cohen, S., & Wheelwright, S. (2003). The Friendship Questionnaire: An investigation of adults with Asperger syndrome or high-functioning autism, and normal sex differences. *Journal of Autism and Developmental Disorders*, 33(5), 509-517.
③ Quattrocki, E., & Friston, K. (2014). Autism, oxytocin and interoception. *Neuroscience & Biobehavioral Reviews*, 47, 410-430.
④ Vanegas, S. B., & Davidson, D. (2015). Investigating distinct and related contributions of weak central coherence, executive dysfunction, and systemizing theories to the cognitive profiles of children with autism spectrum disorders and typically developing children. *Research in Autism Spectrum Disorders*, 11, 77-92.
⑤ Williams, J. H., Whiten, A., Suddendorf, T., & Perrett, D. I. (2001). Imitation, mirror neurons and autism. *Neuroscience & Biobehavioral Reviews*, 25(4), 287-295.

续表

理论类别	核 心 主 张	代表性研究
认知理论	弱中央整合(weak central coherence)	Frith & Happe, 1994
	复杂处理缺陷(complex processing deficits)	Minshew et al., 1997
	注意指向、分离、切换缺陷(attentional deficits)	Courchesne et al., 1994
社会与行为理论	社会和情感关系功能失调(dysfunctional social and affective relations)	Hobson, 1991
	联合社会注意受损(impaired joint social attention)	Mundy et al., 1990
	社会动机不足(reduced social motivation)	Dawson et al., 1998
	移情对系统化(empathizing vs. systemizing)	Baron-Cohen, 2006
	极端男性大脑(extreme male brain)	Baron-Cohen, 2002

但绝大多数理论主张关注以及解释的是自闭症谱系障碍人士的社会性障碍,仅强烈世界理论和贝叶斯模型是从感觉、知觉机制入手,重视自闭症谱系障碍人士的非社会性症状,如对光线的过度敏感或对相同性的强烈渴望等[1][2]。对自闭症谱系障碍问题全面的研究与理解必然要求我们既要关注自闭症谱系障碍的社会性症状,又要关注非社会性症状,因此自闭症谱系障碍的贝叶斯解释或许能够成为其非社会性障碍研究的新进路。根据贝叶斯理论,个体知觉体验的形成既会受到当前输入的感官信息(sensory information)的影响,也会受到关于世界的先验知识(prior knowledge)的影响,将贝叶斯模型应用于自闭症谱系障碍的解释中可以得到的一个合理推论是,自闭症谱系障碍人士感觉和知觉的异常是源于对感官输入的过度敏感和先验知识的弱化。近年来的一些围绕自闭症谱系障碍人士非社会性症状的研究表明,对感官输入的过度敏感和先验知识的弱化可能是受内感受影响和调节的[3]。例如,较之

---

[1] Markram, K., & Markram, H. (2010). The intense world theory—a unifying theory of the neurobiology of autism. *Frontiers in Human Neuroscience*, 4, 224.

[2] Pellicano, E., & Burr, D. (2012). When the world becomes 'too real': A Bayesian explanation of autistic perception. *Trends in Cognitive sciences*, 16(10), 504-510.

[3] DuBois, D., Ameis, S. H., Lai, M.-C., Casanova, M. F., & Desarkar, P. (2016). Interoception in autism spectrum disorder: A review. *International Journal of Developmental Neuroscience*, 52, 104-111.

正常个体,自闭症谱系障碍人士伴随身体状况出现疼痛或不适的概率显著更高。并且,自闭症谱系障碍与胃肠道症状、低肌肉张力、关节过度活动以及偏头痛等都存在较高的相关。自闭症谱系障碍人士在内感受方面的特异性或许能够为他们的非社会性认知加工缺陷乃至社会性症状提供更多的解释。

(一) 自闭症的身体意象和身体图式受损

随着具身认知研究的深入开展,身体在认知与心智发育过程中的作用越来越受到重视。神经科学家达马西奥甚至在其著作《自我融入心智》(*Self Comes to Mind*)一书中指出:"身体是有意识心智的基础,没有身体就没有心智、没有意识、没有自我。"就此而言,理解正常个体的心智和自我问题需要一个身体的视角,理解自闭症个体的心智和自我问题同样也需要一个身体的视角。在具身认知和现象学的研究中,身体意象和身体图式是经常被提及的两个概念,围绕自闭症身体觉知的研究也关注身体意象和身体图式方面的异常现象。

身体意象可以被定义为对一个人身体的有意识的觉知,它是关于身体的一种精神建构、表征或一系列信念。作为意识层面上对"我"的身体应该是"如何"的一种表征,即主体对自己身体,包含形状、大小、特征等在内的与众不同的特点所感知到的形式。身体意象是身体自我的一个核心成分,侧重于有意识的对身体的知觉、认知以及情感的体验[1]。身体意象受损作为自闭症患者身上一种较为常见和普遍的现象,被研究者注意到的时间并不短[2],但是由于长期以来,围绕自闭症的研究更多地关注心理理论缺乏等社会性方面的能力受损,对包括身体意象受损等在内的非社会性障碍的关注度并不高。对自闭症患者身体意象非典型性(atypicality)的描述更多见于一些患有自闭症的作家的逸事报告中。

其中,最广为人知的当属《星星的孩子》(*Emergence: Labeled autistic*)的作者、美国作家坦普·葛兰汀(Temple Grandin)的报告。她不仅有身体感觉不适的经历,甚至需要发明一种给身体增加压力的装置,以帮助她减少焦虑和紧张的情绪[3]。精神病学家萨克斯(Oliver Sacks)总结了其与葛兰汀的对话并描述如下:

---

[1] de Vignemont, F. (2010). Body schema and body image—pros and cons. *Neuropsychologia*, 48(3), 669-680.

[2] Schopler, E. (1962). The development of body image and symbol formation through bodily contact with an autistic child. *Journal of Child Psychology & Psychiatry*, 3, 191-202.

[3] Grandin, T. (1992). Calming effects of deep touch pressure in patients with autistic disorder, college students, and animals. *Journal of Child and Adolescent Psychopharmacology*, 2(1), 63-72.

她说她努力使自己的生活简单,并使一切都非常清楚和明确。这些年她积累了大量的经验,它们就像一个录像带的图书馆,她会不断地在脑海中播放和研究人们在不同环境下的行为,并学习将她所看到的内容联系起来,这样她就可以预测在类似情况下人们的行为。她解释说,这完全是一个逻辑过程……在她年幼的时候,甚至连最简单的情感表达她都很难理解,后来她学会了在并不能真正感受它们的情况下"解码"它们。当我进一步问她究竟是什么让她觉得被排斥于正常人之外时,她推断说,应该是对社会习俗和规范的内隐知识。这种内隐知识,正常个体是在体验和与他人交往的基础上积累的,坦普似乎是很缺乏的。①

此外,患有 ASD 的澳大利亚作家威廉姆斯(D. Williams)也曾讲述过对自己身体的某些部位,如腿、手臂和躯干等,缺乏一种内在的感觉,这种内在感觉的缺乏影响了她对自己身体的拥有感。同样是患有 ASD 的两位日本作家则描述过如果无法直接看到某些身体部位,她们就无法感受到这些部位的存在(例如当腿被桌子挡住看不见的时候,她们就无法感觉到自己腿的存在了)。此外,还描述了自己在拥有清晰的身体意象方面存在困难,并且报告过身体意象和真实身体之间存在脱节的情形,如有时候会将自己的腿感觉为比实际的长,有时候又会将它们感觉为比实际的短②。如现象学精神病理学家帕纳斯(Josef Parnas)等所指出的:"精神疾病的症状不能被视为只与离散性的局部的脑功能损伤相关联,还必须与自我的连续性及其与世界的互动失常相联系。"③因此,在现象学精神病理学的研究框架中,自传式的描述是重要且珍贵的第一手资料。基于此,萨斯(Louis Sass)和帕纳斯进一步指出:异常的意识与自我经验,如前反思自明性的缺失以及由此带来的补偿性的自我反思过度,是各种精神疾病外在表现的内核④。

近年来随着具身性在自闭症患者非言语能力提升方面所起作用研究的推进,自闭症患者的身体意象问题也逐渐受到临床和实验研究的关注。例如,在给定图片中判断某一身体部位(眼睛、嘴巴、手或脚)一致性的实验

---

① Sacks, O. (2012). *An Anthropologist on Mars: Seven Paradoxical Tales*. Vintage.
② Asada, K., Tojo, Y., Hakarino, K., Saito, A., Hasegawa, T., & Kumagaya, S. (2018). Brief report: body image in autism: evidence from body size estimation. *Journal of Autism and Developmental Disorders*, 48(2), 611–618.
③ Parnas, J., & Bovet, P. (1995). Research in psychopathology: Epistemologic issues. *Comprehensive Psychiatry*, 36(3), 167–181.
④ Sass, L. A., & Parnas, J. (2003). Schizophrenia, consciousness, and the self. *Schizophrenia Bulletin*, 29(3), 427–444.

中,较之正常被试,自闭症被试会表现出较慢的反应速度和较低的准确率①。又如,对比自闭症被试和正常被试对自己肩膀宽度估计的精确度的实验结果发现,自闭症被试会高估(overestimate)自己肩膀的水平宽度,而当要求对这一宽度的竖直长度进行估计时则会出现低估(underestimate)的情况②。这一结果与前文所述患 ASD 的日本作家对自己症状的现象学描述也是一致的,她感觉她的身体在某些情况下会比实际大,但在另一些情况下又会比实际小。

在上述这些研究中,身体都是被作为意向性活动的对象,在实际生活中,身体不仅仅是意向性活动的对象或内容,更是意向性的基础。换言之,身体通过姿势或运动的调节,将世界中许多意义部分整合到自己的经验中,神经生理学家海德在其著作《神经病学》中将这种无意义的身体姿势模式称为"身体图式"。有别于身体意象对有意识的身体知觉、认知以及情感体验的强调,身体图式主要关注无意识的身体姿态和运动模式的影响。自闭症患者身体图式的异常一方面体现在其肢体运动质量(movement quality)上,他们身上会表现出较之正常个体更多的刻板的运动模式。稍大之后被诊断为自闭症的儿童往往在婴儿期就会表现出运动质量的缺乏,并且较之正常发育的儿童,他们会表现出更多的身体觉知的受损以及更低的自我知觉的运动能力③。另一方面,有别于自闭症身体意象障碍的研究有着较多的临床观察或实证研究的直接证据,自闭症个体及其身体图式的研究更多的体现在身体运动训练在自闭症干预治疗中的促进作用上。如近年来日益受到重视和广泛运用的舞蹈动作疗法(dance movement therapy,DMT),被认为能够有效地改善自闭症患者的身体意象障碍,从而达到对自闭症的干预和治疗的目的④。舞蹈动作疗法兴起于 20 世纪四五十年代,美国舞蹈治疗协会将其定义为:将动作作为进一步强化个人情

---

① Gessaroli, E., Andreini, V., Pellegri, E., & Frassinetti, F. (2013). Self-face and self-body recognition in autism. *Research in Autism Spectrum Disorders*, 7(6), 793–800.
② Asada, K., Tojo, Y., Hakarino, K., Saito, A., Hasegawa, T., & Kumagaya, S. (2018). Brief report: body image in autism: Evidence from body size estimation. *Journal of Autism and Developmental Disorders*, 48(2), 611–618.
③ Bertilsson, I., Gyllensten, A. L., Opheim, A., Gard, G., & Hammarlund, C. S. (2018). Understanding one's body and movements from the perspective of young adults with autism: A mixed-methods study. *Research in Developmental Disabilities*, 78, 44–54.
④ Koch, S., Gaida, J., Kortum, R., Bodingbauer, B., & Manders, E. (2016). Body image in autism: An exploratory study on the effects of dance movement therapy. *Autism Open Access*, 6(2), 1–7.

感、社会、认知和身体整合的心理治疗的过程①。DMT 在诸多特殊儿童群体的治疗中都有着广泛的应用,在 ASD 的干预和治疗中也取得了一些显著的成效。

科斯托尼斯(Maureen Costonis)是该领域的先驱之一。一名患有 ASD 的 5 岁女孩在进行为期 4 个月的一对一 DMT 干预之后,患者与治疗师之间的同步行为增加了 60.5%,同时用于建立同步性的时间减少了 40%,并且成功地从特殊的教育中心转入普通的社区学校。另有研究者对一名 7 岁的 ASD 男孩提供每周 5 次,每次 30 分钟为期 8 周的 DMT 之后也证实,干预能够有效提高患者对身体接触的接受程度,治疗师能明显感受到患者对身体交互的需求。除了一对一的干预治疗,关于 DMT 在团体治疗中的作用也有一些报告②。对 38 名平均年龄为 5 岁的 ASD 儿童进行为期 2 个月每周 2 次每次 30 分钟的 DMT 干预,对比第一次和最后一次治疗过程中被试的行为表现,研究者发现被试的刻板动作、神情恍惚以及抵制教师等行为有明显减少,并且注意行为有所增加③。DMT 在自闭症干预治疗中的作用不仅对自闭症儿童有效,对患有自闭症的青少年和成人同样有一定成效。对 4 名 16—18 岁的 ASD 青少年进行了为期 9 个月,每周 1 次,每次 45 分钟的 DMT 之后,这些由于有激进行为而被普通学校拒之门外的男孩在团队凝聚力和尊重彼此方面有显著改善,而在暴力行为方面则有明显减少④。此外,针对 8 名成年的严重 ASD 患者的干预治疗也体现出了 DMT 的显著成效。由此可见,基于动作的训练能够对自闭症的治疗干预产生积极的推进作用。

在对 ASD 的研究中,现象学的主体间性理论也不断得到细化。发展心理学家特雷瓦森(Colwyn Trevarthen)根据发展时间与交互模式的不同,将主体间性进一步区分为原生主体间性(primary intersubjectivity)和次生主体间性(secondary intersubjectivity)⑤。海德堡大学精神病学系教授福克斯(Tomas

---

① Chaiklin, S., & Wengrower, H. (2015). *The Art and Science of Dance/Movement Therapy: Life is Dance*. New York, London: Routledge.
② Scharoun, S. M., Reinders, N. J., Bryden, P. J., & Fletcher, P. C. (2014). Dance/movement therapy as an intervention for children with autism spectrum disorders. *American Journal of Dance Therapy*, 36(2), 209-228.
③ Hartshorn, K., Olds, L., Field, T., Delage, J., Cullen, C., & Escalona, A. (2001). Creative movement therapy benefits children with autism. *Early Child Development and Care*, 166(1), 1-5.
④ Torrance, J. (2003). Autism, aggression, and developing a therapeutic contract. *American Journal of Dance Therapy*, 25(2), 97-109.
⑤ 徐献军:《现象学对于认知科学的意义》,浙江大学出版社 2016 年版,第 96—97 页。

Fuchs)在此基础上则更进一步地提出,主体间性包含3个层次,分别是原生主体间性、次生主体间性以及高等主体间性(tertiary intersubjectivity)。原生主体间性,梅洛-庞蒂称之交互肉身性(intercorporeality),是婴儿一出生就拥有的,在1周岁之前就能被观察到的身体互动、表情模仿等的能力;次生主体间性是1周岁之后逐渐发展的,如联合注意(joint attention)、视线跟踪(gaze-following)以及指向(pointing)等象征个体进入自我、他者、客体交互阶段的能力;高等主体间性就是在达成上述两个水平的基础上进一步发展出的,意味着能够对自我-他者进行表征的能力[1]。ASD的身体意象与身体图式受损对应的是原生主体间性和次生主体间性的紊乱,而这一紊乱的必然结果便是导致高等主体间性中自我-非我分化(self-other differentiation)障碍的出现。

(二)自闭症的自我-他者分化障碍

自我-他者分化是自我识别(self-recognition)的起点,心理学家盖洛普(Gordon Gallup)等采用镜像识别任务来研究婴儿的自我识别问题,并认为这是人类形成自我意识过程中的一个里程碑事件。在镜像识别任务中,实验人员趁婴儿睡着时在他们额头点一个红点,待他们醒来之后将其引导至镜子前,通过观察婴儿是擦自己的额头还是擦镜子中人像的额头来判定其自我识别的发展阶段[2]。我们的身体及其各个部分属于我们而不属于别人,即身体拥有感,是自我意识的一个基本的方面,现象学家加拉格尔认为,拥有感和自主感共同构成了个体对最小自我的觉知[3]。在实验哲学和认知心理学的研究中,身体拥有感是身体意象的一个重要测量指标,身体拥有感同时也在自我-他者分化的过程中起着重要的作用。

1. 自闭症个体的拥有感

身体拥有感的形成与个体自身及其环境都有着密切的关系,身体拥有感是源于身体内部的信号自上而下的影响和源于身体外部的信号自下而上的影响共同作用的结果。近年来以身体拥有感为研究对象的研究方法中,最受研究者欢迎的当属橡胶手错觉实验。在被试面前放置一只橡胶手,并将其对应的真手用挡板进行遮挡,同时用两把相同的刷子轻刷被试看不见的真手和

---

[1] Fuchs, T. (2010). Phenomenology and psychopathology. In D. Schmicking & S. Gallagher (Eds.), *Handbook of Phenomenology and Cognitive Science*. Dordrecht: Springer, pp. 546 – 573.

[2] Gallup, G. G. (1970). Chimpanzees: self-recognition. *Science*, 167(3914), 86 – 87.

[3] Gallagher, S. (2000). Philosophical conceptions of the self: implications for cognitive science. *Trends in Cognitive Sciences*, 4(1), 14 – 21.

能看见的橡胶手。在施加视、触同步刺激10分钟(甚至更短时间)后,被试普遍报告会将橡胶手感受为自己身体的一部分[1]。对橡胶手错觉形成原因的解释较为一致的是这种拥有感错觉体验源于触觉、视觉以及本体感觉之间的多感官整合,而多感官整合能力的缺陷似乎是自闭症患者的核心缺陷之一。有研究发现,自闭症儿童的跨模态感官整合(cross-modal sensory integration)和感官运动整合(sensorimotor integration)能力是显著弱于正常发育儿童的,这一结论与自闭症儿童早期运动存在缺陷的发现也是相一致的[2]。多感官整合之于身体意象和身体自我感的重要性近年来随着橡胶手错觉范式在研究中的广泛应用而不断得到证实。

不同于绝大多数正常被试会不同程度地将橡胶手感受为自己身体的一部分,ASD患者往往更不容易产生橡胶手错觉,即不会认为橡胶手是他们身体的一部分。这种差异一方面可能与ASD个体多感官整理能力的缺陷有关[3];另一方面可能源于自闭症个体对身体内部信号的过度关注。来源于身体内部的信号被归为内感受的一部分,当前研究中通常用心跳知觉能力来衡量,即考察个体在不借助外部设备或自行把脉的情况下对自己某一时间段内心跳数估计的精确程度。研究发现,心跳知觉任务中如果时间间隔较长,ASD被试反而完成得更好,说明较之正常个体他们对内部线索的注意所能持续的时间更长。并且和健康成人被试一样,他们的内感受能力和橡胶手错觉产生的难易程度呈负相关,表明个体精确觉知内部信号的能力与其将外部刺激整合至自我知觉中的能力是相互制约的。橡胶手错觉的研究揭示了注意资源的指向与多感官整合能力之间的关系,ASD个体会更多地把注意资源进行朝向内部的分配,因而表现在橡胶手错觉中就是更不容易产生对橡胶手的拥有感[4]。对身体意象的异型化以及自闭症个体内感受特异性的研究

---

[1] Botvinick, M., & Cohen, J. (1998). Rubber hands 'feel' touch that eyes see. *Nature*, 391 (6669), 756.

[2] Haag, G., Botbol, M., Graignic, R., Perez-Diaz, F., Bronsard, G., Kermarrec, S., ... Duprat, A. (2010). The autism psychodynamic evaluation of changes (APEC) scale: A reliability and validity study on a newly developed standardized psychodynamic assessment for youth with pervasive developmental disorders. *Journal of Physiology-Paris*, 104(6), 323–336.

[3] Cascio, C. J., Foss-Feig, J. H., Burnette, C. P., Heacock, J. L., & Cosby, A. A. (2012). The rubber hand illusion in children with autism spectrum disorders: Delayed influence of combined tactile and visual input on proprioception. *Autism*, 16(4), 406–419.

[4] Schauder, K. B., Mash, L. E., Bryant, L. K., & Cascio, C. J. (2015). Interoceptive ability and body awareness in autism spectrum disorder. *Journal of Experimental Child Psychology*, 131, 193–200.

有助于推进自闭症的干预与治疗。

镜像识别任务以及经典的橡胶手错觉的研究侧重于拥有感，即我是身体或身体某一部分的拥有者的感觉。对于人类的自我-他者分化而言，还有一个重要的成分是自主感，即我是某一个动作实际发出者的感觉。拥有感和自主感作为动作属我性（mineness）的现象体验共同存在于自我作为一个自主体的非概念表征中。在日常生活中，一方面，我们能体验到拥有感和自主感的密不可分。例如当我们伸手拿水杯时，我知道伸出的手是我身体的一部分，并且伸手的这个动作是出于我个人意愿做出的。另一方面，我们也能直观地感受两者之间的不同。当有人拉着我的手做出某个动作时，我依然知道伸出的手是我身体的一部分，但我能够清楚地意识到这个动作并不是源于我个人的意愿。将自主感纳入实证研究的考量能够为个体如何整合触觉的、视觉的、本体感觉的、感官运动的输入信息提供更多的经验证据。

2. 自闭症个体的自主感

麻木错觉（numbness illusion，NI）是另一种尝试对多感官整合进行研究并将自主感纳入其中的实验范式。在 NI 的实验中，首先让被试将自己的右手和坐在他对面的实验助理的左手手掌手指均相对并贴在一起，随后在主试的指导下完成如下任务：在自我施加同步触觉（self-synchronous stroking）的条件下，被试要用自己左手的大拇指和食指分别放在自己右手的食指和实验助理的食指上，以每秒 1 次的频率同步地上下移动左手拇指和食指。在移动过程中要确保左手拇指和食指分别与自己的右手食指以及实验助理的左手食指始终处于接触状态，并持续 10 秒；在他者施加同步触觉刺激（other-synchronous stroking）的条件下，要求被试观察实验助理以类似方式和要求施加同步的触觉刺激；在自我施加不同步触觉（self-asynchronous stroking）的条件下，被试在施加触觉刺激时要保证左手拇指和食指的移动方向是相反的，即当左手拇指在自己的右手食指上是向上运动时，左手食指在助理食指上是向下运动的；在他者施加不同步触觉（other-asynchronous stroking）的条件下，要求被试观察实验助理以类似的方式和要求施加不同步的触觉刺激（分别如图 6-1 中 a、b、c、d 所示，图片为本文作者根据原始研究论文中所述的实验程序绘制）。

对 41 名 ASD 被试组成的实验组和 41 名健康被试组成的对照组的对比显示，在他人施加刺激的情况下，无论刺激是否同步，两组被试均不会产生 NI，即不会对自己的手指产生异样的体验；但在自我施加刺激的情况下，控制组的正常被试只在刺激同步的情况下会产生 NI，而实验组的 ASD 被试则无

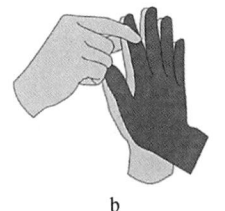

图 6-1　麻木错觉实验示意图①

论自我施加的刺激是否同步都会产生 NI，即体验到自己的右手食指变粗（stronger）的感觉②。

基于 ASD 被试与健康被试 NI 的对比研究结果，可以得到如下启示：首先，这一结果一方面说明 ASD 个体还是有一定整合视觉、本体感觉和运动信号的能力，当然另一方面也说明较之正常个体，他们的整合效率相对较低。其次，直观的实验结果是 ASD 个体似乎并没有把不同步的刺激体验为不同步，这与以往研究所得到的结论一致，即在触觉领域中不同步的刺激会被 ASD 个体知觉为同步的。再次，实验同时也表现出 ASD 个体对本体感觉存在过度依赖，而这种过度依赖就会进一步导致非适应性行为的出现，即 ASD 个体更不容易将源自本体感觉的信息与源自其他感官通道的信息进行整合，这一结论与 RHI 实验中 ASD 个体更不容易产生拥有感错觉也是一致的。

拥有感和模态性相关，自主感和主动性相关，但是自主感能促进拥有感的形成并且自主感能将零碎的分散的拥有感整合至一个统一的框架中。区分自我发出的动作和他人发出的动作可能是内隐的（implicit）也可能是外显的（explicit）。内隐的自主性仅限于对动作是由自己或不是由自己发出的一个基本的表征；外显的自主性是对动作进行有意识的归因，知道它是由哪一个特定的自主体发出的，其中也包含环境信息、先验信念等内隐的水平和线索。对自己自主性的敏感大约出现于 9—18 个月，这是进一步建立自己和他者之间的区分的基础从而成为意图、心理状态以及人际模仿的先决条件。在 ASD 中，重复行为以及姿势控制、运动知觉、动作计划等方面缺陷的存在可能反映的便是自主性的改变。社会技能同时要求执行一系列的动作并理解他人的动作以及与之相伴随的意图，动作控制和觉知机制的改变可能会限制

---

① 图片转摘自张静、李琳：《现象学精神病理学视野下自闭症的身体自我障碍》，《浙江社会科学》2020 年第 4 期。
② Guerra, S., Spoto, A., Parma, V., Straulino, E., & Castiello, U. (2017). In sync or not in sync? Illusory body ownership in autism spectrum disorder. *Research in Autism Spectrum Disorders*, 41, 1-7.

社会互动和交流能力的进一步发展。

在现象学中,具身性、时间性、主体间性等是意识的经验结构中重要的维度,在福克斯看来,自闭症的很多方面反映的正是这些维度上发生的紊乱:"从现象学的角度来看,ASD 应该被认为是一种原发性或具身性的主体间性障碍。"①身体意象和身体图式方面的障碍反映的是原生性主体间性中的具身性方面的紊乱,麻木错觉中无法对同步和不同步的刺激作出区分反映的是时间性方面的紊乱,而橡胶手错觉中由于感官运动整合的异常而导致的自我-他者分化障碍反映的则是高等主体间性方面的紊乱。

综上所述,ASD 在自我意识方面的紊乱主要体现在和身体自我失调相伴随的感官整合的受损和生理的身体上的自我-他者分化方面的受损,从而更进一步地会涉及心理理论、共情以及拥有感和自主感的缺陷等。内感受的研究揭示其对个体的身体表征、情绪理解、社会认知等方面都存在着较大的影响,例如脑岛(insula)的脑成像研究证明人类的情绪和内感受觉知之间存在功能性的联系②,并且右侧前脑岛的大小和体积与内部感觉的主观觉知之间存在联系,因此脑岛被认为是主要的内感受相关脑区。针对自闭症谱系障碍人士所开展的功能性神经成像研究表明,其双侧后脑岛和前脑岛的连接较之正常被试是降低的甚至是完全中断的③。无论是从已有的内感受的影响范围与自闭症谱系障碍的临床特征而言,还是内感受的主要脑区和自闭症谱系障碍的异常脑区而言,内感受与自闭症谱系障碍都很有可能存在某种潜在的联系。并且较之镜像神经系统,内感受的可控性和干预度要更好,因此对自闭症谱系障碍的内感受进行研究对于进一步解释自闭症谱系障碍的成因、推进自闭症谱系障碍的干预很有价值和意义。

(三)内感受、身体觉知与自闭症谱系障碍

内感受是衡量内部身体觉知的重要方式,而橡胶手错觉则是研究外部身体觉知的重要范式④。实验过程中实验人员通过同时用两把相同的刷子和

---

① Fuchs, T. (2010). Phenomenology and psychopathology. In D. Schmicking & S. Gallagher (Eds.), *Handbook of Phenomenology and Cognitive Science*. Dordrecht: Springer, pp. 546-573.

② Gu, X., Eilam-Stock, T., Zhou, T., Anagnostou, E., Kolevzon, A., Soorya, L., ... Fan, J. (2015). Autonomic and brain responses associated with empathy deficits in autism spectrum disorder. *Human Brain Mapping*, 36(9), 3323-3338.

③ Ebisch, S. J., Gallese, V., Willems, R. M., Mantini, D., Groen, W. B., Romani, G. L., ... Bekkering, H. (2011). Altered intrinsic functional connectivity of anterior and posterior insula regions in high-functioning participants with autism spectrum disorder. *Human Brain Mapping*, 32(7), 1013-1028.

④ 张静、李恒威:《自我表征的可塑性:基于橡胶手错觉的研究》,《心理科学》2016 年第 2 期。

相同的频率刷被试看不见的真手和看得见的假手,这种同步的视觉、触觉刺激能够在很短的时间内就让被试对不属于自己身体一部分的外部对象产生拥有感体验,即认为橡胶手是自己的。并且出现朝向橡胶手的本体感觉偏移,同时还会伴有真手表面温度的下降,说明其在对橡胶手产生拥有感体验的同时对自己真手的拥有感体验在下降①。橡胶手错觉形成过程中,外部的视觉刺激和触觉刺激的同步呈现对拥有感错觉的产生至关重要。几乎所有的橡胶手错觉实验中均发现,有些被试特别容易产生拥有感错觉,而有些被试即便产生了拥有感错觉程度也相当低。对此,有些研究者认为内感受可能在其中起着重要的调节作用②。如果内感受和橡胶手错觉分别代表内部身体觉知和外部身体觉知的影响,那么一种合理的假设是,内感受能力越强的个体会越不容易产生对橡胶手的拥有感。

扎克瑞斯等采用心跳计数任务测量被试心跳知觉的准确性并将其作为衡量个体内感受精确性(IAcc)高低的指标,根据这一测量结果将被试分为高 IAcc 组和低 IAcc 组。结果表明,IAcc 与橡胶手错觉体验程度之间存在显著负相关,即内感受精确性高的个体更不容易体验到对橡胶手的拥有感,而内感受精确性低的个体则更容易体验到拥有感错觉③。这一结果似乎说明,内感受精确性会调节身体觉知,橡胶手错觉的产生可能是源于注意资源在内外线索之间的权衡。换言之,离线的(off-line)、非即时的内感受能力起着让被试更好地体验自身拥有感的作用,因而会表现出对橡胶手产生拥有感错觉的抑制。

根据扎克瑞斯等的研究结果,正常成人被试的内感受精确性和橡胶手错觉体验程度是呈负相关的。如果这一结果在自闭症谱系障碍人士身上也适用,那么自闭症谱系障碍儿童和成人的内感受精确性均应高于同龄的正常被试。因为已有研究表明,自闭症谱系障碍人士,无论是儿童④还是成人⑤,均

---

① Kammers, M. P., Rose, K., & Haggard, P. (2011). Feeling numb: Temperature, but not thermal pain, modulates feeling of body ownership. *Neuropsychologia*, 49(5), 1316-1321.
② Crucianelli, L., Krahé, C., Jenkinson, P. M., & Fotopoulou, A. K. (2018). Interoceptive ingredients of body ownership: Affective touch and cardiac awareness in the rubber hand illusion. *Cortex*, 104, 180-192.
③ Tsakiris, M., Jiménez, A. T.-., & Costantini, M. (2011). Just a heartbeat away from one's body: Interoceptive sensitivity predicts malleability of body-representations. *Proceedings of the Royal Society B: Biological Sciences*, 278(1717), 2470-2476.
④ Cascio, C. J., Foss-Feig, J. H., Burnette, C. P., Heacock, J. L., & Cosby, A. A. (2012). The rubber hand illusion in children with autism spectrum disorders: Delayed influence of combined tactile and visual input on proprioception. *Autism*, 16(4), 406-419.
⑤ Paton, B., Hohwy, J., & Enticott, P. G. (2012). The rubber hand illusion reveals proprioceptive and sensorimotor differences in autism spectrum disorders. *Journal of Autism and Developmental Disorders*, 42(9), 1870-1883.

更不容易产生橡胶手错觉。舍德（K. Schauder）等采用相同的范式研究了8—17岁的自闭症谱系障碍人士，他们发现，在较长时间间隔的心跳知觉任务中，自闭症谱系障碍人士比正常被试完成得更好，说明他们对内部线索的注意持续时间更长。并且，和健康成人被试一样，这一特殊被试群体的内感受觉知和橡胶手错觉产生的难易程度存在负相关，这再次证明内部觉知和个体将外部刺激整合至自我知觉中的能力是相互制约的。自闭症谱系障碍人士会更多地把注意资源朝向内部的分配，体现在橡胶手错觉实验中就是不容易对橡胶手产生拥有感[1]。

根据上述研究结果，研究者假设，如果能够改变自闭症谱系障碍人士的注意分配，使其更多地将注意资源朝向外部的分配，或是通过某些特殊的方式将内部的信息进行外显的呈现，或许能够有效促进自闭症谱系障碍人士的改变。为了验证以上设想，苏祖基等采用"心跳橡胶手错觉"范式，将实时采集的被试心跳数据以闪烁和改变颜色的方式呈现在被投影的手的图像上，结果发现，高IAcc的被试体验到了更强的对虚拟手的拥有感，而低IAcc的被试则不容易受此影响[2]。扎克瑞斯等的研究和苏祖基等的研究之所以截然相反，就是因为前者的研究中，内感受所起的作用是让被试更集中注意地体验自身，因而他们会表现出对橡胶手产生拥有感的抵制，而后者内感受的线索被直观地呈现在被试能看到的手的投影上，高IAcc的被试反而更容易将其与自身相联系，从而促进拥有感错觉的形成。这一人为地将内部注意所关注的信息呈现在外部注意的对象上的方式或许可以在临床上进一步发展为自闭症谱系障碍人士干预和治疗的手段和方式。但在此之前，还有一个亟须澄清的问题便是内感受具体涉及哪些方面以及这些方面与自闭症谱系障碍之间的确切关系。

1. 自闭症谱系障碍在内感受三大成分上的特异化

当前有关自闭症谱系障碍和内感受关系及作用机制的相关研究仍处于探索的初期，其中所涉及的内感受的衡量方式和界定标准在不同的研究中并不是很一致。有的研究采用的是心跳计数任务范式[3]，要求被试在一些较短

---

[1] Schauder, K. B., Mash, L. E., Bryant, L. K., & Cascio, C. J. (2015). Interoceptive ability and body awareness in autism spectrum disorder. *Journal of Experimental Child Psychology*, 131, 193–200.

[2] Suzuki, K., Garfinkel, S. N., Critchley, H. D., & Seth, A. K. (2013). Multisensory integration across exteroceptive and interoceptive domains modulates self-experience in the rubber-hand illusion. *Neuropsychologia*, 51(13), 2909–2917.

[3] Garfinkel, S. N., Seth, A. K., Barrett, A. B., Suzuki, K., & Critchley, H. (2015). Knowing your own heart: Distinguishing interoceptive accuracy from interoceptive awareness. *Biological Psychology*, 104, 65–74.

的时间段内估计并报告自己的心跳数；有的研究采用的是心跳识别任务范式[1]，被试需要判断自己的心跳和听到的声音信号是否同步；还有的研究采用的是自我报告的问卷法（self-report questionnaires）[2]。加芬克尔等认为，不同的方法所测得的结果之间存在的差异可能说明内感受还可以细分为不同的成分，并且根据现有研究进一步提出了内感受的三分法模型（three-part model），即内感受包含3个可测量的成分，分别是内感受精确性、内感受敏感性以及内感受觉知[3]。尽管研究者对于内感受是否只包含上述3个成分，这三个成分之间的关系如何，以及现有的衡量这三种成分的方法是否客观有效仍存质疑（近年来随着研究的深入，内感受信号的情绪评估被认为应该独立于内感受的精确性、敏感性以及觉知，从而内感受的三分法模型也被扩展为四分法模型），但自闭症谱系障碍人士在这三方面表现出的一些特异性非常值得我们关注。

2. 自闭症谱系障碍的内感受精确性特征

内感受精确性主要是指在心跳检测等客观的行为测试中的表现，是内感受三分法模型所涉及的第一个成分。内感受精确性包括一些可测量的、可区分的过程，对心率的主观监测和识别，即心跳计数任务，是其中最常被测量并作为衡量内感受精确性的一个指标。测量过程中被试需要根据要求在相对较短的一些时间段内（如25秒、35秒、45秒等）估计自己的心跳。每个阶段的开始和结束都会有语音提醒，结束之后要求被试报告他们数的或者估计的自己的心跳数，同时被试的实际心跳会通过带有手指传感器的脉搏血氧计（pulse oximeter）等设备来记录。每一试次的开始和结束都会有语音提示，在每一试次结束时，被试需要口头报告他们所估计的心跳数。将被试口头报告的心跳数和仪器测量所得到的心跳数相减求绝对值并除以实际的心跳数，所得结果是其单次的误差分数。根据具体实验设计，每个被试都会有多次误差分数，其平均值即为最终的测量结果。某一个体的内感受精确性的衡量标准就是其所有试次所得误差分数的平均值。内感受精确性越高的个体其报告的误差分数会越趋向于0，而内感受精确性越低的个体其误差分数

---

[1] Garfinkel, S. N., Tiley, C., O'Keeffe, S., Harrison, N. A., Seth, A. K., & Critchley, H. D. (2016). Discrepancies between dimensions of interoception in autism: Implications for emotion and anxiety. *Biological Psychology*, 114, 117-126.

[2] Shields, S. A., Mallory, M. E., & Simon, A. (1989). The body awareness questionnaire: Reliability and validity. *Journal of Personality Assessment*, 53(4), 802-815.

[3] Garfinkel, S. N., Seth, A. K., Barrett, A. B., Suzuki, K., & Critchley, H. (2015). Knowing your own heart: Distinguishing interoceptive accuracy from interoceptive awareness. *Biological Psychology*, 104, 65-74.

则越趋向于1。

就内感受精确性而言,自闭症谱系障碍人士并不存在相比正常被试过高或过低的表现。舍德等采用心跳计数任务范式分别针对年龄介于8—17岁的30名自闭症谱系障碍人士和27名正常发育的被试开展研究,要求他们分别在4个不同的时间间隔(25秒、35秒、45秒和100秒)内估计自己的心跳数,同时通过脉搏血氧计获取被试的实际心跳数。被试不同时间间隔内误差分数的平均值作为最后被试内感受精确性的得分。研究结果表明自闭症谱系障碍人士和正常被试的内感受精确性得分并不存在组间的显著差异。但对正常被试而言,随着时间间隔的增加,其内感受精确性会出现下降,而自闭症谱系障碍人士则并不会如此,无论是最短的(25秒)还是最长的(100秒)之间间隔内,自闭症谱系障碍人士组内没有显著差异。换言之,随着要求的指向内部的注意时间的增加,他们能保持更高的专注度,自闭症谱系障碍人士似乎具有一种特殊的能够对内部身体线索给予持续关注的特征[1]。

3. 自闭症谱系障碍的内感受敏感性特征

内感受敏感性是个体对自己内部感受的一种主观评估,是内感受三分法模型所涉及的第二个成分。内感受敏感性是个体对内部过程的主观体验,当前对它进行测量的主要方式是自我报告的问卷,如身体觉知问卷、渴感觉知问卷。身体觉知问卷包含如"我注意到我的身体对各种食物的反应方式的不同""当我撞到自己时,我总是能分辨出它是否会形成瘀伤"等在内的18个问题,采用李克特7点量表法,衡量一个人关于自己识别内部的感觉、区分细微的体内平衡和非情绪的身体过程的能力所具有的信念。渴感觉知问卷主要是对个体是否感到口渴以及每天大约摄入多少量的水等进行评估和主观报告。无论是身体觉知问卷还是渴感觉知问卷,总分越高则意味着个体对身体过程的主观敏感性越强。

当前已有研究表明,较之正常个体,自闭症谱系障碍人士的内感受敏感性相对较低。如菲纳(L. Fiene)和布朗罗(C. Brownlow)以在线调查的方式对正常个体和自闭症谱系障碍人士的身体觉知和渴感觉知情况进行测量和评估[2]。74名自闭症谱系障碍人士和228名正常个体完成了身体觉知问卷和渴感觉知问卷,结果显示,较之正常被试,自闭症谱系障碍人士的内感受敏

---

[1] Schauder, K. B., Mash, L. E., Bryant, L. K., & Cascio, C. J. (2015). Interoceptive ability and body awareness in autism spectrum disorder. *Journal of Experimental Child Psychology*, 131, 193–200.

[2] Fiene, L., & Brownlow, C. (2015). Investigating interoception and body awareness in adults with and without autism spectrum disorder. *Autism Research*, 8(6), 709–716.

感性较低。并且,当将渴感觉知问卷的得分结果和被试实际报告的每日水的摄入量进行比较时,自闭症谱系障碍人士的渴感觉知和实际水的摄入量呈负相关。即如果他们的渴感觉知程度得分是比较低的,那他们所报告的每日水的摄入量就很有可能是比较高的(大于 20 杯/天),反之如果他们的渴感觉知程度得分是比较高的,那他们所报告的每日水的摄入量则很有可能是比较低的(1~3 杯/天)。这一结果和来自自闭症谱系障碍人士前脑岛脑成像研究的结果也是一致的:自闭症谱系障碍人士前脑岛和相关脑区的连接不够导致某一脑区无法对显著的内感受信号发起更高级的大脑反应。同时,这一结果和针对自闭症谱系障碍人士的内感受敏感性所开展的质性研究的结果也是一致的:调查显示绝大多数自闭症谱系障碍人士自我报告自己对内感受线索是不敏感的,并且在检测内部感觉如疼痛等方面是存在困难的[1]。

4. 自闭症谱系障碍的内感受觉知特征

内感受觉知是对内感受精确性的一种元觉知,即在多大程度上相信自己的精确性判断,是内感受三分法模型所涉及的第三个成分。内感受觉知是内感受精确性的一种元认知量度,即一个人对于自己能精确知觉内部过程的能力的觉知程度。当前对内感受觉知的衡量,主要是基于个体在心跳计数任务或心跳识别任务中所表现出的客观的内感受精确性和通过身体知觉问卷等自我报告所得到的主观的内感受敏感性之间的差异,即内感受特质预测误差(ITPE)。通过心跳计数任务、心跳识别任务以及身体知觉问卷等所得到的分数都会被转换为标准 Z 分数用以进一步计算 ITPE 值。ITPE 正值代表个体过高估计自己内感受能力的倾向,而负值反应的则是个体低估自己内感受能力的倾向[2]。

较之正常个体,自闭症谱系障碍人士在衡量内感受觉知的指标上得分往往更高,但这并不意味着自闭症谱系障碍人士的内感受性更好,他们在内感受觉知的指标上的高分意味着他们往往不能合理评估自己的内感受能力。加芬克尔等首先采用伯格斯身体知觉问卷中的觉知分量表(awareness section)分别测量 20 名正常个体和 20 名自闭症状态(Autism Spectrum Conditions,ASC)人士对自己内部感觉的敏感性,这一部分的得分高低代表被试对自己内感受能力的一种信念,和实际的(客观测量所得的)内感受精确

---

[1] Mehling, W. E., Gopisetty, V., Daubenmier, J., Price, C. J., Hecht, F. M., & Stewart, A. (2009). Body awareness: construct and self-report measures. *PLoS One*, 4(5), e5614.

[2] Garfinkel, S. N., Seth, A. K., Barrett, A. B., Suzuki, K., & Critchley, H. (2015). Knowing your own heart: Distinguishing interoceptive accuracy from interoceptive awareness. *Biological Psychology*, 104, 65 - 74.

性无关。然后每个被试需要分别在 25 秒、30 秒、35 秒、40 秒、45 秒和 50 秒这六个不同的随机排序的时间间隔内,根据要求"感受并报告自己的心跳数"。每一试次结束时会要求被试回答自己对于所报告心跳数的自信程度,从"完全猜测"(total guess)到"完全自信"(complete confidence)。这一任务之后被试再进行 15 次心跳识别任务。在每一试次中,被试会听到 10 次声音,并需要报告每次声音是否与自己的心跳同步,并且在每一试次心跳识别任务结束之后也需要报告对回答的自信程度。被试主观敏感性和心跳计数任务中的客观精确性之间的差别被记为 $ITPE_T$,主观敏感性和心跳识别任务中的客观精确性之间的差别被记为 $ITPE_D$。结果显示,自闭症状态被试的总体 ITPE 分数要高于控制组被试,即较之实际的内感受精确性,自闭症状态被试更有可能高估自己的主观敏感性,而控制组被试的结果恰好相反[1]。

(四) 小结与展望

1. 小结

作为一种发病率超过 1‰(近年来一直呈增长趋势)儿童及成人的广泛性神经系统发育障碍,自闭症谱系障碍的早期诊断及后续干预工作的重要性不言而喻。

首先,自闭症谱系障碍和内感受的相关研究有助于进一步定位自闭症谱系障碍人士情绪理解和共情缺陷的有关脑区。一方面,自闭症谱系障碍人士在理解他人情绪和共情方面的表现有缺陷是临床观察和相关研究中较为一致的结论[2];另一方面,有些理论认为人类主观情绪就是基于身体和内脏信号的体验而产生的,即内感受在情绪形成中发挥着重要的作用[3][4]。研究表明,对身体内部信号更敏感的个体情绪理解能力也更好,并且情绪体验也更强烈,因此自闭症谱系障碍和内感受之间存在潜在关系,并且内感受所涉及的主要脑区可能正是自闭症谱系障碍人士无法正常工作的脑区的假设也合情合理。这一假设在引入脑成像技术的研究中得到了较为直接的证据。内感受注意使得前脑岛皮层活动的增强,并且功能连接的结果表明,前脑岛在

---

[1] Garfinkel, S. N., Tiley, C., O'Keeffe, S., Harrison, N. A., Seth, A. K., & Critchley, H. D. (2016). Discrepancies between dimensions of interoception in autism: Implications for emotion and anxiety. *Biological Psychology*, 114, 117–126.

[2] Baron-Cohen, S., & Wheelwright, S. (2003). The Friendship Questionnaire: An investigation of adults with Asperger syndrome or high-functioning autism, and normal sex differences. *Journal of Autism and Developmental Disorders*, 33(5), 509–517.

[3] Grynberg, D., & Pollatos, O. (2015). Perceiving one's body shapes empathy. *Physiology & Behavior*, 140, 54–60.

[4] Terasawa, Y., Moriguchi, Y., Tochizawa, S., & Umeda, S. (2014). Interoceptive sensitivity predicts sensitivity to the emotions of others. *Cognition and Emotion*, 28(8), 1435–1448.

内感受注意中的作用是通过与躯体感觉皮层和视觉皮层之间的相互作用而实现的[1]。自闭症谱系障碍人士双侧后脑岛和前脑岛的连接较之正常被试是降低的甚至是完全中断的，并且躯体感官皮层和四肢区域的连接也是降低的。根据上述研究可以推测，脑岛皮层活动或和其他皮层连接的异常应该是自闭症谱系障碍人士脑成像研究中可以预期的一个结果。我们期待对内感受、脑岛以及自闭症谱系障碍的进一步研究能够帮助我们更好地通过异常的神经成像模式来形成更科学、客观的自闭症谱系障碍的诊断途径。

其次，自闭症谱系障碍和内感受的相关研究也有助于形成临床上可操作的干预和治疗措施。神经成像研究显示，内感受过程中的主要脑区脑岛在包括愤怒、厌恶、疼痛和共情[2][3]等在内的情绪感受的主观觉知过程中是会被激活的，并且，共情任务中脑岛的激活程度可以通过事先的内感受觉知的提高而得以加强[4]。如果提高内感受的成分能够加强脑岛的激活程度这一现象在自闭症谱系障碍人士身上也能实现，那就意味着由于脑岛皮层的激活不足或和某些特定皮层连接异常而导致他们表现出情绪理解或共情存在缺陷等现象就可以通过对内感受特定成分的干预而得以缓解。此外，如果内感受的觉知可以通过某些方式得以提高，那么内感受的敏感性或者精确性是否也能够通过某些外在的干预方式进行促进？例如，扎克瑞斯等的研究表明，内感受精确性和橡胶手错觉的易感性之间是存在负相关的，因为这两者分别代表的是个体受内部信号的影响和受外部信号影响的结果[5]。但是苏祖基等的研究则发现，当内感受的对象可以通过外部通道的方式呈现给被试时，原本内感受所关注的心跳信息就会使个体更容易受外部信号影响[6]。可见，未来通过影响内感受的某些方面而改善自闭症谱系障碍临床问题的干预方式也是可预期的。

---

[1] Wang, X., Wu, Q., Egan, L., Gu, X., Liu, P., Gu, H., ... Gao, Z. (2019). Anterior insular cortex plays a critical role in interoceptive attention. *eLife*, 8, e42265.

[2] Critchley, H. D., & Garfinkel, S. N. (2017). Interoception and emotion. *Current Opinion in Psychology*, 17, 7–14.

[3] Zaki, J., Davis, J. I., & Ochsner, K. N. (2012). Overlapping activity in anterior insula during interoception and emotional experience. *Neuroimage*, 62(1), 493–499.

[4] Ernst, J., Northoff, G., Böker, H., Seifritz, E., & Grimm, S. (2013). Interoceptive awareness enhances neural activity during empathy. *Human Brain Mapping*, 34(7), 1615–1624.

[5] Tsakiris, M., Jiménez, A. T.-., & Costantini, M. (2011). Just a heartbeat away from one's body: Interoceptive sensitivity predicts malleability of body-representations. *Proceedings of the Royal Society B: Biological Sciences*, 278(1717), 2470–2476.

[6] Suzuki, K., Garfinkel, S. N., Critchley, H. D., & Seth, A. K. (2013). Multisensory integration across exteroceptive and interoceptive domains modulates self-experience in the rubber-hand illusion. *Neuropsychologia*, 51(13), 2909–2917.

2. 展望

未来的研究除了需要进一步探究自闭症谱系障碍与不同内感受成分之间的关系、进一步细分自闭症谱系障碍所涉及的具体表现及其影响因素外，在自闭症谱系障碍儿童的教育和干预方面根据他们在内感受三成分上的特异化，也可以进行如下尝试：

首先，就内感受精确性而言，自闭症谱系障碍人士的表现不仅与正常被试没有显著差别，相反，在相对较长的时间间隔内，自闭症谱系障碍人士持续地将注意力指向内部的能力高于控制组的个体。借助于虚拟现实技术，将个体的心跳、脉搏等内部生理数据以可视化的形式呈现是可以实现的，同时对正常个体的研究证实通过内部信号的外显呈现能够改变内感受能力的作用效果。就此而言，自闭症谱系障碍人士在较长时间内较之正常个体更优异的指向内部信号的能力可能可以通过虚拟现实技术转换为指向特定外部对象的能力，从而提高其在指向外部世界的注意任务中的表现，进而改善其缺乏社会性互动的临床表现。

其次，就内感受敏感性而言，当前研究中往往通过身体觉知或渴感觉知等自我报告问卷的测量结果作为评估内感受敏感性的重要指标，自闭症谱系障碍人士在这些问卷上的得分较低，意味着其较之正常被试的内感受敏感性较低。在对自闭症谱系障碍儿童开展教育干预的过程中，是否可以考虑加入与身体相关的觉知训练，而不仅仅着眼于社会性的能力的训练与提升，因为研究表明，内感受敏感性的高低与共情能力也存在着一定程度的正相关[①]。从非社会性的身体觉知方面入手或许能够起到间接改善自闭症谱系障碍人士社会性功能的作用。

再次，就内感受觉知而言，自闭症谱系障碍人士在客观检测身体信号方面存在缺陷，并且会夸大对身体感觉的主观知觉。如前文所述，他们在内感受觉知的指标上的高分意味着他们往往不能合理评估自己的内感受能力。内感受觉知体现的是客观的内感受精确性和主观的内感受敏感性之间的差异，由于自闭症谱系障碍人士在内感受精确性方面的表现和正常被试并没有显著差异，因此，内感受觉知这一能力的提高与改善还是有赖于内感受敏感性的训练与提升。在具体教育实践中，可以尝试将身体觉知的训练与通过虚拟现实技术实时反馈身体内部信号的内感受精确度的训练相结合，引导自闭

[①] Mul, C., Stagg, S. D., Herbelin, B., & Aspell, J. E. (2018). The feeling of me feeling for you: Interoception, alexithymia and empathy in autism. *Journal of Autism and Developmental Disorders*, 48(9), 2953－2967.

症谱系障碍儿童关注实际的精确性和主观感受之间的差异,从而提高他们的内感受觉知能力。

最后,随着内感受研究的深入,内感受的三分法模型已经被扩展为四分法模型,内感受信号的情绪评估被认为有别于内感受精确性、敏感性与觉知,并独立发挥作用。自闭症在情绪表达方面的缺陷是有目共睹的,因此后续研究还应关注自闭症谱系障碍的内感受情绪评估特征。

自闭症早期症状的发现对于这一神经发育障碍疾病的干预和治疗具有重要的意义。从ASD社会性症状着手通常要等到儿童4周岁之后才能观察到某些较明显的心理理论缺陷的表现,但ASD的非社会性症状往往在婴儿出生之后几个月便有所体现。重视ASD个体身体自我觉知、自我-他者分化以及神经系统障碍等方面的研究一方面有助于进行ASD的早期诊断,另一方面也与现象学精神病理学的进路重视患者的前意识层面、重视患者本身及其与自我和世界的关系相一致。在现象学的视角下对自闭症的身体自我障碍展开研究,有助于推动将现象学的哲学思考与神经科学的实证研究直接或间接地结合起来用以指导理论建构或用于实验设计与假设、结论的解释。

二、内感受与进食障碍

进食是一种基本的行为,它揭示了我们是如何受内感受信号的内在引导的,并且与心理生理的内稳态需求、个体的生存以及幸福感都有着最直接的相关性。进食过程包括知觉和辨别饥饿和饱腹的内感受的感觉(interoceptive sensation),并根据这些感觉指导行为。因此进食障碍(eating disorders)被定义为一种以进食或与进食相关行为的持续性紊乱为特征的疾病,它会导致食物消耗或吸收的改变,并会显著损害躯体健康或心理社交功能。其中神经性厌食症(anorexia nervosa, AN)、神经性贪食症(bulimia nervosa, BN)和暴食障碍(binge eating disorders, BED)是较为常见的类型[1]。

进食障碍所受到的重视程度并不低,相关的研究也不在少数。这类疾病多发于青春期后期以及成年早期的女性身上,其所伴随的症状通常有焦虑、抑郁、自虐甚至自杀等[2]。不少因素,如生物学的、社会的以及心理的,都被

---

[1] 美国精神医学学会:《精神障碍诊断与统计手册》(第5版),张道龙等译,北京大学出版社2018年版,第319—343页。

[2] Stice, E., Gau, J. M., Rohde, P., & Shaw, H. (2017). Risk factors that predict future onset of each DSM-5 eating disorder: Predictive specificity in high-risk adolescent females. *Journal of Abnormal Psychology*, 126(1), 38.

认为会对不同类型的进食障碍的发生和保持产生重要的影响,但对于其根本的发病机理,我们至今仍知之甚少[1]。聚焦于进食障碍的社会和心理因素的研究模型非常主流,然而这些模型无法为进食障碍患者在身体大小估计(body size estimation)任务中的不良表现,或是感受自己内部体验时存在困难等方面给出合理解释。如进食障碍的患者常常会抱怨感觉自己的情绪和身体感觉之间是脱离的,或是他们在理解自己或他人内部体验时会存在困难等。诸如此类的问题使得研究者开始关注进食障碍相关的身体因素,重视从内感受缺陷和身体自我障碍的视角重新审视进食障碍。

研究者注意到内感受与进食障碍之间存在关联的时间并不短,早在20世纪60年代,受损的内感受便已经被认为是进食障碍的关键特征之一,并且进食障碍患者身上存在明显的对源于身体内部信号知觉(内感受)的紊乱[2]。此外在临床中广泛使用的进食障碍量表(Eating Disorders Inventory,ED-I)中也包含内感受觉知因素的分量表[3]。可以说,自现代临床研究开始以来,内感受紊乱和身体形象扭曲便被认为是进食障碍的核心症状,并且在当前进食障碍的临床诊断中也将这些方面视为重要的疾病相关的特征。但是进食障碍的内感受研究抑或从内感受视角重新审视进食障碍的成因并发展可能的治疗和干预措施却姗姗来迟。随着具身认知内感受研究转向的出现,进食障碍的内感受研究才日益成为热点。

本节将从内感受的维度与进食障碍、进食障碍与内感受异常、进食障碍伴随现象中与内感受异常这三个方面对进食障碍的内感受研究进展进行系统回顾,并展望新的研究方向。

(一)内感受的维度与进食障碍

广义的内感受被认为不仅应该包含内脏感觉,还应该包含本体感觉[4]。但是由于本体感觉是否应被纳入内感受仍存在较大争议,当前更普遍的观点是将内感受视为神经系统感觉、解释以及整合源自身体内部信号

---

[1] Culbert, K. M., Racine, S. E., & Klump, K. L. (2015). Research Review: What we have learned about the causes of eating disorders—a synthesis of sociocultural, psychological, and biological research. *Journal of Child Psychology and Psychiatry*, 56(11), 1141–1164.

[2] Bruch, H. (1962). Perceptual and conceptual disturbances in anorexia nervosa. *Psychosomatic Medicine*, 24(2), 187–194.

[3] Garner, D. M., Olmstead, M. P., & Polivy, J. (1983). Development and validation of a multidimensional eating disorder inventory for anorexia nervosa and bulimia. *International Journal of Eating Disorders*, 2(2), 15–34.

[4] Gao, Q., Ping, X., & Chen, W. (2019). Body Influences on Social Cognition Through Interoception. *Frontiers in Psychology*, 10, 2066.

的过程,它能够为有意识和无意识的水平提供实时的身体内部图景的映射[1]。对应的内感受也通常采用其狭义所指,即对源自身体内部信号的感觉和表征[2]。

如前文所述,即便只是源自身体内部的信号,由于内感受信号的来源不同,内感受具有多方面的属性已经在广大研究者中形成共识,它涉及不同的模态,自然也能被区分为不同的维度[3]。在本书中我们所采用的是加芬克尔及其同事所提出的,也是目前较受学界认可的一种分类方法,认为内感受可以分为内感受精确性(IAcc)、内感受敏感性(IS)、内感受觉知(IA)以及内感受的情感评估(IE)4 个主要维度。简言之,内感受精确性主要是通过心跳知觉测试等客观的行为测试中的表现得以体现的;内感受敏感性是通过主观的自我报告所反映的个体的体验、信念和知觉;内感受觉知是对表现能力的元认知洞察力,通过内感受主客观测量方法所得结果之间的差异进行衡量;内感受信号的情绪评估是对特定情境中所出现的身体感觉的解释和理解,这一维度被证实在塑造行为,尤其是与进食相关的行为方面具有重要作用[4]。与内感受维度有关的内容在本书第三章第一节第二部分"内感受的维度"中有详细介绍,此处不再赘述。这里,只针对最后增加的"内感受信号的情绪评估"(IE)维度及其与进食障碍之间可能的联系进行简要说明。

IE 是指与内感受信号的感觉和知觉相关联的主观评价。研究者通常将个体对特定情境中知觉到的内感受信号情感评价(如唤醒、效价、焦虑以及其他影响等)的主观等级评定作为其 IE 的衡量标准[5]。研究表明,IE 会受短期禁食(short-term fasting)或脑岛皮层活动控制等干预措施的影响,说明 IE 与

---

[1] Khalsa, S. S., Adolphs, R., Cameron, O. G., Critchley, H. D., Davenport, P. W., Feinstein, J. S., ... Mehling, W. E. (2018). Interoception and mental health: A roadmap. *Biological Psychiatry: Cognitive Neuroscience and Neuroimaging*, 3(6), 501–513.

[2] Garfinkel, S. N., Seth, A. K., Barrett, A. B., Suzuki, K., & Critchley, H. (2015). Knowing your own heart: Distinguishing interoceptive accuracy from interoceptive awareness. *Biological Psychology*, 104, 65–74.

[3] Garfinkel, S. N., Tiley, C., O'Keeffe, S., Harrison, N. A., Seth, A. K., & Critchley, H. D. (2016). discrepancies between dimensions of interoception in autism: Implications for emotion and anxiety. *Biological Psychology*, 114, 117–126.

[4] Herbert, B. M., Blechert, J., Hautzinger, M., Matthias, E., & Herbert, C. (2013). Intuitive eating is associated with interoceptive sensitivity. Effects on body mass index. *Appetite*, 70, 22–30.

[5] Van Dyck, Z., Vögele, C., Blechert, J., Lutz, A. P., Schulz, A., & Herbert, B. M. (2016). The water load test as a measure of gastric interoception: Development of a two-stage protocol and application to a healthy female population. *PLoS One*, 11(9), e0163574.

反映身体自上而下抑制过程的自主神经活动的变化联系密切①。IE之所以与进食障碍有着紧密的相关可能是因为对身体信号的深刻负面评价(例如对食物的厌恶和/或矛盾反应)、对饥饿和饱腹的内感受信号觉知的偏差以及典型的身体意象扭曲都属于ED的核心症状。

将IE估作为一个独立过程的分类方法与史密斯和莱恩所提出的情绪加工的多层模型也是一致的②。该模型认为内感受/躯体感官加工是一个多层级的过程,不同的身体状态模式(表征在躯体感官皮层、后脑岛、孤束核、下丘脑核以及臂旁核等区域中的离散的身体特征)被察觉并被赋予概念化的情绪意义。情绪概念是通过如前扣带回和前额叶内侧皮质等脑区中所涉及的评估机制而产生的,而上述区域所反映的就是身体状态的映射(详见第四章第二节第二部分"情绪调节中的内感受")。无论是将IE作为内感受结构中一个独立维度的理论假设还是情绪加工模型形成过程中所获得的神经科学的证据均表明,脑岛皮层和前扣带回在连接内感受加工和情绪方面都起着至关重要的作用③。

IE与进食障碍之间的密切联系也体现在进食障碍患者身上所表现出的情绪方面的障碍。情绪与身体感受之间存在联系的主张可以追溯至18世纪,詹姆斯就曾提出过内脏-情感反馈与情绪体验之间存在联系的心理学理论,指出情绪刺激会引起如血压、心率等特定躯体状态的变化,而对这些身体反应的知觉才是情绪体验调节的重要成分。实验心理学的研究也表明,内感受在情绪认知的过程中起着重要的作用:内感受能力越高的个体在情绪调节上更倾向于采用重评(reappraisal)策略,而内感受能力越低的个体则越容易受到负性情境所引发的消极情绪的影响,进而演变为各种情绪障碍④。情绪障碍并不仅仅存在于ED患者身上,但是情绪障碍在ED中非常普遍,如AN患者对体重增加的恐惧以及对自己身体的拒斥、BN患者的自我评价会过度地受到体型和体重的影响等,并且会影响ED的病情发展。较之控制组被试AN组表现出较低的IAcc和较高的对自己身体的不满意度(body-

---

① Herbert, B. M., Muth, E. R., Pollatos, O., & Herbert, C. (2012a). Interoception across modalities: on the relationship between cardiac awareness and the sensitivity for gastric functions. *PLoS One*, 7(5), e36646.

② Pollatos, O., Gramann, K., & Schandry, R. (2007). Neural systems connecting interoceptive awareness and feelings. *Human Brain Mapping*, 28(1), 9-18.

③ Pollatos, O., Gramann, K., & Schandry, R. (2007). Neural systems connecting interoceptive awareness and feelings. *Human Brain Mapping*, 28(1), 9-18.

④ Pollatos, O., Matthias, E., & Keller, J. (2015). When interoception helps to overcome negative feelings caused by social exclusion. *Frontiers in Psychology*, 6, 786.

dissatisfaction);关注自我的实验任务能提高控制组被试的IAcc,但却会导致AN组IAcc的下降,反之,关注他人的实验任务则会降低控制组的IAcc,同时提高AN组的IAcc[1]。这一结果能为AN的情绪障碍和内感受的关系提供一些更直接的数据,并且基于此,研究者或许还能进一步探索通过内感受影响情绪调节,进而改善患者病情。

研究表明,上述4个内感受的维度在不同人群中的相关度是有差异的,内感受维度的分离性说明,不同的临床疾病和适应不良可能有着不同的相关性[2]。例如,客观的和主观的方法所量化的内感受指数之间的不一致被认为能够反映内感受(特质)预测误差,并且这种差异在IAcc较低的个体中较大。在特殊的人群,如自闭症谱系障碍患者身上,两者之间的差异更为明显[3]。据此,研究者也推论在进食障碍的患者身上应该能够观察到IS和IAcc的不一致程度也会较大。又如研究者通过比较BN患者和健康被试之间在IAcc和IA两方面的差异发现,健康被试的IAcc和IA之间并不存在系统性的联系,但BN患者身上内感受的这两个维度之间存在异常的重叠现象[4]。可见进食障碍群体的内感受会呈现与健康群体不一样的关系模式。因此,对不同诊断类型的进食障碍个体的内感受进行分析有助于我们进一步揭示内感受在进食障碍中的作用与影响。

(二)不同类型进食障碍与内感受异常

以进食障碍为目标群体的内感受研究绝大多数是基于自我报告的问卷、基于内感受敏感性这一维度进行分析的。研究中较常见的进食障碍是神经性厌食症(AN)和神经性贪食症(BN),与之相伴随的主要表现有过度进食、肥胖、身体意象紊乱等。由于国内尚无针对进食障碍患者内感受异常的临床研究报告,因此我们对国外近十年来的相关研究进行了梳理汇总(如表6-2所示),尝试为不同类型进食障碍与内感受异常的研究勾勒出大致的轮廓,并在此基础上展开有针对性的综合和分析。

---

[1] Pollatos, O., Herbert, B. M., Berberich, G., Zaudig, M., Krauseneck, T., & Tsakiris, M. (2016). Atypical self-focus effect on interoceptive accuracy in anorexia nervosa. *Frontiers in Human Neuroscience*, 10, 484.

[2] Garfinkel, S. N., Tiley, C., O'Keeffe, S., Harrison, N. A., Seth, A. K., & Critchley, H. D. (2016). Discrepancies between dimensions of interoception in autism: Implications for emotion and anxiety. *Biological Psychology*, 114, 117-126.

[3] Garfinkel, S. N., Tiley, C., O'Keeffe, S., Harrison, N. A., Seth, A. K., & Critchley, H. D. (2016). Discrepancies between dimensions of interoception in autism: Implications for emotion and anxiety. *Biological Psychology*, 114, 117-126.

[4] Pollatos, O., & Georgiou, E. (2016). Normal interoceptive accuracy in women with bulimia nervosa. *Psychiatry Research*, 240, 328-332.

表 6-2 进食障碍与内感受异常的相关研究

研　究	进食障碍类型	内感受测量方法	结果/结论
Abbate-Daga et al. (2014)	AN	EDI-IA	在缺乏 IA 方面，AN 比 HC 的得分更高
Agüera et al. (2015)	AN	EDI-IA	在基线水平上，无论是哪种亚型的 AN，其缺乏 IA 的程度均较高
Aloi et al. (2017)	BED	EDI-IA	BED 在缺乏 IA 方面，较之控制组更高
Ambrosecchia et al. (2017)	AN-Res	EDI-IA、心跳计数任务	在缺乏 IA 方面，AN 更高，但在心跳计数任务上 AN 与健康被试无显著差别
Amianto et al. (2016)	AN、BN	EDI-IA	在缺乏 IA 方面，BN 得分高于 AN，AN 高于控制组的健康被试
Amianto et al. (2017)	AN	EDI-IA	内感受觉知的缺乏在控制组中显著低于 AN 组
Bär et al. (2013)	AN	温暖知觉与热痛觉阈限以及 fMRI	AN 被试的疼痛阈限更高，在感受到疼痛的过程中，控制组被试脑岛激活增加，AN 被试的小脑和脑干激活增加
Berner et al. (2018)	AN-Res	呼吸负荷测试、fMRI	在等待阶段右后脑岛中后部的激活减少，但在厌恶刺激期间及其后上述部位的激活增加
Bernatova and Svetlak (2017)	混合	身体知觉问卷	ED 组在身体知觉问卷中自主神经系统反应的得分较低
Bluemel et al. (2017)	AN	胃容量与自我报告的饥饿/饱腹感比较	在每一给定的胃容量条件下，AN 报告更高的饱腹感和更低的饥饿感
Camilleri et al. (2015)	无临床表现	IES	IES-2 中的总分与限制性的、情绪性的以及不受控制的进食行为呈负相关
Carbonneau et al. (2016)	无临床表现	IES	IES 的得分与 EDI 的得分呈负相关
Cuzzocrea et al. (2015)	无临床表现	EDI-IA	暴食症在缺乏 IA 方面的得分高于健康被试

续表

研　　究	进食障碍类型	内感受测量方法	结果/结论
De Caro and Di Blas (2016)	无临床表现	EDI-IA	T2 中的暴食得分并不能通过 T1 中的内感受觉知缺乏的得分预测
De Vries & Muele (2016)	BN	EDI-IA	BN 在内感受觉知方面的缺陷较之健康被试得分更高
Denny et al. (2013)	无临床表现	IES 中的两个条目	较高的内感受与更低的进食行为紊乱相联系
Eshkevari et al. (2014)	混合	心跳探测任务	ED 组和 HC 组在心跳监测任务中的得分没有显著差异
Fischer et al. (2016)	AN-Res	心跳探测任务、EDI-IA	较之控制组，AN 组心跳探测任务得分较低，内感受觉知的缺乏得分较高
Fujimori et al. (2011)	混合	EDI-IA	ED 组较之 HC 组在缺乏内感受精确性分量表上得分更高
Herraiz-Serrano et al. (2015)	混合	EDI-IA	所有类型进食障碍患者在缺乏内感受觉知方面的得分均高于控制组被试
Kerr et al. (2016)	AN-Rec	fMRI	在基于胃的 IA 测试中左背侧中脑岛活动降低
Khalsa et al. (2015)	AN	异丙肾上腺素输注与心跳、呼吸评定	在所有情况下 AN 更有可能报告内感受的改变，更有可能不正确地报告改变
Kim et al. (2018)	混合	EDI-IA	在缺乏 IA 方面，治疗后的得分低于治疗前的得分
Klabunde et al. (2013)	BN-Rec	心跳计数任务	较之 BN-Rec，HC 能更精确地报告自己的心跳数
Koch and Pollatos (2014)	无临床表现	心跳计数任务	外部的进食行为对心跳计数任务中得分的反向预测只存在于体重超重的组中
Lammers et al. (2015)	BED	EDI-IA	治疗后的内感受觉知能够预测后续的 EDI 问卷中的暴食分量表
Lattimore et al. (2017)	混合	EDI-IA	IA 的缺乏与 EDI 的消瘦和或暴食分量表之间不存在显著相关

续表

研 究	进食障碍类型	内感受测量方法	结果/结论
Lavagnino et al. (2014)	BN	静息功能性连接、EDI-IA	BN组在缺乏IA分量表上的得分更好,内感受相关皮层的功能性连接更弱
Linardon and Mitchell (2017)	无临床表现	IES	IES得分与暴食频度和不受控制的进食行为存在显著相关
Maganto et al. (2016)	无临床表现	EDI-IA	高风险组的被试在缺乏IA项目上的得分显著高于非高风险组
Maïano et al. (2016)	混合	EDI-IA	缺乏IA与暴食和追求消瘦呈正相关
Nyman-Carlsson et al. (2015)	混合	EDI-IA	在缺乏IA分量表的得分方面,ED＞POP＞健康控制组
Pollatos and Georgiou (2016)	BN	心跳计数任务、EDI-IA	对BN被试而言,心跳计数任务和EDI分量表之间存在显著负相关
Romano et al. (2018)	无临床表现	IES-2	IES-2与EDE-Q的总得分之间呈负相关
Sehm and Warschburger (2018)	BED	EDI-IA	缺乏IA与暴食呈正相关
Solmi et al. (2018)	混合	EDI-IA	内感受缺陷具有较高的网络中心性
Strigo et al. (2013)	AN-Rec	温度痛觉、fMRI	在疼痛作用前,AN-Rec右前脑岛的激活高于HC,在疼痛刺激作用时低于HC
Van Dyck et al. (2016)	混合	IES	在IES上,ED被试的得分高于健康被试
Villarroel et al. (2011)	无临床表现	EDI-IA	IA的缺乏与节制和对进食的担忧相关联
Vinai et al. (2015)	BED	EDI-IA	在缺乏IA方面BED的得分高于健康被试
Wierenga et al. (2015)	AN-Rec	fMRI	HC在饥饿时脑中奖赏回路的反应增加,饱足时认知控制回路的反应增加,AN-Rec的脑反应不受饥饿状态的影响

续表

研　　究	进食障碍类型	内感受测量方法	结果/结论
Wierenga et al. (2017)	AN-Rec	脑血流量	饥饿时,HC脑血流量增加,但AN-Rec的脑血流量则是降低的
Yamamotova et al. (2017)	混合	温度痛觉阈限	AN和BN的疼痛阈限较之HC更高
Young et al. (2017)	无临床表现	心跳计数、内感受觉知问卷	内感受精确性、预测误差和情绪性进食呈正相关,内感受觉知和情绪性进食呈负相关。

缩写说明：AN＝神经性厌食症(Anorexia Nervosa)，AN-Res＝限制型神经性厌食症(Anorexia Restricting Subtype)，AN-Rec＝神经性厌食症康复后(Recovered/Remitted Anorexia Nervosa)，BED＝暴食症(Binge Eating Disorder)，BN＝神经性贪食症(Bulimia Nervosa)，BN-Rec＝神经性贪食症康复后(Recovered/Remitted Bulimia Nervosa)，EDI＝进食障碍问卷(Eating Disorder Inventory)，EDI-IA＝进食障碍问卷的内感受觉知分量表(interoceptive awareness subscale of Eating Disorder Inventory)，IES＝直觉进食量表(Intuitive Eating Scale)，HC＝健康控制组被试(Healthy Controls)。

1. 神经性厌食症与内感受

神经性厌食症(AN)的主要特征包含如下三方面：持续性的能量摄取限制；强烈害怕体重增加或变胖，或有持续性地妨碍体重增加的行为；对自我的体重或体型产生感知紊乱[1]。这些方面的表现与内感受都存在一定的联系，如对源自胃部的饥饿感的不敏感、身体自我表征的失调，以及存在身体意象紊乱等。直接的AN与内感受的关系研究也表明,处于AN病程活跃期的个体较之控制组被试普遍存在内感受异常。AN患者在进食障碍量表的内感受觉知分量表所测量的"缺乏内感受觉知"中的得分显著高于健康的控制组被试,而在干预治疗之后"缺乏内感受觉知"方面则会得到显著改善[2]。以心跳计数范式任务中的表现或是以疼痛觉知为内感受衡量标准的研究也显示,AN患者普遍存在内感受能力的不足,会出现较之控制组更难精确报告自己的心跳数或是具有更高的痛觉阈限等现象[3]。神经成像的研究发现热疼痛(thermal pain)会引起AN患者左后脑岛(left posterior insula)的激活,而健康

---

[1] 美国精神医学学会：《精神障碍诊断与统计手册》(第5版)，张道龙等译，北京大学出版社2018年版，第329页。

[2] Kim, S. K., Annunziato, R. A., & Olatunji, B. O. (2018). Profile analysis of treatment effect changes in eating disorder indicators. *International Journal of Methods in Psychiatric research*, 27(2), e1599.

[3] Yamamotova, A., Bulant, J., Bocek, V., & Papezova, H. (2017). Dissatisfaction with own body makes patients with eating disorders more sensitive to pain. *Journal of Pain Research*, 10, 1667.

控制组被试则不会。与控制组不同的还有 AN 被试的疼痛阈限与背侧后扣带回皮层激活之间存在正相关①。无论是脑岛还是扣带回都是内感受神经网络的重要组成部分,上述研究结果说明,AN 患者内感受神经网络的激活模式也存在异常现象。

对于临床干预治疗而言尤其需要关注的是,即便是已经从 AN 中康复的个体(AN - Rec),其内感受方面的表现也和正常个体之间存在一些差异。行为测量层面,通过自我报告、心跳计数以及疼痛知觉的方式对内感受进行衡量的研究均有发现 AN - Rec 存在显著的内感受加工的受损②,但也有研究发现,如果以热疼痛范式作为内感受评价标准,AN - Rec 组和控制组之间并不存在显著差异③。神经成像层面,AN - Rec 女性在期待食物图片的过程中较之控制组被试会产生更明显的前脑岛的激活,但是在期待非食物图片的过程中并无显著差异,说明她们在预期食物和体验食物时依然存在差别。AN - Rec 在期待疼痛刺激出现的过程中也会产生较之控制组被试更强的右前脑岛、背侧前额叶皮层以及扣带回的激活,但在实际的疼痛刺激过程则会出现更明显的背侧前额叶皮层的激活以及后脑岛皮层激活程度的降低④。这种预期刺激出现和受到实际刺激时所表现出的皮层激活模式的不一致表明,AN - Rec 个体报告的和实际的内感受状态之间的整合存在分离和异常。类似的内感受缺陷同样也广泛存在于 BN 个体身上。

2. 神经性贪食症与内感受

神经性贪食症(BN)的基本特征分别是:反复发作的暴食;反复的不恰当的代偿行为以预防体重增加;以及自我评价受到体型和体重的过度影响⑤。BN 的这些症状、行为和情绪状态表明他们可能在检测内部状态和维

---

① Bär, K. J., de la Cruz, F., Berger, S., Schultz, C. C., & Wagner, G. (2015). Structural and functional differences in the cingulate cortex relate to disease severity in anorexia nervosa. *Journal of Psychiatry & Neuroscience*, 40(4), 269.

② Pollatos, O., Kurz, A.-L., Albrecht, J., Schreder, T., Kleemann, A. M., Schöpf, V., ... Schandry, R. (2008). Reduced perception of bodily signals in anorexia nervosa. *Eating Behaviors*, 9(4), 381 - 388.

③ Krieg, J. C., Roscher, S., Strian, F., Pirke, K. M., & Lautenbacher, S. (1993). Pain sensitivity in recovered anorexics, restrained and unrestrained eaters. *Journal of Psychosomatic Research*, 37(6), 595 - 601.

④ Strigo, I. A., Matthews, S. C., Simmons, A. N., Oberndorfer, T., Klabunde, M., Reinhardt, L. E., & Kaye, W. H. (2013). Altered insula activation during pain anticipation in individuals recovered from anorexia nervosa: Evidence of interoceptive dysregulation. *International Journal of Eating Disorders*, 46(1), 23 - 33.

⑤ 美国精神医学学会:《精神障碍诊断与统计手册》(第 5 版),张道龙等译,北京大学出版社 2018 年版,第 335 页。

持内稳态方面存在问题,并且在情绪管理方面也存在困难。这些能力都与内感受有着密切的联系。与 AN 类似,以问卷为衡量内感受标准的研究表明处于 BN 病程活跃期的被试其在 ED-I"内感受觉知缺陷"方面的得分显著高于控制组被试,并且内感受觉知的缺乏和暴食以及严格控制体重增加的行为呈正相关,甚至有些研究发现,BN 组在该项目上的得分比较 AN 组也更高[1]。但以冷热痛觉阈限为内感受衡量标准的研究所得到的结果并不一致,有的研究者发现 BN 被试的热痛觉阈限显著高于控制组[2],但也有研究发现 BN 组的冷热痛觉阈限和控制组并无差别[3]。此外,以心跳计数任务完成情况为内感受衡量标准的研究也表明 BN 组和控制组的表现并无差异[4]。可见对于尚处于 BN 活跃期的个体而言,其内感受存在一定程度的缺陷,但并不是所有内感受相关的表现都与健康个体有着显著差异。然而神经成像的研究揭示,内感受缺陷和皮层功能性连接之间呈负相关,而 BN 个体的内感受相关脑区的功能性连接较弱,说明 BN 个体确实存在内感受缺陷[5]。内感受感官加工缺陷的广泛存在或许能为 BN 的各项症状给出一些更为直接的解释。

对于从 BN 中康复的个体(Recovered/Remitted Bulimia Nervosa, BN-Rec),行为研究的结果非常一致。以心跳计数任务、热疼痛知觉以及自我报告的研究均发现较之控制组,BN-Rec 组表现出显著的内感受受损[6][7]。尽

---

[1] Amianto, F., Northoff, G., Abbate Daga, G., Fassino, S., & Tasca, G. A. (2016). Is anorexia nervosa a disorder of the self? A psychological approach. *Frontiers in Psychology*, 7, 849.

[2] Yamamotova, A., Papezova, H., & Uher, R. (2009). Modulation of thermal pain perception by stress and sweet taste in women with bulimia nervosa. *Neuroendocrinology Letters*, 30(2), 237–244.

[3] Schmahl, C., Meinzer, M., Zeuch, A., Fichter, M., Cebulla, M., Kleindienst, N., ... Bohus, M. (2010). Pain sensitivity is reduced in borderline personality disorder, but not in posttraumatic stress disorder and bulimia nervosa. *The World Journal of Biological Psychiatry*, 11(2-2), 364–371.

[4] Pollatos, O., & Georgiou, E. (2016). Normal interoceptive accuracy in women with bulimia nervosa. *Psychiatry Research*, 240, 328–332.

[5] Lavagnino, L., Amianto, F., D'Agata, F., Huang, Z., Mortara, P., Abbate-Daga, G., ... Northoff, G. (2014). Reduced resting-state functional connectivity of the somatosensory cortex predicts psychopathological symptoms in women with bulimia nervosa. *Frontiers in Behavioral Neuroscience*, 8, 270.

[6] Klabunde, M., Acheson, D. T., Boutelle, K. N., Matthews, S. C., & Kaye, W. H. (2013). Interoceptive sensitivity deficits in women recovered from bulimia nervosa. *Eating Behaviors*, 14(4), 488–492.

[7] Stein, D., Kaye, W. H., Matsunaga, H., Myers, D., Orbach, I., Har-Even, D., ... Rao, R. (2003). Pain perception in recovered bulimia nervosa patients. *International Journal of Eating Disorders*, 34(3), 331–336.

管目前为止并没有针对 BN-Rec 群体内感受情况的神经成像研究,但是大量 BN 的内感受神经网络存在异常的脑功能、结构以及连接的研究暗示,BN-Rec 出现内感受感官加工缺陷是有其神经生物学基础的[①]。因此针对 BN 的治疗不仅应该重视患者疾病症状的减轻,同时也应该重视患者的内感受缺陷问题。这就必然要求我们对 ED 相伴随行为与内感受异常的研究有所了解。

(三)进食障碍伴随现象与内感受异常

1. 过度进食、肥胖与内感受

过度进食(overeating)是部分进食障碍患者较为明显的伴随行为,并且因此导致的肥胖(obesity)问题会引发一系列生理或精神疾病。内感受的相关研究表明,过度进食可能是对源自身体内部的饥饿信号的过度敏感(hypersensitivity)和对饱足信号的不够敏感(insensitivity)有关。西蒙斯等观察到肥胖的成年人在抑郁发作时会体验到强烈的食欲增加的感觉,并且会将与食物有关的线索评定为更具感官享受,同时其奖赏神经回路(neurocircuitry of reward)也会因食物线索产生更明显的激活。并且这些会对食物线索进行更高愉悦度评定的个体同时还会表现出背侧中脑岛较低的活动性[②]。此外,脑岛的血液动力学活动在胃部机械性膨胀时和身体质量指数(body mass index,BMI)是呈负相关的,即 BMI 较大的个体在其胃部膨胀时脑岛的活动并没有 BMI 较小的个体活跃[③]。较之体重正常的个体,肥胖的成人被试在饱餐一顿之后难以出现应有的中脑岛对食物线索活跃性的下降,并且这种效应在面对高热量食物时更为明显[④]。脑岛作为内感受重要的相关脑区是当前研究较为一致的结果,上述结果说明肥胖的个体对由脑岛所表征的饱足内感受信号更不敏感。更为重要的是,内感受不仅能将低血糖的生理状态转变为"饥饿"的知觉体验,而且还会为人类的知觉系统提供关于躯体环境的信息,从而影响特定的饥饿相关的情绪状态

---

① Klabunde, M., Collado, D., & Bohon, C. (2017). An interoceptive model of bulimia nervosa: A neurobiological systematic review. *Journal of Psychiatric Research*, 94, 36-46.

② Simmons, W. K., & DeVille, D. C. (2017). Interoceptive contributions to healthy eating and obesity. *Current Opinion in Psychology*, 17, 106-112.

③ Wang, G.-J., Tomasi, D., Backus, W., Wang, R., Telang, F., Geliebter, A., ... Thanos, P. K. (2008). Gastric distention activates satiety circuitry in the human brain. *Neuroimage*, 39(4), 1824-1831.

④ Dimitropoulos, A., Tkach, J., Ho, A., & Kennedy, J. (2012). Greater corticolimbic activation to high-calorie food cues after eating in obese vs. normal-weight adults. *Appetite*, 58(1), 303-312.

的建构。例如,对饥饿的情绪反应既可以被概念化为缺乏食物,也可以被概念化为成功节食的信号①。

与肥胖以及过度进食有着密切联系的一个外显行为就是适应性进食(adaptive eating)。适应性行为被定义为根据身体需要和环境需求对行为进行调节,其在维持躯体和心理健康方面发挥着重要的作用。以心跳知觉任务为衡量方式所测得的内感受精确性在多项研究中被证明与人类的适应性行为调节存在正相关②。就进食而言,适应性的进食行为与体重调节、大脑平衡食物摄入量与能量需求的能力,以及肥胖都有着密切的联系。较为主流的观点认为,肥胖就是由于食物摄入量和能量需求之间的持续失衡而导致长期的能量过剩引发的。尽管与肥胖和体重增加相关的因素有很多,但是这里我们只对内感受所引发的进食障碍的相关问题进行讨论。

"直觉进食"(intuitive eating)的形成被认为是一种进食的适应性形式③。所谓直觉进食是指进食行为是受内部的生理上的饥饿和饱足等信号驱动的,而不是受情绪因素的影响。它包括在饥饿时无条件允许进食,以及需要什么食物。直觉进食量表(Intuitive Eating Scale, IES)是对直觉进食行为进行评估的一种常用的手段④。研究表明,直觉进食量表中得到高分的个体往往更能根据生理需要进食,情绪化进食的情况更少,同时有着较高的情绪上的幸福感,对食物选择的关注度较低,并且也较不容易出现进食障碍的相关症状。与之相对应并能证明直觉进食能力重要性的一项研究结果是,更多的直觉进食者的体重正常或偏低⑤。

直觉进食和内感受精确性之间的关系也得到了一些学者的研究。赫伯特(B. Herbert)及其同事对111名健康、正常体重的女性进行了研究,从两方面证实了内感受的不同维度在塑造适应性进食和体重方面起着重要的作用。

---

① Barrett, L. F. (2017). The theory of constructed emotion: An active inference account of interoception and categorization. *Social Cognitive and Affective Neuroscience*, 12(1), 1-23.

② Herbert, B. M., Ulbrich, P., & Schandry, R. (2007). Interoceptive sensitivity and physical effort: Implications for the self-control of physical load in everyday life. *Psychophysiology*, 44(2), 194-202.

③ Herbert, B. M., Blechert, J., Hautzinger, M., Matthias, E., & Herbert, C. (2013). Intuitive eating is associated with interoceptive sensitivity. Effects on body mass index. *Appetite*, 70, 22-30.

④ Tylka, T. L. (2006). Development and psychometric evaluation of a measure of intuitive eating. *Journal of Counseling Psychology*, 53(2), 226.

⑤ Madden, C. E., Leong, S. L., Gray, A., & Horwath, C. C. (2012). Eating in response to hunger and satiety signals is related to BMI in a nationwide sample of 1601 mid-age New Zealand women. *Public Health Nutrition*, 15(12), 2272-2279.

首先，内感受精确性与自觉进食报告中与根据生理需要进食的因素之间存在正相关；其次，内感受信号的情绪评估的消极程度与"根据生理需要而非情绪线索进食"呈负相关，与BMI指数呈正相关。但是内感受精确性和内感受信号的情绪评估之间并不存在必然联系[1]。这一结果一方面证实了内感受的不同维度之间的相互独立性；另一方面也体现了它们各自在塑造体重和调节适应性进食行为方面所产生的影响。

较之外感受在塑造体验和行为方面所起的自下而上的作用，内感受更多的时候被认为起着自上而下的调节作用。就进食障碍而言，内感受信号的情绪评估被具体化为奖赏和抑制加工的失衡，从而导致过度进食、肥胖、限制性进食等一系列临床症状的出现。如在肥胖症和神经性贪食症的患者身上存在明显的认知控制的缺陷，进而出现对食欲刺激（appetitive stimuli）的不稳定性反应的增加；而对限制型神经性厌食症的患者而言，其所存在的主要问题是过度的认知控制作为对失调的奖赏加工的补偿的出现[2]。因此，过度进食、肥胖以及各类进食障碍相伴随的异常表现可以被视为位于内感受功能性障碍谱系中的不同位置，尽管都是源于抑制控制的失调，但具体的行为表现却大相径庭。

就肥胖而言，有证据表明，与体重超重和肥胖相伴随的是个体的心脏敏感性的降低，说明较低的内感受敏感性可能会影响对与饱足有关的身体变化的察觉[3]。例如，一项针对99名健康女性的调查中，通过标准化的非侵入性的水负荷试验（water-loading tests, WLT）对被试的胃内感受（gastric interoception）进行测试的研究结果显示，BMI与感觉饱足前的饮水量及最大饮水量呈正相关，说明BMI越大的个体其胃内感受敏感性越低。此外，心脏的内感受精确性与用最大饮水量衡量的胃敏感性呈正相关，再次证实了之前研究所发现的心脏和胃部的敏感性存在跨模态的一致性[4]。不仅是成年人体重和胃内感受之间存在正相关，在儿童身上同样存在类似的相关性。阿鲁克（R. Arrouk）等人的研究表明，肥胖儿童较之体重正常的儿童胃内感受的敏感

---

[1] Herbert, B. M., Blechert, J., Hautzinger, M., Matthias, E., & Herbert, C. (2013). Intuitive eating is associated with interoceptive sensitivity. Effects on body mass index. *Appetite*, 70, 22–30.

[2] Wierenga, C. E., Ely, A., Bischoff-Grethe, A., Bailer, U. F., Simmons, A. N., & Kaye, W. H. (2014). Are extremes of consumption in eating disorders related to an altered balance between reward and inhibition? *Frontiers in Behavioral Neuroscience*, 8, 410.

[3] Herbert, B. M., & Pollatos, O. (2014). Attenuated interoceptive sensitivity in overweight and obese individuals. *Eating Behaviors*, 15(3), 445–448.

[4] Herbert, B. M., Muth, E. R., Pollatos, O., & Herbert, C. (2012a). Interoception across modalities: on the relationship between cardiac awareness and the sensitivity for gastric functions. *PLoS One*, 7(5), e36646.

性更低,说明肥胖个体在饱腹感方面表现出一定程度的异常①。基于这一发现,临床研究证实可以通过气球机械性地刺激胃部机械感受器(gastric mechanoreceptors),触发短效迷走神经信号到达大脑的内感受皮层,从而实现帮助肥胖者减肥的目的②。综上所述,肥胖者普遍表现出更不敏感的内感受。

对于如肥胖等的体重调节的失调,还存在另一种与内感受精确性有关的假设,即对食物线索的积极或消极的感受的改变实际上是由身体状态的内感受加工过程(如葡萄糖、胰岛素水平、饱腹感、饥饿等的内脏信号)所驱动的③。基于此,一个合理的推论是,对饥饿或身体上的虚弱的内感受信号的更敏感意味着更容易发出身体能量耗竭(energy depletion)的信号。例如在食物剥夺的过程中,有助于寻找食物或进食行为的产生。因此,感觉改变可能在与内感受敏感性的交互作用中影响肥胖的形成。尽管到目前为止,应对上述问题的行为研究证据仍较少。但基于已有的研究结果可以得到的初步结论是,在这个过程中,内感受自上而下的抑制控制,尤其是内感受信号的情感评估在引导最终进食行为方面存在交互作用。

2. 身体意象紊乱与内感受

除了过度进食、肥胖、限制性进食等一系列临床表现之外,身体意象紊乱也是包括 AN 和 BN 在内的不少进食障碍的共同特征之一④。AN 被试会将自己的身体尺寸判断为比实际更大。对 ED 身体意象体验紊乱的干预也一直是 ED 治疗中的主要任务之一⑤。橡胶手错觉研究范式的出现对身体意象的研究起到了较大的推动作用。传统有关身体意象的观点认为,我们之所以能区分某个特定部位乃至整个身体是否是自己的,是因为我们拥有对于自己身体相对稳定的身体意象。橡胶手错觉现象的存在说明在一定条件下身体意象或许是可塑的,改变外部刺激便能自下而上地影响身体意象⑥。但研究

---

① Arrouk, R., Karpinski, A., Lavenbarg, T., Belmont, J., McCallum, R. W., & Hyman, P. (2017). Water load test in children with chronic abdominal pain or obesity compared with nonobese controls. *Southern Medical Journal*, 110(3), 168-171.

② Tate, C. M., & Geliebter, A. (2017). Intragastric balloon treatment for obesity: Review of recent studies. *Advances in Therapy*, 34(8), 1859-1875.

③ Stice, E., Burger, K. S., & Yokum, S. (2013). Relative ability of fat and sugar tastes to activate reward, gustatory, and somatosensory regions. *The American Journal of Clinical Nutrition*, 98(6), 1377-1384.

④ Gadsby, S. (2017). Distorted body representations in anorexia nervosa. *Consciousness and Cognition*, 51, 17-33.

⑤ Keizer, A., van Elburg, A., Helms, R., & Dijkerman, H. C. (2016). A virtual reality full body illusion improves body image disturbance in anorexia nervosa. *PLoS One*, 11(10).

⑥ 张静、陈巍:《身体意象可塑吗?——同步性和距离参照系对身体拥有感的影响》,《心理学报》2016 年第 8 期。

同时也表明，这种影响并不是无条件的，个体自身的感知能力在橡胶手错觉产生的过程中起着重要的自上而下的调节作用。内感受能力越强的个体往往越不容易产生对橡胶手的拥有感错觉[1]。较之控制组被试，ED 组的被试更容易受到橡胶手错觉中外部刺激的影响，说明其内感受在实验中所起的自上而下的调节作用是比较弱的，这与 ED 患者内感受存在缺陷的结果是相一致的。更有趣的现象是，当 AN 被试对橡胶手产生拥有感之后，原本的身体意象紊乱反而会好转，不再会将自己的手感知为更大的尺寸[2]。当橡胶手被知觉为身体一部分之后，对自己真手的拥有感会降低，从而导致 AN 被试身体意象紊乱症状的减轻。

（四）进食障碍的身体自我问题溯源

基于上述所有内感受相关的研究可以得到的一个初步结论是，内感受的功能失调是不适应性的进食行为和进食障碍的核心；进一步还可以推论，具身认知功能障碍或是缺乏统一性和稳定性的具身自我才是进食障碍的根源[3][4][5]。因此，对于进食障碍的追本溯源或许应该从自我的缺陷方面入手。尽管自我问题涉及范围广泛，且在方法论上也大相径庭，但正如达马西奥在《自我融入心智》一书中所提出的核心观点：身体是有意识心智的基础，没有身体就没有心智、没有意识、没有自我。无论"我是谁，我来自哪里，我去往何处"的问题会给人带来多么难解的困惑，但是有一点是确定的，那就是："我"是一个身体的存在，一个由躯体和脑构成的存在。因此，要全面地理解人类心智和自我的问题就需要一个身体的视角，理解自我的起点就是对身体自我的直接关照[6]。

对于一个人身体的知觉和知识是基于不同感官信息的整合和知觉而形

---

[1] Tsakiris，M. (2017b). The multisensory basis of the self: from body to identity to others. *The Quarterly Journal of Experimental Psychology*，70(4)，597-609.

[2] Keizer, A., Smeets, M. A., Postma, A., van Elburg, A., & Dijkerman, H. C. (2014). Does the experience of ownership over a rubber hand change body size perception in anorexia nervosa patients? *Neuropsychologia*, 62, 26-37.

[3] Herbert, B. M., & Pollatos, O. (2012). The body in the mind: On the relationship between interoception and embodiment. *Topics in Cognitive Science*, 4(4), 692-704.

[4] Seth, A. K., & Friston, K. J. (2016). Active interoceptive inference and the emotional brain. *Philosophical Transactions of the Royal Society B: Biological Sciences*, 371 (1708), 20160007.

[5] Crucianelli, L., Krahé, C., Jenkinson, P. M., & Fotopoulou, A. K. (2018). Interoceptive ingredients of body ownership: Affective touch and cardiac awareness in the rubber hand illusion. *Cortex*, 104, 180-192.

[6] 张静：《自我和自我错觉——基于橡胶手和虚拟手错觉的研究》，中国社会科学出版社 2017 年版，第 32 页。

成的,在此基础上我们才能进一步获得对于自己身体的精确知觉。但研究表明[1][2],自我的整合功能(即整合认知、情感和意向功能的能力)以及它的历时功能(即一个人的同一性,随着时间的推移保持一致的自我的体验)在进食障碍患者身上表现出明显的受损。这意味着他们在将自己的内部经验整合到一个有意义的自我叙事中作为跨越时间的持续存在方面存在问题,这导致了一种不稳定的自我意识,而这种不稳定的自我意识会削弱如自尊、情绪调节和人际效率等的相关功能[3]。

  根据具身认知进路的主张,自我是根植于身体的,身体是理解自我意识与社会互动的起点。而我们身体的体验又是基于对来自身体内外部多感官信号的整合[4]。外感受的多感官身体信号及其知觉与身体意象的概念相联系,其中最基本的身体自我的维度是身体拥有感[5]。希尔德·布鲁什(Hilde Brush)曾指出,AN患者所具有的可能是一个"虚假的自我"(false self),具体表现就是,他们可能无法区分自己和其他人的期望和需要[6]。将"自我"与"他者"进行区分对于自我觉知以及社会互动而言都至关重要,橡胶手错觉、识脸错觉等一系列研究均证实源自身体内外部的多感官信号的整合是个体成功地对"自我"和"他者"进行区分的基础。

  因此,对于确保有机体与身体自我以及其具身的统一性在充满挑战不断变化的环境中能够保持心理生理的稳定性而言,较高的内感受精确性至关重要[7][8]。对于健康被试的研究结果显示,内感受精确性较低的个体更倾向于

---

[1] Amianto, F., Northoff, G., Abbate Daga, G., Fassino, S., & Tasca, G. A. (2016). Is anorexia nervosa a disorder of the self? A psychological approach. *Frontiers in Psychology*, 7, 849.

[2] Gaete, M. I., & Fuchs, T. (2016). From body image to emotional bodily experience in eating disorders. *Journal of Phenomenological Psychology*, 47(1), 17–40.

[3] Amianto, F., Northoff, G., Abbate Daga, G., Fassino, S., & Tasca, G. A. (2016). Is anorexia nervosa a disorder of the self? A psychological approach. *Frontiers in Psychology*, 7, 849.

[4] Picard, F., & Friston, K. (2014). Predictions, perception, and a sense of self. *Neurology*, 83(12), 1112–1118.

[5] Tsakiris, M. (2017a). The material me: unifying the exteroceptive and interoceptive sides of the bodily self. In F. de Vignemont & A. J. T. Alsmith (Eds.), *The Subject's Matter: Self-Consciousness and the Body*. Cambridge, MA: MIT Press, pp. 335–362.

[6] Bruch, H. (1962). Perceptual and conceptual disturbances in anorexia nervosa. *Psychosomatic Medicine*, 24(2), 187–194.

[7] Herbert, B. M., & Pollatos, O. (2012). The body in the mind: On the relationship between interoception and embodiment. *Topics in Cognitive Science*, 4(4), 692–704.

[8] Tsakiris, M. (2017b). The multisensory basis of the self: From body to identity to others. The *Quarterly Journal of Experimental Psychology*, 70(4), 597–609.

将自己的身体视为对象,换言之,与较低的内感受精确性相对应的是自我的客体化倾向。而这种关系在进食障碍的研究中也得到了一定程度的证实。进食障碍患者一方面存在较为夸张的自我客体化表现;另一方面其内感受精确性受损,而且在错觉研究中也表现出更容易产生强烈的身体错觉,即身体自我的可塑性更大而稳定性则较差[1]。上述现象说明,对进食障碍的个体而言,即便是对于身体自我的知觉,他们也更容易受到外感受信息的影响。

当代社会通过媒体所传播的所谓的"美"的理想状态,特别是女孩和妇女的,对于很多人来说都是达不到的。研究表明,大量这些外部刺激的存在增加了女孩和妇女对于自己身体的不满意程度,并促进了典型的美的理想化的内化,从而产生客观的身体意识,导致身体监督的趋势(作为观察者从第三人称的视角观察自己)以及控制信念(相信只要自己足够努力就可以达到当代主流文化所传播的美的身体标准)的出现。这些方面在进食障碍患者身上尤为明显[2]。

笔者认为,进食障碍患者的知觉和认知-情感方面的身体意象紊乱可能反映了他们过多地依赖于外部视觉知觉自己的身体,而忽视了对身体内部状态的知觉。例如,在神经性厌食症患者身上就存在明显的身体注意力随着环境而发生动态变化的现象。阿米安托(F. Amianto)等认为,对于进食障碍患者,尤其是神经性厌食症患者而言,对身体的体验并没有被整合至自我之中:

> 尽管神经性厌食症的患者并不像精神分裂症患者那样认为自己的身体是无关紧要的,但他们似乎对自己的身体保持着一种"客观化"的态度,就好像他们的身体与他们的自我是无关的。肉体不再以一种主观性的方式被体验为"我的"肉体,从而也不再是个人的或与自我相关的。[3]

---

[1] Eshkevari, E., Rieger, E., Longo, M. R., Haggard, P., & Treasure, J. (2012). Increased plasticity of the bodily self in eating disorders. *Psychological Medicine*, 42(4), 819–828.

[2] Emanuelsen, L., Drew, R., & Köteles, F. (2015). Interoceptive sensitivity, body image dissatisfaction, and body awareness in healthy individuals. *Scandinavian Journal of Psychology*, 56(2), 167–174.

[3] Amianto, F., Northoff, G., Abbate Daga, G., Fassino, S., & Tasca, G. A. (2016). Is anorexia nervosa a disorder of the self? A psychological approach. *Frontiers in Psychology*, 7, 849.

这一观点与盖特(M. Gaete)和福克斯(T. Fuchs)的观点也是一致的,他们认为进食障碍的主要特征可能是具身性防御(embodied defense),患者以牺牲"主体的身体"为代价,将自己的身体作为客体进行体验[1]。这一主张是基于福克斯和施利梅(J. Schlimme)提出的现象学精神病理学对于具身性问题的洞察[2]。根据他们的主张,身体可以被区分为"前反思的"生命,即活着的"主体的身体",其中内含一个人持续进行的体验,以及物理的身体,即作为有意识的注意的客体而出现的,一个人自己能知觉,并且其他人也能知觉到的"客体的身体"。这就意味着身体有着双重的或是模棱两可的体验状态,这些身体模式之间的持续振荡是所有体验的基础。当我们能够以平衡的方式持续整合"主体"和"客体"的波动,平衡内部的自我和外部的自我时,我们就能够形成并维持适应性的、健康的自我[3]。

在进食障碍患者身上所发现的夸张的自我客观化与其身体拥有感更高的可塑性相联系,同时存在的还有对身体的厌恶体验和"无效感"(sense of ineffectiveness)[4],这些方面都与上述"进食障碍未能平衡两种身体体验模式,最终导致以牺牲主体身体为代价而更多地依赖于客体身体的视角"的假设也是一致的。就此而言,对于进食障碍的治疗干预的重点应该是帮助患者恢复正常的主观体验,特别是对于他们的身体,他们的活着的身体的主观体验。例如,可以通过引导他们专注于内感受的各个维度所涉及的相关方面,从而增强他们对主体身体的体验。

进食障碍患者身上最明显的特征是身体意象的扭曲和内感受的功能障碍,这两方面都可以被解释为是内感受和外感受知觉之间的失衡。我们认为,内感受信号和外感受信息之间整合的缺乏导致了我是一个与众不同的统一体的自我感的贫乏(impoverished),并进一步会影响其社交能力。在这一过程中,不仅内感受精确性起着重要的调节作用,而且内感受信号的情绪评估也起着重要的调节作用[5]。

---

[1] Gaete, M. I., & Fuchs, T. (2016). From body image to emotional bodily experience in eating disorders. *Journal of Phenomenological Psychology*, 47(1), 17-40.

[2] Fuchs, T., & Schlimme, J. E. (2009). Embodiment and psychopathology: A phenomenological perspective. *Current Opinion in Psychiatry*, 22(6), 570-575.

[3] Tajadura-Jiménez, A., & Tsakiris, M. (2014). Balancing the "inner" and the "outer" self: Interoceptive sensitivity modulates self-other boundaries. *Journal of Experimental Psychology: General*, 143(2), 736.

[4] Bruch, H. (1962). Perceptual and conceptual disturbances in anorexia nervosa. *Psychosomatic Medicine*, 24(2), 187-194.

[5] Gadsby, S. (2017). Distorted body representations in anorexia nervosa. *Consciousness and Cognition*, 51, 17-33.

（五）小结

进食障碍作为一种会对个体身心造成极大伤害的精神疾病，其发病机理一直备受关注，尽管目前尚无定论，但内感受缺陷是进食障碍的主要临床特征，并且内感受在根据饥饿和饱腹的信号以及身体需求引导行为方面起着重要的作用。因此，不少研究者试图通过进食障碍中广泛存在的内感受缺陷问题进行其发病机理的探讨。笔者在本节中从内感受所包含的不同维度，尤其是内感受精确性和内感受信号的情绪评估对进食障碍的影响出发，对神经性厌食症和神经性暴食症这两类典型的进食障碍中内感受缺陷的存在和表现的相关研究的梳理。对进食障碍中常见的伴随现象，如过度进食、肥胖等与内感受的关系研究进行了分析。在梳理相关理论研究和实证数据的基础上，指出进食障碍本质上应该是一种身体自我的紊乱。

从身体自我障碍的视角考察进食障碍有助于将现象学精神病理学的方法应用于进食障碍的分析与干预过程中，并且产生如下一些积极且具有重大意义的推进：

首先，在实践层面，重视内感受在具身认知过程中的调节作用能够进一步推动将实验室研究应用于进食障碍的实际干预和治疗过程中。研究表明，进食障碍患者存在明显的内感受缺乏或功能紊乱，其内感受精确性较之健康的被试更低、在内感受觉知缺乏维度上的得分更高，这一现象同时还体现在需要内感受进行调节的橡胶手错觉的研究中。进食障碍的患者更容易受到外感受信号的影响而产生强烈的对橡胶手的拥有感错觉，其身体意象的可塑性较之健康的被试也更强。如果我们能够在治疗中开展一些有针对性的训练，对内感受进行一定程度的提升，那么很有可能能够对进食障碍的治疗产生积极的推动作用。例如，一项针对健康成人的研究表明，改变身体拥有感能对内感受精确性起一定提升作用[1]。这就说明某些特定的条件是能够对被试的内感受能力产生影响的。进而即便进食障碍患者是一个较为特殊的群体，通过提升内感受能力改善其临床症状也是可预期的。此外，进食障碍的形成在一定程度上与内感受和外感受信号之间的失衡所导致的自我客体化有着密切的联系，如果我们能够在实践中通过诸如镜像化等方式调整进食障碍患者的对自己的观察视角，或许也能够在干预上产生一定的推动作用。

其次，在方法论层面，能够进一步推动第一人称进路和第三人称进路的

---

[1] Filippetti, M. L., & Tsakiris, M. (2017). Heartfelt embodiment: Changes in body-ownership and self-identification produce distinct changes in interoceptive accuracy. *Cognition*, 159, 1-10.

整合。在当代意识和自我问题的哲学、科学研究中,一直存在着第一人称进路和第三人称进路的分离和对立:第一人称指向主观体验,其数据对应于心灵,而第三人称指向客观观察,其数据对应于物质。两者之分离的根源可能是传统哲学中的心物二元论。在这一认识论的影响下对包括进食障碍在内的诸多精神疾病的研究或过度依赖对其生理基础的还原,或过度重视对其社会性障碍的分析,而缺乏对两方面的整合。长期以来实证科学将现象学等同于内省主义、将第一人称视角绝对对立于第三人称视角,造成两条进路长期的分道扬镳、各自为政,从而无法更好地理解和解释心智的有关问题。现象学方法的引入有助于减轻这种问题。第一人称方法与第三人称方法达成的动态"互惠约束"能够使得待检验的理论框架迅速地得到第三人称方法的证实或证伪,前者能够不断充实和丰富理论体系,而后者则可以促进原有假设不断得到修正更新,从而更加完善。就此而言,具身认知的内感受研究不仅具有重要的现实意义,而且对于哲学研究而言也能提供一些新的视角与启示。

三、内感受的干预与提升

前文指出,内感受与多种异常的临床表现和心理疾病之间存在一定的联系在学界已基本达成共识,尽管对于内感受在不同临床表现和心理疾病中的具体作用机制仍处于进一步探究的阶段。内感受是否是一种与生俱来的、绝对稳定的能力,还是可以通过一定的干预手段得到提升的,这也是一个值得探索的议题。鉴于前文所述的内感受在从最小自我的表征开始到高阶的社会认知中都起着重要的作用,对内感受开展干预和提升的研究其意义也是显而易见的。根据干预方式,当前针对内感受的干预大致可分为直接的训练和间接的训练。前者主要是针对某一特定模态的内感受进行有针对性的训练,而后者则是借助于如正念冥想之类的方式,通过训练个体对内部信号的关注从而提升内感受能力。

(一)直接的内感受训练

1. 心跳信息的反馈

心跳知觉任务是最常用的衡量个体内感受能力的方式,因此在内感受的训练方面,心跳知觉训练也是研究者的首选。早在 20 世纪 90 年代便有研究尝试通过提供反馈来影响心跳知觉能力。向被试提供与其心跳同步的听觉反馈,能够改善其在心跳知觉任务中的表现。在一系列的听觉反馈的训练之后,被试在对某个听觉信号出现的时间,是否与其实际心跳同步进行判断时的准确率得到显著提升,说明对健康个体而言,心跳知觉能力是可以通过训练得以提升的[1]。但是，上述研究中对心跳知觉能力是通过要求被试在知觉到心跳时做出按键反应并对比按键和实际的心跳情况之间的差异来进行衡量的，因此有研究者认为并不能排除这样一种可能性，即在提供心跳情况的听觉反馈训练之后按键和实际心跳一致性之间的提高并不是由于内感受精确性得到了根本的提升，而仅仅只是被试根据自己心跳节律进行按键的能力得到了提高。为了对直接的训练是否能对心脏的内感受精确性产生影响进行更好的检验，研究者改善了直接的内感受训练的实验范式。

改善之后的训练范式由 5 组完全相同的区块构成。每组包含两个阶段，每一阶段包含 24 个试次。训练过程中被试的实时心跳数据通过心电图进行记录，被试在训练之前的心跳知觉能力通过心跳计数任务进行测量。在第一阶段通过一个动画的心跳符号呈现心跳信息的视觉反馈。第二阶段不向被试提供心跳信息的视觉反馈。在每一试次开始之前被试会被告知自己的目标任务是在知觉到第几次连续心跳时做出按键反应（如在第三次连续心跳时按下按钮）。这一操作避免了简单的判断听觉信号是否与心跳同步所存在的干扰变量的影响。研究结果显示，心跳信息的反馈能够有效改善某些特殊身体障碍病人的临床表现[2]。由于大量已有研究表明，内感受精确性与躯体障碍的症状表现之间存在联系，内感受精确性的降低往往与更严重的症状报告同时出现。因此，这一研究不仅说明提供心跳反馈作为直接的内感受的训练方式能够提高内感受精确性，并且这一提高可能还会对临床症状的改善产生积极的作用。

2. 呼吸节律的控制

提升呼吸的内感受能力可能是一种安全有效的对交感神经系统调节产生有益影响的非药物方法。例如研究表明，放慢呼吸（或降低呼吸频率）可以降低血压，并且缓慢的呼吸能改善对交感神经系统活动的控制[3]。呼吸频率可以通过某些特定的医疗设备来调节，在使用过程中，生物反馈设备可以通过音乐引导呼吸频率到亚生理水平（约 5 次/分钟）。基于呼吸的内感受干预

---

[1] Schandry, R., & Weitkunat, R. (1990). Enhancement of heartbeat-related brain potentials through cardiac awareness training. *International Journal of Neuroscience*, 53(2-4), 243-253.

[2] Schaefer, M., Egloff, B., Gerlach, A. L., & Witthöft, M. (2014). Improving heartbeat perception in patients with medically unexplained symptoms reduces symptom distress. *Biological Psychology*, 101, 69-76.

[3] Bernardi, L., Porta, C., Spicuzza, L., Bellwon, J., Spadacini, G., Frey, A. W., ... & Tramarin, R. (2002). Slow breathing increases arterial baroreflex sensitivity in patients with chronic heart failure. *Circulation*, 105(2), 143-145.

可能改善与交感神经系统过度激活有关的一些慢性疾病,如创伤后应激障碍(post-traumatic stress disorder, PTSD)。PTSD是一种以持续的精神和情绪压力为特征的心理健康状况,多项流行病学研究表明,PTSD患者患高血压和其他心血管疾病的风险较之控制组会显著增加。已有研究也表明,患有PTSD的退伍军人在精神压力期间有增强的交感神经系统反应性和活动的异常调节。而增强的交感神经反应性和活动的异常调节都与高血压和心血管疾病的风险增加有关。呼吸频率调节设备的使用被证实能够在急性情况下降低血压和肌肉交感神经活动,并改善患有PTSD以及其他以交感神经系统过度激活为特征的慢性疾病[1]。一项干预研究发现,为期8周每天通过辅助设备进行引导性的放慢呼吸训练可以改善PTSD患者在面对心理压力时的交感神经系统反应,从而改善患者的临床症状[2]。

除了较常用的提供心跳反馈信息和通过辅助设备进行放慢呼吸训练之外,迷走神经刺激(vagus nerve stimulation, VNS)也是一种对内感受进行直接影响和调节的方式。通过电脉冲的VNS是一种典型的、经美国食品药品监督管理局(U. S. Food and Drug Administration, FDA)批准的治疗干预措施,它可以利用现有的内感受(例如内脏感受)途径,对多种疾病有明显疗效[3]。由于神经调节属于治疗性干预,通过向身体的目标部位提供电刺激或化学制剂来改变神经活动,因此此类方法较不常用于健康被试。

受限于当前内感受测量方法的局限,对内感受进行直接的干预的方式也较为有限。尽管不同感官模态之间的内感受能力之间是否相关仍有待探究,但近年来对正念训练与内感受能力之间的关系探究揭示,可能存在一些跨模态的干预能够作为间接的内感受提升训练的方法。

(二)间接的内感受训练

尽管对于内感受的操作性定义并没有达成严格的一致,但是对于内感受是对源自身体内部信号的感觉和加工的论述在学界是普遍被接受的,故而内感受能力的提升有赖于对内部刺激的注意和知觉的假设也是顺理成章的。

---

[1] Weng, H. Y., Feldman, J. L., Leggio, L., Napadow, V., Park, J., & Price, C. J. (2021). Interventions and manipulations of interoception. *Trends in Neurosciences*, 44(1), 52-62.

[2] Fonkoue, I. T., Hu, Y., Jones, T., Vemulapalli, M., Sprick, J. D., Rothbaum, B., & Park, J. (2020). Eight weeks of device-guided slow breathing decreases sympathetic nervous reactivity to stress in posttraumatic stress disorder. *American Journal of Physiology-Regulatory, Integrative and Comparative Physiology*, 319(4), 466-475.

[3] Yuan, H., & Silberstein, S. D. (2016). Vagus nerve and vagus nerve stimulation, a comprehensive review: part II. *Headache: The Journal of Head and Face Pain*, 56(2), 259-266.

正念(mindfulness)作为一种让人更专注于当下的每一刻,并观照和重整内心状态的态度与训练方法,被认为与内感受存在密切的联系。然而与内感受如出一辙的是,有关正念的定义也并非严格一致。因此当前正念对于内感受能力的影响和提升的研究也呈现相对分散、不够系统且缺乏一致性等问题。但不可否认的是,通过正念训练提升内感受,并进而对压力应对、情绪调节、理性决策等产生积极影响的尝试不断涌现,并且被证实有一定成效。根据正念疗法创始人乔·卡巴金(Jon Kabat-Zinn)的观点,正念意味着以一种特殊的方式集中注意力;有意识地不予评判地专注当下[1]。这两方面分别对应于当前常见的两类正念,集中注意(focused attention, FA)和开放监控(open monitoring, OM)各自的关注点。

1. 集中注意和开放监控

FA主要指一种心智不动摇,清晰地专注于一个单一对象的活动——这个对象可以是练习者自己的呼吸、心跳、心理意象,也可以某个特定的外部对象。FA主要强调将注意力集中并保持在某一特定的单一对象上,这一过程离不开个体意志的努力,练习者一旦发现自己分心之后需要立即重新将注意力聚焦到既定的目标对象上。研究证实,FA能够有效调节注意力,例如,当不可避免的分心发生时,对其的检测能力会增强,并且能够更好地脱离分心并重新将注意力集中到目标对象上。此外,FA还能够有效降低心智游移(mind-wandering)的频率同时增加注意力的稳定性[2]。

OM则强调对当下正在进行的体验,如思维、内部感受,乃至外部刺激的非反应性的、非判断性的监控。OM本身并不涉及特定的注意力集中,而是以对当下的感觉、认知和情感领域的开放存在和非判断性的觉知为特征,被认为涉及高阶元觉知,能够客观地见证一个人的思维、体验流以及对源自身体内部信号的觉知[3]。观照自身的体验而不对其进行评判能够使得个体逐渐减少对一些不合理的想法和观念的认同,从而有益于心理健康水平的提升[4]。在一些正念传统中,随着时间的推移,有一个从FA到OM技术的逐

---

[1] Kabat-Zinn, J. (2003). Mindfulness-based interventions in context: Past, present, and future. *Clinical Psychology: Science and Practice*, 10(2), 144–156.

[2] Raffone, A., & Srinivasan, N. (2010). The exploration of meditation in the neuroscience of attention and consciousness. *Cognitive Processing*, 11(1), 1–7.

[3] Lutz, A., Slagter, H. A., Dunne, J. D., & Davidson, R. J. (2008). Attention regulation and monitoring in meditation. *Trends in Cognitive Sciences*, 12(4), 163–169.

[4] Schmalzl, L., Powers, C., & Henje Blom, E. (2015). Neurophysiological and neurocognitive mechanisms underlying the effects of yoga-based practices: Towards a comprehensive theoretical framework. *Frontiers in Human Neuroscience*, 9, 235.

步转变。正念的练习者可能一开始只能把他的冥想集中在呼吸或身体感觉等特定对象上,随着时间的推移和练习的增加,逐渐过渡到一个更开放的存在,能够觉察到更多的感觉、情绪和认知的过程[1]。一些学者认为,注意力的稳定是培养沉思性洞察力的必要条件,并且正念对内感受能力的积极影响也得到了一些研究的证实。

2. 正念对内感受的影响

无论是集中注意还是开放监控的练习均有研究证实其能促进和提升内感受能力。在集中注意的练习中,呼吸调节(breath regulation)是一种常用的技术。对呼吸的专注能够激活包括脑岛等在内的内感受网络,提升内感受能力。并且,受控的、有节奏的呼吸能够促进具有情感成分的感官信息流,从而使得个体在增加对自身内部信号觉知的同时能够更有效地处理消极的内感受刺激[2]。第二种常用的集中注意技术是身体扫描(body scan)。所谓身体扫描,顾名思义就是指将注意力依次集中在身体的各个部位。一项为期8周的身体扫描研究证实这一干预能够提升参与者的心跳知觉能力,说明身体扫描能够增加内感受能力[3]。但这一结果给不同的参与者所带来的影响并不一致。对一些人而言,身体扫描能够帮助他们放松身心,使其感受到恢复了活力;而对另一些人而言,身体扫描反而使他们经历了更严重的不适和焦虑。造成这一差异的原因在于,对内部信号觉知的增加并不能自动产生宁静的感觉[4]。这也在一定程度上说明正念对行为和应对方式的影响是以内感受为介导的。此外,基于瑜伽的练习(Yoga-based practices)也被发现与内感受的提升之间存在一定的联系[5]。

开放监控作为另一种常用的正念方法不仅能够提升个体的内感受能力,而且能够使得个体以更客观的方式看待所觉知到的源自身体内部的信号。

---

[1] Raffone, A., & Srinivasan, N. (2010). The exploration of meditation in the neuroscience of attention and consciousness. *Cognitive Processing*, 11(1), 1-7.

[2] Haase, L., Thom, N. J., Shukla, A., Davenport, P. W., Simmons, A. N., Stanley, E. A., ... & Johnson, D. C. (2016). Mindfulness-based training attenuates insula response to an aversive interoceptive challenge. *Social Cognitive and Affective Neuroscience*, 11(1), 182-190.

[3] Fischer, D., Messner, M., & Pollatos, O. (2017). Improvement of interoceptive processes after an 8-week body scan intervention. *Frontiers in Human Neuroscience*, 11, 452.

[4] Gibson, J. (2019). Mindfulness, interoception, and the body: A contemporary perspective. *Frontiers in Psychology*, 10, 2012.

[5] Carmody, J., & Baer, R. A. (2008). Relationships between mindfulness practice and levels of mindfulness, medical and psychological symptoms and well-being in a mindfulness-based stress reduction program. *Journal of Behavioral Medicine*, 31(1), 23-33.

开放、接受和无批判地注意各种感觉的能力在正念的过程中特别重要，尤其是对于曾经有过创伤或受过虐待的特殊人群而言。内感受能力的增加意味着对源自身体内部信号觉知的增强，当有虐待或创伤史的人认识到来自身体的感觉信号时可能会引发更多消极的情绪反应。较之 FA，OM 允许个人保持对他们身体和当下体验的客观觉知。因此，随着时间的推移，参与者可以发现他们的身体是一个有用的资源，而不是一个应该避免的威胁来源[1]。OM 可以帮助练习者发展元认知觉知，使个体能够脱离自己的情绪和身体感受，允许其更简单和客观地观察它们[2]。身体的感觉可以简单地被体验，而不是将体验转化为一种自我定义的属性。OM 提供了一个重要的焦点，我们可以从中研究我们的具身自我，这是 FA 所不能提供的。

3. 正念影响内感受的神经机制

正念练习能够作为间接的提升内感受的干预，其证据一方面来自以心跳知觉任务等为代表的客观的内感受的测量方法；另一方面也来自神经成像研究的发现：正念训练会导致包括脑岛等在内的内感受网络（interoceptive network）的神经可塑性改变（neuroplasticity changes）[3]。内感受网络的激活在一定程度上会抑制对心理事件的认知阐述，同时有助于以一种宽泛的、开放的方式监控当下的感觉状态，即所谓的体验焦点（experiential focus）。体验焦点的特点是以当下为中心，感知一个人的思维、感受和身体状态中正在发生的事情[4]。

法尔布（N. A. Farb）等的一项研究发现，未接受正念训练的被试在被要求对其内部或外部感觉进行关注时，其背内侧前额叶皮层（dorsomedial prefrontal cortex）都会表现出一致的激活模式。而接受正念训练的被试背内侧前额叶皮层的活动减少，后部和前部脑岛之间的连接则增加，从而使得脑岛区域的激活增加。换言之，正念训练不仅能够减少背内侧前额叶皮层在内

---

[1] Farb, N., Daubenmier, J., Price, C. J., Gard, T., Kerr, C., Dunn, B. D., ... & Mehling, W. E. (2015). Interoception, contemplative practice, and health. *Frontiers in Psychology*, 6, 763.

[2] Mehling, W. (2016). Differentiating attention styles and regulatory aspects of self-reported interoceptive sensibility. *Philosophical Transactions of the Royal Society B: Biological Sciences*, 371(1708), 20160013.

[3] García-Cordero, I., Esteves, S., Mikulan, E. P., Hesse, E., Baglivo, F. H., Silva, W., ... & Sedeño, L. (2017). Attention, in and out: scalp-level and intracranial EEG correlates of interoception and exteroception. *Frontiers in Neuroscience*, 11, 411.

[4] Farb, N. A., Segal, Z. V., Mayberg, H., Bean, J., McKeon, D., Fatima, Z., & Anderson, A. K. (2007). Attending to the present: Mindfulness meditation reveals distinct neural modes of self-reference. *Social Cognitive and Affective Neuroscience*, 2(4), 313–322.

感受觉知过程中的激活,而且能够增加脑岛的激活。无论是否进行过正念训练的人,在专注于呼吸时,都会激活从后脑岛到前脑岛的内感受信号,不同的是,接受过正念训练的被试其前后脑岛之间的连接会增强。这种增强的连通性为个体提供了对内感受觉知的"在线的"表征,即便是在要求关注外感受刺激时或是在高阶认知过程中[1]。

背内侧前额叶皮层处理高阶认知,并将该信息传递至脑岛的前部和中部,作为自上而下的评估过程的一部分。正念训练对身体的关注抑制了背内侧前额叶皮层的活动,使得脑岛的前部和中部能够更充分地关注从身体传入的内部刺激,从而导致脑岛区域神经可塑性的改变。使得内感受信息能够进入有意识的觉知,并同时抑制高阶认知。这也揭示了在正念训练之后所能观察到的练习者身体觉知、情绪觉知以及注意力增强的机制[2]。

(三) 小结和展望

通过对内感受的一些直接和间接的干预研究的回顾可见,尽管不同的研究结果之间还存在一些出入,但至少在一定程度上说明特定的训练方式能够对至少某些特定的内感受成分产生影响,或改变某些与内感受密切相关的皮层结构的激活模式。然而,考虑到对内感受进行干预的初衷是试图通过内感受能力的提升来减轻多种心理病理学的临床症状或是改善个体自我表征、情绪调节,以及认知决策等方面的表现,仅停留在当前存在零星的证据证实内感受并不是稳定不变的能力或结构的阶段显然是远远不够的。未来的研究需要对如下一些问题进行更细致的分析和深入的探究。

首先,即便承认所有合理设计的干预措施均能提升内感受能力,我们依然需要谨慎对待的一个问题是,这种作为干预结果所观察到的内感受能力的变化是否是持久的。例如,由于提供心跳反馈训练使得被试的心跳知觉能力得到了提升,或是通过正念训练观察到的自我报告的内感受敏感性得分的提高,以及内感受网络激活模式的改变等,在撤销干预措施之后是否还会持续存在? 能持续多久?

其次,非典型的内感受与心理病理学或某些认知能力不足之间存在密切的联系并不必然意味着非典型的内感受是导致心理病理学临床症状或是某

---

[1] Farb, N. A., Segal, Z. V., & Anderson, A. K. (2013). Mindfulness meditation training alters cortical representations of interoceptive attention. *Social Cognitive and Affective Neuroscience*, 8(1), 15-26.

[2] Hölzel, B. K., Lazar, S. W., Gard, T., Schuman-Olivier, Z., Vago, D. R., & Ott, U. (2011). How does mindfulness meditation work? Proposing mechanisms of action from a conceptual and neural perspective. *Perspectives on Psychological Science*, 6(6), 537-559.

些认知能力不足出现的充分条件。如果是这样的话,得益于干预措施的内感受能力的提升是否必然有利于特殊群体临床症状的减轻或是健康个体认知能力的改善,也是值得进一步商榷的。

再次,有关内感受定义的不统一、结构的复杂性等问题几乎是当前所有研究者的共识。例如,不同模态的内感受之间是否存在跨领域的一致性?这一问题的回答与深入探究不仅关系到内感受的干预措施的制订,更关系到临床应用的有效性。再如,对心跳知觉能力的训练是否能够从根本上改善如与呼吸、饥饿、疼痛等有关的内部信号的觉知和识别?当前并没有太多研究能够揭示不同模态内感受的特异性和普遍性之间的关系,因此需要更多跨模态的研究来阐明内感受的结构。

综上所述,只有内感受结构、心理病理学、认知能力等之间的关系得到充分揭示之后,相应的干预措施才能更加有效。即便这项工作现在仍处于相当初步的阶段,可以肯定的是,这些方向探究的推进将有助于我们更好地理解具身性,从而揭示更多有关具身认知的根本机制。

结语：具身认知的未来

具身认知的根本是有关心身关系的探讨。科学哲学领域有关心身关系的讨论产生了还原论、整体论、心身平行论、不可知论以及神秘主义论等多种哲学主张。随着生理学、心理学、认知神经科学等实证研究的深入，心身平行论、不可知论以及神秘主义的解释已经被大多数学者否定，运用实证研究的成果来审视还原论和整体论以此来描述心身关系是一种有影响力的趋势。

还原论对心身关系的解释在某种程度上可以被视为心身同一论，就认知等心理现象而言，还原论主张心理现象在根本上就是生物的、物理的或化学的现象。换言之，心理学的特定术语和定律均可还原为生物学的、物理学的或是化学的术语和定律。在过去的几十年里，神经科学的进步引起了认知科学哲学的非凡期望。认知和情感过程的神经关联的数据和模型的大量增长表明，古老的哲学问题最终或许可以在"神经哲学"这个新的跨学科领域得到解决。具身认知研究关注身体结构、状态、感官运动系统以及神经系统等生理因素对认知活动的影响，强调对认知的理解需要回归身体，似乎有一定还原论的色彩。然而，科学哲学家也深刻地认识到，将一种科学水平上的现象还原为低一层级的现象进行解释时必然会丢失某些东西。还原只能加深对原现象的了解，但还原之后的现象解释并不等同于对原现象的完整解释。故而，对还原论的最好态度应该是将其作为一种启发性和指导性的准则①。

具身认知强调作为整体的身体在和环境互动的过程中对认知活动的影响。从具身的角度而言，心智是身体化的心智而身体是心智化的身体，心智和身体不存在谁更根本的问题②。因此，严格的以大脑为中心的还原论在心智科学哲学中日渐式微，取而代之的是将认知视为具身的、嵌入的、情境的、

---

① 丁峻：《当代认知科学中的哲学问题——还原论、整体论和心身关系》，《宁夏社会科学》2001年第6期。
② 叶浩生：《有关具身认知思潮的理论心理学思考》，《心理学报》2011年第5期。

延展的、生成的、生态的,等等。在这些标签下的研究包含多样化的内容和观点。部分研究者将"具身认知"这一标签用作类别术语来区分一些认知过程,例如考察社会认知、语言理解和自我觉知等特定的现象中,哪些认知过程是具身的,而哪些认知过程不是具身的。而另外一些研究者则认为"具身认知"指的不是一个只适用于某些认知现象的类别,而是一种理解和研究所有认知的方式。就此而言,"认知是否是具身的"这个问题就不会出现了,取而代之的研究目标是回答"认知是如何具身的"这一问题。在这个意义上,具身性不是关于心理和行为现象的特定实例的假设,而是指导我们如何概念化、调查和理解心理和行为现象的起始假设。换言之,这个意义上的"具身认知"相当于整个认知科学哲学的一个研究项目,而不仅仅是对其他传统哲学理论和方法论承诺的补充[1]。这里第二种意义上的具身认知也是本书的讨论基础。我们通过阐述内感受与具身认知之间的关系来提出一种理解具身认知科学哲学的具体方式,提出组织我们的研究活动并开辟新的研究途径的一个可能的方向,进而为该领域的持续发展提供一些打破瓶颈的思路。

身体与心智的"分道扬镳"在很大程度上被认为与笛卡尔最初所提出的身体和心智之间关系的讨论有关,笛卡尔被认为是身心二元论的始祖和代表人物,甚至有些学者认为他的主张可以被视为内感受的敌人(enemy)[2]。但是我们不应该忘记的是,在《第一哲学沉思集》中,笛卡尔明确指出并强调身体和心智的统一体验,就此而言,笛卡尔可能是第一个内感受对于身体觉知的重要性主张的拥护者。

> 自然也用疼、饿、渴等等感觉告诉我,我不仅住在我的肉体里,就像一个舵手住在他的船上一样,而且除此而外,我和它非常紧密地连结在一起,融合、掺混得像一个整体一样地同它结合在一起。因为,假如不是这样,那么当我的肉体受了伤的时候,我,这个仅仅是一个在思维的我,就不会因此感到感觉到疼,而只会用理智去知觉这个伤,就如同一个舵手用视觉去察看是不是在他的船上有什么东西坏了一样;当我的肉体需要饮食的时候,我就会直截了当地认识了这件事,用不着饥渴的模糊感觉告诉我。因为事实上,所有这些饥、渴、疼等感觉不过是思维的某种模

---

[1] de Oliveira, G. S. (2022). The strong program in embodied cognitive science. *Phenomenology and the Cognitive Sciences*, 1-25.

[2] Damasio, A. R. (1994). *Descartes' Error: Emotion, rationality and the Human Brain*. G. P. Putnam's Son.

糊方式，它们是来自并且取决于精神和肉体的联合，就像混合起来一样。[1]

如果说从离身认知到具身认知是重新确立了身体在自我问题中的核心地位，那么具身认知的内感受研究转向就是从对自我碎片化的理解走向对自我全面统一理解的过程。回顾具身认知的发展进路，从胡塞尔、海德格尔以及梅洛-庞蒂的开创性的工作到吉布森的生态学的视角再到诺埃的生成主义进路，我们可以看到英美哲学传统中对身体思考（bodies think）的观点的强调。其核心观点包括身体和世界是相互构成的，身体的本质是与意义和价值的互动，生活在自己身体中的技能和生活在这个世界上的技能是同一枚硬币的两面，以及知觉和行动是同一的，等等[2]。尽管具身认知对身体作为整体与环境发生互动的观点的强调与整体论思想非常契合，但是简单笼统地只关注身体在与环境交互作用中的整体功能而忽视具体作用机制显然也是无法令人满意的。

将内感受作为协变量引入具身认知的研究，是推动心身对话过程中重要的一步，它有助于研究者更好地理解"身体在认知的何时发挥作用？"这一问题中的"何时"（when）并不是指认知过程中具体的什么时间（what time），而是关注身体对认知的影响是否需要满足某些特定的条件。根据传统自身认知的观点，身体对认知的影响是通过感官运动系统的模拟，这种模拟是无条件的，身体在认知过程中起作用的途径是模仿或重演。考察内感受能力不同的个体在具身性上的差异表现的研究暗示，影响认知的可能是对身体变化的体验，而不仅仅是身体本身，在此过程中内感受是其中一个重要的调节因素。内感受作为人类具身性的基础，为我们提供了一个有着操作性定义和实际研究取向的理论框架，但身心关系的更深入细致的讨论有赖于更多内感受相关研究的开展[3]。

首先，内感受与身体表征的研究需进一步深入。与具身认知相关的内感受研究主要是在橡胶手错觉范式的基础上增加了对内感受性高低的考量，进而分析内感受对身体表征的影响。但是，从变量的相互影响角度而言，内感受对身体表征有着较大的影响，反之身体表征或者其他具身加工是否会影响内感受性的高低也非常值得我们进一步探索。对于"对身体状态变化的觉知

---

[1] R. 笛卡尔：《第一哲学沉思集》，庞景仁译，商务印书馆 2014 年版，第 88—89 页。
[2] Pecere, P. (2020). *Soul, Mind and Brain from Descartes to Cognitive Science: A Critical History*. Cham: Springer.
[3] 张静、陈巍：《对话心智与身体：具身认知的内感受研究转向》，《心理科学》2021 年第 1 期。

影响认知加工"这一新的假设的论证和检验需要更多有关具身认知和内感受直接关系的研究。

如果内感受研究要在推动具身认知的发展中起到实质性的作用,就必须开发一个更广泛、更扎实的测量模型,不仅需要区分不同的内感受维度,而且要对不同的内感系统之间的联系进行更全面的表征。此外,与一般的科学研究不同的是,对内感受觉知的研究通常依赖于相关性,这可以部分解释为这样一个事实,即与外感受不同,对内感受系统的输入进行实验控制或是因果干扰特别困难。因此,在检验新的经验假设之前,应该有方法论的解决方案,这些解决方案将解决内感受加工中的等级关系、内感受通道之间的水平关系以及内感受和觉知之间的因果关系,而不仅仅是它们之间的相关性。在此基础之上,我们才有可能从经验上测试和预测误差的精确度和个体差异在塑造身体觉知的个体特征中所起的作用,从而确定外感受和内感受贡献的相对权重。

其次,要扩大内感受与具身性的潜在研究对象。健康被试、脑损伤的患者固然是其中重要的组成部分,但某些精神障碍患者被试也是揭示身心关系推动具身认知进一步发展的宝贵资源。笔者在第六章以自闭症谱系障碍和进食障碍为例,分析了具身认知的内感受研究,能够为精神病理学研究提供启示和对新的干预以及治疗方法形成可能的推动作用。

例如,如前文所述,述情障碍是一种涉及识别、描述、调节和表达自身情绪困难的综合征,其核心问题是情绪觉知的缺陷。已有研究发现,述情障碍的相关量表中的高分与个体内感受觉知能力较低相联系,这一发现意味着述情障碍可以通过具身性的失调加以描述。此外,内感受维度的错位对于焦虑症的发展可能特别重要。身体感觉的错误归因是恐慌和相关焦虑症状发展的一个潜在因素。错误解读身体信号的基础形成了对内部生理变化过度敏感的倾向。事实上,近年来不少研究表明与焦虑特质呈正相关的因素之一就是高内感受精确性[1]。再者,内感受的功能障碍还被认为与抑郁症有着密切的联系。重度抑郁症常常会伴随一系列躯体及情感症状,如食欲减退、睡眠障碍、疼痛、负性情绪泛化、强烈的孤独感和无助感等。这些症状的产生被认为和生理调节过程的中断有关。个体在心跳知觉任务中的表现与抑郁症状呈负相关,内感受精确性低的被试更不容易体验到强烈的情绪,而这些生理

---

[1] Quadt, L., Critchley, H. D., & Garfinkel, S. N. (2019). Interoception and emotion: Shared mechanisms and clinical implications. In M. Tsakiris & H. De Preester (Eds.), *The Interoceptive Mind: From Homeostasis to Awareness*. Oxford: Oxford University Press, pp. 123-143.

以及情绪方面的受损又会进一步影响社会性功能[1]。因此,未来的研究不光要聚焦于健康被试,也要关注具身性障碍的患者,在安全可控的情况下可以尝试性地开展通过调节内感受的某些方面来对特定的疾病开展干预和治疗的措施[2]。

再次,要丰富内感受与具身认知研究的覆盖内容。当前具身认知的内感受转向主要关注身体表征、情绪理解以及社会决策等方面内感受对具身认知的调节作用。实际上就具身认知所涉及的内容而言,内感受如何调节与影响注意、知觉、运动发起、协调控制等高阶认知因素都是值得我们进一步关注和研究的方面[3]。第四章"内感受与具身认知"中介绍了一部分有关内外感受信号的整合如何在情绪加工和社会认知等自我的高阶认知方面发挥重要的作用,但绝大多数的研究是相关性的研究,因此我们还需要重视内感受对具身认知的因果影响研究。就此而言,内感受与具身认知的研究设计对于推动具身认知摆脱当前困境,迎接新的发展契机而言至关重要。

通过内感受的视角和方法来阐明具身认知的核心假设是,传入信号(afferent signals)及其在中枢神经系统中的加工会被整合到如情绪、学习、决策或意识的心理过程中。因此无论其所采用的是何种方法,一个主要挑战就是如何能够同时对诸如情绪体验等的前景过程(foreground process)和作为背景(background)的内感受过程进行恰当的测量和评估,并能保证不会对两者造成额外的干扰。相关研究是当前常用的方法,其优点就是能够分别评估个体的内感受水平和相关的我们想要研究的心理过程,如情绪调节、理性决策、社会认知等。相关研究的操作方式也相对简单,采用如经典的心跳计数任务等测量方式能够对被试的内感受能力高低进行评估,随后采用相关分析对比内感受能力高、低的被试在不同方面的表现之间的差异。这种方法的优点是可以用探索性的方式评估内感受的多个指标和多个具身过程,但其主要缺点是,内感受和具身性往往是采用不同的范式在不同的时间段内先后评估的,因此无法确定被试在执行各自的任务以评估具身过程的时候,作为背景的内感受信号加工是否真的相同。但不可否认的是,相关设计对内感受与具身认知关系的初步探究除了得到的结果,还有额外的意义——其结果也可以

---

[1] Pollatos, O., Traut-Mattausch, E., & Schandry, R. (2009). Differential effects of anxiety and depression on interoceptive accuracy. *Depression and Anxiety*, 26(2), 167–173.

[2] Kuehn, E., Perez-Lopez, M. B., Diersch, N., Dohler, J., Wolbers, T., & Riemer, M. (2018). Embodiment in the aging mind. *Neuroscience and Biobehavioral Reviews*, 86, 207–225.

[3] Critchley, H. D., & Garfinkel, S. N. (2018). The influence of physiological signals on cognition. *Current Opinion in Behavioral Sciences*, 19, 3–18.

被用来指导实验设计,给出实验假设和探索的方向。

将内感受作为自变量,通过控制内感受的变化来考察认知的变化,或是通过控制认知加工过程来探究其对内感受的影响是实验设计的基本思路。当前研究更多的是通过某种方式评估内感受能力的高低,而实验研究需要能够在实验过程中改变内感受的高低,直接或间接的内感受训练的研究或许能够在一定程度上突破内感受与具身认知关系研究的瓶颈。反过来改变认知过程的可操作性和可控性要优于改变内感受,但是将内感受作为应变量还是要考虑其精确测量的问题,这一方向的推进有赖于对内感受本身的特征、结构、维度以及测量方式等多方面内容深入解释。此外,特别需要注意的是,实验设计的原则思想是,具身性的表现可见于生理活动和心理过程(如情绪体验、决策或时间感知)的同时变化中,两者之间的同步变化说明生理活动的传入信息被整合到心理过程中。能够有效分离出内感受活动的变化是一方面,而排除其他的认知或大脑机制导致类似结果的出现则是另一方面。探究内感受与具身认知关系的实验研究需要充分考虑这些因素。

本书在认知主义和表征主义的传统争论中另辟蹊径,以基于身体但又超越如动作、手势、表情等表层身体因素的视角,将内感受作为重要的中介变量引入对具身认知问题的讨论中。在研究方法上强调第一人称方法和第三人称方法的相辅相成,通过还原科学实验与哲学思辨互惠约束的细节,以此清晰、透彻地呈现具身认知的内感受研究转向,并将核心内容诉诸实证研究,提出研究假设,进行实验设计,从而探明问题的本质。内感受与认知加工关系的深入探究将有助于进一步揭示身体和心智之间的对话是如何进行的。

参 考 文 献

一、中文文献

陈巍、郭本禹:《超越经验主义与理智主义:从意向性到交互肉身性——现象学认识论的演变轨迹》,《自然辩证法研究》2013年第3期。

陈巍、郭本禹:《具身-生成的意识经验:神经现象学的透视》,《华东师范大学学报》(教育科学版)2012年第3期。

陈巍、郭本禹:《中道认识论:救治认知科学中的"笛卡尔式焦虑"》,《人文杂志》2013年第3期。

陈巍:《神经现象学:整合脑与意识经验的认知科学哲学进路》,中国社会科学出版社2016年版。

陈巍、张静、郭本禹:《揭秘"奇爱博士"的手——异己手综合征的现象学精神病理学解读》,《赣南师范大学学报》2017年第12期。

丁峻:《当代认知科学中的哲学问题——还原论、整体论和心身关系》,《宁夏社会科学》2001年第6期。

丁峻、张静、陈巍:《情绪的具身观:基于第二代认知科学的视角》,《山东师范大学学报(人文社会科学版)》2009年第3期。

丁峻、张静、陈巍:《心理科学的"DNA":镜像神经元的发现及意义》,《自然杂志》2008年第4期。

李恒威、董达:《演化中的意识机制——达马西奥的意识观》,《哲学研究》2015年第12期。

李恒威、黄华新:《"第二代认知科学"的认知观》,《哲学研究》2006年第6期。

李恒威、肖家燕:《认知的具身观》,《自然辩证法通讯》2006年第1期。

李恒威:《意识:从自我到自我感》,浙江大学出版社2011年版。

李恒威:《意识:形而上学、第一人称方法和当代理论》,浙江大学出版社2019年版。

李恒威:《意向性的起源:同一性、自创生和意义》,《哲学研究》2007年第10期。

刘高岑:《当代心智哲学的自我理论探析》,《哲学动态》2009年第9期。

刘高岑:《论自我的实在基础和社会属性》,《哲学研究》2010年第2期。

美国精神医学学会:《精神障碍诊断与统计手册》(第5版),张道龙等译,北京大学出版社2018年版。

孟伟:《身体、情境与认知——涉身认知及其哲学探索》,中国社会科学出版社2015

年版。

倪梁康:《胡塞尔现象学概念通释(增补版)》,商务印书馆 2016 年版。

彭彦琴、李清清:《佛教五蕴系统——一种信息加工模型》,《心理科学》2018 年第 5 期。

汪寅、臧寅垠、陈巍:《从"变色龙效应"到"镜像神经元"再到"模仿过多症"——作为社会交流产物的人类无意识模仿》,《心理科学进展》2011 年第 6 期。

徐弢:《"自我"是什么?——前期维特根斯坦"形而上学主体"概念解析》,《学术月刊》2011 年第 4 期。

徐献军:《具身认知论——现象学在认知科学研究范式转型中的作用》,浙江大学出版社 2009 年版。

徐怡:《意识科学的第一人称方法论》,中国社会科学出版社 2017 年版。

燕燕:《梅洛-庞蒂具身性现象学研究》,社会科学文献出版社 2016 年版。

叶浩生:《镜像神经元:认知具身性的神经生物学证据》,《心理学探新》2012 年第 1 期。

叶浩生:《具身认知的原理与应用》,商务印书馆 2017 年版。

叶浩生:《有关具身认知思潮的理论心理学思考》,《心理学报》2011 年第 5 期。

张静、陈巍、丁峻:《社会认知的双重机制:来自神经科学的证据》,《中南大学学报(社会科学版)》2010 年第 1 期。

张静、陈巍、丁峻:《自闭症谱系障碍的"碎镜假说"述评》,《中国特殊教育》2008 年第 11 期。

张静、陈巍:《对话心智与身体:具身认知的内感受研究转向》,《心理科学》2021 年第 1 期。

张静、陈巍:《基于自我错觉的最小自我研究:具身建构论的立场》,《心理科学进展》2018 年第 7 期。

张静、陈巍、李恒威:《我的身体是"我"的吗?——从橡胶手错觉看自主感和拥有感》,《自然辩证法通讯》2017 年第 2 期。

张静、陈巍:《身体意象可塑吗?——同步性和距离参照系对身体拥有感的影响》,《心理学报》2016 年第 8 期。

张静、陈巍:《身体拥有感及其可塑性:基于内外感受研究的视角》,《心理科学进展》2020 年第 2 期。

张静、李恒威:《自我表征的可塑性:基于橡胶手错觉的研究》,《心理科学》2016 年第 2 期。

张静、李琳:《现象学精神病理学视野下自闭症的身体自我障碍》,《浙江社会科学》2020 年第 4 期。

张静:《认知科学革命中的针尖对麦芒:具身认知 VS 标准认知科学》,《科技导报》2015 年第 6 期。

张静:《自我和自我错觉:基于橡胶手和虚拟手错觉的研究》,中国社会科学出版社 2017 年版。

张世英:《自我的自由本质和创造性》,《江苏社会科学》2009 年第 2 期。

张祥龙：《现象学导论七讲：从原著阐发原意》（修订新版），中国人民大学出版社 2011 年版。

张尧均：《哲学家与在世——梅洛庞蒂对海德格尔的一个批判》，《同济大学学报（社会科学版）》2005 年第 3 期。

A. R. 达马西奥：《笛卡尔的错误：情绪、推理和大脑》，殷云露译，北京联合出版公司 2018 年版。

A. R. 达马西奥：《感受发生的一切：意识产生中的身体和情绪》，杨韶刚译，教育科学出版社 2007 年版。

C. 弗里斯：《心智的构建：脑如何创造我们的精神世界》，杨南昌等译，华东师范大学出版社 2015 年版，第 123 页。

D. 休谟：《人性论》（上册），关文运译，郑之骧校，商务印书馆 2015 年版，第 277—278 页。

D. 扎哈维：《主体性和自身性：对第一人称视角的探究》，蔡文菁译，上海译文出版社 2008 年版。

E. 胡塞尔：《欧洲科学危机和超验现象学》，张庆熊译，上海译文出版社 2005 年版。

E. 胡塞尔：《哲学作为严格的科学》，倪梁康译，商务印书馆 1999 年版。

E. 汤普森：《生命中的心智：生物学、现象学和心智科学》，李恒威、李恒熙、徐燕译，浙江大学出版社 2013 年版。

F. 瓦雷拉、E. 汤普森、E. 罗施：《具身心智：认知科学和人类经验》，李恒威、李恒熙、王球、于霞译，浙江大学出版社 2010 年版，第 113 页。

H. 施皮格伯格：《现象学运动》，王炳文、张金言译，商务印书馆 2011 年版。

L. 维特根斯坦：《逻辑哲学论》，贺绍甲译，商务印书馆 1986 年版。

L. 夏皮罗：《具身认知》，李恒威、董达译，华夏出版社 2014 年版。

M. 海德格尔：《存在与时间》，陈嘉映、王节庆译，熊伟、陈嘉映修订，生活·读书·新知三联书店 2010 年版。

M. 梅洛-庞蒂：《行为的结构》，杨大春、张尧均译，商务印书馆 2005 年版。

M. 梅洛-庞蒂：《知觉现象学》，姜志辉译，商务印书馆 2012 年版。

N. 汉弗莱：《一个心智的历史：意识的起源和演化》，李恒威、张静译，浙江大学出版社 2015 年版。

R. 笛卡尔：《第一哲学沉思集》，庞景仁译，商务印书馆 2014 年版。

S. 马尔霍尔：《海德格尔与〈存在与时间〉》，亓校盛译，广西师范大学出版社 2007 年版。

W. 詹姆斯：《心理学原理》，唐钺译，北京大学出版社 2015 年版。

二、英文文献

Abrams, R. A., Davoli, C. C., Du, F., Knapp III, W. H., & Paull, D. (2008). Altered vision near the hands. *Cognition*, 107(3), 1035 - 1047.

Ackerman, J. M., Nocera, C. C., & Bargh, J. A. (2010). Incidental haptic sensations influence social judgments and decisions. *Science*, 328(5986), 1712 - 1715.

Adler, D., Herbelin, B., Similowski, T., & Blanke, O. (2014). Breathing and sense of self: visuo-respiratory conflicts alter body self-consciousness. *Respiration*, 203, 68–74.

Adolphs, R. (1999). Social cognition and the human brain. *Trends in Cognitive Sciences*, 3(12), 469–479.

Ainley, V., Apps, M. A., Fotopoulou, A., & Tsakiris, M. (2016). 'Bodily precision': A predictive coding account of individual differences in interoceptive accuracy. *Philosophical Transactions of the Royal Society B: Biological Sciences*, 371, 20160003.

Amianto, F., Northoff, G., Abbate Daga, G., Fassino, S., & Tasca, G. A. (2016). Is anorexia nervosa a disorder of the self? A psychological approach. *Frontiers in Psychology*, 7, 849.

Apps, M. A., & Tsakiris, M. (2014). The free-energy self: A predictive coding account of self-recognition. *Neuroscience & Biobehavioral Reviews*, 41, 85–97.

Armel, K. C., & Ramachandran, V. S. (2003). Projecting sensations to external objects: Evidence from skin conductance response. *Proceedings of the Royal Society of London. Series B: Biological Sciences*, 270(1523), 1499–1506.

Arrouk, R., Karpinski, A., Lavenbarg, T., Belmont, J., McCallum, R. W., & Hyman, P. (2017). Water load test in children with chronic abdominal pain or obesity compared with nonobese controls. *Southern Medical Journal*, 110(3), 168–171.

Asada, K., Tojo, Y., Hakarino, K., Saito, A., Hasegawa, T., & Kumagaya, S. (2018). Brief report: Body image in autism: evidence from body size estimation. *Journal of Autism and Developmental Disorders*, 48(2), 611–618.

Aspell, J. E., Heydrich, L., Marillier, G., Lavanchy, T., Herbelin, B., & Blanke, O. (2013). Turning body and self inside out: Visualized heartbeats alter bodily self-consciousness and tactile perception. *Psychological Science*, 24(12), 2445–2453.

Atkinson, A. P., Dittrich, W. H., Gemmell, A. J., & Young, A. W. (2004). Emotion perception from dynamic and static body expressions in point-light and full-light displays. *Perception*, 33(6), 717–746.

Aviezer, H., Trope, Y., & Todorov, A. (2012). Body cues, not facial expressions, discriminate between intense positive and negative emotions. *Science*, 338(6111), 1225–1229.

Aziz-Zadeh, L., Wilson, S. M., Rizzolatti, G., & Iacoboni, M. (2006). Congruent embodied representations for visually presented actions and linguistic phrases describing actions. *Current Biology*, 16(18), 1818–1823.

Azouvi, P. (2017). The ecological assessment of unilateral neglect. *Annals of Physical and Rehabilitation Medicine*, 60(3), 186–190.

Babo-Rebelo, M., & Tallon-Baudry, C. (2018). Interoceptive signals, brain dynamics, and subjectivity. In M. Tsakiris & H. De Preester (Eds.), *The Interoceptive Mind: From Homeostasis to Awareness*. Oxford: Oxford University Press, pp. 46–62.

Badcock, P. B., Friston, K. J., & Ramstead, M. J. (2019). The hierarchically mechanistic mind: A free-energy formulation of the human psyche. *Physics of life Reviews*. https://doi.org/10.1016/j.plrev.2018.10.002

Baier, B., & Karnath, H.-O. (2008). Tight link between our sense of limb ownership and self-awareness of actions. *Stroke*, 39(2), 486–488.

Bagby, R. M., Parker, J. D., & Taylor, G. J. (1994). The twenty-item Toronto Alexithymia Scale—I. Item selection and cross-validation of the factor structure. *Journal of Psychosomatic Research*, 38(1), 23–32.

Baker, D., Hunter, E., Lawrence, E., Medford, N., Patel, M., Senior, C., ... David, A. S. (2003). Depersonalisation disorder: clinical features of 204 cases. *The British Journal of Psychiatry*, 182(5), 428–433.

Banks, G., Short, P., Martínez, A. J., Latchaw, R., Ratcliff, G., & Boller, F. (1989). The alien hand syndrome: clinical and postmortem findings. *Archives of Neurology*, 46(4), 456–459.

Bär, K.J., de la Cruz, F., Berger, S., Schultz, C. C., & Wagner, G. (2015). Structural and functional differences in the cingulate cortex relate to disease severity in anorexia nervosa. *Journal of Psychiatry & Neuroscience*, 40(4), 269.

Bargh, J. A., Chen, M., & Burrows, L. (1996). Automaticity of social behavior: Direct effects of trait construct and stereotype activation on action. *Journal of Personality and Social Psychology*, 71(2), 230.

Barnsley, N., McAuley, J. H., Mohan, R., Dey, A., Thomas, P., & Moseley, G. (2011). The rubber hand illusion increases histamine reactivity in the real arm. *Current Biology*, 21(23), R945–R946.

Baron-Cohen, S., & Wheelwright, S. (2003). The Friendship Questionnaire: An investigation of adults with Asperger syndrome or high-functioning autism, and normal sex differences. *Journal of Autism and Developmental Disorders*, 33(5), 509–517.

Baron-Cohen, S. (1991). The theory of mind deficit in autism: How specific is it? *British Journal of Developmental Psychology*, 9(2), 301–314.

Barrett, L. F. (2006). Are emotions natural kinds? *Perspectives on Psychological Science*, 1(1), 28–58.

Barrett, L. F. (2017). The theory of constructed emotion: An active inference account of interoception and categorization. *Social Cognitive and Affective Neuroscience*, 12(1), 1–23.

Barrett, L. F., & Simmons, W. K. (2015). Interoceptive predictions in the brain. *Nature*

Reviews Neuroscience, 16(7), 419-429.

Barsalou, L. W. (1999). Perceptual symbol systems. *Behavioral and Brain Sciences*, 22(4), 577-660.

Barsalou, L. W. (2008). Grounded cognition. *Annual Review of Psychology*, 59, 617-645.

Baumeister, R. F. (1999). The nature and structure of the self: An overview. In R. F. Baumeister (Eds.), *The Self in Social Psychology*. Philadelphia: Psychology Press, pp. 1-20.

Bechara, A., Damasio, A. R., & Damasio, H. (2001). Insensitivity to future consequences following damage to human prefrontal. *The Science of Mental Health: Personality and Personality Disorder*, 50, 287.

Bergen, B. K., Lindsay, S., Matlock, T., & Narayanan, S. (2007). Spatial and linguistic aspects of visual imagery in sentence comprehension. *Cognitive Science*, 31(5), 733-764.

Berlin, B., & Kay, P. (1991). *Basic Color Terms: Their Universality and Evolution*. California: University of California Press.

Bernardi, L., Porta, C., Spicuzza, L., Bellwon, J., Spadacini, G., Frey, A. W., ... & Tramarin, R. (2002). Slow breathing increases arterial baroreflex sensitivity in patients with chronic heart failure. *Circulation*, 105(2), 143-145.

Bernhardt, B. C., & Singer, T. (2012). The neural basis of empathy. *Annual Review of Neuroscience*, 35, 1-23.

Bertilsson, I., Gyllensten, A. L., Opheim, A., Gard, G., & Hammarlund, C. S. (2018). Understanding one's body and movements from the perspective of young adults with autism: A mixed-methods study. *Research in Developmental Disabilities*, 78, 44-54.

Bevins, R. A., & Besheer, J. (2014). Interoception and learning: Import to understanding and treating diseases and psychopathologies. *ACS Chemical Neuroscience*, 5(8), 624-631.

Binder, J. R., Desai, R. H., Graves, W. W., & Conant, L. L. (2009). Where is the semantic system? A critical review and meta-analysis of 120 functional neuroimaging studies. *Cerebral Cortex*, 19(12), 2767-2796.

Blackmore, S. (2004). *Consciousness: An Introduction*. New York: Oxford University Press.

Blakemore, S., Frith, C. D., & Wolpert, D. M. (2001). The cerebellum is involved in predicting the sensory consequences of action. *Neuroreport*, 12(9), 1879-1884.

Blanke, O. (2012). Multisensory brain mechanisms of bodily self-consciousness. *Nature Reviews Neuroscience*, 13(8), 556-571.

Bolognini, N., Ronchi, R., Casati, C., Fortis, P., & Vallar, G. (2014). Multisensory remission of somatoparaphrenic delusion: My hand is back! *Neurology: Clinical*

Practice, 4(3), 216-225.

Bolton, G. E., & Zwick, R. (1995). Anonymity versus punishment in ultimatum bargaining. *Games and Economic Behavior*, 10(1), 95-121.

Bornemann, B., & Singer, T. (2017). Taking time to feel our body: Steady increases in heartbeat perception accuracy and decreases in alexithymia over 9 months of contemplative mental training. *Psychophysiology*, 54(3), 469-482.

Bottini, G., Paulesu, E., Gandola, M., Loffredo, S., Scarpa, P., Sterzi, R., ... Fazio, F. (2005). Left caloric vestibular stimulation ameliorates right hemianesthesia. *Neurology*, 65(8), 1278-1283.

Botvinick, M., & Cohen, J. (1998). Rubber hands 'feel' touch that eyes see. *Nature*, 391(6669), 756.

Bower, M., & Gallagher, S. (2013). Bodily affects as prenoetic elements in enactive perception. *Phenomenology and Mind*, (4), 78-93.

Bruch, H. (1962). Perceptual and conceptual disturbances in anorexia nervosa. *Psychosomatic Medicine*, 24(2), 187-194.

Bruineberg, J., Kiverstein, J., & Rietveld, E. (2018). The anticipating brain is not a scientist: The free-energy principle from an ecological-enactive perspective. *Synthese*, 195(6), 2417-2444.

Bub, D. N., & Masson, M. E. (2010). On the nature of hand-action representations evoked during written sentence comprehension. *Cognition*, 116(3), 394-408.

Buccino, G., Vogt, S., Ritzl, A., Fink, G. R., Zilles, K., Freund, H.-J., & Rizzolatti, G. (2004). Neural circuits underlying imitation learning of hand actions: an event-related fMRI study. *Neuron*, 42(2), 323-334.

Buhusi, C. V., & Meck, W. H. (2005). What makes us tick? Functional and neural mechanisms of interval timing. *Nature Reviews Neuroscience*, 6(10), 755-765.

Burger, B., Saarikallio, S., Luck, G., Thompson, M. R., & Toiviainen, P. (2012). Relationships between perceived emotions in music and music-induced movement. *Music Perception: An Interdisciplinary Journal*, 30(5), 517-533.

Canales-Johnson, A., Silva, C., Huepe, D., Rivera-Rei, Á., Noreika, V., Garcia, M. d. C., ... Sedeño, L. (2015). Auditory feedback differentially modulates behavioral and neural markers of objective and subjective performance when tapping to your heartbeat. *Cerebral Cortex*, 25(11), 4490-4503.

Cannon, W. B. (1927). The James-Lange theory of emotions: A critical examination and an alternative theory. *The American Journal of Psychology*, 39(1/4), 106-124.

Carmody, J., & Baer, R. A. (2008). Relationships between mindfulness practice and levels of mindfulness, medical and psychological symptoms and well-being in a mindfulness-based stress reduction program. *Journal of behavioral medicine*, 31(1), 23-33.

Carney, D. R., Cuddy, A. J., & Yap, A. J. (2010). Power posing: Brief nonverbal displays affect neuroendocrine levels and risk tolerance. *Psychological Science*, 21(10), 1363–1368.

Cascio, C. J., Foss-Feig, J. H., Burnette, C. P., Heacock, J. L., & Cosby, A. A. (2012). The rubber hand illusion in children with autism spectrum disorders: Delayed influence of combined tactile and visual input on proprioception. *Autism*, 16(4), 406–419.

Cascio, C. J., Foss-Feig, J. H., Heacock, J. L., Newsom, C. R., Cowan, R. L., Benningfield, M. M., ... Cao, A. (2012). Response of neural reward regions to food cues in autism spectrum disorders. *Journal of Neurodevelopmental Disorders*, 4(1), 9.

Catmur, C., Mars, R. B., Rushworth, M. F., & Heyes, C. (2011). Making mirrors: Premotor cortex stimulation enhances mirror and counter-mirror motor facilitation. *Journal of Cognitive Neuroscience*, 23(9), 2352–2362.

Catmur, C., Walsh, V., & Heyes, C. (2009). Associative sequence learning: The role of experience in the development of imitation and the mirror system. *Philosophical Transactions of the Royal Society B: Biological Sciences*, 364(1528), 2369–2380.

Ceunen, E., Vlaeyen, J. W., & Van Diest, I. (2016). On the origin of interoception. *Frontiers in Psychology*, 7, 743.

Chaiklin, S., & Wengrower, H. (2015). *The Art and Science of Dance/Movement Therapy: Life is Dance*. New York, London: Routledge.

Chartrand, T. L., & Bargh, J. A. (1999). The chameleon effect: the perception-behavior link and social interaction. *Journal of Personality and Social Psychology*, 76(6), 893.

Chemero, A. (2011). *Radical Embodied Cognitive Science*. Cambridge, MA: MIT Press.

Chersi, F., Thill, S., Ziemke, T., & Borghi, A. M. (2010). Sentence processing: Linking language to motor chains. *Frontiers in Neurorobotics*, 4, 4.

Christoff, K., Cosmelli, D., Legrand, D., & Thompson, E. (2011). Specifying the self for cognitive neuroscience. *Trends in Cognitive Sciences*, 15(3), 104–112.

Clark, A. (1999). An embodied cognitive science? *Trends in Cognitive Sciences*, 3(9), 345–351.

Clark, A. (2008). *Supersizing the Mind: Embodiment, Action, and Cognitive Extension*. Oxford: Oxford University Press.

Clark, A. (2013). Whatever next? Predictive brains, situated agents, and the future of cognitive science. *Behavioral and Brain Sciences*, 36(03), 181–204.

Clarke, T. J., Bradshaw, M. F., Field, D. T., Hampson, S. E., & Rose, D. (2005). The perception of emotion from body movement in point-light displays of interpersonal dialogue. *Perception*, 34(10), 1171–1180.

Clearfield, M. W., Diedrich, F. J., Smith, L. B., & Thelen, E. (2006). Young infants reach correctly in A-not-B tasks: On the development of stability and perseveration.

Infant Behavior and Development, 29(3), 435–444.

Collins, S., Ruina, A., Tedrake, R., & Wisse, M. (2005). Efficient bipedal robots based on passive-dynamic walkers. *Science*, 307(5712), 1082–1085.

Connell, L., Lynott, D., & Banks, B. (2018). Interoception: the forgotten modality in perceptual grounding of abstract and concrete concepts. *Philosophical Transactions of the Royal Society B: Biological Sciences*, 373(1752), 20170143.

Cowie, D., Sterling, S., & Bremner, A. J. (2016). The development of multisensory body representation and awareness continues to 10 years of age: Evidence from the rubber hand illusion. *Journal of Experimental Child Psychology*, 142, 230–238.

Craig, A. D. (2009). Emotional moments across time: A possible neural basis for time perception in the anterior insula. *Philosophical Transactions of the Royal Society B: Biological Sciences*, 364(1525), 1933–1942.

Craig, A. D. (2004). Human feelings: why are some more aware than others? *Trends in Cognitive Sciences*, 8(6), 239–241.

Craig, A. D. (2015). *How Do You Feel? An Interoceptive Moment with Your Neurobiological Self*. Oxford: Princeton University Press.

Craig, A. D. (2009). How do you feel—now? The anterior insula and human awareness. *Nature Reviews Neuroscience*, 10(1), 59–70.

Critchley, H. D., Corfield, D., Chandler, M., Mathias, C., & Dolan, R. J. (2000). Cerebral correlates of autonomic cardiovascular arousal: A functional neuroimaging investigation in humans. *The Journal of Physiology*, 523(1), 259–270.

Critchley, H. D., & Garfinkel, S. N. (2017). Interoception and emotion. *Current Opinion in Psychology*, 17, 7–14.

Critchley, H. D., & Garfinkel, S. N. (2018). The influence of physiological signals on cognition. *Current Opinion in Behavioral Sciences*, 19, 3–18.

Critchley, H. D., & Harrison, N. A. (2013). Visceral influences on brain and behavior. *Neuron*, 77(4), 624–638.

Critchley, H. D., Wiens, S., Rotshtein, P., Öhman, A., & Dolan, R. J. (2004). Neural systems supporting interoceptive awareness. *Nature Neuroscience*, 7(2), 189–195.

Crucianelli, L., Krahé, C., Jenkinson, P. M., & Fotopoulou, A. K. (2018). Interoceptive ingredients of body ownership: Affective touch and cardiac awareness in the rubber hand illusion. *Cortex*, 104, 180–192.

Culbert, K. M., Racine, S. E., & Klump, K. L. (2015). Research Review: What we have learned about the causes of eating disorders—a synthesis of sociocultural, psychological, and biological research. *Journal of Child Psychology and Psychiatry*, 56(11), 1141–1164.

Cwir, D., Carr, P. B., Walton, G. M., & Spencer, S. J. (2011). Your heart makes my heart move: Cues of social connectedness cause shared emotions and physiological states among strangers. *Journal of Experimental Social Psychology*, 47(3), 661–664.

D'Imperio, D., Tomelleri, G., Moretto, G., & Moro, V. (2017). Modulation of somatoparaphrenia following left-hemisphere damage. *Neurocase*, 23(2), 162–170.

Damasio, A. (2003). Mental self: The person within. *Nature*, 423(6937), 227–227.

Damasio, A. R. (1994). *Descartes' Error: Emotion, rationality and the Human Brain*. G. P. Putnam's Son.

Damasio, A. R. (1996). The somatic marker hypothesis and the possible functions of the prefrontal cortex. *Philosophical Transactions of the Royal Society of London. Series B: Biological Sciences*, 351(1346), 1413–1420.

Damasio, A. R. (2012). *Self Comes to Mind: Constructing the Conscious Brain*. Vintage.

Danziger, S., Levav, J., & Avnaim-Pesso, L. (2011). Extraneous factors in judicial decisions. *Proceedings of the National Academy of Sciences*, 108(17), 6889–6892.

de Oliveira, G. S. (2022). The strong program in embodied cognitive science. *Phenomenology and the Cognitive Sciences*, 1–25.

de Vega, M., Moreno, V., & Castillo, D. (2013). The comprehension of action-related sentences may cause interference rather than facilitation on matching actions. *Psychological Research*, 77(1), 20–30.

de Vignemont, F. (2010). Body schema and body image—Pros and cons. *Neuropsychologia*, 48(3), 669–680.

de Vignemont, F. (2018). Was Descartes right after all? An affective background for bodily. In M. Tsakiris & H. De Preester (Eds.), *The Interoceptive Mind: From Homeostasis to Awareness*. Oxford: Oxford University Press, pp. 259–271.

Dempsey, L. P., & Shani, I. (2013). Stressing the flesh: in defense of strong embodied cognition. *Philosophy and Phenomenological Research*, 86(3), 590–617.

Dennett, D. (1992). The self as a center of narrative gravity in self and consciousness. In F. S. Kessel, P. M. Cole & D. L. Johnson (Eds.), *Self and Consciousness: Multiple Perceptives*. Hillsdale, N. J.: Lawrence Erlbaum.

Desmedt, O., Luminet, O., & Corneille, O. (2018). The heartbeat counting task largely involves non-interoceptive processes: Evidence from both the original and an adapted counting task. *Biological Psychology*, 138, 185–188.

Devue, C., Van der Stigchel, S., Brédart, S., & Theeuwes, J. (2009). You do not find your own face faster; you just look at it longer. *Cognition*, 111(1), 114–122.

Di Pellegrino, G., Fadiga, L., Fogassi, L., Gallese, V., & Rizzolatti, G. (1992). Understanding motor events: A neurophysiological study. *Experimental Brain Research*, 91(1), 176–180.

Dieguez, S., & Lopez, C. (2017). The bodily self: Insights from clinical and experimental research. *Annals of Physical and Rehabilitation Medicine*, 60(3), 198-207.

Dieterich, M., & Staab, J. P. (2017). Functional dizziness: From phobic postural vertigo and chronic subjective dizziness to persistent postural-perceptual dizziness. *Current Opinion in Neurology*, 30(1), 107-113.

Dijkerman, C., & Lenggenhager, B. (2018). The body and cognition: the relation between body representations and higher level cognitive and social processes. *Cortex*, 7, 104-133.

Dimitropoulos, A., Tkach, J., Ho, A., & Kennedy, J. (2012). Greater corticolimbic activation to high-calorie food cues after eating in obese vs. normal-weight adults. *Appetite*, 58(1), 303-312.

Dreyfus, H. (1972). *What Computers Can't Do*. New York: Happer & Row.

DuBois, D., Ameis, S. H., Lai, M.-C., Casanova, M. F., & Desarkar, P. (2016). Interoception in autism spectrum disorder: A review. *International Journal of Developmental Neuroscience*, 52, 104-111.

Dunn, B. D., Evans, D., Makarova, D., White, J., & Clark, L. (2012). Gut feelings and the reaction to perceived inequity: The interplay between bodily responses, regulation, and perception shapes the rejection of unfair offers on the ultimatum game. *Cognitive, Affective, & Behavioral Neuroscience*, 12(3), 419-429.

Dunn, B. D., Galton, H. C., Morgan, R., Evans, D., Oliver, C., Meyer, M., ... Dalgleish, T. (2010). Listening to your heart: How interoception shapes emotion experience and intuitive decision making. *Psychological Science*, 21(12), 1835-1844.

Dymond, R. F. (1949). A scale for the measurement of empathic ability. *Journal of Consulting Psychology*, 13(2), 127.

Dziobek, I., Fleck, S., Kalbe, E., Rogers, K., Hassenstab, J., Brand, M., ... Convit, A. (2006). Introducing MASC: A movie for the assessment of social cognition. *Journal of Autism and Developmental Disorders*, 36(5), 623-636.

Eastabrook, J. M., Lanteigne, D. M., & Hollenstein, T. (2013). Decoupling between physiological, self-reported, and expressed emotional responses in alexithymia. *Personality and Individual Differences*, 55(8), 978-982.

Ebisch, S. J., Gallese, V., Willems, R. M., Mantini, D., Groen, W. B., Romani, G. L., ... Bekkering, H. (2011). Altered intrinsic functional connectivity of anterior and posterior insula regions in high-functioning participants with autism spectrum disorder. *Human Brain Mapping*, 32(7), 1013-1028.

Egelhaaf, M., Kern, R., Krapp, H. G., Kretzberg, J., Kurtz, R., & Warzecha, A.-K. (2002). Neural encoding of behaviourally relevant visual-motion information in the fly. *Trends in Neurosciences*, 25(2), 96-102.

Ehrsson, H. H. (2007). The experimental induction of out-of-body experiences. *Science*, 317(5841), 1048-1048.

Ehrsson, H. H., Spence, C., & Passingham, R. E. (2004). That's my hand! Activity in premotor cortex reflects feeling of ownership of a limb. *Science*, 305(5685), 875–877.

Emanuelsen, L., Drew, R., & Köteles, F. (2015). Interoceptive sensitivity, body image dissatisfaction, and body awareness in healthy individuals. *Scandinavian Journal of Psychology*, 56(2), 167–174.

Ernst, J., Northoff, G., Böker, H., Seifritz, E., & Grimm, S. (2013). Interoceptive awareness enhances neural activity during empathy. *Human Brain Mapping*, 34(7), 1615–1624.

Eshkevari, E., Rieger, E., Longo, M. R., Haggard, P., & Treasure, J. (2012). Increased plasticity of the bodily self in eating disorders. *Psychological Medicine*, 42(4), 819–828.

Fadiga, L., Fogassi, L., Pavesi, G., & Rizzolatti, G. (1995). Motor facilitation during action observation: A magnetic stimulation study. *Journal of Neurophysiology*, 73(6), 2608–2611.

Farb, N., Daubenmier, J., Price, C. J., Gard, T., Kerr, C., Dunn, B. D., ... & Mehling, W. E. (2015). Interoception, contemplative practice, and health. *Frontiers in psychology*, 6, 763.

Farb, N. A., Segal, Z. V., & Anderson, A. K. (2013). Mindfulness meditation training alters cortical representations of interoceptive attention. *Social Cognitive and Affective Neuroscience*, 8(1), 15–26.

Farb, N. A., Segal, Z. V., Mayberg, H., Bean, J., McKeon, D., Fatima, Z., & Anderson, A. K. (2007). Attending to the present: Mindfulness meditation reveals distinct neural modes of self-reference. *Social Cognitive and Affective Neuroscience*, 2(4), 313–322.

Farrer, C., & Frith, C. D. (2002). Experiencing oneself vs another person as being the cause of an action: The neural correlates of the experience of agency. *NeuroImage*, 15(3), 596–603.

Fehr, E., & Fischbacher, U. (2003). The nature of human altruism. *Nature*, 425(6960), 785–791.

Feinberg, I. (1978). Efference copy and corollary discharge: implications for thinking and its disorders. *Schizophrenia Bulletin*, 4(4), 636.

Ferguson, M. J., & Bargh, J. A. (2004). How social perception can automatically influence behavior. *Trends in Cognitive Sciences*, 8(1), 33–39.

Ferrè, E. R., Berlot, E., & Haggard, P. (2015). Vestibular contributions to a right-hemisphere network for bodily awareness: Combining galvanic vestibular stimulation and the "Rubber Hand Illusion". *Neuropsychologia*, 69, 140–147.

Ferrè, E. R., Vagnoni, E., & Haggard, P. (2013). Vestibular contributions to bodily awareness. *Neuropsychologia*, 51(8), 1445–1452.

Fiene, L., & Brownlow, C. (2015). Investigating interoception and body awareness in adults with and without autism spectrum disorder. *Autism Research*, 8(6), 709-716.

Filippetti, M. L., & Tsakiris, M. (2017). Heartfelt embodiment: Changes in body-ownership and self-identification produce distinct changes in interoceptive accuracy. *Cognition*, 159, 1-10.

Fischer, D., Berberich, G., Zaudig, M., Krauseneck, T., Weiss, S., & Pollatos, O. (2016). Interoceptive processes in anorexia nervosa in the time course of cognitive-behavioral therapy: a pilot study. *Frontiers in Psychiatry*, 7, 199.

Fischer, D., Messner, M., & Pollatos, O. (2017). Improvement of interoceptive processes after an 8-week body scan intervention. *Frontiers in Human Neuroscience*, 11, 452.

Flack Jr, W. F., Laird, J. D., & Cavallaro, L. A. (1999). Separate and combined effects of facial expressions and bodily postures on emotional feelings. *European Journal of Social Psychology*, 29(2-3), 203-217.

Fleming, S., Thompson, M., Stevens, R., Heneghan, C., Plüddemann, A., Maconochie, I., ... & Mant, D. (2011). Normal ranges of heart rate and respiratory rate in children from birth to 18 years of age: A systematic review of observational studies. *The Lancet*, 377(9770), 1011-1018.

Fodor, J. A. (1981). Imagistic representation. *Imagery*, 63-86.

Foglia, L., & Wilson, R. A. (2013). Embodied cognition. *Wiley Interdisciplinary Reviews: Cognitive Science*, 4(3), 319-325.

Fonkoue, I. T., Hu, Y., Jones, T., Vemulapalli, M., Sprick, J. D., Rothbaum, B., & Park, J. (2020). Eight weeks of device-guided slow breathing decreases sympathetic nervous reactivity to stress in posttraumatic stress disorder. *American Journal of Physiology-Regulatory, Integrative and Comparative Physiology*, 319(4), 466-475.

Foroni, F., & Semin, G. R. (2009). Language that puts you in touch with your bodily feelings: The multimodal responsiveness of affective expressions. *Psychological Science*, 20(8), 974-980.

Fotopoulou, A., & Tsakiris, M. (2017). Mentalizing homeostasis: The social origins of interoceptive inference. *Neuropsychoanalysis*, 19(1), 3-28.

Fraley, R. C., & Marks, M. J. (2011). Pushing mom away: Embodied cognition and avoidant attachment. *Journal of Research in Personality*, 45(2), 243-246.

Franklin, D. W., & Wolpert, D. M. (2011). Computational mechanisms of sensorimotor control. *Neuron*, 72(3), 425-442.

Friston, K. (2005). A theory of cortical responses. *Philosophical Transactions of the Royal Society B: Biological Sciences*, 360(1456), 815-836.

Friston, K. (2009). The free-energy principle: A rough guide to the brain? *Trends in Cognitive Sciences*, 13(7), 293-301.

Friston, K. (2010). The free-energy principle: A unified brain theory? *Nature Reviews Neuroscience*, 11(2), 127-138.

Friston, K. (2018). Does predictive coding have a future? *Nature Neuroscience*, 21(8), 1019-1021.

Friston, K. J., Daunizeau, J., Kilner, J., & Kiebel, S. J. (2010). Action and behavior: A free-energy formulation. *Biological Cybernetics*, 102(3), 227-260.

Fuchs, T. (2010). Phenomenology and psychopathology. In D. Schmicking & S. Gallagher (Eds.), *Handbook of Phenomenology and Cognitive Science*. Springer: Dordrecht, pp. 546-573.

Fuchs, T. (2015). Pathologies of intersubjectivity in autism and schizophrenia. *Journal of Consciousness Studies*, 22(1-2), 191-214.

Fuchs, T., & Schlimme, J. E. (2009). Embodiment and psychopathology: a phenomenological perspective. *Current Opinion in Psychiatry*, 22(6), 570-575.

Fukushima, H., Terasawa, Y., & Umeda, S. (2011). Association between interoception and empathy: Evidence from heartbeat-evoked brain potential. *International Journal of Psychophysiology*, 79(2), 259-265.

Füstös, J., Gramann, K., Herbert, B. M., & Pollatos, O. (2013). On the embodiment of emotion regulation: interoceptive awareness facilitates reappraisal. *Social Cognitive and Affective Neuroscience*, 8(8), 911-917.

Gadsby, S. (2017). Distorted body representations in anorexia nervosa. *Consciousness and Cognition*, 51, 17-33.

Gaete, M. I., & Fuchs, T. (2016). From body image to emotional bodily experience in eating disorders. *Journal of Phenomenological Psychology*, 47(1), 17-40.

Gaigg, S. B., Cornell, A. S., & Bird, G. (2018). The psychophysiological mechanisms of alexithymia in autism spectrum disorder. *Autism*, 22(2), 227-231.

Gallagher, S. (2000). Philosophical conceptions of the self: Implications for cognitive science. *Trends in Cognitive Sciences*, 4(1), 14-21.

Gallagher, S. (2007). The natural philosophy of agency. *Philosophy Compass*, 2(2), 347-357.

Gallagher, S. (2011). Introduction: A diversity of selves. In S. Gallagher (Eds.), *The Oxford Handbook of the Self*. New York: Oxford University Press.

Gallagher, S. (2012). In defense of phenomenological approaches to social cognition: Interacting with the critics. *Review of Philosophy and Psychology*, 3(2), 187-212.

Gallagher, S. (2014). Phenomenology and embodied cognition. In L. Shapiro (Eds.), *The Routledge Handbook of Embodied Cognition*. New York: Routledge, pp. 27-36.

Gallese, V. (2003). The manifold nature of interpersonal relations: The quest for a common mechanism. *Philosophical Transactions of the Royal Society of London. Series B:*

Biological Sciences, 358(1431), 517-528.

Gallese, V. (2005). Embodied simulation: From neurons to phenomenal experience. *Phenomenology and the Cognitive Sciences*, 4(1), 23-48.

Gallese, V. (2009). Motor abstraction: a neuroscientific account of how action goals and intentions are mapped and understood. *Psychological Research*, 73(4), 486-498.

Gallese, V. (2011). Neuroscience and phenomenology. *Phenomenology and Mind*, (1), 28-39.

Gallese, V., Eagle, M. N., & Migone, P. (2007). Intentional attunement: Mirror neurons and the neural underpinnings of interpersonal relations. *Journal of the American psychoanalytic Association*, 55(1), 131-175.

Gallese, V., & Sinigaglia, C. (2011). What is so special about embodied simulation? *Trends in Cognitive Sciences*, 15(11), 512-519.

Gallup, G. G. (1970). Chimpanzees: self-recognition. *Science*, 167(3914), 86-87.

Gao, Q., Ping, X., & Chen, W. (2019). Body influences on social cognition through interoception. *Frontiers in Psychology*, 10, 2066.

Garbarini, F., & Adenzato, M. (2004). At the root of embodied cognition: Cognitive science meets neurophysiology. *Brain and Cognition*, 56(1), 100-106.

García-Cordero, I., Esteves, S., Mikulan, E. P., Hesse, E., Baglivo, F. H., Silva, W., ... & Sedeño, L. (2017). Attention, in and out: Scalp-level and intracranial EEG correlates of interoception and exteroception. *Frontiers in Neuroscience*, 11, 411.

García-Cordero, I., Sedeño, L., De La Fuente, L., Slachevsky, A., Forno, G., Klein, F., ... & Ibañez, A. (2016). Feeling, learning from and being aware of inner states: Interoceptive dimensions in neurodegeneration and stroke. *Philosophical Transactions of the Royal Society B: Biological Sciences*, 371, 20160006.

Garfield, J. L. (1995). *The Fundamental Wisdom of the Middle Way: Nāgārjuna's Mūlamadhyamakakārikā*. New York: Oxford University Press.

Garfinkel, S., Critchley, H., & Pollatos, O. (2015). The interoceptive system: implications for cognition, emotion, and health. In J. T. Cacioppo, L. G. Tassinary & G. Berntson (Eds.), *Handbook of Psychophysiology*. Cambridge: Cambridge University Press, pp. 427-443.

Garfinkel, S. N., Barrett, A. B., Minati, L., Dolan, R. J., Seth, A. K., & Critchley, H. D. (2013). What the heart forgets: Cardiac timing influences memory for words and is modulated by metacognition and interoceptive sensitivity. *Psychophysiology*, 50(6), 505-512.

Garfinkel, S. N., Seth, A. K., Barrett, A. B., Suzuki, K., & Critchley, H. D. (2015). Knowing your own heart: distinguishing interoceptive accuracy from interoceptive awareness. *Biological Psychology*, 104, 65-74.

Garfinkel, S. N., Tiley, C., O'Keeffe, S., Harrison, N. A., Seth, A. K., & Critchley, H. D. (2016). Discrepancies between dimensions of interoception in autism: Implications for emotion and anxiety. *Biological Psychology*, 114, 117–126.

Garner, D. M., Olmstead, M. P., & Polivy, J. (1983). Development and validation of a multidimensional eating disorder inventory for anorexia nervosa and bulimia. *International Journal of Eating Disorders*, 2(2), 15–34.

Gessaroli, E., Andreini, V., Pellegri, E., & Frassinetti, F. (2013). Self-face and self-body recognition in autism. *Research in Autism Spectrum Disorders*, 7(6), 793–800.

Gibson, J. (2019). Mindfulness, interoception, and the body: A contemporary perspective. *Frontiers in Psychology*, 10, 2012.

Gibson, J. J. (1966). *The Senses Considered as Perceptual Systems*. Prospect Heights: Waveland Press.

Giessner, S. R., & Schubert, T. W. (2007). High in the hierarchy: How vertical location and judgments of leaders' power are interrelated. *Organizational Behavior and Human Decision Processes*, 104(1), 30–44.

Glenberg, A. M. (1997). What memory is for. *Behavioral and Brain Sciences*, 20(1), 1–19.

Glenberg, A. M. (2008). Embodiment for education. In P. Calvo & A. Gomila (Eds.), *Handbook of Cognitive Science*. Amsterdam: Elsevier, pp. 355–372.

Glenberg, A. M., & Kaschak, M. P. (2002). Grounding language in action. *Psychonomic Bulletin & Review*, 9(3), 558–565.

Glenberg, A. M., & Robertson, D. A. (2000). Symbol grounding and meaning: A comparison of high-dimensional and embodied theories of meaning. *Journal of Memory and Language*, 43(3), 379–401.

Glenberg, A. M., Witt, J. K., & Metcalfe, J. (2013). From the revolution to embodiment: 25 years of cognitive psychology. *Perspectives on Psychological Science*, 8(5), 573–585.

Goldinger, S. D. (1998). Echoes of echoes? An episodic theory of lexical access. *Psychological Review*, 105(2), 251.

Goldinger, S. D., Papesh, M. H., Barnhart, A. S., Hansen, W. A., & Hout, M. C. (2016). The poverty of embodied cognition. *Psychonomic Bulletin & Review*, 23(4), 959–978.

Goldman, A., & de Vignemont, F. (2009). Is social cognition embodied? *Trends in Cognitive Sciences*, 13(4), 154–159.

Goldman, A. I. (2013). *Joint Ventures: Mindreading, Mirroring, and Embodied Cognition*. Oxford: Oxford University Press.

Grafton, S. T., Arbib, M. A., Fadiga, L., & Rizzolatti, G. (1996). Localization of grasp representations in humans by positron emission tomography. *Experimental Brain*

Research, 112(1), 103–111.

Grandin, T. (1992). Calming effects of deep touch pressure in patients with autistic disorder, college students, and animals. *Journal of Child and Adolescent Psychopharmacology*, 2(1), 63–72.

Grezes, J., Pichon, S., & De Gelder, B. (2007). Perceiving fear in dynamic body expressions. *NeuroImage*, 35(2), 959–967.

Gross, J. J., & Thompson, R. A. (2007). Emotion regulation: conceptual foundations. In J. J. Gross (Eds.), *Handbook of Emotion Regulation*. The Guilford Press, pp. 3–24.

Grynberg, D., & Pollatos, O. (2015). Perceiving one's body shapes empathy. *Physiology & Behavior*, 140, 54–60.

Gu, X., Eilam-Stock, T., Zhou, T., Anagnostou, E., Kolevzon, A., Soorya, L., ... Fan, J. (2015). Autonomic and brain responses associated with empathy deficits in autism spectrum disorder. *Human Brain Mapping*, 36(9), 3323–3338.

Guerra, S., Spoto, A., Parma, V., Straulino, E., & Castiello, U. (2017). In sync or not in sync? Illusory body ownership in autism spectrum disorder. *Research in Autism Spectrum Disorders*, 41, 1–7.

Gurwitsch, A. (1941). A non-egological conception of consciousness. *Philosophy and Phenomenological Research*, 1(3), 325–338.

Guterstam, A., Petkova, V. I., & Ehrsson, H. H. (2011). The illusion of owning a third arm. *PLoS One*, 6(2), e17208.

Güth, W., Schmittberger, R., & Schwarze, B. (1982). An experimental analysis of ultimatum bargaining. *Journal of Economic Behavior & Organization*, 3(4), 367–388.

Haag, G., Botbol, M., Graignic, R., Perez-Diaz, F., Bronsard, G., Kermarrec, S., ... Duprat, A. (2010). The autism psychodynamic evaluation of changes (APEC) scale: A reliability and validity study on a newly developed standardized psychodynamic assessment for youth with pervasive developmental disorders. *Journal of Physiology-Paris*, 104(6), 323–336.

Haase, L., Thom, N. J., Shukla, A., Davenport, P. W., Simmons, A. N., Stanley, E. A., ... & Johnson, D. C. (2016). Mindfulness-based training attenuates insula response to an aversive interoceptive challenge. *Social Cognitive and Affective Neuroscience*, 11(1), 182–190.

Häfner, M. (2013). When body and mind are talking: Interoception moderates embodied cognition. *Experimental Psychology*, 60(4), 1–5.

Haggard, P. (2005). Conscious intention and motor cognition. *Trends in Cognitive Sciences*, 9(6), 290–295.

Happé, F., Cook, J. L., & Bird, G. (2017). The structure of social cognition: In (ter) dependence of sociocognitive processes. *Annual Review of Psychology*, 68, 243–267.

Harnad, S. (1990). The symbol grounding problem. *Physica D: Nonlinear Phenomena*, 42 (1-3), 335-346.

Hartshorn, K., Olds, L., Field, T., Delage, J., Cullen, C., & Escalona, A. (2001). Creative movement therapy benefits children with autism. *Early Child Development and Care*, 166(1), 1-5.

Hauk, O., Johnsrude, I., & Pulvermüller, F. (2004). Somatotopic representation of action words in human motor and premotor cortex. *Neuron*, 41(2), 301-307.

Havas, D. A., Glenberg, A. M., Gutowski, K. A., Lucarelli, M. J., & Davidson, R. J. (2010). Cosmetic use of botulinum toxin-A affects processing of emotional language. *Psychological Science*, 21(7), 895-900.

Havas, D. A., Glenberg, A. M., & Rinck, M. (2007). Emotion simulation during language comprehension. *Psychonomic Bulletin & Review*, 14(3), 436-441.

Heider, E., & Olivier, D. (1972). The structure of color space in naming and memory for two languages. *Cognitive Psychology*, 3(2), 337-354.

Heinisch, C., Dinse, H. R., Tegenthoff, M., Juckel, G., & Brüne, M. (2011). An rTMS study into self-face recognition using video-morphing technique. *Social Cognitive and Affective Neuroscience*, 6(4), 442-449.

Herbert, B. M., Blechert, J., Hautzinger, M., Matthias, E., & Herbert, C. (2013). Intuitive eating is associated with interoceptive sensitivity. Effects on body mass index. *Appetite*, 70, 22-30.

Herbert, B. M., Herbert, C., Pollatos, O., Weimer, K., Enck, P., Sauer, H., & Zipfel, S. (2012). Effects of short-term food deprivation on interoceptive awareness, feelings and autonomic cardiac activity. *Biological Psychology*, 89(1), 71-79.

Herbert, B. M., Muth, E. R., Pollatos, O., & Herbert, C. (2012). Interoception across modalities: on the relationship between cardiac awareness and the sensitivity for gastric functions. *PLoS One*, 7(5), e36646.

Herbert, B. M., & Pollatos, O. (2014). Attenuated interoceptive sensitivity in overweight and obese individuals. *Eating Behaviors*, 15(3), 445-448.

Herbert, B. M., & Pollatos, O. (2012). The body in the mind: On the relationship between interoception and embodiment. *Topics in Cognitive Science*, 4(4), 692-704.

Herbert, B. M., Ulbrich, P., & Schandry, R. (2007). Interoceptive sensitivity and physical effort: Implications for the self-control of physical load in everyday life. *Psychophysiology*, 44(2), 194-202.

Herbert, C., Herbert, B. M., & Pauli, P. (2011). Emotional self-reference: brain structures involved in the processing of words describing one's own emotions. *Neuropsychologia*, 49(10), 2947-2956.

Hertza, J., Davis, A. S., Barisa, M., & Lemann, E. R. (2012). Atypical sensory alien hand syndrome: A case study. *Applied Neuropsychology: Adult*, 19(1), 71-77.

Hess, U., & Blairy, S. (2001). Facial mimicry and emotional contagion to dynamic emotional facial expressions and their influence on decoding accuracy. *International Journal of Psychophysiology*, 40(2), 129-141.

Heyes, C., Bird, G., Johnson, H., & Haggard, P. (2005). Experience modulates automatic imitation. *Cognitive Brain Research*, 22(2), 233-240.

Hietanen, J. K., & Leppänen, J. M. (2008). Judgment of other people's facial expressions of emotions is influenced by their concurrent affective hand movements. *Scandinavian Journal of Psychology*, 49(3), 221-230.

Hluštík, P., Solodkin, A., Noll, D. C., & Small, S. L. (2004). Cortical plasticity during three-week motor skill learning. *Journal of Clinical Neurophysiology*, 21(3), 180-191.

Hogeveen, J., Bird, G., Chau, A., Krueger, F., & Grafman, J. (2016). Acquired alexithymia following damage to the anterior insula. *Neuropsychologia*, 82, 142-148.

Hohwy, J. (2013). *The Predictive Mind*. Oxford: Oxford University Press.

Hohwy, J., & Paton, B. (2010). Explaining away the body: Experiences of supernaturally caused touch and touch on non-hand objects within the rubber hand illusion. *PLoS One*, 5(2), e9416.

Hohwy, J., Roepstorff, A., & Friston, K. (2008). Predictive coding explains binocular rivalry: An epistemological review. *Cognition*, 108(3), 687-701.

Hölzel, B. K., Lazar, S. W., Gard, T., Schuman-Olivier, Z., Vago, D. R., & Ott, U. (2011). How does mindfulness meditation work? Proposing mechanisms of action from a conceptual and neural perspective. *Perspectives on Psychological Science*, 6(6), 537-559.

Hommel, B., Müsseler, J., Aschersleben, G., & Prinz, W. (2001). The theory of event coding (TEC): A framework for perception and action planning. *Behavioral and Brain Sciences*, 24(5), 849-878.

Hommel, B. (2015). The theory of event coding (TEC) as embodied-cognition framework. *Frontiers in Psychology*, 6, 1318.

Hommel, B. (2019). Theory of Event Coding (TEC) V2. 0: Representing and controlling perception and action. *Attention, Perception, & Psychophysics*, 81(7), 2139-2154.

Hommel, B. (2021). The future of embodiment research: Conceptual themes, theoretical tools, and remaining challenges. In M. D. Robinson & L. E. Thomas (Eds.), *Handbook of Embodied Psychology*. Cham: Springer.

Humphrey, N. (2000). How to solve the mind—body problem. *Journal of Consciousness Studies*, 7(4), 5.

Iacoboni, M. (2009). Imitation, empathy, and mirror neurons. *Annual Review of Psychology*, 60, 653-670.

Iacoboni, M., Molnar-Szakacs, I., Gallese, V., Buccino, G., Mazziotta, J. C., & Rizzolatti, G. (2005). Grasping the intentions of others with one's own mirror neuron system. *PLoS Biology*, 3(3), e79.

Iacoboni, M., Woods, R. P., Brass, M., Bekkering, H., Mazziotta, J. C., & Rizzolatti, G. (1999). Cortical mechanisms of human imitation. *Science*, 286(5449), 2526–2528.

Ignatow, G. (2007). Theories of embodied knowledge: New directions for cultural and cognitive sociology? *Journal for the Theory of Social Behaviour*, 37(2), 115–135.

IJzerman, H., & Semin, G. R. (2009). The thermometer of social relations: Mapping social proximity on temperature. *Psychological Science*, 20(10), 1214–1220.

Jabbi, M., Bastiaansen, J., & Keysers, C. (2008). A common anterior insula representation of disgust observation, experience and imagination shows divergent functional connectivity pathways. *PLoS One*, 3(8), e2939.

James, W. (1890). *The Principles of Psychology*. New York: Dover.

Jenkinson, P. M., Haggard, P., Ferreira, N. C., & Fotopoulou, A. (2013). Body ownership and attention in the mirror: Insights from somatoparaphrenia and the rubber hand illusion. *Neuropsychologia*, 51(8), 1453–1462.

Jensen, K., Call, J., & Tomasello, M. (2007). Chimpanzees are rational maximizers in an ultimatum game. *Science*, 318(5847), 107–109.

Jones, A., Silas, J., Todd, J., Stewart, A., Acree, M., Coulson, M., & Mehling, W. E. (2021). Exploring the Multidimensional Assessment of Interoceptive Awareness in youth aged 7–17 years. *Journal of Clinical Psychology*, 77(3), 661–682.

Kabat-Zinn, J. (2003). Mindfulness-based interventions in context: Past, present, and future. *Clinical Psychology: Science and Practice*, 10(2), 144–156.

Kalckert, A., & Ehrsson, H. H. (2012). Moving a rubber hand that feels like your own: a dissociation of ownership and agency. *Frontiers in Human Neuroscience*, 6, 40.

Kalckert, A., & Ehrsson, H. H. (2014). The moving rubber hand illusion revisited: Comparing movements and visuotactile stimulation to induce illusory ownership. *Consciousness and Cognition*, 26, 117–132.

Kammers, M. P., Rose, K., & Haggard, P. (2011). Feeling numb: Temperature, but not thermal pain, modulates feeling of body ownership. *Neuropsychologia*, 49(5), 1316–1321.

Kanner, L. (1943). Autistic disturbances of affective contact. *Nervous Child*, 2(3), 217–250.

Karg, M., Kuhnlenz, K., & Buss, M. (2010). Recognition of affect based on gait patterns. *IEEE Transactions on Systems, Man, and Cybernetics, Part B (Cybernetics)*, 40(4), 1050–1061.

Keizer, A., Smeets, M. A., Postma, A., van Elburg, A., & Dijkerman, H. C. (2014).

Does the experience of ownership over a rubber hand change body size perception in anorexia nervosa patients? *Neuropsychologia*, 62, 26–37.

Keizer, A., van Elburg, A., Helms, R., & Dijkerman, H. C. (2016). A virtual reality full body illusion improves body image disturbance in anorexia nervosa. *PLoS one*, 11(10).

Kessler, K., & Braithwaite, J. J. (2016). Deliberate and spontaneous sensations of disembodiment: capacity or flaw? *Cognitive Neuropsychiatry*, 21(5), 412–428.

Khalsa, S. S., Adolphs, R., Cameron, O. G., Critchley, H. D., Davenport, P. W., Feinstein, J. S., ... Mehling, W. E. (2018). Interoception and mental health: A roadmap. *Biological Psychiatry: Cognitive Neuroscience and Neuroimaging*, 3(6), 501–513.

Khalsa, S. S., & Lapidus, R. C. (2016). Can interoception improve the pragmatic search for biomarkers in psychiatry? *Frontiers in Psychiatry*, 7, 121.

Khalsa, S. S., Rudrauf, D., Feinstein, J. S., & Tranel, D. (2009). The pathways of interoceptive awareness. *Nature Neuroscience*, 12(12), 1494–1496.

Kilner, J. M., Paulignan, Y., & Blakemore, S.-J. (2003). An interference effect of observed biological movement on action. *Current Biology*, 13(6), 522–525.

Kim, S. K., Annunziato, R. A., & Olatunji, B. O. (2018). Profile analysis of treatment effect changes in eating disorder indicators. *International Journal of Methods in Psychiatric Research*, 27(2), e1599.

Kirk, U., Downar, J., & Montague, P. R. (2011). Interoception drives increased rational decision-making in meditators playing the ultimatum game. *Frontiers in Neuroscience*, 5, 49.

Kiverstein, J. (2012). The meaning of embodiment. *Topics in Cognitive Science*, 4(4), 740–758.

Klabunde, M., Acheson, D. T., Boutelle, K. N., Matthews, S. C., & Kaye, W. H. (2013). Interoceptive sensitivity deficits in women recovered from bulimia nervosa. *Eating Behaviors*, 14(4), 488–492.

Klabunde, M., Collado, D., & Bohon, C. (2017). An interoceptive model of bulimia nervosa: A neurobiological systematic review. *Journal of Psychiatric Research*, 94, 36–46.

Klabunde, M., Juszczak, H., Jordan, T., Baker, J. M., Bruno, J., Carrion, V., & Reiss, A. L. (2019). Functional neuroanatomy of interoceptive processing in children and adolescents: A pilot study. *Scientific Reports*, 9(1), 1–8.

Koch, A., & Pollatos, O. (2014). Cardiac sensitivity in children: Sex differences and its relationship to parameters of emotional processing. *Psychophysiology*, 51(9), 932–941.

Koch, A., & Pollatos, O. (2014). Interoceptive sensitivity, body weight and eating behavior in children: a prospective study. *Frontiers in Psychology*, 5, 1003.

Koch, S., Gaida, J., Kortum, R., Bodingbauer, B., & Manders, E. (2016). Body image in autism: An exploratory study on the effects of dance movement therapy. *Autism Open Access*, 6(2), 1–7.

Kohler, E., Keysers, C., Umilta, M. A., Fogassi, L., Gallese, V., & Rizzolatti, G. (2002). Hearing sounds, understanding actions: Action representation in mirror neurons. *Science*, 297(5582), 846–848.

Koster-Hale, J., & Saxe, R. (2013). Theory of mind: A neural prediction problem. *Neuron*, 79(5), 836–848.

Kreibig, S. D. (2010). Autonomic nervous system activity in emotion: A review. *Biological Psychology*, 84(3), 394–421.

Krieg, J. C., Roscher, S., Strian, F., Pirke, K. M., & Lautenbacher, S. (1993). Pain sensitivity in recovered anorexics, restrained and unrestrained eaters. *Journal of Psychosomatic Research*, 37(6), 595–601.

Kuehn, E., Perez-Lopez, M. B., Diersch, N., Dohler, J., Wolbers, T., & Riemer, M. (2018). Embodiment in the aging mind. *Neuroscience and Biobehavioral Reviews*, 86, 207–225.

Laird, J. D. (2007). *Feelings: The Perception of Self*. Oxford: Oxford University Press.

Lakoff, G. (2012). Explaining embodied cognition results. *Topics in Cognitive Science*, 4(4), 773–785.

Lakoff, G., & Johnson, M. (1980). *Metaphors We Live By*. Chicago, IL: University of Chicago.

Lavagnino, L., Amianto, F., D'Agata, F., Huang, Z., Mortara, P., Abbate-Daga, G., ... Northoff, G. (2014). Reduced resting-state functional connectivity of the somatosensory cortex predicts psychopathological symptoms in women with bulimia nervosa. *Frontiers in Behavioral Neuroscience*, 8, 270.

Legrand, D. (2007). Pre-reflective self-as-subject from experiential and empirical perspectives. *Consciousness and Cognition*, 16(3), 583–599.

Legrand, D., & Ruby, P. (2009). What is self-specific? Theoretical investigation and critical review of neuroimaging results. *Psychological Review*, 116(1), 252.

Lenggenhager, B., Tadi, T., Metzinger, T., & Blanke, O. (2007). Video ergo sum: manipulating bodily self-consciousness. *Science*, 317(5841), 1096–1099.

Limanowski, J., & Blankenburg, F. (2013). Minimal self-models and the free energy principle. *Frontiers in Human Neuroscience*, 7, 547.

Limanowski, J., & Blankenburg, F. (2015). Network activity underlying the illusory self-attribution of a dummy arm. *Human Brain Mapping*, 36(6), 2284–2304.

Lloyd, D. (2012). Neural correlates of temporality: Default mode variability and temporal awareness. *Consciousness and Cognition*, 21(2), 695–703.

Lloyd, D. M. (2007). Spatial limits on referred touch to an alien limb may reflect boundaries of visuo-tactile peripersonal space surrounding the hand. *Brain and Cognition*, 64(1), 104–109.

Löken, L. S., Wessberg, J., McGlone, F., & Olausson, H. (2009). Coding of pleasant touch by unmyelinated afferents in humans. *Nature Neuroscience*, 12(5), 547.

Longo, M. R., Schüür, F., Kammers, M. P., Tsakiris, M., & Haggard, P. (2008). What is embodiment? A psychometric approach. *Cognition*, 107(3), 978–998.

Longo, M. R., Schüür, F., Kammers, M. P., Tsakiris, M., & Haggard, P. (2009). Self awareness and the body image. *Acta Psychologica*, 132(2), 166–172.

Lopez, C., Blanke, O., & Mast, F. (2012). The human vestibular cortex revealed by coordinate-based activation likelihood estimation meta-analysis. *Neuroscience*, 212, 159–179.

Lopez, C., & Elziere, M. (2018). Out-of-body experience in vestibular disorders—A prospective study of 210 patients with dizziness. *Cortex*, 104, 193–206.

Lopez, C., Heydrich, L., Seeck, M., & Blanke, O. (2010). Abnormal self-location and vestibular vertigo in a patient with right frontal lobe epilepsy. *Epilepsy & Behavior*, 17(2), 289–292.

Lutz, A. (2004). Introduction—the explanatory gap: To close or to bridge? *Phenomenology and the Cognitive Sciences*, 3(4), 325–330.

Lutz, A., Slagter, H. A., Dunne, J. D., & Davidson, R. J. (2008). Attention regulation and monitoring in meditation. *Trends in Cognitive Sciences*, 12(4), 163–169.

MacIver, M. A. (2009). Neuroethology: from morphological computation to planning. In P. Robbins & M. Aydede (Eds.), *The Cambridge handbook of situated cognition*. Cambridge: Cambridge University Press, pp. 480–504.

Madden, C. E., Leong, S. L., Gray, A., & Horwath, C. C. (2012). Eating in response to hunger and satiety signals is related to BMI in a nationwide sample of 1601 mid-age New Zealand women. *Public Health Nutrition*, 15(12), 2272–2279.

Mahon, B. Z. (2015). What is embodied about cognition? *Language, Cognition and Neuroscience*, 30(4), 420–429.

Mahon, B. Z., & Caramazza, A. (2008). A critical look at the embodied cognition hypothesis and a new proposal for grounding conceptual content. *Journal of Physiology-Paris*, 102(1–3), 59–70.

Maister, L., Tang, T., & Tsakiris, M. (2017). Neurobehavioral evidence of interoceptive sensitivity in early infancy. *Elife*, 6, e25318.

Maister, L., Slater, M., Sanchez-Vives, M. V., & Tsakiris, M. (2015). Changing bodies changes minds: owning another body affects social cognition. *Trends in Cognitive Sciences*, 19(1), 6–12.

Maringer, M., Krumhuber, E. G., Fischer, A. H., & Niedenthal, P. M. (2011). Beyond smile dynamics: mimicry and beliefs in judgments of smiles. *Emotion*, 11(1), 181.

Markram, K., & Markram, H. (2010). The intense world theory—a unifying theory of the neurobiology of autism. *Frontiers in Human Neuroscience*, 4, 224.

Marshall, A. C., Gentsch, A., & Schütz-Bosbach, S. (2018). The interaction between interoceptive and action states within a framework of predictive coding. *Frontiers in Psychology*, 9, 180.

Masson, M. E., Bub, D. N., & Warren, C. M. (2008). Kicking calculators: contribution of embodied representations to sentence comprehension. *Journal of Memory and Language*, 59(3), 256–265.

McIntosh, D. N., Reichmann-Decker, A., Winkielman, P., & Wilbarger, J. L. (2006). When the social mirror breaks: deficits in automatic, but not voluntary, mimicry of emotional facial expressions in autism. *Developmental Science*, 9(3), 295–302.

Medford, N. (2012). Emotion and the unreal self: Depersonalization disorder and de-affectualization. *Emotion Review*, 4(2), 139–144.

Mehling, W. (2016). Differentiating attention styles and regulatory aspects of self-reported interoceptive sensibility. *Philosophical Transactions of the Royal Society B: Biological Sciences*, 371, 20160013.

Mehling, W. E., Gopisetty, V., Daubenmier, J., Price, C. J., Hecht, F. M., & Stewart, A. (2009). Body awareness: Construct and self-report measures. *PLoS One*, 4(5), e5614.

Mehling, W. E., Price, C., Daubenmier, J. J., Acree, M., Bartmess, E., & Stewart, A. (2012). The multidimensional assessment of interoceptive awareness (MAIA). *PLoS One*, e48230.

Meissner, K., & Wittmann, M. (2011). Body signals, cardiac awareness, and the perception of time. *Biological Psychology*, 86(3), 289–297.

Merriam, E. P., & Colby, C. L. (2005). Active vision in parietal and extrastriate cortex. *The Neuroscientist*, 11(5), 484–493.

Meteyard, L., Bahrami, B., & Vigliocco, G. (2007). Motion detection and motion verbs: Language affects low-level visual perception. *Psychological Science*, 18(11), 1007–1013.

Metzinger, T. (2004). *Being No one: The Self-model Theory of Subjectivity*. Cambridge, MA: MIT Press.

Metzinger, T. (2007). Empirical perspectives from the self-model theory of subjectivity: A brief summary with examples. *Progress in Brain Research*, 168, 215–278.

Metzinger, T. (2009). *The Ego Tunnel: The Science of the Mind and the Myth of the Self*. New York: Basic Books.

Miller, L. C., Murphy, R., & Buss, A. H. (1981). Consciousness of body: Private and public. *Journal of Personality and Social Psychology*, 41, 397–406.

Moseley, G. L., Gallace, A., & Spence, C. (2012). Bodily illusions in health and disease: physiological and clinical perspectives and the concept of a cortical 'body matrix'. *Neuroscience & Biobehavioral Reviews*, 36(1), 34–46.

Moseley, G. L., Olthof, N., Venema, A., Don, S., Wijers, M., Gallace, A., & Spence, C. (2008). Psychologically induced cooling of a specific body part caused by the illusory ownership of an artificial counterpart. *Proceedings of the National Academy of Sciences*, 105(35), 13169–13173.

Mouilso, E., Glenberg, A. M., Havas, D., & Lindeman, L. M. (2007). Differences in action tendencies distinguish anger and sadness after comprehension of emotional sentences. Paper presented at the Proceedings of the 29th annual cognitive science society.

Mul, C., Stagg, S. D., Herbelin, B., & Aspell, J. E. (2018). The feeling of me feeling for you: Interoception, alexithymia and empathy in autism. *Journal of Autism and Developmental Disorders*, 48(9), 2953–2967.

Murphy, J., Brewer, R., Catmur, C., & Bird, G. (2017). Interoception and psychopathology: A developmental neuroscience perspective. *Developmental Cognitive Neuroscience*, 23, 45–56.

Musculus, L., Tünte, M. R., Raab, M., & Kayhan, E. (2021). An embodied cognition perspective on the role of interoception in the development of the minimal self. *Frontiers in Psychology*, 12, 716950.

Mussweiler, T. (2006). Doing is for thinking! Stereotype activation by stereotypic movements. *Psychological Science*, 17(1), 17–21.

Myowa-Yamakoshi, M., & Takeshita, H. (2006). Do human fetuses anticipate self-oriented actions? A study by four-dimensional (4D) ultrasonography. *Infancy*, 10(3), 289–301.

Nagel, T. (1974). What is it like to be a bat? *The Philosophical Review*, 83(4), 435–450.

Nguyen, P. D., Georgie, Y. K., Kayhan, E., Eppe, M., Hafner, V. V., & Wermter, S. (2021). Sensorimotor representation learning for an "active self" in robots: A model survey. *KI-Künstliche Intelligenz*, 35(1), 9–35.

Niedenthal, P. M. (2007). Embodying emotion. *Science*, 316(5827), 1002–1005.

Niedenthal, P. M., Barsalou, L. W., Winkielman, P., Krauth-Gruber, S., & Ric, F. (2005). Embodiment in attitudes, social perception, and emotion. *Personality and Social Psychology Review*, 9(3), 184–211.

Niedenthal, P. M., Mermillod, M., Maringer, M., & Hess, U. (2010). The Simulation of Smiles (SIMS) model: embodied simulation and the meaning of facial expression. *Behavioral and Brain Sciences*, 33(6), 417.

Niedenthal, P. M., Winkielman, P., Mondillon, L., & Vermeulen, N. (2009). Embodiment of emotion concepts. *Journal of Personality and Social Psychology*, 96(6), 1120.

Noë, A., & O'Regan, J. K. (2002). On the brain-basis of visual consciousness: A sensorimotor account. *Vision and mind: Selected Readings in the Philosophy of Perception*, 567–598.

O'Shaughnessy, B. (1995). Proprioception and the body image. In J. L. Bermúdez, A. J. Marcel & N. Ellan (Eds.), *The body and the Self*. Cambridge, MA: MIT Press, pp. 175–203.

Oberman, L. M., & Ramachandran, V. S. (2007). The simulating social mind: the role of the mirror neuron system and simulation in the social and communicative deficits of autism spectrum disorders. *Psychological Bulletin*, 133(2), 310.

Ohshiro, T., Angelaki, D. E., & DeAngelis, G. C. (2017). A neural signature of divisive normalization at the level of multisensory integration in primate cortex. *Neuron*, 95(2), 399–411.

Ondobaka, S., Kilner, J., & Friston, K. (2017). The role of interoceptive inference in theory of mind. *Brain and Cognition*, 112, 64–68.

Oosterwijk, S., Topper, M., Rotteveel, M., & Fischer, A. H. (2010). When the mind forms fear: embodied fear knowledge potentiates bodily reactions to fearful stimuli. *Social Psychological and Personality Science*, 1(1), 65–72.

Oztop, E., Kawato, M., & Arbib, M. (2006). Mirror neurons and imitation: A computationally guided review. *Neural Networks*, 19(3), 254–271.

Paladino, M.-P., Mazzurega, M., Pavani, F., & Schubert, T. W. (2010). Synchronous multisensory stimulation blurs self-other boundaries. *Psychological Science*, 21(9), 1202–1207.

Pannese, A., & Hirsch, J. (2010). Self-specific priming effect. *Consciousness and Cognition*, 19(4), 962–968.

Parfit, D. (1984). *Reasons and Persons*. Oxford: Clarendon Press.

Park, H. D., & Tallon-Baudry, C. (2014). The neural subjective frame: from bodily signals to perceptual consciousness. *Philosophical Transactions of the Royal Society B: Biological Sciences*, 369(1641), 20130208.

Parnas, J., & Bovet, P. (1995). Research in psychopathology: epistemologic issues. *Comprehensive Psychiatry*, 36(3), 167–181.

Paton, B., Hohwy, J., & Enticott, P. G. (2012). The rubber hand illusion reveals proprioceptive and sensorimotor differences in autism spectrum disorders. *Journal of Autism and Developmental Disorders*, 42(9), 1870–1883.

Paulin, M. G. (2005). Evolutionary origins and principles of distributed neural computation for state estimation and movement control in vertebrates. *Complexity*, 10(3), 56–65.

Pecere, P. (2020). *Soul, Mind and Brain from Descartes to Cognitive Science: A Critical History*. Cham: Springer.

Pecher, D., Zeelenberg, R., & Barsalou, L. W. (2003). Verifying different-modality properties for concepts produces switching costs. *Psychological Science*, 14(2), 119-124.

Pellicano, E., & Burr, D. (2012). When the world becomes 'too real': A Bayesian explanation of autistic perception. *Trends in Cognitive Sciences*, 16(10), 504-510.

Phelps, E. A., O'Connor, K. J., Gatenby, J. C., Gore, J. C., Grillon, C., & Davis, M. (2001). Activation of the left amygdala to a cognitive representation of fear. *Nature Neuroscience*, 4(4), 437-441.

Picard, F., & Friston, K. (2014). Predictions, perception, and a sense of self. *Neurology*, 83(12), 1112-1118.

Pitcher, D., Garrido, L., Walsh, V., & Duchaine, B. C. (2008). Transcranial magnetic stimulation disrupts the perception and embodiment of facial expressions. *Journal of Neuroscience*, 28(36), 8929-8933.

Pollatos, O., & Ferentzi, E. (2018). Embodiment of Emotion Regulation. In G. Hauke & A. Kritikos (Eds.), *Embodiment in Psychotherapy*. Cham: Springer, pp. 43-55.

Pollatos, O., & Georgiou, E. (2016). Normal interoceptive accuracy in women with bulimia nervosa. *Psychiatry Research*, 240, 328-332.

Pollatos, O., Gramann, K., & Schandry, R. (2007). Neural systems connecting interoceptive awareness and feelings. *Human Brain Mapping*, 28(1), 9-18.

Pollatos, O., & Herbert, B. M. (2018). Interoception: definitions, dimensions, neural substrates. In G. Hauke & A. Kritikos (Eds.), *Embodiment in Psychotherapy*. Cham: Springer, pp. 15-27.

Pollatos, O., Herbert, B. M., Berberich, G., Zaudig, M., Krauseneck, T., & Tsakiris, M. (2016). Atypical self-focus effect on interoceptive accuracy in anorexia nervosa. *Frontiers in Human Neuroscience*, 10, 484.

Pollatos, O., Herbert, B. M., Mai, S., & Kammer, T. (2016). Changes in interoceptive processes following brain stimulation. *Philosophical Transactions of the Royal Society B: Biological Sciences*, 371, 20160016.

Pollatos, O., Kurz, A.-L., Albrecht, J., Schreder, T., Kleemann, A. M., Schöpf, V., ... Schandry, R. (2008). Reduced perception of bodily signals in anorexia nervosa. *Eating Behaviors*, 9(4), 381-388.

Pollatos, O., Laubrock, J., & Wittmann, M. (2014). Interoceptive focus shapes the experience of time. *PLoS One*, 9(1), e86934.

Pollatos, O., Matthias, E., & Keller, J. (2015). When interoception helps to overcome negative feelings caused by social exclusion. *Frontiers in Psychology*, 6, 786.

Pollatos, O., Traut-Mattausch, E., & Schandry, R. (2009). Differential effects of anxiety and depression on interoceptive accuracy. *Depression and Anxiety*, 26(2), 167-173.

Ponari, M., Conson, M., D'Amico, N. P., Grossi, D., & Trojano, L. (2012). Mapping correspondence between facial mimicry and emotion recognition in healthy subjects. *Emotion*, 12(6), 1398.

Ponzo, S., Kirsch, L. P., Fotopoulou, A., & Jenkinson, P. M. (2018). Balancing body ownership: Visual capture of proprioception and affectivity during vestibular stimulation. *Neuropsychologia*, 117, 311–321.

Pöppel, E. (1997). A hierarchical model of temporal perception. *Trends in Cognitive Sciences*, 1(2), 56–61.

Porciello, G., Bufalari, I., Minio-Paluello, I., Di Pace, E., & Aglioti, S. M. (2018). The 'Enfacement' illusion: a window on the plasticity of the self. *Cortex*, 104, 261–275.

Pourtois, G., Grandjean, D., Sander, D., & Vuilleumier, P. (2004). Electrophysiological correlates of rapid spatial orienting towards fearful faces. *Cerebral Cortex*, 14(6), 619–633.

Preece, D., Becerra, R., Allan, A., Robinson, K., & Dandy, J. (2017). Establishing the theoretical components of alexithymia via factor analysis: Introduction and validation of the attention-appraisal model of alexithymia. *Personality and Individual Differences*, 119, 341–352.

Preston, C. (2013). The role of distance from the body and distance from the real hand in ownership and disownership during the rubber hand illusion. *Acta Psychologica*, 142(2), 177–183.

Prinz, J. J. (2006). Is emotion a form of perception? *Canadian Journal of Philosophy*, 36 (sup1), 137–160.

Proffitt, D. R., Stefanucci, J., Banton, T., & Epstein, W. (2003). The role of effort in perceiving distance. *Psychological Science*, 14(2), 106–112.

Pulvermüller, F., Hauk, O., Nikulin, V. V., & Ilmoniemi, R. J. (2005). Functional links between motor and language systems. *European Journal of Neuroscience*, 21(3), 793–797.

Quadt, L., Critchley, H. D., & Garfinkel, S. N. (2019). Interoception and emotion: shared mechanisms and clinical implications. In M. Tsakiris & H. De Preester (Eds.), *The Interoceptive Mind: From Homeostasis to Awareness*. Oxford: Oxford University Press, pp. 123–143.

Quattrocki, E., & Friston, K. (2014). Autism, oxytocin and interoception. *Neuroscience & Biobehavioral Reviews*, 47, 410–430.

Raffone, A., & Srinivasan, N. (2010). The exploration of meditation in the neuroscience of attention and consciousness. *Cognitive Processing*, 11(1), 1–7.

Ramachandran, V., Blakeslee, S., & Shah, N. (2013). *Phantoms in the Brain: Probing the Mysteries of the Human Mind*. Tantor Media: Incorporated.

Rao, I. S., & Kayser, C. (2017). Neurophysiological correlates of the rubber hand illusion in late evoked and alpha/beta band activity. *Frontiers in Human Neuroscience*, 11, 377.

Richardson, D., & Matlock, T. (2007). The integration of figurative language and static depictions: An eye movement study of fictive motion. *Cognition*, 102(1), 129–138.

Ricoeur, P. (2010). *Time and Narrative*. Chicago: University of Chicago Press.

Ring, C., & Brener, J. (2018). Heartbeat counting is unrelated to heartbeat detection: A comparison of methods to quantify interoception. *Psychophysiology*, 55(9), e13084.

Rizzolatti, G., & Craighero, L. (2004). The mirror-neuron system. *Annual Review of Neuroscience*, 27, 169–192.

Rizzolatti, G., Fadiga, L., Gallese, V., & Fogassi, L. (1996). Premotor cortex and the recognition of motor actions. *Cognitive Brain Research*, 3(2), 131–141.

Rizzolatti, G., Fadiga, L., Matelli, M., Bettinardi, V., Paulesu, E., Perani, D., & Fazio, F. (1996). Localization of grasp representations in humans by PET: 1. Observation versus execution. *Experimental Brain Research*, 111(2), 246–252.

Rochat, P. (2015). Layers of awareness in development. *Developmental Review*, 38, 122–145.

Ronchi, R., Bello-Ruiz, J., Lukowska, M., Herbelin, B., Cabrilo, I., Schaller, K., & Blanke, O. (2015). Right insular damage decreases heartbeat awareness and alters cardio-visual effects on bodily self-consciousness. *Neuropsychologia*, 70, 11–20.

Rowe, M. L., & Goldin-Meadow, S. (2009). Differences in early gesture explain SES disparities in child vocabulary size at school entry. *Science*, 323(5916), 951–953.

Sacks, O. (2012). *An Anthropologist on Mars: Seven Paradoxical Tales*. Vintage.

Sadibolova, R., & Longo, M. R. (2014). Seeing the body produces limb-specific modulation of skin temperature. *Biology Letters*, 10(4), 20140157.

Salvato, G., Gandola, M., Veronelli, L., Berlingeri, M., Corbo, M., & Bottini, G. (2018). The vestibular system, body temperature and sense of body ownership: A potential link? Insights from a single case study. *Physiology & Behavior*, 194, 522–526.

Sass, L. A., & Parnas, J. (2003). Schizophrenia, consciousness, and the self. *Schizophrenia Bulletin*, 29(3), 427–444.

Saxbe, D. E., Yang, X.-F., Borofsky, L. A., & Immordino-Yang, M. H. (2013). The embodiment of emotion: language use during the feeling of social emotions predicts cortical somatosensory activity. *Social Cognitive and Affective Neuroscience*, 8(7), 806–812.

Schaafsma, S. M., Pfaff, D. W., Spunt, R. P., & Adolphs, R. (2015). Deconstructing and reconstructing theory of mind. *Trends in Cognitive Sciences*, 19(2), 65–72.

Schaan, L., Schulz, A., Nuraydin, S., Bergert, C., Hilger, A., Rach, H., & Hechler, T. (2019). Interoceptive accuracy, emotion recognition, and emotion regulation in preschool children. *International Journal of Psychophysiology*, 138, 47–56.

Schacter, D. L., Reiman, E., Curran, T., Yun, L. S., Bandy, D., McDermott, K. B., & Iii, H. L. R. (1996). Neuroanatomical correlates of veridical and illusory recognition memory: evidence from positron emission tomography. *Neuron*, 17(2), 267–274.

Schaefer, M., Egloff, B., Gerlach, A. L., & Witthöft, M. (2014). Improving heartbeat perception in patients with medically unexplained symptoms reduces symptom distress. *Biological Psychology*, 101, 69–76.

Schaefer, M., Heinze, H. J., & Galazky, I. (2010). Alien hand syndrome: Neural correlates of movements without conscious will. *PLoS One*, 5(12), e15010.

Schandry, R. (1981). Heart Beat Perception and Emotional Experience. *Psychophysiology*, 18(4), 483–488.

Schandry, R., & Specht, G. (1981). The influence of psychological and physical stress on cardiac awareness. *Psychophysiology*, 18, 154.

Schandry, R., & Weitkunat, R. (1990). Enhancement of heartbeat-related brain potentials through cardiac awareness training. *International Journal of Neuroscience*, 53(2–4), 243–253.

Scharoun, S. M., Reinders, N. J., Bryden, P. J., & Fletcher, P. C. (2014). Dance/movement therapy as an intervention for children with autism spectrum disorders. *American Journal of Dance Therapy*, 36(2), 209–228.

Schauder, K. B., Mash, L. E., Bryant, L. K., & Cascio, C. J. (2015). Interoceptive ability and body awareness in autism spectrum disorder. *Journal of Experimental Child Psychology*, 131, 193–200.

Schmahl, C., Meinzer, M., Zeuch, A., Fichter, M., Cebulla, M., Kleindienst, N., ... Bohus, M. (2010). Pain sensitivity is reduced in borderline personality disorder, but not in posttraumatic stress disorder and bulimia nervosa. *The World Journal of Biological Psychiatry*, 11(2-2), 364–371.

Schmalzl, L., Powers, C., & Henje Blom, E. (2015). Neurophysiological and neurocognitive mechanisms underlying the effects of yoga-based practices: Towards a comprehensive theoretical framework. *Frontiers in Human Neuroscience*, 9, 235.

Schopler, E. (1962). The development of body image and symbol formation through bodily contact with an autistic child. *Journal of Child Psychology & Psychiatry*, 3, 191–202.

Schubert, T. W. (2005). Your highness: Vertical positions as perceptual symbols of power. *Journal of Personality and Social Psychology*, 89(1), 1.

Schubert, T. W., & Semin, G. R. (2009). Embodiment as a unifying perspective for psychology. *European Journal of Social Psychology*, 39(7), 1135–1141.

Searle, J. R. (1980). Minds, brains, and programs. *Behavioral and Brain Sciences*, 3(3), 417–424.

Searle, J. R. (2004). *Mind: A Brief Introduction*. New York: Oxford University Press.

Sedda, A., Tonin, D., Salvato, G., Gandola, M., & Bottini, G. (2016). Left caloric vestibular stimulation as a tool to reveal implicit and explicit parameters of body representation. *Consciousness and Cognition*, 41, 1–9.

Sel, A., Azevedo, R. T., & Tsakiris, M. (2017). Heartfelt self: cardio-visual integration affects self-face recognition and interoceptive cortical processing. *Cerebral Cortex*, 27(11), 5144–5155.

Seth, A. K. (2013). Interoceptive inference, emotion, and the embodied self. *Trends in Cognitive Sciences*, 17(11), 565–573.

Seth, A. K., & Friston, K. J. (2016). Active interoceptive inference and the emotional brain. *Philosophical Transactions of the Royal Society B: Biological Sciences*, 371, 20160007.

Seth, A. K., Suzuki, K., & Critchley, H. D. (2012). An interoceptive predictive coding model of conscious presence. *Frontiers in Psychology*, 2, 395.

Seth, A. K., & Tsakiris, M. (2018). Being a beast machine: The somatic basis of selfhood. *Trends in Cognitive Sciences*, 22(11), 969–981.

Sforza, A., Bufalari, I., Haggard, P., & Aglioti, S. M. (2010). My face in yours: Visuo-tactile facial stimulation influences sense of identity. *Social Neuroscience*, 5(2), 148–162.

Shah, P., Catmur, C., & Bird, G. (2017). From heart to mind: Linking interoception, emotion, and theory of mind. *Cortex*, 93, 220–223.

Shah, P., Hall, R., Catmur, C., & Bird, G. (2016). Alexithymia, not autism, is associated with impaired interoception. *Cortex*, 81, 215–220.

Shamay-Tsoory, S. G. (2011). The neural bases for empathy. *TheNeuroscientist*, 17(1), 18–24.

Shapiro, L. (2014). *The Routledge Handbook of Embodied Cognition*. New York: Routledge.

Shields, S. A., Mallory, M. E., & Simon, A. (1989). The body awareness questionnaire: Reliability and validity. *Journal of Personality Assessment*, 53(4), 802–815.

Shimada, S., Fukuda, K., & Hiraki, K. (2009). Rubber hand illusion under delayed visual feedback. *PLoS One*, 4(7), e6185.

Simmons, W. K., Avery, J. A., Barcalow, J. C., Bodurka, J., Drevets, W. C., & Bellgowan, P. (2013). Keeping the body in mind: Insula functional organization and functional connectivity integrate interoceptive, exteroceptive, and emotional awareness. *Human Brain Mapping*, 34(11), 2944–2958.

Simmons, W. K., & DeVille, D. C. (2017). Interoceptive contributions to healthy eating and obesity. *Current opinion in Psychology*, 17, 106–112.

Singer, T., & Lamm, C. (2009). The social neuroscience of empathy. *Annals of the New*

York Academy of Sciences, 1156(1), 81-96.

Singer, T., Seymour, B., O'doherty, J., Kaube, H., Dolan, R. J., & Frith, C. D. (2004). Empathy for pain involves the affective but not sensory components of pain. Science, 303(5661), 1157-1162.

Smith, E. R., & Semin, G. R. (2007). Situated social cognition. Current Directions in Psychological Science, 16(3), 132-135.

Smith, L. B., & Thelen, E. (2003). Development as a dynamic system. Trends in Cognitive Sciences, 7(8), 343-348.

Smith, R., & Lane, R. D. (2015). The neural basis of one's own conscious and unconscious emotional states. Neuroscience & Biobehavioral Reviews, 57, 1-29.

Spaulding, S. (2014). Embodied cognition and theory of mind. In L. Shapiro (Eds.), The Routledge Handbook of Embodied Cognition. New York: Routledge, pp. 197-206.

Spitoni, G. F., Pireddu, G., Galati, G., Sulpizio, V., Paolucci, S., & Pizzamiglio, L. (2016). Caloric vestibular stimulation reduces pain and somatoparaphrenia in a severe chronic central post-stroke pain patient: A case study. PLoS One, 11(3), e0151213.

Stanfield, R. A., & Zwaan, R. A. (2001). The effect of implied orientation derived from verbal context on picture recognition. Psychological Science, 12(2), 153-156.

Stein, D., Kaye, W. H., Matsunaga, H., Myers, D., Orbach, I., Har-Even, D., ... Rao, R. (2003). Pain perception in recovered bulimia nervosa patients. International Journal of Eating Disorders, 34(3), 331-336.

Stephan, K. E., Manjaly, Z. M., Mathys, C. D., Weber, L. A., Paliwal, S., Gard, T., ... & Petzschner, F. H. (2016). Allostatic self-efficacy: A metacognitive theory of dyshomeostasis-induced fatigue and depression. Frontiers in Human Neuroscience, 10, 550.

Stepper, S., & Strack, F. (1993). Proprioceptive determinants of emotional and nonemotional feelings. Journal of Personality and Social Psychology, 64(2), 211.

Sterling, P. (2012). Allostasis: A model of predictive regulation. Physiology & Behavior, 106(1), 5-15.

Sterling, P. (2014). Homeostasis vs allostasis: Implications for brain function and mental disorders. JAMA Psychiatry, 71(10), 1192-1193.

Stice, E., Burger, K. S., & Yokum, S. (2013). Relative ability of fat and sugar tastes to activate reward, gustatory, and somatosensory regions. The American Journal of Clinical Nutrition, 98(6), 1377-1384.

Stice, E., Gau, J. M., Rohde, P., & Shaw, H. (2017). Risk factors that predict future onset of each DSM-5 eating disorder: Predictive specificity in high-risk adolescent females. Journal of Abnormal Psychology, 126(1), 38.

Strack, F., Martin, L. L., & Stepper, S. (1988). Inhibiting and facilitating conditions of the human smile: a nonobtrusive test of the facial feedback hypothesis. *Journal of Personality and Social Psychology*, 54(5), 768.

Strigo, I. A., Matthews, S. C., Simmons, A. N., Oberndorfer, T., Klabunde, M., Reinhardt, L. E., & Kaye, W. H. (2013). Altered insula activation during pain anticipation in individuals recovered from anorexia nervosa: Evidence of interoceptive dysregulation. *International Journal of Eating Disorders*, 46(1), 23-33.

Suzuki, K., Garfinkel, S. N., Critchley, H. D., & Seth, A. K. (2013). Multisensory integration across exteroceptive and interoceptive domains modulates self-experience in the rubber-hand illusion. *Neuropsychologia*, 51(13), 2909-2917.

Synofzik, M., Vosgerau, G., & Newen, A. (2008). I move, therefore I am: A new theoretical framework to investigate agency and ownership. *Consciousness and Cognition*, 17(2), 411-424.

Tajadura-Jiménez, A., Longo, M. R., Coleman, R., & Tsakiris, M. (2012). The person in the mirror: using the enfacement illusion to investigate the experiential structure of self-identification. *Consciousness and Cognition*, 21(4), 1725-1738.

Tajadura-Jiménez, A., & Tsakiris, M. (2014). Balancing the "inner" and the "outer" self: Interoceptive sensitivity modulates self-other boundaries. *Journal of Experimental Psychology: General*, 143(2), 736.

Tate, C. M., & Geliebter, A. (2017). Intragastric balloon treatment for obesity: Review of recent studies. *Advances in Therapy*, 34(8), 1859-1875.

Taylor, C. (1995). Overcoming epistemology. *Philosophical Arguments*. Harvard: Harvard University Press, p. 3.

Taylor, L. J., & Zwaan, R. A. (2008). Motor resonance and linguistic focus. *The Quarterly Journal of Experimental Psychology*, 61(6), 896-904.

Terasawa, Y., Moriguchi, Y., Tochizawa, S., & Umeda, S. (2014). Interoceptive sensitivity predicts sensitivity to the emotions of others. *Cognition and Emotion*, 28(8), 1435-1448.

Tettamanti, M., Buccino, G., Saccuman, M. C., Gallese, V., Danna, M., Scifo, P., ... Perani, D. (2005). Listening to action-related sentences activates fronto-parietal motor circuits. *Journal of Cognitive Neuroscience*, 17(2), 273-281.

Thelen, E., Schöner, G., Scheier, C., & Smith, L. B. (2001). The dynamics of embodiment: A field theory of infant perseverative reaching. *Behavioral and Brain Sciences*, 24(1), 1-34.

Thelen, E., & Smith, L. B. (1996). *A Dynamic Systems Approach to the Development of Cognition and Action*. Cambridge, MA: MIT Press.

Thompson, E. (2014). *Waking, Dreaming, Being: Self and Consciousness in Neuroscience, Meditation, and Philosophy*. New York: Columbia University Press.

Torrance, J. (2003). Autism, aggression, and developing a therapeutic contract. *American Journal of Dance Therapy*, 25(2), 97–109.

Treisman, M. (2013). The information-processing model of timing (Treisman, 1963): Its sources and further development. *Timing & Time Perception*, 1(2), 131–158.

Tsakiris, M. (2008). Looking for myself: Current multisensory input alters self-face recognition. *PLoS One*, 3(12), e4040.

Tsakiris, M. (2010). My body in the brain: a neurocognitive model of body-ownership. *Neuropsychologia*, 48(3), 703–712.

Tsakiris, M. (2017a). The material me: unifying the exteroceptive and interoceptive sides of the bodily self. In F. de Vignemont & A. J. T. Alsmith (Eds.), *The Subject's Matter: Self-Consciousness and the Body*. Cambridge, MA: MIT Press, pp. 335–362.

Tsakiris, M. (2017b). The multisensory basis of the self: from body to identity to others. *The Quarterly Journal of Experimental Psychology*, 70(4), 597–609.

Tsakiris, M., Costantini, M., & Haggard, P. (2008). The role of the right temporo-parietal junction in maintaining a coherent sense of one's body. *Neuropsychologia*, 46(12), 3014–3018.

Tsakiris, M., & Haggard, P. (2005). The rubber hand illusion revisited: visuotactile integration and self-attribution. *Journal of Experimental Psychology: Human Perception and Performance*, 31(1), 80–91.

Tsakiris, M., Haggard, P., Franck, N., Mainy, N., & Sirigu, A. (2005). A specific role for efferent information in self-recognition. *Cognition*, 96(3), 215–231.

Tsakiris, M., Jiménez, A. T.-., & Costantini, M. (2011). Just a heartbeat away from one's body: Interoceptive sensitivity predicts malleability of body-representations. *Proceedings of the Royal Society B: Biological Sciences*, 278(1717), 2470–2476.

Tsakiris, M., Longo, M. R., & Haggard, P. (2010). Having a body versus moving your body: Neural signatures of agency and body-ownership. *Neuropsychologia*, 48(9), 2740–2749.

Tsakiris, M., Prabhu, G., & Haggard, P. (2006). Having a body versus moving your body: How agency structures body-ownership. *Consciousness and Cognition*, 15(2), 423–432.

Tsakiris, M., Schütz-Bosbach, S., & Gallagher, S. (2007). On agency and body-ownership: Phenomenological and neurocognitive reflections. *Consciousness and Cognition*, 16(3), 645–660.

Tylka, T. L. (2006). Development and psychometric evaluation of a measure of intuitive eating. *Journal of Counseling Psychology*, 53(2), 226.

Vallet, G. T., Brunel, L., Riou, B., & Vermeulen, N. (2016). Dynamics of sensorimotor interactions in embodied cognition. *Frontiers in Psychology*, 6, 1929.

Van den Stock, J., Righart, R., & De Gelder, B. (2007). Body expressions influence recognition of emotions in the face and voice. *Emotion*, 7(3), 487.

Van Der Hoort, B., Guterstam, A., & Ehrsson, H. H. (2011). Being Barbie: The size of one's own body determines the perceived size of the world. *PLoS One*, 6(5), e20195.

Van Dyck, Z., Vögele, C., Blechert, J., Lutz, A. P., Schulz, A., & Herbert, B. M. (2016). The Water Load Test as a measure of gastric interoception: Development of a two-stage protocol and application to a healthy female population. *PLoS One*, 11(9), e0163574.

Vanegas, S. B., & Davidson, D. (2015). Investigating distinct and related contributions of weak central coherence, executive dysfunction, and systemizing theories to the cognitive profiles of children with autism spectrum disorders and typically developing children. *Research in Autism Spectrum Disorders*, 11, 77–92.

Varela, F. J., Thompson, E., & Rosch, E. (2016). *The Embodied Mind: Cognitive Science and Human Experience*. Cambridge, MA: MIT Press.

Verdejo-Garcia, A., Clark, L., & Dunn, B. D. (2012). The role of interoception in addiction: A critical review. *Neuroscience & Biobehavioral Reviews*, 36(8), 1857–1869.

Velmans, M. (2009). *Understanding Consciousness*. London: Routledge.

Vermeulen, N., Corneille, O., & Niedenthal, P. M. (2008). Sensory load incurs conceptual processing costs. *Cognition*, 109(2), 287–294.

Vermeulen, N., Niedenthal, P. M., & Luminet, O. (2007). Switching between sensory and affective systems incurs processing costs. *Cognitive Science*, 31(1), 183–192.

Vorst, H. C., & Bermond, B. (2001). Validity and reliability of the Bermond-Vorst alexithymia questionnaire. *Personality and Individual Differences*, 30(3), 413–434.

Vosgerau, G., & Newen, A. (2007). Thoughts, motor actions, and the self. *Mind & Language*, 22(1), 22–43.

Wallbott, H. G. (1991). Recognition of emotion from facial expression via imitation? Some indirect evidence for an old theory. *British Journal of Social Psychology*, 30(3), 207–219.

Wang, G.-J., Tomasi, D., Backus, W., Wang, R., Telang, F., Geliebter, A., ... Thanos, P. K. (2008). Gastric distention activates satiety circuitry in the human brain. *NeuroImage*, 39(4), 1824–1831.

Wang, X., Wu, Q., Egan, L., Gu, X., Liu, P., Gu, H., ... Gao, Z. (2019). Anterior insular cortex plays a critical role in interoceptive attention. *eLife*, 8, e42265.

Wells, G. L., & Petty, R. E. (1980). The effects of over head movements on persuasion: Compatibility and incompatibility of responses. *Basic and Applied Social Psychology*, 1(3), 219–230.

Weng, H. Y., Feldman, J. L., Leggio, L., Napadow, V., Park, J., & Price, C. J.

(2021). Interventions and manipulations of interoception. *Trends in Neurosciences*, 44(1), 52–62.

Werner, N. S., Jung, K., Duschek, S., & Schandry, R. (2009). Enhanced cardiac perception is associated with benefits in decision-making. *Psychophysiology*, 46(6), 1123–1129.

Werner, N. S., Kerschreiter, R., Kindermann, N. K., & Duschek, S. (2013). Interoceptive awareness as a moderator of affective responses to social exclusion. *Journal of Psychophysiology*, 27(1), 39–50.

Werner, N. S., Peres, I., Duschek, S., & Schandry, R. (2010). Implicit memory for emotional words is modulated by cardiac perception. *Biological Psychology*, 85(3), 370–376.

Whitehead, W. E., & Drescher, V. M. (1980). Perception of gastric contractions and self-control of gastric motility. *Psychophysiology*, 17(6), 552–558.

Wicker, B., Keysers, C., Plailly, J., Royet, J.-P., Gallese, V., & Rizzolatti, G. (2003). Both of us disgusted in my insula: The common neural basis of seeing and feeling disgust. *Neuron*, 40(3), 655–664.

Wiens, S. (2005). Interoception in emotional experience. *Current Opinion in Neurology*, 18(4), 442–447.

Wierenga, C. E., Ely, A., Bischoff-Grethe, A., Bailer, U. F., Simmons, A. N., & Kaye, W. H. (2014). Are extremes of consumption in eating disorders related to an altered balance between reward and inhibition? *Frontiers in Behavioral Neuroscience*, 8, 410.

Williams, J. H., Whiten, A., Suddendorf, T., & Perrett, D. I. (2001). Imitation, mirror neurons and autism. *Neuroscience & Biobehavioral Reviews*, 25(4), 287–295.

Williams, L. E., & Bargh, J. A. (2008). Experiencing physical warmth promotes interpersonal warmth. *Science*, 322(5901), 606–607.

Williford, K., Bennequin, D., Friston, K., & Rudrauf, D. (2018). The projective consciousness model and phenomenal selfhood. *Frontiers in Psychology*, 9, 2571.

Wilson, A. D., & Golonka, S. (2013). Embodied cognition is not what you think it is. *Frontiers in Psychology*, 4, 58.

Wilson, M. (2002). Six views of embodied cognition. *Psychonomic Bulletin & Review*, 9(4), 625–636.

Wilson, R. A., & Foglia, L. (2011). Embodied cognition. In E. N. Zalta (Eds.), *The Stanford Encyclopedia of Philosophy (fall 2011)*.

Winkielman, P., Niedenthal, P. M., & Oberman, L. (2008). The embodied emotional mind. In G. R. Semin & E. R. Smith (Eds.), *Embodied Grounding: Social, Cognitive, Affective, and Neuroscientific Approaches*. New York: Cambridge University Press, pp. 263–288.

Wittgenstein, L. (1958). *The Blue and Brown Books*. Oxford: Blackwell.

Wittmann, M., & Meissner, K. (2018). The embodiment of time: How interoception shapes the perception of time. In M. Tsakiris & H. De Preester (Eds.), *The Interoceptive Mind: From Homeostasis to Awareness*. Oxford: Oxford University Press, pp. 63–79.

Wittmann, M., Simmons, A. N., Aron, J. L., & Paulus, M. P. (2010). Accumulation of neural activity in the posterior insula encodes the passage of time. *Neuropsychologia*, 48(10), 3110–3120.

Wittmann, M., & van Wassenhove, V. (2009). The experience of time: Neural mechanisms and the interplay of emotion, cognition and embodiment. *Philosophical Transactions of the Royal Society B: Biological Sciences*, 364(1525), 1809–1813.

Wolpert, D. M., Ghahramani, Z., & Flanagan, J. R. (2001). Perspectives and problems in motor learning. *Trends in Cognitive Sciences*, 5(11), 487–494.

Yamamotova, A., Bulant, J., Bocek, V., & Papezova, H. (2017). Dissatisfaction with own body makes patients with eating disorders more sensitive to pain. *Journal of Pain Research*, 10, 1667.

Yamamotova, A., Papezova, H., & Uher, R. (2009). Modulation of thermal pain perception by stress and sweet taste in women with bulimia nervosa. *Neuroendocrinology Letters*, 30(2), 237–244.

Yuan, H., & Silberstein, S. D. (2016). Vagus nerve and vagus nerve stimulation, a comprehensive review: Part II. *Headache: The Journal of Head and Face Pain*, 56(2), 259–266.

Zahavi, D. (2008). *Subjectivity and Selfhood: Investigating the First-person Perspective*. Cambridge, MA: MIT Press.

Zakay, D., & Block, R. A. (1997). Temporal cognition. *Current Directions in Psychological Science*, 6(1), 12–16.

Zaki, J., Davis, J. I., & Ochsner, K. N. (2012). Overlapping activity in anterior insula during interoception and emotional experience. *NeuroImage*, 62(1), 493–499.

Zamariola, G., Maurage, P., Luminet, O., & Corncille, O. (2018). Interoceptive accuracy scores from the heartbeat counting task are problematic: Evidence from simple bivariate correlations. *Biological Psychology*, 137, 12–17.

Zeller, D., Litvak, V., Friston, K. J., & Classen, J. (2015). Sensory processing and the rubber hand illusion—an evoked potentials study. *Journal of Cognitive Neuroscience*, 27(3), 573–582.

Zhang, J., Chen, W., & Qian, Y. (2018). How sense of agency and sense of ownership could affect anxiety: a study based on virtual hand illusion. *Anales De Psicología/Annals of Psychology*, 34(3), 430–437.

Zhang, J., & Hommel, B. (2016). Body ownership and response to threat. *Psychological*

Research, 80(6), 1020-1029.

Zhang, J., Ma, K., & Hommel, B. (2015). The virtual hand illusion is moderated by context-induced spatial reference frames. *Frontiers in Psychology*, 6, 1659.

Zhong, C.-B., & Leonardelli, G. J. (2008). Cold and lonely: Does social exclusion literally feel cold? *Psychological Science*, 19(9), 838-842.

Zwaan, R. A. (2014). Embodiment and language comprehension: Reframing the discussion. *Trends in Cognitive Sciences*, 18(5), 229-234.

Zwaan, R. A., Madden, C. J., Yaxley, R. H., & Aveyard, M. E. (2004). Moving words: Dynamic representations in language comprehension. *Cognitive Science*, 28(4), 611-619.

Zwaan, R. A., Stanfield, R. A., & Yaxley, R. H. (2002). Language comprehenders mentally represent the shapes of objects. *Psychological Science*, 13(2), 168-171.

Zwaan, R. A., & Taylor, L. J. (2006). Seeing, acting, understanding: Motor resonance in language comprehension. *Journal of Experimental Psychology: General*, 135(1), 1.

索 引

B
表征单元 185

C
错觉论 165,167-171,173,178,182

D
第三人称 104,128,240,242,243,256
第一人称 15,16,101,104-106,128,136,158,167,169,170,177,179,180,200,201,242,243,256
多感官整合 79,103,115,117,120,126-128,137-139,180,186,193,194,211,212

F
符号接地 48 50

G
概念化 31,36,37,70,96,148,174,226,235,252
个人线索响应 79,80
功能性磁共振成像 18,23
构成 8,24,27,29-31,33,35,36,41,42,70,73,90,91,103,107,109,112,142,157,158,170,172-176,180-184,189,193,195,200,210,238,244,253

H
核心意识 175-177
核心自我 108,157,161,176-178,182
还原论 174,251

J
计算主义 29,146
建构论 19,107,158,171,174,179
经颅磁刺激 23,44
经验主义 3-5,8,166,168,170,171
镜像神经元 22-29,46,59
具身化 5,10,48,57
具身模拟 25,27,28,55,56,146

K
可供性 7
扩展意识 175-177

L
理论论 57,58
理性主义 3-5,8,14

M
模拟论 57,58

N

脑磁图　23

脑岛　19,24,28,95-97,100,101,121-123,140,143,149,151,152,155,199,214,219-221,225,226,228-232,234,247-249

内感受精确性　92,94,97,100,121-123,125,132,134,137,139,147-150,153,154,197,215,217-223,225,229,231,235-237,239-242,244,254

内感受觉知　91-94,121,122,125,142,193,214,216,217,219,221-225,228,229,231,233,242,248,249,254

内感受敏感性　88,92-94,125,142,147,192,193,199,217-219,222,225,227,236,237,249

内感受信号的情绪评估　92,94,125,142,217,223,225,236,241,242

P

皮肤电传导反应　113,118

Q

前庭电刺激　127
前庭热刺激　126,135
情境线索响应　79,80
情绪外周理论　45,141
躯体失认症　19,127,128
全身错觉　115-117,119,132,133,162

S

三明治模型　30
身体表征　103,124,129,131,135,136,138,142,156,160,162,187,192,194,214,253,255

身体意象　6,114,128,131,185,187,206-208,210,211,214,226,227,231,237-242

神经性贪食症　95,223,227,231,232,236

神经性厌食症　95,223,227,231,236,240,242

实体论　165,167,169,171,173,174,178,182

事件编码理论　74
事件相关电位　23,145
述情障碍　122,196-198,254

T

替代　31,68,70,76,79,124,138

W

五蕴　171-173

X

橡胶手错觉　16,17,20,108-115,117,119,120,123-127,131-134,136,138,139,158,162,180,181,183,186,210-212,214-216,221,237-239,242,253

心跳计数　86-89,92,94,97,125,134,139,140,150,153,155,191,192,197,215-220,228-233,244,255

心跳知觉　86-88,94,97,134,145,155,191,193,197,211,215,216,225,235,243,244,247-250,254

Y

异手症　16,20
意向性　4,5,7,8,10-14,101,175,176,208

拥有感　16-20,105,106,108-120,123-129,131-138,158,159,162,180-188,192-195,207,210-216,237-239,

241,242
预测加工 159,160,189
预测误差 97-100,159,160,185,186,189,190,219,227,231,254
原始自我 108,157,161,177,178,182,183

Z

整体论 11,251,253
正电子断层扫描技术 23
正念 171,199,243,245-249
中文屋 48
主体性 14,103-107,167,169,170,177,194
属我性 16,17,200,212
自闭症 27,91,94,202-223,227,254
自传体自我 101,108,157,158,161,176-178,182,183
自我标明系统 158,175
自我他者融合量表 62
自我指定系统 107,158,174,175
自由能量原理 99,100,161,162,186,187
自主感 17-20,108-111,115,158,180-185,188,193-195,210,212-214